Die Grundlehren der mathematischen Wissenschaften

in Einzeldarstellungen
mit besonderer Berücksichtigung
der Anwendungsgebiete

Band 185

Herausgegeben von

J. L. Doob · A. Grothendieck · E. Heinz · F. Hirzebruch
E. Hopf · W. Maak · S. MacLane · W. Magnus · J. K. Moser
M. M. Postnikov · F. K. Schmidt · D. S. Scott · K. Stein

Geschäftsführende Herausgeber

B. Eckmann und B. L. van der Waerden

A. Rubinowicz

Sommerfeldsche Polynommethode

1972
Springer-Verlag Berlin Heidelberg New York
PWN — Polnischer Verlag der Wissenschaften Warszawa

Adalbert Rubinowicz

Professor an der Warschauer Universität

Geschäftsführende Herausgeber:

B. Eckmann   B. L. van der Waerden

Eidgenössische Technische Hochschule Zürich   Mathematisches Institut der Universität Zürich

Vertrieb
für die sozialistischen Länder: PWN—Polnischer Verlag der Wissenschaften
Warszawa

für die übrige Welt: Springer-Verlag Berlin Heidelberg New York

---

AMS Subject Classifications (1970):
Primary 81-XX, 34B25; Secondary 33A30, 26A75

ISBN 3-540-05450-2 Springer-Verlag Berlin – Heidelberg – New York
ISBN 0-387-05450-2 Springer-Verlag New York – Heidelberg – Berlin

Library of Congress Catalog Card Number 13.000 145. Printed in Poland.
Printing: D.R.W.-Druckerei, Warszawa. Title No. 2000

Inhaltsverzeichnis

Verzeichnis der Tabellen

Einleitung

Sommerfeld (1939) hat zur Auflösung einer speziellen Klasse von Eigenwertproblemen, die in der Quantentheorie auftreten, eine Methode angegeben, mit deren Hilfe die einzelnen Eigenwertprobleme gewöhnlich gesondert behandelt werden. Man kann aber auch die allgemeine Gestalt der Eigenfunktionen ermitteln, die sich bei der Anwendung der Sommerfeldschen Polynommethode ergeben, und daraus Nutzen bei der Auflösung der Eigenwertprobleme ziehen. Das Ziel der vorliegenden Darstellung ist, die diesbezüglichen Arbeiten des Verfassers (1947, 1949a, 1949b, 1950, 1957, 1959), die in verschiedenen Zeitschriften zerstreut erschienen sind, zusammenfassend von einem einheitlichen Gesichtspunkte aus darzustellen und durch Berücksichtigung bisher unveröffentlichter Untersuchungen zu ergänzen.

Die nachstehende Inhaltsübersicht soll den Leser informieren, welche Hilfe er eventuell bei der Auflösung eines gegebenen Eigenwertproblems von den im folgenden durchgeführten Überlegungen erwarten kann.

Im ersten Kapitel wird vorausgesetzt, daß das Eigenwertproblem durch eine Differentialgleichung zweiter Ordnung in der selbstadjungierten Normalform

$$\frac{d}{dx}\left(p\,\frac{df}{dx}\right)-(q-\lambda\varrho)f=0 \qquad \text{(E.1)}$$

gegeben wird, wobei λ den Eigenwertparameter bedeutet. Es wird dann gezeigt, daß wenn dieses Eigenwertproblem mit Hilfe der Sommerfeldschen Polynommethode lösbar ist, die Lösung die Gestalt

$$f(x) = p(x)^{-1/2}P(\xi) \qquad \text{(E.2)}$$

haben muß. Hier ist $P(\xi)$ eine gewöhnliche Riemannsche P-Funktion oder eine ihrer konfluenten Abarten. Zwischen den Veränderlichen x und ξ besteht dabei die Beziehung

$$\xi = \varkappa x^h, \qquad \text{(E.3)}$$

wo $\varkappa$ und h Konstante sind. Damit ist die Auflösung des Eigenwertproblems (E.1) auf die Ermittlung von $\varkappa$ und h sowie der höchstens drei Parameter zurückgeführt, die die Funktion $P(\xi)$ in (E.2) im betrachteten Falle festlegen.

Im zweiten Kapitel wird die Auflösung der Eigenwertprobleme behandelt, in deren Lösungen (E.2) die Funktion $P(\xi)$ eine gewöhnliche Riemannsche P-Funktion ist. Um die Gleichungen zu erhalten, die die Parameter der P-Funktion bestimmen, hat man die aus den Koeffizienten $p(x)$, $q(x)$ und $\varrho(x)$ des Eigenwertproblems (E.1) gebildete Funktion der Veränderlichen x

$$S(x) = x^2 \left[\left(\frac{p'}{2p} \right)^2 - \frac{p''}{2p} - \frac{q - \lambda\varrho}{p} \right] \qquad \text{(E.4)}$$

mit einer Funktion $\Sigma(\xi)$ der Variablen ξ zu vergleichen, deren Koeffizienten nur von h sowie den Parametern abhängen, die in unserem Falle in der gewöhnlichen Riemannschen P-Funktion auftreten. Nach eventueller Durchführung einer Partialbruchzerlegung ergeben sich $\varkappa$, h sowie die Parameter der P-Funktion aus algebraischen Gleichungen ersten und zweiten Grades. Andere als die genannten sehr einfachen algebraischen Operationen sind zur Angabe der Eigenwerte und der in der Lösung (E.2) auftretenden gewöhnlichen P-Funktionen nicht erforderlich.

Im dritten Kapitel wird die Ermittlung der Lösungen der Eigenwertprobleme (E.1) in dem Falle besprochen, wo $P(\xi)$ irgend eine der konfluenten Riemannschen P-Funktionen ist, die in den Lösungen (E.2) der Eigenwertprobleme (E.1) auftreten können.

Gegenüber dem üblichen Verfahren der individuellen Durchrechnung der einzelnen speziellen Eigenwertprobleme hat die angegebene Fassung den Vorteil einer großen Ersparnis an Rechenaufwand. Sie übertrifft aber auch die ursprüngliche Sommerfeldsche Fassung der Polynommethode dadurch, daß sie die Lösung in verschiedenen Gestalten anzugeben gestattet. Man kann z.B. die Lösung in einer Form erhalten, wo die Polynome nach steigenden oder fallenden Potenzen von ξ geordnet sind, was die Darstellung und Identifizierung der einzelnen Polynome sehr erleichtert. Z.B. im Falle der zugeordneten Kugelfunktionen oder der Hermiteschen Polynome muß man zu ihrer Darstellung zwei verschiedene Ausdrücke verwenden, wenn man sie nach steigenden Potenzen von ξ entwickelt, während ein einziger Ausdruck bei einer Entwicklung nach fallenden Potenzen von ξ genügt.

Eine kleine Verallgemeinerung gestattet aber auch noch, eine gewisse, der ursprünglichen Fassung der Polynommethode anhaftende Unzulänglichkeit aus dem Wege zu räumen. Diese ergibt sich daraus, daß das Grundgebiet eines Eigenwertproblems (E.1) in der Quantentheorie in der Regel durch zwei singuläre Punkte der Differentialgleichung (E.1) begrenzt wird. Damit ein Eigenwertproblem (E.1) mit Hilfe der ursprünglichen Sommerfeldschen Polynommethode lösbar ist, muß die Lage seiner singulären Stellen mit der Lage der singulären Punkte der P-Funktion mittels der Beziehung (E.3) zusammenhängen. Dabei kann es aber auch vorkommen, daß die beiden Begrenzungspunkte des Pro-

blems (E.1) einem einzigen singulären Punkte der P-Funktion entsprechen
oder daß die Lage von zwei singulären Stellen durch zwei konjugiert
komplexe Zahlen gegeben wird. Diese Tatsachen haben zur Folge, daß
man eventuell vor der Anwendung der ursprünglichen Polynommethode
eine derartige Transformation der unabhängigen Veränderlichen x der
Differentialgleichung (E.1) vornehmen muß, daß die singulären Stellen
der transformierten Differentialgleichung (E.1) mit den singulären Stellen
0, 1 und ∞ bzw. 0 und ∞ der in Frage kommenden, gewöhnlichen oder
konfluenten P-Funktion mittels der Beziehung (E.3) zusammenhängen.
Einer solchen Transformation kann man aber aus dem Wege gehen,
falls man Riemannsche P-Funktionen mit willkürlich vorgegebenen
Lagen der singulären Stellen verwendet. Wie die in Kap. 2 und 3 durchgeführten Überlegungen zeigen, hat eine solche Verallgemeinerung der Polynommethode keineswegs zur Folge, daß diese Methode unhandlich wird.

Das vierte Kapitel enthält zunächst eine Formelsammlung, in der
für die gewöhnliche Riemannsche P-Funktion sowie für die verschiedenen
konfluenten P-Funktionen die Funktionen $\Sigma(\xi)$ sowie alle Formeln
angegeben werden, die zur Festlegung der Eigenwerte sowie der gewöhnlichen und der verschiedenen konfluenten P-Funktionen in den Eigenfunktionen notwendig sind.

Die Feststellung, ob ein unter Verwendung einer bestimmten Veränderlichen x formuliertes Eigenwertproblem (E.1) mit Hilfe der Polynommethode lösbar ist, erfordert nur einen ganz geringen Rechenaufwand,
nämlich die Berechnung der entsprechenden Funktion $S(x)$ (E.4). Um
sich von der Lösbarkeit eines Eigenwertproblems mit Hilfe der Polynommethode zu überzeugen, hat man ja nur festzustellen, ob die entsprechende Funktion $S(x)$ unter der Voraussetzung, daß zwischen ξ und x
der Zusammenhang (E.3) besteht, irgend einer in der Formelsammlung
4, § 1 enthaltenen $\Sigma(\xi)$-Funktion gleichgesetzt werden kann.

Die Frage, ob ein gegebenes Eigenwertproblem überhaupt mit Hilfe
der Polynommethode lösbar ist, ist nicht ganz einfach zu beantworten.
Wie aus der Gestalt (E.2) der Lösung des Eigenwertproblems (E.1)
ersichtlich ist, muß man nämlich, um die Lösung eines mit Hilfe der
Polynommethode prinzipiell lösbaren Eigenwertproblems zu erhalten,
dieses Problem unter Verwendung einer geeigneten Variablen x formulieren, deren Wahl, wie der Zusammenhang (E.3) zwischen den Variablen
ξ und x zeigt, sehr beschränkt ist. Um mit voller Sicherheit entscheiden
zu können, ob ein gegebenes Eigenwertproblem mittels der Polynommethode lösbar ist, müßte man ein systematisches Verfahren zur
Ermittlung solcher geeigneter Variablen x zur Verfügung haben. Leider
ist ein solches Verfahren nur im Falle faktorisierbarer Eigenwertprobleme (vgl. Tabelle VII und VIII, S. 194) bekannt. Man ist daher in allen
anderen Fällen aufs Probieren angewiesen. Dabei wird selbstverständlich

die oben angegebene Methode sehr nützlich sein, da sie rasch zu entscheiden gestattet, ob ein unter Zugrundelegung einer bestimmten Veränderlichen x formuliertes Eigenwertproblem mit Hilfe der Polynommethode lösbar ist.

Die in Kap. 4 enthaltene Formelsammlung gestattet auch leicht anzugeben, wie man bei gegebenem Koeffizienten $p(x)$ der Differentialgleichung (E.1) die allgemeinste Gestalt ihrer beiden anderen Koeffizienten $q(x)$ und $\varrho(x)$ ermitteln kann, um ein Eigenwertproblem zu erhalten, das mittels der Polynommethode lösbar ist. Insbesondere können diese Überlegungen auch dazu dienen, um festzustellen, in welcher Weise die „Potentialfunktion" $q(x)$ eines gegebenen, mittels der Polynommethode lösbaren Eigenwertproblems verallgemeinert werden kann, um ein immer noch mit Hilfe dieser Methode lösbares Eigenwertproblem (E.1) zu erhalten. § 3 dieses Kapitels beschäftigt sich mit Eigenwertproblemen, die sich durch eine als Umordnen bezeichnete Abänderung von einparametrigen Eigenwertproblemen ergeben, wobei die Eigenfunktionen die gleichen bleiben, jedoch andere Eigenwerte und andere Normierungs- und Orthogonalitätseigenschaften aufweisen. In § 4 werden zweiparametrige Eigenwertprobleme besprochen, die sich aus einparametrigen Eigenwertproblemen, die umgeordnet werden können, stets herstellen lassen.

In Kap. 5 werden die Beziehungen zwischen der Polynom- und der Faktorisierungsmethode einer Betrachtung unterzogen. Nur eine ganz bestimmte Klasse der Eigenfunktionen, die mittels der Polynommethode erhalten werden können, kann im weiteren, d.h. im Schrödingerschen Sinne faktorisiert werden (vgl. Anhang C). In dieser Klasse lassen sich die Eigenfunktionen in eine solche Folge einordnen, daß je zwei aufeinander folgende Glieder dieser Folge stets nur hypergeometrische Funktionen enthalten, die benachbart[1] oder verwandt sind. In dem letzteren Falle sollen jedoch die Differenzen der Parameter der hypergeometrischen Funktionen zweier aufeinander folgender Eigenfunktionen möglichst klein sein. Da zwischen zwei benachbarten oder verwandten hypergeometrischen Funktionen ein Paar von zusammengehörigen Rekursionsformeln besteht, das nur Differentialquotienten erster Ordnung enthält, so ist auch ein solches Paar zwischen den entsprechenden Eingenfunktionen vorhanden. Die Schrödingersche Faktorisierbarkeit wird somit durch das Auftreten von benachbarten oder verwandten

---

[1] Als benachbart sollen im folgenden zwei gewöhnliche (bzw. konfluente) hypergeometrische Funktionen $_2F_1(a, b; c; \xi)$ (bzw. $_1F_1(a; c; \xi)$) bezeichnet werden, wenn sie sich voneinander nur in einem von ihren Parameter a, b oder c (bzw. a oder c) um ± 1 unterscheiden. Hingegen werden wir in allen anderen Fällen von zwei verwandten hypergeometrischen Funktionen sprechen, wenn die Unterschiede ihrer entsprechenden Parameter durch ganze Zahlen gegeben werden.

hypergeometrischen Funktionen in einer gewissen Klasse der mit Hilfe der Polynommethode lösbaren Eigenwertprobleme bedingt. Die ganz spezielle Gestalt der Faktorisierungsoperatoren, die Infeld voraussetzt, bewirkt jedoch, daß nicht alle nach dem Schrödingerschen Verfahren faktorisierbaren Eigenwertprobleme auch nach der Infeldschen Methode faktorisiert werden können.

Bisher nicht veröffentlichte Untersuchungen findet der Leser insbesondere in:

1, § 2, 3: Berücksichtigung aller Spezialfälle, die bei der Integration der, der ursprünglichen Sommerfeldschen Polynommethode zugrunde liegenden, Differentialgleichung (1,1.3) auftreten.

2, § 3, 4: Verwendung von gewöhnlichen Riemannschen P-Funktionen mit in beliebigen Punkten liegenden singulären Stellen.

3, § 2: Benutzung der in früheren Arbeiten des Verfassers gebrauchten konfluenten Riemannschen P-Funktion, mit einer im Unendlichen liegenden wesentlich singulären Stelle, jedoch bei beliebiger Lage der außerwesentlich singulären Stelle.

3, § 4 bis 7: Verwendung weiterer in den bisherigen Veröffentlichungen nicht berücksichtigter, konfluenter Riemannscher P-Funktionen.

4, § 2: Verallgemeinerung der Überlegungen, zur Aufsuchung von Eigenwertproblemen, die mittels der Sommerfeldschen Polynommethode lösbar sind.

5, § 2 bis 9, sowie § 11: Untersuchung der Frage, inwieweit die Anwendungsbereiche der Polynom- und der Faktorisierungsmethode sich decken.

Anhang C: Nachweis, daß es mit Hilfe der Polynommethode lösbare, jedoch nicht einmal nach dem Schrödingerschen Verfahren faktorisierbare Eingenwertprobleme gibt.

Anhang D: Untersuchung der Frage, ob man auf Grund der Polynommethode neue Eigenwertprobleme mit Hilfe anderer als in Kap. 3 angegebener konfluenter P-Funktionen (vgl. S. X) lösen kann.

Der Leser, der die hier dargestellte Fassung der Polynommethode nur soweit kennen zu lernen wünscht, als dies zur Auflösung der gewöhnlich in den Vorlesungen über die Quantentheorie behandelten Eigenwertprobleme notwendig ist, muß nur die Formeln für solche Probleme zur Verfügung haben, in deren Lösungen nur zwei spezielle Riemannsche P-Funktionen auftreten: entweder die gewöhnliche Riemannsche P-Funktion, oder die spezielle konfluente, die eine im Nullpunkt befindliche außerwesentlich singuläre Stelle und eine im Unendlichen liegende wesentlich singuläre Stelle aufweist. In der vorliegenden Darstellung sind die entsprechenden Überlegungen in 2, § 1, 2 bzw. 2, § 1, 2, 3 zu finden. Auch in dem mathematischen Anhang zu meinem Lehrbuch der Quantentheorie (Rubinowicz 1957, 1959, 1968) sind sie enthalten.

Daß die in dem vorliegenden Buche dargestellte Methode zur Auflösung der Eigenwertprobleme der Quantentheorie in den Vorlesungen oder auch beim Selbststudium verwendet werden kann, ergibt sich aus der Tatsache, daß zu ihrem Verständnis nur die Kenntnis der Anfangsgründe der Differential- und Integralrechnung notwendig ist. Die aus der Theorie der hypergeometrischen sowie der Riemannschen P-Funktionen verwendeten Sätze wurden alle in dem Buche angeführt, wenn auch nur zum Teil bewiesen.

Schließlich sei noch erwähnt, daß die Bezeichnung konfluente P-Funktion in der mathematischen Literatur, soweit ich feststellen konnte, nicht verwendet wird. Hier wurde sie, in Anlehnung an den Gebrauch bei hypergeometrischen Funktionen, zur Bezeichnung von einigen Klassen von Funktionen gebraucht, die aus den gewöhnlichen Riemannschen P-Funktionen durch Zusammenfließen zweier außerwesentlich singulärer Stellen entstehen. Dabei wurden jedoch nur konfluente P-Funktionen in Betracht gezogen, die aus der in der Polynommethode verwendbaren Klasse der gewöhnlichen Riemannschen P-Funktionen durch einen speziellen Grenzübergang entstehen. Diese Funktionsklasse enthält nur drei willkürlich wählbare Parameter, im Gegensatz zu der fünfparametrigen Klasse der ursprünglich von Riemann definierten P-Funktionen. Ich habe in der mir zur Verfügung stehenden mathematischen Literatur keine Untersuchungen über konfluente P-Funktionen gefunden, die aus den allgemeinen, fünfparametrigen gewöhnlichen Riemannschen P-Funktionen entstehen. Sie sind jedoch leicht herstellbar. Sie ergeben aber, wenn man sie in der Polynommethode verwendet, nur Lösungen der gleichen Eigenwertprobleme, die auch mittels der in den Kapiteln 1 bis 4 angegebenen konfluenten P-Funktionen herstellbar sind (vgl. Anhang D).

Einen Spezialfall einer der hier (in 3, § 2) verwendeten konfluenten P-Funktionen bildet die Whittakersche Funktion $W_{k,m}$ (Whittaker und Watson 1952). Sie genügt der Differentialgleichung (3,2.13) im Falle $\alpha_1 + \alpha_1' = 1$, $\xi_1 = 0$.

Kapitel 1

Sommerfeldsche Polynommethode
in ursprünglicher Fassung

§ 1. Der Sommerfeldsche Ansatz

Mit Hilfe der Sommerfeldschen Polynommethode kann man eine Gruppe von Eigenwertproblemen der Quantentheorie behandeln, die durch Differentialgleichungen zweiter Ordnung oder auch durch ein System von zwei Differentialgleichungen erster Ordnung gegeben werden. Im folgenden befassen wir uns jedoch ausschließlich mit Eigenwertproblemen, die sich mit Hilfe von Differentialgleichungen zweiter Ordnung formulieren lassen. Man kann stets voraussetzen, daß ein solches Eigenwertproblem in der selbstadjungierten Form

$$\frac{d}{dx}\left(p\,\frac{df}{dx}\right) - (q - \lambda\varrho)f = 0 \tag{1.1}$$

gegeben ist.[1] Die Polynommethode ist nach Sommerfeld (1939) nur auf

---

[1] Wir bemerken, daß im Eigenwertproblem (1.1) die Funktion $f(x)$ durch eine durch

$$f(x) = \varphi(x)f_1(x) \tag{α}$$

gegebene Funktion $f_1(x)$ ersetzt werden kann, wobei die Funktion $\varphi(x)$ reell, sonst aber willkürlich ist. Man erhält dann für die Funktion $f_1(x)$ das Eigenwertproblem

$$\frac{d}{dx}\left(p_1\,\frac{df_1}{dx}\right) - (q_1 - \lambda\varrho_1)f_1 = 0 \tag{β}$$

wobei

$$\varrho_1 = \varrho\varphi^2, \quad p_1 = p\varphi^2, \quad q_1 = q\varphi^2 - \varphi\,\frac{d}{dx}\left(p\,\frac{d\varphi}{dx}\right) \tag{γ}$$

ist. Durch eine entsprechende Wahl von φ können wir daher z.B. $p_1 = 1$ setzen, so daß f_1 gemäß (E.2) durch eine P-Funktion gegeben wird. Jedoch weder durch diese noch durch eine andere Wahl von φ kann, wie im Anhange B gezeigt wird, das Rechnungsverfahren der Polynommethode vereinfacht werden.

Aus (α) und (γ) entnehmen wir auch daß

$$\int f^* f' \varrho\, dx = \int f_1^* f_1' \varrho_1\, dx.$$

Das bedeutet aber, daß normierte Funktionen f (bzw. f_1) stets auch normierte Funktionen f_1 (bzw. f) ergeben.

Es ist zweckmäßig Eigenwertprobleme, die miteinander durch eine durch (α), (β) und (γ) gegebene Transformation zusammenhängen, als im wesentlichen miteinander identisch anzusehen.

solche Eigenwertprobleme anwendbar, deren Lösungen $f(x)$ in der Form eines Produktes zweier Funktionen $E(x)$ und $W(x)$

$$f(x) = E(x) W(x) \qquad (1.2)$$

darstellbar sind.

Die Funktion $W(x)$ genügt dabei der allgemeinsten Differentialgleichung zweiter Ordnung

$$x^2(A_2 + B_2 x^h)\frac{d^2 W}{dx^2} + 2x(A_1 + B_1 x^h)\frac{dW}{dx} + (A_0 + B_0 x^h)W = 0,$$

$$(1.3)$$

bei deren Lösung durch eine Potenzreihe von der Gestalt

$$W(x) = x^\sigma \sum_{i=0}^\infty a_i x^i \qquad (1.4)$$

eine nur zweigliedrige Rekursionsformel auftritt (Sommerfeld 1939). Hier bedeuten h, A_i und B_i beliebige Konstanten, wobei in den Anwendungen h meist ganzzahlig ist.

In den folgenden Überlegungen werden wir zunächst in § 2 die Frage behandeln, wann eine beliebige Lösung der Differentialgleichung (1.1), ohne Rücksicht darauf, ob sie die Lösung eines Eigenwertproblems ist oder nicht, in der Gestalt (1.2) dargestellt werden kann. Dabei wird es sich zeigen, daß durch den Ansatz (1.2) und die Forderung, daß die Funktion $W(x)$ eine Lösung der Differentialgleichung (1.3) ist, die Funktion $E(x)$ bis auf eine multiplikative Konstante eindeutig festgelegt ist. In § 3 geben wir sodann die Lösungen der Differentialgleichung (1.3) in den verschiedenen Spezialfällen an und besprechen schließlich in § 4 die Bedingungen, die die Lösungen der Eigenwertprobleme der Quantentheorie im Falle diskreter Eigenwertspektren erfüllen müssen.

§ 2. Bestimmung der Funktion $E(x)$ und Definition der Invarianten $S(x)$

Schreiben wir die ursprünglich gegebene Differentialgleichung (1.1) in der Gestalt

$$f'' + 2c(x)f' + d(x)f = 0 \qquad (2.1)$$

und die Differentialgleichung (1.3) für die Funktion $W(x)$ in der Gestalt

$$W'' + 2C(x) W' + D(x) W = 0. \qquad (2.2)$$

Dabei ist, wie durch Vergleich von (2.1) mit (1.1) folgt,

$$c(x) = \frac{1}{2}\frac{p'(x)}{p(x)}, \quad d(x) = -\frac{q(x) - \lambda\varrho(x)}{p(x)} \qquad (2.3)$$

und wie der Vergleich von (2.2) mit (1.3) ergibt

$$C(x) = \frac{1}{x}\frac{A_1+B_1 x^h}{A_2+B_2 x^h}, \quad D(x) = \frac{1}{x^2}\frac{A_0+B_0 x^h}{A_2+B_2 x^h}. \tag{2.4}$$

Gehen wir nun mit dem Ansatz (1.2) für die Funktion $f(x)$ in die Differentialgleichung (2.1) ein, so erhalten wir eine Differentialgleichung für die Funktion $W(x)$. Vergleichen wir ihre Koeffizienten mit denen der Differentialgleichung (2.2), so ergeben sich die nachstehenden beiden Relationen

$$C = \frac{E'}{E}+c, \quad D = \frac{E''}{E}+2c\frac{E'}{E}+d. \tag{2.5}$$

Aus der ersten Beziehung (2.5) folgt durch Integration $E = \exp[\int(C(x)-c(x))dx]$ und daher mit Rücksicht auf (2.3)

$$E = p(x)^{-1/2}\exp\int C(x)\,dx. \tag{2.6}$$

Das hier auftretende Integral kann leicht berechnet werden, da nach (2.4) die Gestalt von $C(x)$ bekannt ist. Bei der Ausführung dieser Integration müssen wir jedoch verschiedene Spezialfälle unterscheiden. Setzen wir

$$\xi = \varkappa x^h, \tag{2.7}$$

so erhalten wir aus (2.6), abgesehen von einer belanglosen multiplikativen Konstanten,

(A) im Falle $A_2 \neq 0, B_2 \neq 0$,

$$E = p(x)^{-1/2}\xi^{A_1/hA_2}(1-\xi)^{\frac{1}{h}\left(\frac{B_1}{B_2}-\frac{A_1}{A_2}\right)}, \quad \text{wobei} \quad \varkappa = -\frac{B_2}{A_2}, \tag{2.8a}$$

(BI) im Falle $A_2 \neq 0, B_1 \neq 0, B_2 = 0$,

$$E = p(x)^{-1/2}\xi^{A_1/hA_2}e^{-\xi/2}, \quad \text{wobei} \quad \varkappa = -\frac{2}{h}\frac{B_1}{A_2}, \tag{2.8b}$$

(BII) im Falle $A_2 \neq 0, B_0 \neq 0, B_1 = B_2 = 0$,

$$E = p(x)^{-1/2}\xi^{A_1/hA_2}, \quad \text{wobei} \quad \varkappa = -\frac{1}{h^2}\frac{B_0}{A_2}, \tag{2.8c}$$

(CI) im Falle $A_1 \neq 0, A_2 = 0, B_2 \neq 0$,

$$E = p(x)^{-1/2}\xi^{B_1/hB_2}e^{-1/2\xi}, \quad \text{wobei} \quad \varkappa = \frac{h}{2}\frac{B_2}{A_1}, \tag{2.8d}$$

(CII) im Falle $A_0 \neq 0, A_1 = A_2 = 0, B_2 \neq 0$,

$$E = p(x)^{-1/2}\xi^{B_1/hB_2}, \quad \text{wobei} \quad \varkappa = -h^2\frac{B_2}{A_0}. \tag{2.8e}$$

Mit Ausnahme der beiden Fälle (BII) und (CII) ist der Wert von $\varkappa$ eindeutig durch die in der Differentialgleichung (1.3) für die Funktion $W(x)$ auftretenden Koeffizienten bestimmt. In den beiden Ausnahmefällen (BII) und (CII) wurde $\varkappa$ so gewählt, daß in den konfluenten hypergeometrischen Funktionen, die in den Lösungen der Differentialgleichung (1.3) in diesen Fällen auftreten (vgl. § 3), die unabhängige Veränderliche ξ mit keiner multiplikativen Konstanten behaftet ist.

Wir bemerken, daß wir die Differentialgleichung (1.3) nach Multiplikation mit x^{-h} auch in der Gestalt

$$x^2(B_2+A_2 x^{-h})\frac{d^2 W}{dx^2}+2x(B_1+A_1 x^{-h})\frac{dW}{dx}+(B_0+A_0 x^{-h})W = 0$$

(2.9)

darstellen können. Wir erhalten daher aus jeder Lösung der Differentialgleichung (1.3) wieder eine Lösung dieser Gleichung, wenn wir in der gegebenen Lösung den Exponenten h durch $-h$ ersetzen und die Koeffizienten A_i und B_i miteinander vertauschen. Durch die angegebenen Vertauschungen wird die Veränderliche ξ (2.7) des Falles (BI) bzw. (BII) in den Reziprokwert der Veränderlichen ξ des Falles (CI) bzw. (CII) übergeführt. Auf die gleiche Weise, nämlich durch Ersatz von h (bzw. ξ) durch $-h$ (bzw. $1/\xi$), sowie die Vertauschung der Koeffizienten A_i und B_i ergibt sich auch aus dem im Falle (BI) bzw. (BII) geltenden Ausdruck für $E(x)$ der Ausdruck für diese Funktion in dem Falle (CI) bzw. (CII). Der Koeffizient $\varkappa$ geht dabei selbstverständlich in seinen Reziprokwert über.

Eliminiert man aus den beiden Beziehungen (2.5) die Funktion E, so erhält man zwischen den in den beiden Differentialgleichungen (2.1) und (2.5) auftretenden Koeffizienten c, d und C, D die Relation

$$c^2+c'-d = C^2+C'-D.$$

(2.10)

Multipliziert man den Ausdruck (2.10) mit x^2, so ergibt seine linke Seite mit Rücksicht auf (2.3) bis auf das Vorzeichen die nur von x abhängige Funktion

$$S(x) = x^2\left[\left(\frac{p'}{2p}\right)^2 - \frac{p''}{2p} - \frac{q-\lambda\varrho}{p}\right].$$

(2.11)

Seine rechte Seite stellt hingegen mit Rücksicht auf (2.4) eine nur von x^h, also von ξ abhängige Funktion

$$\Sigma(x^h) = -\frac{(A_1+B_1 x^h)[A_1-A_2+(B_1-(h+1)B_2)x^h]}{(A_2+B_2 x^h)^2} -$$

$$-\frac{A_0+(B_0-hB_1)x^h}{A_2+B_2 x^h}$$

(2.12)

dar. Nach (2.10) müssen diese beiden Funktionen einander gleich sein.

Diese Gleichheit stellt die notwendige und hinreichende Bedingung dafür dar, daß die Lösung der Differentialgleichung (1.1) sich in der Gestalt (1.2) darstellen läßt. Wir werden auf diese Tatsache noch in Kap. 2 und Kap. 3 zurückkommen. Dort werden auch die Gestalten der Funktion $\Sigma(x^h)$ (2.12) in den einzelnen oben betrachteten Spezialfällen angegeben werden.

Zum Abschluß dieses Paragraphen mag noch auf den Unterschied zwischen der in der vorliegenden Monographie dargestellten und der ursprünglichen Sommerfeldschen Fassung der Polynommethode hingewiesen werden. Sommerfeld verwendet zur Lösung des Eigenwertproblems (1.1) den Ansatz $f(x) = E(x)\,W(x)$ (1.2), wobei er fordert, daß die Funktion $W(x)$ eine Lösung der Differentialgleichung (1.3) sei. Er gibt jedoch kein systematisches Verfahren zur Gewinnung der Funktion $E(x)$ an, wie wir es in (2.6) getan haben. Er verwendet daher von Fall zu Fall verschiedene Verfahren zur Herstellung der Funktion $E(x)$. Im Falle des linearen harmonischen Oszillators oder der Radialfunktion des Ein-Elektronen-Atoms ermittelt er z.B. die Funktion $E(x)$ indem er fordert, daß die Lösung des Eigenwertproblems in der Unendlichkeit sich wie eine Lösung der aus (1.1) sich ergebenden, asymptotischen Differentialgleichung verhält. Wie das Beispiel des linearen, harmonischen Oszillators zeigt (vgl. 3, § 3), kann jedoch für $E(x)$ in manchen Fällen nicht die exakte, sondern nur eine angenäherte Lösung der aus (1.1) sich ergebenden asymptotischen Differentialgleichung verwendet werden. Die Aufsuchung des Faktors $E(x)$ hat somit im ursprünglichen Sommerfeldschen Verfahren in gewissen Spezialfällen einen heuristischen Charakter.

§ 3. Ermittlung der Funktion $W(x)$

Das Ziel der Überlegungen dieses Paragraphen ist zu zeigen, daß unter den oben angegebenen Bedingungen die Lösung der Differentialgleichung (1.1) in der Form $f(x) = p(x)^{-1/2} P(\xi)$ darstellbar ist, wo $P(\xi)$ eine gewöhnliche oder konfluente Riemannsche P-Funktion bedeutet. Die Variable ξ hat dabei die Gestalt $\xi = \varkappa x^h$ (2.7), wobei $\varkappa$ und h Konstanten sind.

Die Lösungen der Differentialgleichung (1.3) für die Funktion $W(x)$ lassen sich, wie bekannt (vgl. etwa Riemann–Weber 1901, S. 11), durch die gewöhnlichen sowie die konfluenten hypergeometrischen Funktionen ausdrücken. Setzen wir (Rubinowicz 1949b)

$$y = x^h \tag{3.1}$$

sowie

$$W(x) = y^\mu \varphi(y), \tag{3.2}$$

so erhalten wir aus (1.3) die Differentialgleichung

$$y^2(p_2+q_2 y)\frac{d^2\varphi}{dy^2} + y(p_1+q_1 y)\frac{d\varphi}{dy} + (p_0+q_0 y)\varphi = 0. \tag{3.3}$$

Dabei bedeuten

$$p_2 = n_2, \quad p_1 = n_1+2\mu n_2, \quad p_0 = n_0+\mu n_1+\mu(\mu-1)n_2,$$
$$q_2 = m_2, \quad q_1 = m_1+2\mu m_2, \quad q_0 = m_0+\mu m_1+\mu(\mu-1)m_2, \tag{3.4}$$

wobei

$$n_2 = h^2 A_2, \quad n_1 = h[2A_1+(h-1)A_2], \quad n_0 = A_0,$$
$$m_2 = h^2 B_2, \quad m_1 = h[2B_1+(h-1)B_2], \quad m_0 = B_0. \tag{3.5}$$

Es steht uns frei μ einen beliebigen Wert in den obigen Relationen zu erteilen. Wir wollen es so wählen, daß wir für φ im allgemeinen die hypergeometrische Differentialgleichung erhalten. Wir erreichen dies, wenn wir voraussetzen, daß p_0 verschwindet, d.h. daß nach (3.4) und (3.5) der Exponent μ eine Wurzel der quadratischen Gleichung

$$\mu h(\mu h-1)A_2+2\mu hA_1+A_0 = 0 \tag{3.6}$$

ist.

Im Falle (A), wo $A_2 \neq 0$, $B_2 \neq 0$ ist, können wir als neue unabhängige Veränderliche (vgl. (2.7) und (2.8a))

$$\xi = \varkappa y = \varkappa x^h, \quad \varkappa = -q_2/p_2 = -B_2/A_2 \tag{3.7}$$

verwenden und erhalten sodann an Stelle von (3.3) für φ die hypergeometrische Differentialgleichung

$$\xi(1-\xi)\frac{d^2\varphi}{d\xi^2} + [c-(a+b+1)\xi]\frac{d\varphi}{d\xi} - ab\varphi = 0. \tag{3.8}$$

Mit Rücksicht auf (3.4) und (3.5) sind die hier auftretenden Parameter a, b, c mit Hilfe der Gleichungen

$$a+b+1 = \frac{q_1}{q_2} = \frac{m_1}{m_2}+2\mu = \frac{1}{h}\left(2\frac{B_1}{B_2}-1\right)+2\mu+1, \tag{3.9a}$$

$$ab = \frac{q_0}{q_2} = \frac{m_0}{m_2}+\mu\frac{m_1}{m_2}+\mu(\mu-1) =$$

$$= \frac{1}{h^2 B_2}[\mu h(\mu h-1)B_2+2\mu hB_1+B_0], \tag{3.9b}$$

$$c = \frac{p_1}{p_2} = \frac{n_1}{n_2}+2\mu = \frac{1}{h}\left(2\frac{A_1}{A_2}-1\right)+2\mu+1 \tag{3.9c}$$

zu berechnen.

Eliminiert man in den beiden Gleichungen (3.9a) und (3.9b) a (bzw. b) und setzt $b = \varrho$ (bzw. $a = \varrho$), so erhält man die quadratische Gleichung

$$h(\mu-\varrho)\,[h(\mu-\varrho)-1]\,B_2+2h(\mu-\varrho)\,B_1+B_0 = 0, \qquad (3.10)$$

deren beide Wurzeln die Parameter a und b ergeben. Gleichung (3.10) ist mit einer von Sommerfeld angegebenen Bedingung für das Abbrechen der Potenzreihe (1.4) für die Funktion $W(x)$ identisch.

Da eine Lösung der Differentialgleichung (3.8) durch die hypergeometrische Funktion

$$_2F_1(a, b; c; \xi) = 1+\frac{ab}{1!\,c}\,\xi+\frac{a(a+1)b(b+1)}{2!\,c(c+1)}\,\xi^2+ \ldots \qquad (3.11)$$

gegeben wird, so kann gemäß (3.2)

$$W = \xi^\mu\,_2F_1(a, b; c; \xi) \qquad (3.12)$$

gesetzt werden. Mit Rücksicht auf (1.2), (2.8a), (3.7) und (3.12) lautet somit im Falle (A) eine Lösung der Differentialgleichung (1.1)

$$\varphi = f(x) = p(x)^{-1/2}\xi^\alpha(1-\xi)^\gamma\,_2F_1(a, b; c; \xi),$$

wo

$$\alpha = \frac{1}{h}\,\frac{A_1}{A_2}+\mu, \; \gamma = \frac{1}{h}\left(\frac{B_1}{B_2}-\frac{A_1}{A_2}\right). \qquad (3.13)$$

Da eine „gewöhnliche" Riemannsche P-Funktion (vgl. (2,1.4)) die Gestalt

$$P(\xi) = \xi^\alpha(1-\xi)^\gamma\,_2F_1(a, b; c; \xi) \qquad (3.14)$$

hat, so wird die Lösung der Differentialgleichung (1.1) im Falle (A) bis auf den Faktor $p(x)^{-1/2}$ durch eine Riemannsche P-Funktion der Veränderlichen ξ (2.7) gegeben; sie hat also die Gestalt:

$$f(x) = p(x)^{-1/2}P(\xi). \qquad (3.15)$$

Benützt man im Falle (BI), wo $A_2 \neq 0$, $B_1 \neq 0$, $B_2 = 0$ ist, die durch (2.7) und (2.8b) definierte Veränderliche

$$\xi = \varkappa x^h, \quad \varkappa = -2B_1/hA_2, \qquad (3.16)$$

so erhält man für die Funktion φ die Differentialgleichung der konfluenten hypergeometrischen Funktionen

$$\xi\,\frac{d^2\varphi}{d\xi^2}+(c-\xi)\,\frac{d\varphi}{d\xi}-a'\varphi = 0. \qquad (3.17)$$

Der Parameter c wird hier durch (3.9c) gegeben, während a' mit Rücksicht auf $B_2 = 0$ nach (3.10) durch

$$a' = \frac{1}{2h}\,\frac{B_0}{B_1}+\mu$$

bestimmt ist. μ ist eine Wurzel der quadratischen Gleichung (3.6).

Da eine Lösung von (3.17) durch die konfluente hypergeometrische Funktion

$$\varphi = {}_1F_1(a'; c; \xi) = 1 + \frac{a'}{1!c}\,\xi + \frac{a'(a'+1)}{2!c(c+1)}\,\xi^2 + \ldots \qquad (3.18)$$

gegeben wird, so erhält man nach (1.2), (2.8b), (3.2) und (3.16) im Falle (BI) eine Lösung der Differentialgleichung (1.1) in der Gestalt

$$f(x) = p(x)^{-1/2}\xi^\alpha e^{-\xi/2}{}_1F_1(a'; c; \xi), \qquad (3.19)$$

wo α durch den gleichen Ausdruck wie in (3.13) dargestellt wird. Da wir

$$P(\xi) = \xi^\alpha e^{-\xi/2}{}_1F_1(a'; c; \xi) \qquad (3.20)$$

als eine konfluente Riemannsche P-Funktion ansehen können (vgl. (3,2.7) im Falle $\xi_1 = 0$), so besteht die Lösung der Differentialgleichung (1.1) im Falle (BI) aus dem Produkt aus $p(x)^{-1/2}$ und einer konfluenten Riemannschen P-Funktion.

Im Falle (BII), wo $A_2 \neq 0$, $B_0 \neq 0$, $B_1 = B_2 = 0$ ist, verwenden wir die durch (2.7) und (2.8c) bestimmte Variable

$$\xi = \varkappa x^h, \quad \varkappa = -q_0/p_2 = -B_0/h^2 A_2 \qquad (3.21)$$

und erhalten für φ die Differentialgleichung

$$\frac{d^2\varphi}{d\xi^2} + \frac{c}{\xi}\frac{d\varphi}{d\xi} - \frac{1}{\xi}\varphi = 0. \qquad (3.22)$$

Der Parameter c wird ebenso, wie in den oben angegebenen Fällen durch (3.9c) bestimmt. Eine Lösung der Differentialgleichung (3.22) wird durch eine von (3.18) verschiedene konfluente hypergeometrische Funktion

$$F_1(c; \xi) = 1 + \frac{1}{1!c}\,\xi + \frac{1}{2!c(c+1)}\,\xi^2 + \ldots \qquad (3.23)$$

gegeben. Wir erhalten daher gemäß (1.2), (2.8c), (3.2) und (3.21) im Falle (BII) eine Lösung der Differentialgleichung (1.1) in der Form

$$f(x) = p(x)^{-1/2}\xi^\alpha F_1(c; \xi), $$

wo α ebenso wie in (3.19) durch (3.13) bestimmt wird. Wie sich später erweisen wird (vgl. 3, § 4), können wir auch

$$P(\xi) = \xi^\alpha F_1(c; \xi) \qquad (3.24)$$

als eine konfluente Riemannsche P-Funktion ansehen (vgl. (3,4.1)). Auch in dem jetzt betrachteten Falle ist demnach die Lösung der Differentialgleichung (1.1) gleich dem Produkt aus einer P-Funktion und $p(x)^{-1/2}$.

Führt man im Falle (CI), wo $A_1 \neq 0$, $A_2 = 0$, und $B_2 \neq 0$ ist, in Übereinstimmung mit (2.7) und (2.8d) die neue Veränderliche

$$\xi = \varkappa x^h, \quad \varkappa = hB_2/2A_1 \tag{3.25}$$

ein, so erhält man für die Funktion φ die Differentialgleichung

$$\xi^2 \frac{d^2\varphi}{d\xi^2} + [1+(a+b+1)\xi]\frac{d\varphi}{d\xi} + ab\varphi = 0, \tag{3.26}$$

wo die Parameter a, b durch (3.9a) und (3.9b) oder auch durch (3.10) bestimmt werden. Eine Lösung der Differentialgleichung (3.26) wird durch die Funktion

$$\varphi(\xi) = {}_2F(a, b; -\xi)$$

gegeben, wo ${}_2F(a, b; z)$ durch die Potenzreihe

$${}_2F(a, b; z) = 1 + \frac{ab}{1!}z + \frac{a(a+1)b(b+1)}{2!}z^2 + \ldots \tag{3.27}$$

definiert ist. Wir erhalten daher im Falle (CI) eine Lösung der Differentialgleichung (1.1) mit Rücksicht auf (1.2), (2.8d), (3.2) sowie (3.25) in der Gestalt

$$f(x) = p(x)^{-1/2}\xi^\alpha e^{-1/2\xi}{}_2F(a, b; -\xi),$$

wo

$$\alpha = B_1/hB_2 + \mu.$$

Es sei bemerkt, daß die Reihe (3.27) für die Funktion ${}_2F(a, b; z)$ im allgemeinen nur dann konvergiert, wenn diese Reihenentwicklung abbricht und daher ${}_2F(a, b; z)$ einem Polynom gleich wird. In diesem Falle muß entweder der Parameter a oder b gleich einer negativen, ganzen Zahl sein.

Auch die Funktion

$$P(\xi) = \xi^\alpha e^{-1/2\xi}{}_2F(a, b; -\xi) \tag{3.28}$$

können wir (vgl. (3,6.3)) als eine konfluente Riemannsche P-Funktion ansehen.

Im Falle (CII) ist $A_0 \neq 0$, $A_1 = A_2 = 0$ und $B_2 \neq 0$. Aus der quadratischen Gleichung (3.6) für μ folgt dann $A_0 = 0$, während wir im allgemeinen $A_0 \neq 0$ voraussetzen müssen, da ja z.B. A_0 in dem Nenner des Ausdruckes (2.8e) für $\varkappa$ auftritt. Auf dem in den oben behandelten Fällen eingeschlagenen Wege läßt sich somit die Differentialgleichung (1.3) für die Funktion $W(x)$ im Falle (CII) nicht lösen. Wir können aber in dem Ausdrucke (3.2) für die Funktion $W(x)$ den prinzipiell willkürlich wählbaren Exponenten μ als eine Wurzel der quadratischen Gleichung

$$\mu h(\mu h-1)B_2 + 2\mu hB_1 + B_0 = 0 \tag{3.29}$$

ansehen. Wir erhalten die Gleichung (3.29), wenn wir in der quadratischen Gleichung (3.6) die Koeffizienten A_i formell durch die entsprechenden Koeffizienten B_i ersetzen. Dies stimmt mit der Tatsache überein, daß wir die Differentialgleichung (1.3) für die Funktion $W(x)$ auch in der Gestalt (2.9) hinschreiben können.

Mit einem solchen μ ergibt sich für die in (3.2) auftretende Funktion[1] $\varphi(\xi)$ die Differentialgleichung

$$\frac{d^2\varphi}{d\xi^2} + \frac{a+b+1}{\xi}\frac{d\varphi}{d\xi} - \frac{1}{\xi^3}\,\varphi = 0, \qquad (3.30)$$

wobei ξ durch den in (2.8e) angeführten Ausdruck

$$\xi = \varkappa x^h, \quad \varkappa = -h^2 B_2/A_0$$

gegeben wird. Hier ist $a+b+1$ nur als eine abkürzende Bezeichnung für den aus den Koeffizienten B_i aufgebauten Ausdruck (3.9a) anzusehen. Daher kommt den beiden in der Summe $a+b$ auftretenden Parametern a und b einzeln keine besondere Bedeutung zu. Eine Lösung der Differentialgleichung (3.30) wird durch

$$\varphi(\xi) = F_1(-a-b+1; 1/\xi) \qquad (3.31)$$

gegeben. Mit Rücksicht auf (1.2), (2.8e), (3.2) und (3.31) wird daher die Lösung der Differentialgleichung (1.1) gleich

$$f(x) = p(x)^{-1/2} P(\xi),$$

wo

$$P(\xi) = \xi^{-\alpha} F_1(-a-b+1; 1/\xi), \quad \alpha = -B_1/hB_2 - \mu \qquad (3.32)$$

ist. Wie wir uns in 3, § 7 überzeugen werden, ist (3.32) als eine konfluente P-Funktion anzusehen. Sie ergibt sich nämlich aus der konfluenten P-Funktion (3,4.1) durch die Substitution $\xi - \xi_1 = -1/\zeta$ und nachträglichen Ersatz von ζ durch ξ.

Außer den oben angeführten, können wir auch noch andere Arten konfluenter Riemannscher P-Funktionen zur Lösung der Differentialgleichung (1.1) in der Gestalt (1.2) verwenden. Näheres darüber bringen wir in Kap. 3 (vgl. auch Anhang D).

§ 4. Bedingungen, die die Lösungen von Eigenwertproblemen der Quantentheorie zu erfüllen haben

Wir wollen uns im folgenden auf die Betrachtung solcher Eigenwertprobleme beschränken, denen wir in der Quantentheorie begegnen. Wir nehmen daher an, daß es sich um Probleme mit Eigenfunktionen handelt, die einem diskreten Eigenwertspektrum angehören, wenn auch der in der Polynommethode verwendete Formelnapparat ohne weiteres auch

---

[1] Die Funktion $\varphi(y)$ in (3.2) können wir mit Rücksicht auf (3.1) und (2.7) auch als eine Funktion von ξ auffassen.

Eigenfunktionen liefert, deren Eigenwertspektren ein Kontinuum bilden. Wie wir am Beispiel der Radialfunktion des Ein-Elektronen-Atoms sehen werden (vgl. 3, § 3, S.64), bietet jedoch die Erledigung dieses Falles keine Schwierigkeiten, wenn wir den Fall diskreter Eigenwerte beherrschen. Weiters setzen wir voraus, daß das Grundgebiet (x_1, x_2), in dem das Eigenwertproblem definiert ist, durch zwei im Endlichen oder Unendlichen liegende singuläre Punkte x_1 und x_2 der Differentialgleichung (1.1) begrenzt wird.[1] In singulären Punkten haben aber die Lösungen einer Differentialgleichung im allgemeinen die Tendenz unendlich zu werden. Eigenfunktionen der Quantentheorie dürfen jedoch nicht allzustark unendlich werden, da sie ja sonst die Normierungs- und Orthogonalitätsbedingungen nicht erfüllen können. Seien etwa $f_n(x)$ und $f_m(x)$ zwei solche Eigenfunktionen, dann können diese beiden Bedingungen in der Gestalt

$$\int_{x_1}^{x_2} f_n^*(x) f_m(x) \varrho(x)\, dx = \delta_{nm} \tag{4.1}$$

zusammengefaßt werden.

Damit zwei zu den Eigenwerten λ_n und λ_m gehörige Eigenfunktionen $f_n(x)$ und $f_m(x)$ die Bedingung (4.1) erfüllen können, müssen sie in den Endpunkten des Grundgebietes (x_1, x_2) gewissen Randbedingungen genügen. Beachtet man die Tatsache, daß die von uns betrachteten Eigenwertprobleme der selbstadjungierten Differentialgleichung (1.1) reelle Eigenwerte besitzen, so erhält man aus (1.1) die Beziehung

$$\frac{dG_{nm}}{dx} + (\lambda_n - \lambda_m) f_n^* f_m = 0, \tag{4.2}$$

wo

$$G_{nm}(x) = p \left(f_n^* \frac{df_m}{dx} - f_m \frac{df_n^*}{dx} \right) \tag{4.3}$$

bedeutet und durch einen Stern die Bildung des konjugiert-komplexen Wertes angezeigt wird. Wie sich durch eine Integration von (4.2) über das Grundgebiet (x_1, x_2) ergibt, erfordert das Bestehen der Normierungs- und Orthogonalitätsbedingung (4.1) das Erfülltsein der Randbedingung

$$\lim_{x \to x_1} G_{nm}(x) = \lim_{x \to x_2} G_{nm}(x) \tag{4.4}$$

in den Endpunkten des Grundgebietes.

Die Randbedingung (4.4) ist im allgemeinen nicht linear. Sie wird

---

[1] Das bei der Sommerfeldschen Polynommethode benutzte Verfahren kann auch dazu verwendet werden, um Eigenwertprobleme zu lösen, bei denen eine oder auch beide unten angegebenen „natürlichen" Grenzbedingungen durch „künstliche" Grenzbedingungen ersetzt werden, die z.B. durch einen unendlich hohen Potentialwall bedingt werden (vgl. Sommerfeld–Welker 1938).

jedoch befriedigt, wenn die beiden Eigenfunktionen $f_n(x)$ und $f_m(x)$ in den Begrenzungspunkten des Grundgebietes einer der drei nachstehenden linearen Randbedingungen

$$f(x) = 0, \quad \frac{df(x)}{dx} = 0, \quad af(x)+b\,\frac{df(x)}{dx} = 0 \quad (a, b = \text{const})$$

(4.5)

genügen.

Die Randbedingungen werden auch stets erfüllt, falls die Eigenfunktionen einem diskreten Eigenwertspektrum angehören und sie selbst und ihre Ableitungen in den Begrenzungspunkten des Grundgebietes endliche Werte annehmen oder sogar unendlich werden. In diesen Fällen muß jedoch die Funktion $p(x)$ in den Begrenzungspunkten so stark verschwinden, daß der Ausdruck (4.3) für $G_{nm}(x)$ hier den Grenzwert Null hat, selbst wenn der in Klammern in (4.3) auftretende Ausdruck unendlich wird.

Dies trifft z.B. im Falle der zugeordneten Kugelfunktionen $P_l^m(x)$ (2,2.8) zu, wo $p(x) = 1-x^2$ (vgl. (2,2.2)) ist und das Grundgebiet durch $(-1, +1)$ gegeben wird. Die Kugelfunktionen $P_l^m(x)$ verschwinden nämlich in den Begrenzungspunkten des Grundgebietes im Falle $m \neq 0$ und nehmen hier für $m = 0$ endliche Werte an. Die Ableitungen der Kugelfunktionen verschwinden in den Begrenzungspunkten mit Ausnahme der beiden Fälle $m = 0$ und $m = 1$. Im Falle $m = 0$ nehmen sie einen endlichen, von Null verschiedenen Wert an und werden im Falle $0 < m \leqslant 1$ wie $(1-x^2)^{m/2-1}$ unendlich. Mit Rücksicht darauf, daß $p(x) = 1-x^2$ ist, verschwindet jedoch in jedem Falle $G_{nm}(x)$ (4.3) in den beiden Begrenzungspunkten des Grundgebietes $(-1, +1)$.

Die Tatsache, daß zur Ableitung der Normierungs- und Orthogonalitätsbedingungen (4.1) Randbedingungen verwendet werden müssen, die die Bedingung (4.4) erfüllen, hat zur Folge, daß wir im Falle diskreter Eigenwertspektren an Stelle von Randbedingungen die Bedingung (4.1) verwenden können.

Im folgenden soll gezeigt werden, daß im Falle eines diskreten Eigenwertspektrums zu jedem Eigenwert λ_n des selbstadjungierten Eigenwertproblems nur eine einzige Eigenfunktion gehören kann, die durch eine reelle Funktion gegeben wird, falls sie in den Begrenzungspunkten des Grundgebietes eine der linearen Randbedingungen (4.5) zu erfüllen hat.

Zunächst wollen wir beweisen, daß zwei zum gleichen Eigenwerte λ_n gehörige Eigenfunktionen $f_n(x)$ und $f_m(x)$, die in den beiden Begrenzungspunkten des Grundgebietes (x_1, x_2) den gleichen linearen Randbedingungen (4.5) genügen, abgesehen von einer eventuellen multiplikativen Konstanten, konjugiert komplexe Werte besitzen. In diesem Falle folgt zunächst aus (4.2) wegen $\lambda_n = \lambda_m$

$$\frac{dG_{nm}(x)}{dx} = 0.$$

Es muß daher $G_{nm}(x)$ (4.3) innerhalb des Grundgebietes konstant sein. Wenn nun die Eigenfunktionen $f_n(x)$ und $f_m(x)$ beide zugleich eine und dieselbe lineare Randbedingung (4.5) erfüllen, verschwindet $G_{nm}(x)$ in den Begrenzungspunkten des Grundgebietes und es muß daher auch diese Konstante verschwinden. Aus $G_{nm}(x) = 0$ folgt aber, da im allgemeinen $p(x) \neq 0$ vorausgesetzt werden muß, daß

$$\frac{1}{f_m}\frac{df_m}{dx} = \frac{1}{f_n^*}\frac{df_n^*}{dx}$$

ist. Durch Integration dieser Beziehung ergibt sich aber

$$f_m(x) = cf_n^*(x), \tag{4.6}$$

wo c eine Konstante bedeutet. Zwei komplexe Eigenfunktionen $f_m(x)$ und $f_n(x)$, die beide zum gleichen Eigenwert λ_n gehören und beide zugleich die gleiche lineare Randbedingung (4.5) erfüllen, müssen, abgesehen von einer eventuellen multiplikativen Konstanten, konjugiert komplexe Werte besitzen.

Da die Differentialgleichung (1.1) des Eigenwertproblems linear ist und die Eigenfunktionen $f_n(x)$ und $f_m(x)$ lineare Randbedingungen erfüllen, muß sowohl ihr Real- als auch ihr Imaginärteil eine zum gleichen Eigenwert gehörige Eigenfunktion darstellen, die einer der drei linearen Randbedingungen (4.5) entspricht. Wir sind demnach zunächst zu dem nachstehenden Ergebnis gelangt: Wird vorausgesetzt, daß das Eigenwertproblem (1.1) diskrete Eigenwerte besitzt und seine Eigenfunktionen ein und derselben linearen Randbedingung (4.5) entsprechen, so besitzt es stets reelle Eigenfunktionen.

Führt man nun die obigen Überlegungen unter der Voraussetzung durch, daß die beiden Eigenfunktionen $f_n(x)$ und $f_m(x)$ reell sind, so erhält man statt (4.6) die Beziehung $f_m(x) = cf_n(x)$. Es gilt somit der nachstehende

Eindeutigkeitssatz: Erfüllen im Falle eines diskreten Eigenwertspektrums die Eigenfunktionen des selbstadjungierten Eigenwertproblems (1.1) dieselbe lineare Randbedingung (4.5), so sind ihre Eigenwerte und Eigenfunktionen reell und zu jedem Eigenwert λ_n gehört nur eine bis auf eine multiplikative Konstante eindeutig bestimmte Eigenfunktion $f_n(x)$.

Nicht im Widerspruch mit dem obigen Eindeutigkeitssatze steht die Tatsache, daß die Eigenwerte eines Eigenwertproblems (1.1) auch entartet sein können. In einem solchen Falle muß nämlich in (1.1) ein Parameter auftreten, durch dessen Werte sich die einzelnen, zu einem bestimmten Eigenwert gehörigen Eigenfunktionen unterscheiden. Je nach dem Wert des betreffenden Parameters haben wir es daher mit einem verschiedenen Eigenwertproblem (1.1) zu tun. Im Falle der zugeordneten Kugelfunktionen $P_l^m(x)$ tritt z.B. in dem Eigenwertproblem (2,2.1) der Parameter m^2 auf. Auch die Tatsache, daß zu einem bestimmten Wert m^2 zwei Eigenfunktionen $P_l^m(x)$ und $P_l^{-m}(x)$ gehören, steht in Übereinstimmung mit dem obigen Eindeutigkeitssatze. Aus diesem Satze folgt nämlich, daß sich diese beiden zum Eigenwert $\lambda = l(l+1)$ gehörigen Eigenfunktionen nur durch eine multiplikative Konstante unterscheiden können. Es ist daher üblich im Falle ganzzahliger m-Werte

$$P_l^{-m}(x) = (-1)^m \frac{(l-m)!}{(l+m)!} P_l^m(x)$$

anzunehmen.

Es mag noch bemerkt werden, daß im Falle eines kontinuierlichen Eigenwertspektrums die Normierungs- und Orthogonalitätsbedingung (4.1) eine andere Gestalt als im diskreten Eigenwertspektrum hat und daher der obige Eindeutigkeitssatz nicht anwendbar ist. Im Falle des kontinuierlichen Eigenwertspektrums eines Ein-Elektronen-Atoms haben z.B. die Eigenfunktionen komplexe Werte.

Im allgemeinen wird man fordern, daß die Eigenfunktionen innerhalb des Grundgebietes regulär sind. Sie können aber hier auch Singularitäten besitzen, sofern diese die Konvergenz der Normierungs- und Orthogonalitätsintegrale (4.1) nicht gefährden. Selbstverständlich muß das Auftreten solcher Singularitäten physikalisch begründet sein, z.B. durch eine Singularität der in vielen Fällen ein Potential darstellenden oder auch mit ihm nur in Beziehung stehenden Funktion $q(x)$.

Im Falle, daß im Grundgebiet eine singuläre Stelle x_0 auftritt und hier $f_n^* f_m \varrho(x) \, \varDelta x$ unendlich wird, kann dieser Ausdruck nicht als die Auffindungswahrscheinlichkeit für einen Bereich $(x, x+\varDelta x)$ angesehen werden, der den Punkt x_0 enthält. Die in Rede stehende Wahrscheinlichkeit muß vielmehr für den Bereich $(x, x+\varDelta x)$ durch das Integral

$$\int_x^{x+\varDelta x} f_n^* f_m \varrho \, dx$$

definiert werden. Diese Definition hat zur Folge, daß die Integrale in der Normierungs- und Orthogonalitätsbedingung (4.1) konvergieren.

Auf die Bedingungen, die den Eigenfunktionen im Falle eines kontinuierlichen Eigenwertspektrums aufzuerlegen sind, gehen wir hier nicht ein, da sie bei der Anwendung der Polynommethode zur Festlegung der Eigenfunktionen praktisch nur eine geringere Rolle spielen.

Kapitel 2

Auflösung von Eigenwertproblemen mit Hilfe der gewöhnlichen Riemannschen P-Funktionen

§ 1. Eigenfunktionen mit gewöhnlichen Riemannschen P-Funktionen

Im laufenden Kapitel wollen wir uns mit den mit Hilfe der Polynommethode lösbaren Eigenwertproblemen beschäftigen, in deren Lösungen

$$f(x) = p(x)^{-1/2} P(\xi) \tag{1.1}$$

gewöhnliche Riemannsche P-Funktionen auftreten, die demnach dem in 1, § 2 und § 3 mit (A) bezeichneten Falle entsprechen.[1] In den Lösungen der Eigenwertprobleme, die den Fällen (BI), (BII), (CI) und (CII) angehören, treten, wie wir in Kap. 1 behauptet haben, an Stelle der gewöhnlichen Riemannschen P-Funktionen ihre verschiedenen konfluenten Abarten. Die Lösungen dieser Eigenwertprobleme sollen in Kap. 3 angegeben werden.

Auf Grund der in Kap. 1 erhaltenen Ergebnisse soll zunächst im laufenden Paragraphen eine sehr einfache Fassung der Polynommethode zur Auflösung von Eigenwertproblemen angegeben werden, die sich mit

---

[1] Man kann die nachfolgenden Überlegungen auch in einer etwas anderen Gestalt darstellen. Mittels der in der Anm. auf S. 1 angegebenen Transformation (α), (γ) kann man nämlich die Differentialgleichung (1,1.1) auch in die Form

$$\frac{d^2 f_1}{dx^2} - (q_1 - \lambda \varrho_1) f_1 = 0$$

transformieren, d.h. in die Gestalt (β) mit $p_1(x) = 1$. Um dies zu erreichen hat man nach (γ) $\varphi = p(x)^{-1/2}$ zu setzen und erhält gemäß (α) und (γ)

$$f(x) = p(x)^{-1/2} f_1(x),$$

$$\varrho_1 = \frac{\varrho}{p}, \qquad q_1 = -\frac{q}{p} - p(x)^{-1/2} \frac{d}{dx} \left[p(x) \frac{d}{dx} p(x)^{-1/2} \right].$$

Der Vergleich mit (1.1) lehrt, daß dann $f_1(x)$ mit einer gewöhnlichen oder konfluenten Riemannschen P-Funktion identisch ist. Die Formeln, die in diesem Falle zu verwenden sind, sind aus den weiter unten angegebenen zu ermitteln, wenn man in ihnen $p(x) = 1$ setzt.

Hilfe dieser Methode behandeln lassen und deren Eigenfunktionen eine gewöhnliche Riemannsche P-Funktion enthalten. In § 2 soll die Anwendung der Polynommethode an zwei konkreten Beispielen (zugeordnete Kugelfunktionen und Eigenwertproblem des symmetrischen Kreisels) illustriert werden. § 3 bringt eine Verallgemeinerung der ursprünglichen Polynommethode, die der Lage der singulären Stellen der Differentialgleichung (1,1.1) des Eigenwertproblems ohne Transformation der unabhängigen Veränderlichen $\overset{*}{x}$ Rechnung zu tragen gestattet, falls in der Lösung eine gewöhnliche Riemannsche P-Funktion auftritt. In § 4 und § 5 wird wieder am Beispiel der zugeordneten Kugelfunktionen bzw. dem Kepler Problem in der Hypersphäre gezeigt, wie einfach die praktische Anwendung der angegebenen Verallgemeinerung der Polynommethode ist.

Die gewöhnlichen Riemannschen P-Funktionen werden durch die Lösungen der Differentialgleichung zweiter Ordnung

$$\frac{d^2P}{d\xi^2} + \left(\frac{1-\alpha-\alpha'}{\xi} - \frac{1-\gamma-\gamma'}{1-\xi}\right)\frac{dP}{d\xi} +$$

$$+ \left(\frac{\alpha\alpha'}{\xi} + \frac{\gamma\gamma'}{1-\xi} - \beta\beta'\right)\frac{1}{\xi(1-\xi)}\,P = 0 \qquad (1.2)$$

definiert. Dabei wird angenommen, daß zwischen den hier auftretenden sechs Verzweigungsexponenten $\alpha, \beta, \gamma, \alpha', \beta', \gamma'$ die Riemannsche Beziehung

$$\alpha+\beta+\gamma+\alpha'+\beta'+\gamma' = 1 \qquad (1.3)$$

besteht, so daß diese Funktionen nur durch fünf linear unabhängige Verzweigungsexponenten bestimmt werden.

Die Differentialgleichung (1.2) hat ebenso wie die hypergeometrische Differentialgleichung (1,3.8) drei in den Punkten $\xi = 0, \infty, 1$ liegende außerwesentlich singuläre Stellen. In der Umgebung eines jeden dieser drei Punkte kann man ein aus zwei linear unabhängigen Lösungen der Differentialgleichung (1.2) bestehendes Fundamentalsystem angeben, mit dessen Hilfe jede Lösung der Differentialgleichung (1.2) linear ausdrückbar ist. Das z.B. zum singulären Punkte $\xi = 0$ gehörige, aus den beiden P-Funktionen P_1 und P_2 bestehende Fundamentalsystem kann dabei insbesondere so gewählt werden, daß die beiden Funktionen $\xi^{-\alpha}P_1$ und $\xi^{-\alpha'}P_2$ innerhalb des Einheitskreises mit dem Mittelpunkte in $\xi = 0$ eindeutige und reguläre analytische Funktionen sind. Ein solches Fundamentalsystem wird als ein kanonisches bezeichnet. Die beiden Funktionen, die in einem solchen Fundamentalsystem auftreten, sind im allgemeinen (d.h. wenn $\alpha - \alpha'$ nicht Null oder eine positive oder negative ganze Zahl ist) bis auf multiplikative Konstanten eindeutig bestimmt. Auch für die beiden übrigen singulären Punkte $\xi = 1$ und $\xi = \infty$ sind solche kanonischen Fundamentalsysteme angebbar.

Um anzudeuten daß eine *P*-Funktion die singulären Stellen $0, \infty$ und 1 besitzt, zu denen die Verzweigungsexponenten α, α' bzw. β, β' bzw. γ, γ' gehören, ist es nach Riemann üblich sie in der Gestalt

$$P \begin{pmatrix} 0 & \infty & 1 & \\ \alpha & \beta & \gamma & \xi \\ \alpha' & \beta' & \gamma' & \end{pmatrix}$$

zu schreiben. Riemann nennt die Parameter $\alpha, \beta, \gamma, \alpha', \beta', \gamma'$ „Exponenten der *P*-Funktion" (vgl. Klein 1933, S. 27). Die Bezeichnung „Verzweigungsexponenten" charakterisiert jedoch deutlicher die Bedeutung, die diese Parameter für die Definition der *P*-Funktionen haben und wird daher im folgenden von uns verwendet.

Innerhalb des Einheitskreises um den Nullpunkt als Mittelpunkt ist als die eine Funktion des kanonischen Fundamentalsystems die Funktion

$$P(\xi) = \xi^{\alpha}(1-\xi)^{\gamma} {}_2F_1(\alpha+\beta+\gamma,\ \alpha+\beta'+\gamma;\ 1+\alpha-\alpha';\ \xi) \qquad (1.4)$$

zu wählen.[1] Die andere Funktion wird dann erhalten, wenn man in (1.4) die Parameter α und α' miteinander vertauscht.

In dem Einheitskreis mit dem Mittelpunkt in der singulären Stelle $\xi = 1$ wird die eine *P*-Funktion des kanonischen Fundamentalsystems durch

$$P(\xi) = \xi^{\alpha}(1-\xi)^{\gamma} {}_2F_1(\alpha+\beta+\gamma,\ \alpha+\beta'+\gamma;\ 1+\gamma-\gamma';\ 1-\xi) \qquad (1.4a)$$

dargestellt; die andere ergibt sich, wenn in dieser *P*-Funktion die Rollen von γ und γ' vertauscht werden.

In der Umgebung des unendlich fernen Punktes wird die eine Funktion des kanonischen Fundamentalsystems durch

---

[1] Der eventuelle Einwand, die Funktionen des kanonischen Fundamentalsystems seien nicht eindeutig bestimmt, da man ja in (1.4) z.B. γ durch γ' ersetzen kann und so eine von (1.4) verschiedene zum Verzweigungsexponenten α im Nullpunkte gehörige *P*-Funktion erhält, ist nicht stichhaltig. Setzt man nämlich in der bekannten Beziehung (vgl. Kratzer–Franz 1960, S. 89)

$${}_2F_1(a, b;\ c;\ \xi) = (1-\xi)^{c-a-b} {}_2F_1(c-b,\ c-a;\ c;\ \xi)$$

für die Parameter a, b, c die Werte $a = \alpha+\beta+\gamma$, $b = \alpha+\beta'+\gamma$, $c = 1+\alpha-\alpha'$ ein, so erhält man mit Rücksicht auf (1.3) die Relation

$$(1-\xi)^{\gamma} {}_2F_1(\alpha+\beta+\gamma,\ \alpha+\beta'+\gamma;\ 1+\alpha-\alpha';\ \xi) =$$
$$= (1-\xi)^{\gamma'} {}_2F_1(\alpha+\beta+\gamma',\ \alpha+\beta'+\gamma';1+\alpha-\alpha';\ \xi), \qquad (\alpha)$$

die die Tatsache bestätigt, daß die Funktion (1.4) durch Vertauschung von γ und γ' nicht geändert wird.

$$P(\xi) = \frac{1}{\xi^\beta} \left(\frac{1}{\xi} - 1 \right)^\gamma {}_2F_1(\alpha+\beta+\gamma,\ \alpha'+\beta+\gamma;\ 1+\beta-\beta';\ 1/\xi) \quad (1.5)$$

gegeben; die andere erhält man sodann durch Vertauschung der Verzweigungsexponenten β und β' in der Funktion (1.5).

Es sei bemerkt, daß in Übereinstimmung mit (1.4), (1.4a) und (1.5) zu den singulären Punkten 0 bzw. 1 bzw. ∞ die Verzweigungsexponenten $\alpha,\ \alpha'$ bzw. $\gamma,\ \gamma'$ bzw. $\beta,\ \beta'$ der kanonischen Fundamentalsysteme gehören.

Falls $\alpha-\alpha'$ bzw. $\gamma-\gamma'$ bzw. $\beta-\beta'$ verschwindet oder einer positiven oder negativen ganzen Zahl gleich ist, stellt die mit dem größeren α- bzw. γ- bzw. β-Wert gebildete P-Funktion (1.4) bzw. (1.4a) bzw. (1.5) immer noch eine Lösung der Differentialgleichung (1.2) dar. In der anderen Lösung des Fundamentalsystems tritt dann jedoch im allgemeinen eine logarithmische Singularität auf.

Für späteren Gebrauch sei hier noch die leicht zu beweisende Relation

$$\xi^\delta(1-\xi)^\varepsilon P \begin{pmatrix} 0 & \infty & 1 & \\ \alpha & \beta & \gamma & \xi \\ \alpha' & \beta' & \gamma' & \end{pmatrix} = P_0 \begin{pmatrix} 0 & \infty & 1 & \\ \alpha+\delta & \beta-\delta-\varepsilon & \gamma+\varepsilon & \xi \\ \alpha'+\delta & \beta'-\delta-\varepsilon & \gamma'+\varepsilon & \end{pmatrix} \quad (1.6)$$

angeführt, wo δ und ε beliebige Konstante sind. Die in der P-Funktion P_0 auf der rechten Seite von (1.6) auftretenden Verzweigungsexponenten erfüllen wieder die Riemannsche Beziehung (1.3).

Wir setzen voraus, daß das Eigenwertproblem (1,1.1) sich durch den Ansatz (1.1) lösen läßt[1] und suchen zunächst mit Hilfe dieses Ansatzes eine Lösung der Differentialgleichung des Eigenwertproblems (1,1.1) zu finden. Sodann werden wir uns mit der Frage beschäftigen, wie mit Hilfe dieser Lösung die Eigenfunktionen erhalten werden können.

Geht man mit dem Ansatz (1.1) in die Differentialgleichung (1,1.1) ein und setzt voraus, daß zwischen den Veränderlichen x und ξ die Beziehung[2] (1,2.7)

$$\xi = \varkappa x^h \quad (\varkappa,\ h \neq 0,\ \text{sonst beliebig}) \quad (1.7)$$

besteht, so erhält man für die Funktion $P(\xi)$ die Differentialgleichung

---

[1] Es mag hier noch auf die Tatsache hingewiesen werden, daß wenn man statt (1.1) den allgemeineren Ansatz $f(x) = \pi(x)P(\xi)$ benutzt, wo $\pi(x)$ eine beliebige Funktion ist, man mit Rücksicht auf (1.6) wieder zum Ansatz (1.1) zurückgelangt (vgl. Anhang A).

[2] Wie im Anhange E gezeigt wird, kann man durch den Ansatz $f(x) = p(x)^{-1/2} \times P(\xi)$ (1.1) immer noch ein Eigenwertproblem (1,1.1) lösen, auch wenn man die Beziehung (1.7) verallgemeinert. Die sich auf diese Weise ergebenden Beziehungen zwischen x und ξ gestatten jedoch, mit Ausnahme des Spezialfalles (1.7), nur die Lösung von Eigenwertproblemen, die in der Quantentheorie nicht auftreten. Sie werden daher in den folgenden Überlegungen nicht in Betracht gezogen.

$$\frac{d^2P}{d\xi^2} + \frac{h-1}{h}\frac{1}{\xi}\frac{dP}{d\xi} + \frac{x^2}{h^2\xi^2}\left[\left(\frac{p'}{2p}\right)^2 - \frac{p''}{2p} - \frac{q-\lambda\varrho}{p}\right]P = 0. \quad (1.8)$$

Da die in dieser Differentialgleichung (1.8) auftretende Funktion $P(\xi)$ voraussetzungsgemäß eine Riemannsche *P*-Funktion ist, muß (1.8) mit der Differentialgleichung (1.2) dieser Funktion identisch sein. Daher müssen die Koeffizienten von $dP/d\xi$ sowie die von $P(\xi)$ in diesen beiden Differentialgleichungen einander gleich sein.

Aus der Gleichheit der Koeffizienten von $dP/d\xi$ folgt, daß $(h-1)/h = 1-\alpha-\alpha'$ und $1-\gamma-\gamma' = 0$ ist. Mit Rücksicht auf die Riemannsche Beziehung (1.3) wird daher

$$\alpha+\alpha' = 1/h, \quad \beta+\beta' = -1/h, \quad \gamma+\gamma' = 1. \quad (1.9)$$

Die in der Lösung (1.1) der Differentialgleichung (1,1.1) auftretende Riemannsche *P*-Funktion gehört somit zu einer speziellen Klasse solcher Funktionen. Diese ist dadurch ausgezeichnet, daß die Summen der zu den einzelnen singulären Punkten 0, 1, und ∞ gehörenden Verzweigungsexponenten gegebene Werte haben. Die Riemannsche Beziehung (1.3) zerfällt hier somit in drei Relationen. Die in der Lösung (1.1) auftretende *P*-Funktion hängt somit nur von drei linear unabhängigen Verzweigungsexponenten ab, als die wir etwa die „ungestrichenen" Verzweigungsexponenten α, β, γ ansehen können. Die hier auftretende Klasse ist selbstverständlich im allgemeinen verschieden von der ebenfalls dreiparametrigen Klasse von Funktionen, die durch die hypergeometrischen Funktionen $_2F_1$ gegeben wird.

Vergleichen wir nun in den beiden Differentialgleichungen (1.2) und (1.8) die Koeffizienten der *P*-Funktion, so ergibt sich für die durch (1,2.11) definierte Funktion $S(x)$ ein Ausdruck, der nach Durchführung einer Partialbruchzerlegung die Gestalt[1]

$$\Sigma(\xi) = \frac{s_2}{(1-\xi)^2} + \frac{s_1}{1-\xi} + s_0 \quad (1.10)$$

annimmt, wo

$$s_0 = h^2\beta\beta', \quad s_1 = h^2(\alpha\alpha'-\beta\beta'-\gamma\gamma'), \quad s_2 = h^2\gamma\gamma' \quad (1.11)$$

ist. Auf Grund von (1.9) und (1.11) erhält man daher zur Berechnung der Verzweigungsexponenten α, β, γ die nachstehenden drei quadratischen Gleichungen

$$\alpha(\alpha-1/h) = -s/h^2, \quad \beta(\beta+1/h) = -s_0/h^2, \quad \gamma(\gamma-1) = -s_2/h^2, \quad (1.12)$$

wo $s = s_0+s_1+s_2$.

---

[1] Man bemerkt, daß in der Gestalt (1.10) sich auch die durch (1,2.12) gegebene Funktion $\Sigma(x^h)$ darstellen läßt. Wir brauchen bloß in dem durch (1.7) gegebenen ξ für $\varkappa$ den durch (1,2.8a) bestimmten Wert $-B_2/A_2$ einzusetzen.

Wir können demnach behaupten: Damit die Funktion $f(x)$ (1.1), die eine gewöhnliche Riemannsche P-Funktion enthält, eine Lösung der Differentialgleichung (1,1.1) sei, muß sich die mit deren Koeffizienten $p(x)$, $q(x)$ und $\varrho(x)$ gebildete Funktion $S(x)$ (1,2.11) in der Gestalt (1.10) darstellen lassen, wobei ξ durch (1.7) definiert ist. Falls die Funktionen $S(x)$ (1,2.11) und $\Sigma(\xi)$ (1.10) einander gleichgesetzt werden können, kann man unmittelbar die Werte der Koeffizienten $\varkappa$, h, s_0, s_1, s_2 angeben. Mit Hilfe der vier letzten Koeffizienten ergeben sich aus den drei quadratischen Gleichungen (1.12) die Werte für die Verzweigungsexponenten α, β, γ, die die Gestalt der P-Funktion bestimmen. Ob beide Wurzeln dieser quadratischen Gleichungen für α, β, γ oder nur eine und gegebenenfalls welche benützt werden kann, hängt von den Eigenschaften der Funktion $f(x)$ ab, die wir zu erhalten wünschen.

Die ungestrichenen Verzweigungsexponenten α, β, γ und die gestrichenen α', β', γ' gehen symmetrisch in die Gleichungen (1.9) und (1.11) ein, aus denen die drei quadratischen Gleichungen (1.12) für α, β, γ folgen. Falls wir also die einen Wurzeln der Gleichungen (1.12) für α, β, γ wählen, müssen wir die anderen gleich α', β', γ' setzen.

Damit eine durch (1.1) gegebene Funktion $f(x)$ nicht nur eine Lösung der Differentialgleichung (1,1.1) sei, sondern im Falle, wo wir es mit einem diskreten Eigenwertspektrum zu tun haben, auch eine Lösung des entsprechenden Eigenwertproblems darstellt, müssen die Verzweigungsexponenten α, β, γ nicht nur die quadratischen Gleichungen (1.12) sondern auch noch zusätzliche Bedingungen erfüllen. Von den Eigenfunktionen fordern wir nämlich, daß sie gegeneinander orthogonal sind und sich normieren lassen, also den in 1, § 4 angegebenen Bedingungen genügen. Diese verlangen, daß die Eigenfunktionen nicht allzustark unendlich werden in den beiden singulären Endpunkten des Grundgebietes, in dem das Eigenwertproblem definiert ist. Um dies zu erreichen stehen uns zwei Maßnahmen zur Verfügung. Zunächst steht uns im allgemeinen die Wahl der Wurzeln der quadratischen Gleichungen (1.12) für α, β, γ offen. Sodann kann man durch zusätzliche den Verzweigungsexponenten α, β, γ aufzuerlegende Bedingungen erreichen, daß die in der P-Funktion auftretende hypergeometrische Funktion zu einem Polynom wird. Die Möglichkeit diesen Verzweigungsexponenten solche zusätzliche Bedingungen aufzuerlegen, ergibt sich daraus, daß wenigstens einer dieser Verzweigungsexponenten durch die Vermittlung der Koeffizienten s_0, s_1, s_2 von dem in der Funktion $S(x)$ (1,2.11) enthaltenen Eigenwertparameter λ abhängen muß. Durch die zusätzlichen Bedingungen für α, β, γ werden daher die Eigenwerte des Parameters λ festgelegt.

Es ist nicht schwer in jedem Spezialfalle mit Hilfe der beiden oben angegebenen Maßnahmen die Eigenwerte und Eigenfunktionen im

Falle diskreter Eigenwertspektren anzugeben. Um uns nicht in Details zu verlieren, wollen wir daher uns im folgenden bezüglich des Vorgehens im allgemeinen Falle nur auf einige wenige Bemerkungen beschränken. Die Eigenwerte und Eigenfunktionen hängen selbstverständlich vom Grundgebiet ab, in dem das Eigenwertproblem definiert ist. Beschränken wir uns im folgenden auf den in den Anwendungen am häufigsten auftretenden Fall, daß das durch die Punkte x_1 und x_2 begrenzte Grundgebiet des Eigenwertproblems (1,1.1) der Funktion $f(x)$ dem durch die singulären Punkte $\xi_1 = 0$ und $\xi_2 = 1$ der Differentialgleichung (1.2) begrenzten Bereich entspricht.[1] In Übereinstimmung mit (1.7) nehmen wir daher zunächst an, daß $x_1 = 0$ und $x_2 = \varkappa^{-h}$ ist, entsprechend $\xi_1 = 0$ und $\xi_2 = 1$. Die Eigenfunktionen müssen sich dann sowohl mit Hilfe des zum Punkte $\xi = 0$ als auch des zum Punkte $\xi = 1$ gehörigen kanonischen Fundamentalsystems darstellen lassen. In allen praktisch vorkommenden Fällen wird jedoch schon eine einzige Funktion des kanonischen Fundamentalsystems genügen. Die andere wird nämlich in vielen Fällen durch den Umstand ausgeschlossen, daß nur die eine von den beiden Wurzeln α bzw. γ der quadratischen Gleichungen (1.12) brauchbar ist. Die andere Wurzel würde ja dann in der singulären Stelle $\xi_1 = 0$ bzw. $\xi_2 = 1$ ein mit den Normierungs- und Orthogonalitätsbedingungen nicht zu vereinbarendes Unendlichwerden der P-Funktion zur Folge haben. Die auf diese Weise gewonnenen, in dem einen der beiden singulären Punkte x_1 oder x_2 nicht allzustark unendlich werdenden Funktionen werden jedoch im allgemeinen in dem anderen singulären Punkte in unzulässiger Weise unendlich. Dieses Unendlichwerden wird in der Regel dadurch bedingt, daß die hypergeometrische Funktion, die in der zum kanonischen Fundamentalsystem des einen von den beiden singulären Punkten ξ_1 bzw. ξ_2 gehörigen P-Funktion auftritt, in dem anderen singulären Punkte ξ_2 bzw. ξ_1 nicht mehr konvergiert. In welcher Weise dieses Unendlichwerden stattfindet, kann man sich überzeugen, wenn man die in Rede stehende P-Funktion durch die zum kanonischen System des anderen singulären Punktes gehörigen P-Funktionen ausdrückt. Dieses Unendlichwerden kann man in der Weise auf ein zulässiges Maß herabdrücken, daß man etwa in der in (1.4), (1.4a) oder (1.5) auftretenden hypergeometrischen Funktion $_2F_1$ den Parameter a oder b einer negativen ganzen Zahl $-n$ gleichsetzt und $_2F_1$ auf diese Weise in ein Polynom überführt.

Diese Maßnahme ist somit mit der Sommerfeldschen Bedingung des Abbrechens (1,3.10) identisch. Wir wollen n im folgenden als die *Polynomquantenzahl* bezeichnen, da sie den Grad des aus der hypergeometrischen Funktion entstehenden Polynoms festlegt. Sie wird stets

---

[1] Als Gegenbeispiel diene das Kepler-Problem in der Hypersphäre (§ 6), das in dem durch $\pm\infty$ begrenzten Grundgebiet definiert ist.

durch eine positive ganze Zahl gegeben. Die Quantenzahlen, die die Eigenwerte bestimmen, sollen hingegen *Eigenwertquantenzahlen* genannt werden. Sie können, müssen aber nicht ganze Zahlen sein (vgl. das Eigenwertproblem der zugeordneten Kugelfunktionen in § 2), wenn sie auch in der Quantentheorie in der Regel durch ganze Zahlen gegeben werden.

Es sei jedoch bemerkt, daß man zur Darstellung der Eigenfunktionen eines Eigenwertproblems (1,1.1) mit diskreten Eigenwerten, das etwa im Grundgebiet (0, 1) definiert ist, nicht nur die Darstellungen der P-Funktion verwenden kann, die um einen der beiden Begrenzungspunkte 0 oder 1 des Grundgebietes konvergieren. Man kann gegebenenfalls die P-Funktion (1.5) benützen, die um den dritten singulären Punkt ∞ konvergiert, die also eine hypergeometrische Funktion von der Gestalt $_2F_1(a, b; c; 1/\xi)$ enthält. Wird nämlich z.B. ihr Parameter a gleich einer negativen ganzen Zahl $-n$ gesetzt, so wird die hypergeometrische Funktion in (1.5) durch ein Polynom in $1/\xi$ vom n-ten Grade gegeben, das in Nullpunkte wie $1/\xi^n$ unendlich wird. Diese Unendlichkeit kann aber durch den Faktor $1/\xi^{\beta+\gamma}$ in der P-Funktion (1.5) kompensiert werden. Ein Beispiel für einen hierher gehörigen Fall bietet die Darstellung (2.12) der zugeordneten Kugelfunktionen.

Ob wir zur Lösung eines Eigenwertproblems die P-Funktionen (1.4), (1.4a) oder (1.5), die in der Nachbarschaft der singulären Punkte $\xi = 0$ bzw. $\xi = 1$ bzw. $\xi = \infty$ konvergieren, verwenden, ist prinzipiell gleichgültig, da die Eigenwerte der mit Hilfe der Polynommethode lösbaren Eigenwertprobleme der Quantentheorie nicht entartet und daher die Eigenfunktionen eindeutig bestimmt sind (vgl. Eindeutigkeitssatz in 1, § 4), bis auf eine multiplikative Konstante. Auf allen Wegen müssen wir daher, abgesehen von einem Phasenfaktor, stets die gleichen normierten Eigenfunktionen erhalten. Selbstverständlich ergeben sich jedoch die Eigenfunktionen bei Verwendung der zu verschiedenen singulären Punkten gehörigen P-Funktionen in verschiedener Gestalt. Im Falle der P-Funktionen (1.4) tritt in der Lösung ein nach steigenden Potenzen von ξ geordnetes Polynom auf, während bei Verwendung von (1.5) man ein nach fallenden Potenzen geordnetes erhält. Die P-Funktionen (1.4a), die zum kanonischen Fundamentalsystem um den Punkt $\xi = 1$ gehören, ergeben Polynome in der Variablen $1-\xi$.

Die Möglichkeit, zur Lösung von Eigenwertproblemen P-Funktionen zu verwenden, die zu verschiedenen von den drei singulären Stellen $\xi = 0$, 1 oder ∞ gehören, ist praktisch sehr wichtig. Davon hängt nämlich in gewissen Fällen die Einfachheit der Darstellung der Eigenfunktionen ab. In den mittels der Polynommethode herstellbaren Lösungen von Eigenwertproblemen treten nämlich Polynome auf, die durch das Abbrechen von Reihenentwicklungen für hypergeometrische Funktionen entstehen. Man kann sie daher als hypergeometrische Polynome bezeichnen. Sie haben in vielen Fällen die Eigenschaft, daß sie sich durch einen sehr einfachen Ausdruck nur dann darstellen lassen, wenn man sie z.B. durch hypergeometrische Funktionen ausdrückt, die von $1/\xi$, nicht aber von ξ oder $1-\xi$ abhängen. Wir werden dies am Beispiel der zugeordneten Kugelfunktionen in § 2 sehen. Zur Lösung dieses Eigenwertproblems kann man sowohl die zur singulären Stelle $\xi = 0$ oder $\xi = 1$ als auch zur singulären Stelle $\xi = \infty$ gehörigen P-Funktionen verwenden. Während jedoch die zur $\xi = \infty$ gehörigen P-Funktionen die Darstellung aller zugeordneten Kugelfunktionen durch einen einzigen Ausdruck, nämlich (2.12) ermöglichen, sind bei Verwendung der zu $\xi = 0$ oder $\xi = 1$ gehörigen P-Funktionen zwei verschiedene Ausdrücke notwendig, nämlich mit $\alpha = 0$ und $\alpha = 1/2$. Die gleiche Erscheinung tritt auch in den Fällen auf, wo die Eigenlösungen konfluente Riemannsche P-Funktionen enthalten, z.B. beim Eigenwertproblem des linearen harmonischen Oszillators, vgl. (5,8.17).

Öfter begegnet man bei den Anwendungen (vgl. das erste Beispiel in § 2) dem Falle, wo die singulären Punkte x_1 und x_2 der Differentialgleichung (1,1.1) beide dem Punkte $\xi = 1$ entsprechen. Gemäß (1.7) muß dann $x_1 = -x_2 = -\varkappa^{-1/h}$ sein, wobei h eine gerade ganze Zahl ist. In dem $\xi = 0$ entsprechenden Punkte $x = 0$ müssen die Eigenfunktionen $f(x)$ sich ebenso, wie in jedem anderen inneren Punkte des Grundgebietes (x_1, x_2), verhalten, in dem das Eigenwertproblem definiert ist, müssen also im allgemeinen regulär sein. Sie dürfen zwar nach 1, § 4 hier auch unendlich werden, jedoch nur so stark, daß dadurch die Konvergenz der Normierungs- und Orthogonalitätsintegrale (1,4.1) nicht beeinträchtigt wird und dies nur in dem Falle, wo dies physikalisch begründet ist, z.B. durch ein Unendlichwerden der „Potentialfunktion" $q(x)$.

Das hier dargestellte Lösungsverfahren kann man noch ein wenig weiter vereinfachen, wenn man die Lösung des allgemeinsten Eigenwertproblems angibt, dessen Eigenlösungen die Gestalt (1.1) haben, wobei $P(\xi)$ eine gewöhnliche Riemannsche P-Funktion ist. Da in der Funktion $S(x)$ (1,2.11) der Eigenwertparameter λ linear auftritt, muß er auch in den Koffizienten s_i der Funktion $\Sigma(\xi)$ (1.10) ebenfalls linear enthalten sein, da ja diese beiden Funktionen einander gleich sind. Wir müssen daher voraussetzen, daß im allgemeinen

$$s_i = \lambda\sigma_i + \tau_i \quad (i = 0, 1, 2)$$

ist.

Löst man die quadratischen Gleichungen (1.12) für α, β, γ auf, so erhält man für diese Verzweigungsexponenten die Werte

$$\alpha = \frac{1}{h}\left(\frac{1}{2} \pm \sqrt{\frac{1}{4} - s}\right), \quad \beta = \frac{1}{h}\left(-\frac{1}{2} \pm \sqrt{\frac{1}{4} - s_0}\right), \quad (1.13)$$

$$\gamma = \frac{1}{2} \pm \sqrt{\frac{1}{4} - \frac{s_2}{h^2}} \,. \qquad (1.13)$$

Darin ist $s = s_0 + s_1 + s_2$.

Entscheiden wir uns etwa für die Verwendung der P-Funktion (1.4), so sind die Vorzeichen in den Ausdrücken für α und γ, wenn dies notwendig ist, so zu wählen,[1] daß falls die in der P-Funktion enthaltene hypergeometrische Funktion $_2F_1(a, b; c; \xi)$ zu einem Polynom wird, die Eigenfunktionen in den Begrenzungspunkten des Grundgebietes nicht allzustark unendlich werden. Das Vorzeichen in dem Ausdruck (1.13) für β kann hingegen beliebig gewählt werden, da seine Änderung nur eine Vertauschung von β und β' bedeutet und eine solche nur eine Vertauschung der beiden Parameter $a = \alpha + \beta + \gamma$ und $b = \alpha + \beta' + \gamma$ der hypergeometrischen Funktion in (1.4) zur Folge hat. Dies bewirkt jedoch keine Änderung der P-Funktion (1.4). Die Parameter a und b haben gemäß (1.13) die Gestalt

$$\left.\begin{array}{c} a \\ b \end{array}\right\} = \frac{1}{2} \pm \frac{1}{h} \sqrt{\frac{1}{4} - s} \pm \frac{1}{h} \sqrt{\frac{1}{4} - s_0} \pm \sqrt{\frac{1}{4} - \frac{s_2}{h^2}} \quad (1.14)$$

und unterscheiden sich nur durch das Vorzeichen der Wurzel $(1/4 - s_0)^{1/2}$, die in dem Ausdruck (1.13) für β auftritt. Es ist daher stets

$$b = a \pm \frac{2}{h} \sqrt{\frac{1}{4} - s_0} \,,$$

da das in a auftretende β, in b durch β' ersetzt wird. Der Parameter $c = 1 + \alpha - \alpha'$ wird hingegen in der P-Funktion (1.4) durch

$$c = 1 \pm \frac{2}{h} \sqrt{\frac{1}{4} - s}$$

gegeben.

Um die Eigenwerte λ zu erhalten muß man a oder b gleich einer negativen ganzen Zahl setzen.

Da, wie bereits erwähnt, die Koeffizienten s_i der Funktion $\Sigma(\xi)$ (1.10) von dem Eigenwertparameter λ nur linear abhängen können, nehmen wir an, daß

$$s_i = \sigma_i \lambda + \tau_i \quad (i = 0, 1, 2), \quad s = \sigma \lambda + \tau,$$

---

[1] Nach der in der Anm. auf S. 17 angeführten Beziehung (α) kann in dem Ausdruck (1.4) für die P-Funktion der Verzweigungsexponent γ durch γ' ersetzt werden, ohne daß dadurch der Wert der P-Funktion (1.4) geändert wird. Daraus kann man jedoch nicht schließen, daß man bei der Verwendung von (1.4) in der Polynommethode für γ jede der beiden aus (1.12) sich ergebenden Wurzeln setzen darf. Wie aus (α) zu ersehen ist, wird nämlich im allgemeinen nur eine von den beiden hier auftretenden hypergeometrischen Funktionen durch ein Polynom dargestellt.

wo

$$\sigma = \sum_{i=0}^{2} \sigma_i, \quad \tau = \sum_{i=0}^{2} \tau_i. \tag{1.15}$$

In welcher Weise der Eigenwertparameter λ von der negativen ganzen Zahl $-n$ abhängt, der wir dem Parameter a oder b in der hypergeometrischen Funktion $_2F_1(a, b; c; \xi)$ gleichsetzen, hängt davon ab, in wie vielen in den in a oder b gemäß (1.14) enthaltenen Koeffizienten s, s_0, s_2 der Eigenwertparameter λ wirklich auftritt.

Ist er nur in einem dieser Koeffizienten, etwa in s_0 enthalten und setzen wir a oder b gleich $-n$, so wird

$$\lambda \sigma_0 = \frac{1}{4} - \tau_0 - \left[\left(n + \frac{1}{2} \right) h \pm \sqrt{\frac{1}{4} - \tau} \pm \sqrt{\frac{h^2}{4} - \tau_2} \right]^2. \tag{1.16}$$

Es ergibt sich somit eine quadratische Abhängigkeit des Eigenwertparameters λ von der Polynomquantenzahl n.

Um den Fall zu betrachten, wo zwei von den Koeffizienten s, s_0, s_2 den Eigenwertparameter enthalten, nehmen wir an, daß z.B. $\sigma, \sigma_0 \neq 0$, $\sigma_2 = 0$ ist. Man erhält dann, wenn man a oder b (1.14) gleich $-n$ setzt, für den Eigenwertparameter λ die quadratische Gleichung

$$\lambda^2 (\sigma_0 - \sigma)^2 + 2\lambda [(\tau_0 - \tau)(\sigma_0 - \sigma) + v^2 (\sigma_0 + \sigma)] +$$

$$+ (\tau_0 - \tau)^2 + 2v^2 \left(\tau_0 + \tau - \frac{1}{2} \right) + v^4 = 0, \tag{1.17}$$

wo

$$v = \left(n + \frac{1}{2} \right) h \pm \sqrt{\frac{h^2}{4} - \tau_2}$$

bedeutet. In gewissen speziellen Eigenwertproblemen, die nicht nur mittels der Polynom- sondern auch mittels der Faktorisierungsmethode (vgl. Anhang C) lösbar sind, ist $\sigma_0 = \sigma$, so daß die quadratische Gleichung (1.17) in eine lineare übergeht und daher für den Eigenwertparameter λ der Ausdruck

$$4\lambda \sigma_0 = -\frac{(\tau_0 - \tau)^2}{v^2} - 2 \left(\tau_0 + \tau - \frac{1}{2} \right) - v^2 \tag{1.18}$$

gilt.

Falls in anderen Koeffizienten s, s_0, s_2 der Eigenwertparameter λ auftritt, als wir es in (1.16) oder (1.17) vorausgesetzt haben, ergeben sich für ihn analoge Ausdrücke.

Im Falle, wo alle drei Koeffizienten s, s_0, s_2 den Eigenwertparameter λ enthalten, ist λ aus einer Gleichung vierten Grades zu berechnen. Man kann ihre Angabe wohl unterlassen, da kein hierher gehöriger, in der Physik auftretender Fall bekannt zu sein scheint. Ein solcher

Fall kann übrigens mit Hilfe der Infeldschen Faktorisierungsmethode nicht behandelt werden (vgl. 5, § 6, S. 167, 169 und 178).

Man beachte, daß es stets möglich ist den Eigenwertparameter λ um eine positive, multiplikative Konstante zu ändern. Wie aus (1,1.1) zu entnehmen ist, bedingt dies nur eine Division der Gewichtsfunktion $\varrho(x)$ durch die gleiche Konstante. Hingegen bewirkt eine Änderung des Eigenwertparameters um eine beliebige additive Konstante C einen Ersatz des Potentials $q(x)$ durch $q(x)-C\varrho(x)$. Man kann diese Tatsachen benützen um λ entsprechend zu normieren.

§ 2. Zwei Beispiele: Eigenwertproblem der zugeordneten Kugelfunktionen und das des symmetrischen Kreisels

Als erstes Beispiel für die Anwendung der im vorigen Paragraphen durchgeführten allgemeinen Überlegungen wollen wir das Eigenwertproblem der zugeordneten Kugelfunktionen

$$\frac{d}{dx}\left[(1-x^2)\frac{df}{dx}\right]-\left(\frac{m^2}{1-x^2}-\lambda\right)f=0 \qquad (2.1)$$

lösen. Das obige Eigenwertproblem ist in dem durch die beiden Punkte $x=\pm 1$ begrenzten Bereiche definiert. Der Punkt $x=0$ ist eine reguläre Stelle der Differentialgleichung (2.1). Der Parameter m ist in den quantentheoretischen Anwendungen eine positive oder negative ganze Zahl, die auch verschwinden kann. Wir wollen jedoch (2.1) ohne diese einschränkende Voraussetzung lösen und annehmen, daß m eine beliebige reelle Zahl ist.

Der Vergleich von (2.1) mit (1,1.1) lehrt, daß die Differentialgleichung (2.1) selbstadjungiert ist und daß

$$p(x)=1-x^2, \quad q(x)=\frac{m^2}{1-x^2}, \quad \varrho(x)=1. \qquad (2.2)$$

Zunächst muß die Funktion $S(x)$ (1,2.11) angegeben werden. Mit Hilfe einer Partialbruchzerlegung stellt man fest, daß $S(x)$ gleich

$$S(x)=\frac{1-m^2}{(1-x^2)^2}+\frac{m^2+\lambda-1}{1-x^2}-\lambda \qquad (2.3)$$

gesetzt werden kann. Diese Funktion hat die Gestalt von $\Sigma(\xi)$ (1.10) und erfüllt daher die notwendige Bedingung für die Anwendbarkeit der Polynommethode im Falle wo sich $f(x)$ mit Hilfe einer gewöhnlichen P-Funktion ausdrücken läßt. Vergleichen wir (2.3) mit $\Sigma(\xi)$ (1.10), so sehen wir, daß $\xi=x^2$ und daher $\varkappa=1$ und $h=2$ ist. Überdies ist

$$s_2=1-m^2, \quad s_1=m^2+\lambda-1, \quad s_0=-\lambda. \qquad (2.4)$$

Aus (2.4) folgt $s = s_0 + s_1 + s_2 = 0$ und wir erhalten daher aus (1.12) die nachstehenden drei quadratischen Gleichungen

$$\alpha\left(\alpha - \frac{1}{2}\right) = 0, \quad \beta\left(\beta + \frac{1}{2}\right) = \frac{1}{4}\lambda, \quad \gamma(\gamma - 1) = \frac{1}{2}(m^2 - 1). \quad (2.5)$$

Es ist also

$$\alpha = 0 \quad \text{oder} \quad \alpha = \frac{1}{2}, \quad \gamma = \frac{1}{2}(1 \pm m). \quad (2.6)$$

Die quadratische Gleichung für β lassen wir vorläufig außer Betracht, da ja β, wie aus (2.5) hervorgeht, den Wert des Eigenwertparameters λ festlegt, den wir erst am Ende unserer Betrachtungen bestimmen können. Wenn wir den Wert (2.6) für γ in die P-Funktion (1.4) einsetzen, erhalten wir mit Rücksicht darauf, daß wegen $h = 2$ auf Grund von (1.9) $\alpha' = -\alpha + \frac{1}{2}$, $\beta' = -\beta - \frac{1}{2}$ ist, für die Eigenfunktion $f(x)$ den Ausdruck

$$f(x) = x^{2\alpha}(1 - x^2)^{\pm m/2}\,{}_2F_1\left(\alpha + \beta + \frac{1}{2}(1 \pm m),\ \alpha - \beta \pm \frac{1}{2}m;\ 2\alpha + \frac{1}{2};\ x^2\right). \quad (2.7)$$

Das Verhalten dieser Funktion $f(x)$ in $x = \pm 1$ wird durch den Faktor $(1 - x^2)^{\pm m/2}$ mitbestimmt. Unter der Voraussetzung, daß $m > 0$ ist, müssen wir in $\pm \frac{1}{2}m$ das positive Vorzeichen wählen. Anderenfalls geht ja $f(x)$ (2.7) in den Begrenzungspunkten $x = \pm 1$ des Grundgebietes allzustark ins Unendliche, selbst wenn in diesen Punkten die in (2.7) auftretende hypergeometrische Funktion einen endlichen Wert hat.

Führen wir nun für β die Bezeichnung $\beta = \frac{1}{2}l$ ein, so geht der Ausdruck (2.7) für $f(x)$ im Falle $m > 0$ in

$$f(x) = x^{2\alpha}(1 - x^2)^{m/2}\,{}_2F_1\left(\frac{1}{2}(l + m + 1) + \alpha,\ -\frac{1}{2}(l - m) + \alpha;\ 2\alpha + \frac{1}{2};\ x^2\right) \quad (2.8)$$

über. Damit er eine Eigenfunktion des Eigenwertproblems (2.1) darstellt, darf er in den Endpunkten $x = \pm 1$ des Grundgebietes nicht allzustark unendlich werden. Da der Faktor $(1 - x^2)^{m/2}$ in (2.8) im Falle $m > 0$ in den Punkten $x = \pm 1$ verschwindet, darf die in $f(x)$ (2.8) auftretende hypergeometrische Funktion in diesen Punkten nicht so stark unendlich werden daß $f(x)$ hier unzulässig unendlich wird. Um die Bedingung dafür aufzusuchen verwenden wir die bekannte Beziehung (vgl. Whittaker–Watson 1952, S. 291)

$$_2F_1(a, b; c; z) = \frac{\Gamma(c)\Gamma(c-a-b)}{\Gamma(c-a)\Gamma(c-b)} \, _2F_1(a, b; a+b-c+1; 1-z) +$$

$$+ \frac{\Gamma(c)\Gamma(a+b-c)}{\Gamma(a)\Gamma(b)} \, (1-z)^{c-a-b} \, _2F_1(c-a, c-b; c-a-b+1; 1-z).$$

Die rechte Seite dieser Beziehung stellt innerhalb des Einheitskreises um den Punkt $z = 1$ die analytische Fortsetzung von $_2F_1(a, b; c; z)$ dar, falls $c-a-b$ nicht gleich ist der Null oder einer ganzen Zahl. Wenn jedoch $c-a-b$ ganzzahlig ist oder verschwindet, tritt in dem entsprechenden Ausdruck für die analytische Fortsetzung von $_2F_1(a, b; c; z)$ ein logarithmisches Glied auf. Wird diese Beziehung auf die in (2.8) auftretende hypergeometrische Funktion angewendet, so ist $z = x^2$ und $c-a-b = -m$. Nehmen wir nun zunächst an, daß m nicht verschwindet und auch nicht ganzzahlig ist, so daß der oben angegebene Ausdruck für die analytische Fortsetzung von $_2F_1(a, b; c; z)$ verwendbar ist. Da wir voraussetzen mußten, daß im allgemeinen $m > 0$ ist, so geht wegen des Faktors $(1-z)^{c-a-b} = (1-x^2)^{-m}$ das zweite Glied rechts in der obigen Beziehung im Grenzfalle $x \to \pm 1$ stärker ins Unendliche als der Faktor $(1-x^2)^{m/2}$ in (2.8) verschwindet. Damit also die hypergeometrische Funktion in (2.8) in den Endpunkten $x = \pm 1$ des Grundgebietes nicht derart unendlich wird, daß auch $f(x)$ (2.8) in diesen Punkten ins Unendliche geht, müssen wir annehmen, daß entweder $\Gamma(a)$ oder $\Gamma(b)$ unendlich wird und daher das zweite Glied rechts in der obigen analytischen Fortsetzung von $_2F_1(a, b; c; z)$ keinen Beitrag zu der in (2.8) auftretenden hypergeometrischen Funktion liefert. Es muß daher entweder a oder b gleich einer nicht positiven, ganzen Zahl gesetzt werden. Wie sich weiter unten herausstellen wird, erhalten wir bereits alle Eigenwerte und Eigenfunktionen, wenn wir annehmen, daß $l \geqslant 0$ ist.

Da in der hypergeometrischen Funktion $_2F_1$ in (2.8) $a = \frac{1}{2}(l+m+1)+\alpha$, $b = -\frac{1}{2}(l-m)+\alpha$ ist, kann nur der Parameter b einer nicht positiven, ganzen Zahl gesetzt werden, wenn wir überdies annehmen, daß l die Bedingung $l \geqslant m$ erfüllt.

Damit b eine negative ganze Zahl darstellt, müssen wir auch noch voraussetzen, daß $l-m = n$ gleich einer positiven ganzen Zahl oder gleich der Null ist. Für α sind hier nämlich die beiden Werte [vgl. (2.6)] 0 und $\frac{1}{2}$ zulässig. Ist daher die ganze Zahl $l-m = n$ gerade, so ist $\frac{1}{2}(l-m)$ eine ganze Zahl und man muß $\alpha = 0$ in (2.8) setzen, damit man für b eine nicht positive, ganze Zahl erhält. Ist hingegen $l-m = n$ ungerade, so muß man $\alpha = \frac{1}{2}$ wählen, um dies zu erreichen. Je nachdem $\frac{1}{2}(l-m)$ ganz- oder halbzahlig ist, ergibt demnach (2.8) zwei verschiedene Darstellungen für die Eigenfunktionen, nämlich mit $\alpha = 0$ bzw. $\alpha = \frac{1}{2}$.

Für den Eigenwertparameter λ erhält man auf Grund von (2.5) mit Rücksicht auf $\beta = \frac{1}{2}l$ die Eigenwerte

$$\lambda = l(l+1) \quad (l = m, m+1, m+2, \ldots). \tag{2.9}$$

Wenn wir uns entschließen β als negativ anzusehen, müssen wir $\beta = -\frac{1}{2}(l-1)$ setzen, um auf Grund von (2.5) für die Eigenwerte den Ausdruck (2.9) zu erhalten. Auch bei dieser Annahme für β ergeben sich die gleichen Eigenfunktionen (2.8).

Aus der Tatsache daß wir sowohl im Falle positiver als auch negativer β die gleichen Eigenwerte und Eigenfunktionen erhalten, folgt, daß es keine weiteren Eigenfunktionen gibt, als die die wir im Falle positiver β-Werte berechnet haben.

In den obigen Überlegungen haben wir uns überzeugt, daß es notwendig und hinreichend ist den Parameter b gleich einer nicht positiven ganzen Zahl zu setzen, damit die Funktion $f(x)$ (2.8) in eine Eigenlösung des Eigenwertproblems (2.1) übergeht. Es ist aber auch klar, daß wenn man z.B. in den Vorlesungen auf die obigen Überlegungen verzichtet, diese Maßnahme eine hinreichende Bedingung dafür ist, daß (2.8) eine Eigenlösung darstellt. Dies gilt ohne Rücksicht darauf, ob m eine ganze oder auch keine ganze Zahl ist. Da $l-m = n$ ganzzahlig sein muß, wird in dem Falle eines ganzen m auch l eine ganze Zahl sein, wie dies in der Quantentheorie im Falle des Eigenwertproblems des Operators des Quadrates des gesamten Impulsmomentes der Fall ist.

Ist m negativ, so muß man beim Übergang von (2.7) zu (2.8) hier m durch $|m|$ (oder $-m$) ersetzen, damit $(1-x^2)^{\pm m/2}$ in (2.7) in einen in (2.8) für $x = \pm 1$ nicht unendlich werdenden Faktor übergeht. Es kann sich daher $P_l^{-m}(x)$ von $P_l^m(x)$ nur durch einen konstanten Faktor unterscheiden. Zu dieser Annahme wird man auch durch den in 1, § 4 (S. 13) angegebenen Eindeutigkeitssatz gezwungen, wie dort (S. 14) näher begründet wurde.

Bis auf einen Zahlenfaktor stellen die Funktionen (2.8) die zugeordneten Kugelfunktionen $P_l^m(x)$ dar, nur in einer Gestalt, in der sie wohl selten angegeben werden. Dies wird dadurch bedingt, daß in (2.8) nach wachsenden x^2-Potenzen geordnete Polynome auftreten. Um die zugeordneten Kugelfunktionen mit nach fallenden Potenzen von x^2 geordneten Polynomen zu erhalten, müssen wir bei einem nicht negativen β' die P-Funktionen in der Gestalt (1.5) verwenden. Da auf Grund von (1.9):

$\alpha' = -\alpha + \dfrac{1}{2}$, $\beta = -\beta' - \dfrac{1}{2}$ ist, so erhalten wir, wenn wir entsprechend

(2.6) $\gamma = \dfrac{1}{2}(m+1)$ setzen, mit Hilfe von (1.5) für die Eigenfunktionen $f(x)$ den Ausdruck

$$f(x) = x^{2\beta'-m}(1-x^2)^{m/2}{}_2F_1\left(\alpha-\beta'+\frac{1}{2}\,m,\right.$$

$$\left. -\alpha-\beta'+\frac{1}{2}(m+1);\, -2\beta'+\frac{1}{2};\, 1/x^2\right). \qquad (2.10)$$

Es ist leicht festzustellen, daß dieser Ausdruck für die Eigenfunktionen nicht davon abhängt, ob wir in ihm $\alpha = 0$ oder $\alpha = \dfrac{1}{2}$ annehmen.

Der Verzweigungsexponent α tritt nämlich in der hypergeometrischen Funktion bloß in den Parametern

$$a = \alpha-\beta'+\frac{1}{2}\,m, \qquad b = -\alpha-\beta'+\frac{1}{2}(m+1)$$

auf. Im Falle $\alpha = 0$ erhalten wir für sie die Werte

$$a = -\beta'+\frac{1}{2}\,m \quad \text{und} \quad b = -\beta'+\frac{1}{2}(m+1).$$

Im Falle $\alpha = \dfrac{1}{2}$ vertauschen hingegen die Parameter a und b ihre Werte

$$a = -\beta'+\frac{1}{2}(m+1) \quad \text{und} \quad b = -\beta'+\frac{1}{2}\,m.$$

Die hypergeometrische Funktion ${}_2F_1(a, b; c; \xi)$ (1,3.11) bleibt jedoch bei der Vertauschung der Werte der Parameter a und b ungeändert. In den beiden Fällen $\alpha = 0$ und $\alpha = 1/2$ erhalten wir somit für die Eigenfunktionen (2.10) den Ausdruck

$$f(x) = x^{2\beta'-m}(1-x^2)^{m/2}{}_2F_1\left(-\beta'+\frac{1}{2}\,m,\right.$$

$$\left. -\beta'+\frac{1}{2}(m+1);\, -2\beta'+\frac{1}{2};\, 1/x^2\right). \qquad (2.11)$$

Die hier auftretende hypergeometrische Funktion muß ein Polynom sein, weil sie ja doch sonst nur außerhalb des Einheitskreises um den

Nullpunkt konvergieren würde. Setzen wir $\beta' = \frac{1}{2}\,l$, so muß somit

$$-\beta' + \frac{1}{2}\,m = -\frac{1}{2}\,(l-m) \quad \text{oder} \quad -\beta' + \frac{1}{2}\,(m+1) = -\left(\frac{1}{2}\,(l-m) - \frac{1}{2}\right)$$

ganzzahlig und nicht positiv sein. Wir erreichen dies, wenn wir annehmen, daß $l-m = n$ ganzzahlig und nicht negativ ist. Ist nämlich $l-m$ gerade bzw. ungerade, so ist $\frac{1}{2}\,(l-m)$ bzw. $\frac{1}{2}\,(l-m) - \frac{1}{2}$ eine ganze Zahl und nicht negativ.

Bei Hinzufügung einer entsprechenden nur im Falle ganzzahliger m- und daher auch l-Werte definierten multiplikativen Konstanten erhalten wir daher auf Grund von (2.11) die Eigenfunktionen in der Gestalt

$$P_l^m(x) = \frac{(2l)!}{2^l l!(l-m)!}\,x^{l-m}(1-x^2)^{m/2}\,{}_2F_1\left(-\frac{1}{2}\,(l-m),\right.$$

$$\left.-\frac{1}{2}\,(l-m-1);\ -l+\frac{1}{2};\ 1/x^2\right). \tag{2.12}$$

Daß die beiden Ausdrücke (2.8) und (2.12) die gleiche Funktion darstellen, kann man sich mit Hilfe der für ganzzahlige n leicht zu bestätigenden Relation

$${}_2F_1(-n, b;\ c;\ \xi) =$$

$$= \frac{b(b+1) \ldots (b+n-1)}{c(c+1) \ldots (c+n-1)}\,(-\xi)^n\,{}_2F_1(-n, 1-c-n;\ 1-b-n;\ 1/\xi) \tag{2.13}$$

überzeugen.

Verwendet man die P-Funktion (1.4a) zur Angabe der Eigenfunktionen, so erhalten wir diese Funktionen, bis auf einen konstanten Faktor in der Gestalt

$$P_l^m(x) = x^{2\alpha}(1-x^2)^{m/2}\,{}_2F_1\left(-\frac{1}{2}\,(l-m)+\alpha,\right.$$

$$\left.\frac{1}{2}\,(l+m+1)+\alpha;\ m+1;\ 1-x^2\right),$$

wo für α gemäß (2.6) die beiden Werte 0 bzw. 1/2 zu verwenden sind, je nachdem $l-m$ eine positive, gerade bzw. ungerade Zahl ist.

Um das Eigenwertproblem (2.1) zu lösen, mußten wir nur annehmen, daß $l-m = n$ eine ganze Zahl ist, so daß l und m stets beide zugleich ganzzahlig oder nichtganzzahlig sein müssen. Wenn somit die Differenz der beiden Indizes l und m nicht gleich einer ganzen Zahl ist, kann die zugeordnete Kugelfunktion $P_l^m(x)$ nicht als eine Lösung des Eigenwertproblems (2.1) angesehen werden.

Als zweites Beispiel behandeln wir ein mit dem symmetrischen Kreisel verknüpftes Eigenwertproblem. Aus dem Eigenwertproblem für den Hamiltonschen Operator eines symmetrischen Kreisels erhält man mit Hilfe einer Separation der Variablen das durch die Differentialgleichung

$$\sin\vartheta \frac{d}{d\vartheta}\left(\sin\vartheta \frac{df}{d\vartheta}\right) - \left[\tau'^2 + \left(\cos^2\vartheta + \frac{J}{K}\sin^2\vartheta\right)\tau^2 - \right.$$

$$\left. -2\tau\tau'\cos\vartheta - \frac{2JE}{\hbar^2}\sin^2\vartheta\right]f = 0 \qquad (2.14)$$

gegebene Eigenwertproblem. Hier ist: E — Eigenwertparameter der Energie, K — Trägheitsmoment um die Figurenachse, J — Trägheitsmoment um eine äquatoriale Achse. ϑ stellt dar den Winkel zwischen der Figurenachse und einer im Raume festen Richtung. τ und τ' sind ganze Zahlen, nämlich die Quantenzahlen der Impulsmomente um eine äquatoriale bzw. um die Figurenachse. Wir wollen jedoch bei der Lösung des obigen Eigenwertproblems von dieser Voraussetzung keinen Gebrauch machen und daher τ und τ' als zwei beliebige, reelle Parameter ansehen. Setzt man

$$y = \cos\vartheta, \qquad \lambda = \frac{2EJ}{\hbar^2} + \tau^2 - \frac{J}{K}\tau^2,$$

so erhält man aus (2.14) das Eigenwertproblem

$$\frac{d}{dy}\left[(1-y^2)\frac{df}{dy}\right] - \frac{\tau^2 + \tau'^2 - 2\tau\tau'y - \lambda(1-y^2)}{1-y^2}f = 0. \qquad (2.15)$$

Die singulären Punkte dieser Differentialgleichung sind $y = \pm 1$ und ∞. Aus diesem Grunde ist das Eigenwertproblem (2.15) nicht direkt mit Hilfe des in § 1 angegebenen Formelnapparates lösbar. Man kann jedoch mit Hilfe einer linearen Transformation $y = ax+b$ (die den unendlich fernen Punkt an seiner Stelle beläßt) die singulären Punkte $y = -1$ bzw. $+1$ in die singulären Punkte $x = 0$ bzw. $+1$ der Differentialgleichung der gewöhnlichen Riemannschen P-Funktionen überführen. Es wird dann $y = 2x-1$ und (2.15) geht somit in das selbstadjungierte Eigenwertproblem

$$\frac{d}{dx}\left[x(1-x)\frac{df}{dx}\right] - \left[\frac{(\tau+\tau')^2 - 4\tau\tau'x}{4x(1-x)} - \lambda\right]f = 0 \qquad (2.16)$$

über.

Wie der Vergleich mit (1,1.1) lehrt, ist dann

$$p(x) = x(1-x), \qquad \varrho(x) = 1, \qquad q(x) = \frac{(\tau+\tau')^2 - 4\tau\tau'x}{4x(1-x)}.$$

$$(2.17)$$

Daher wird gemäß (1,2.11) die Funktion $S(x)$, wenn wir sie mit Hilfe einer Partialbruchzerlegung entsprechend ordnen, durch

$$S(x) = \frac{1-(\tau-\tau')^2}{4(1-x)^2} + \frac{\lambda-\tau\tau'}{1-x} - \lambda$$

gegeben. Der Vergleich mit $\Sigma(\xi)$ (1.10) ergibt dann, daß $h = 1$, $\varkappa = 1$ und daß ferner

$$s_0 = -\lambda, \quad s_1 = \lambda-\tau\tau', \quad s_2 = \frac{1}{4}[1-(\tau-\tau')^2]$$

ist. Da $s = s_0+s_1+s_2 = \frac{1}{4}[1-(\tau+\tau')^2]$, so folgen aus (1.12) die nachstehenden drei quadratischen Gleichungen

$$\alpha(\alpha-1) = -\frac{1}{4}[1-(\tau+\tau')^2], \quad \beta(\beta+1) = \lambda,$$

$$\gamma(\gamma-1) = -\frac{1}{4}[1-(\tau-\tau')^2]. \tag{2.18}$$

Entscheidet man sich für die Riemannsche P-Funktion (1.4), so hat man mit Rücksicht auf den hier auftretenden Faktor $\xi^\alpha(1-\xi)^\gamma$ für die Verzweigungsexponenten α und γ die nachstehenden beiden Wurzeln der entsprechenden quadratischen Gleichungen (2.18) zu verwenden

$$\alpha = \frac{1}{2} + \frac{1}{2}|\tau+\tau'|, \quad \gamma = \frac{1}{2} + \frac{1}{2}|\tau-\tau'|. \tag{2.19}$$

Damit die in (1.4) auftretende hypergeometrische Funktion in ein Polynom übergeht, muß man entweder $a = \alpha+\beta+\gamma$ oder $b = \alpha+\beta'+\gamma$ gleich einer negativen ganzen Zahl $-n$ setzen. Im Falle $a = -n$ ist gemäß (2.19)

$$a = 1 + \frac{1}{2}|\tau+\tau'| + \frac{1}{2}|\tau-\tau'| + \beta = -n, \tag{2.20}$$

so daß infolge (2.18)

$$\lambda = j(j+1)$$

wird, wo

$$j = \tau^*+n, \quad \tau^* = \frac{1}{2}|\tau+\tau'| + \frac{1}{2}|\tau-\tau'| \tag{2.21}$$

bezeichnet. τ^* ist hier die größere der beiden Zahlen $|\tau|$ und $|\tau'|$.

Für die Eigenfunktionen des Eigenwertproblems (2.16) erhält man dann mit Hilfe von (1.1), (1.4), (1.9), (2.17), (2.19) und (2.20) die Ausdrücke

$$f_n(x) = x^{\frac{1}{2}|\tau+\tau'|}(1-x)^{\frac{1}{2}|\tau-\tau'|} {}_2F_1(-n, n+2\tau^*+1; |\tau+\tau'|+1; x). \tag{2.22}$$

Mit Rücksicht auf $y = 2x-1$ und $y = \cos\vartheta$ ist hier $x = \cos^2\dfrac{1}{2}\vartheta$ zu setzen. Die Polynome, die hier auftreten, sind die Jacobischen Polynome, die durch $J_n(a;\,c;\,x) = {}_2F_1(-n,\,a+n;\,c;\,x)$ definiert werden.

Im Falle, wo $b = -n$ gesetzt wird, erhält man für die Eigenwerte und Eigenfunktionen die gleichen Ausdrücke.

§ 3. Verwendung von Riemannschen P-Funktionen mit singulären Stellen in beliebigen Punkten

Der durch (1.7) gegebene Zusammenhang zwischen den Veränderlichen ξ und x, sowie die spezielle Lage der singulären Stellen der in § 1 angeführten Riemannschen P-Funktionen (1.4), (1.4a) und (1.5) haben zur Folge, daß die Lage der singulären Stellen der Differentialgleichung (1.2) in sehr spezieller Weise festgelegt ist. Man muß daher manchmal vor der Anwendung der Sommerfeldschen Polynommethode in ihrer ursprünglichen Gestalt (vgl. z.B. das Eigenwertproblem eines symmetrischen Kreisels in § 2 oder das Kepler Problem in der Hypersphäre in § 6) im vorgelegten Eigenwertproblem eine Änderung der unabhängigen Variablen vornehmen, um die Lage der singulären Punkte entsprechend zu verlagern.

Man kann sich eine solche Transformation ersparen, wenn man Riemannsche P-Funktionen verwendet, welche singuläre Stellen in drei beliebig in der komplexen ξ-Ebene liegenden Punkten ξ_1, ξ_2, ξ_3 haben. Die Differentialgleichung dieser Riemannschen P-Funktionen hat nach Papperitz (vgl. Klein 1933, S. 26) die Gestalt

$$\frac{d^2P}{d\xi^2} + \left[\frac{1-\alpha_1-\alpha_1'}{\xi-\xi_1} + \frac{1-\alpha_2-\alpha_2'}{\xi-\xi_2} + \frac{1-\alpha_3-\alpha_3'}{\xi-\xi_3}\right]\frac{dP}{d\xi} +$$

$$+ \left[\frac{\alpha_1\alpha_1'(\xi_1-\xi_2)(\xi_1-\xi_3)}{\xi-\xi_1} + \frac{\alpha_2\alpha_2'(\xi_2-\xi_3)(\xi_2-\xi_1)}{\xi-\xi_2} +\right.$$

$$\left. + \frac{\alpha_3\alpha_3'(\xi_3-\xi_1)(\xi_3-\xi_2)}{\xi-\xi_3}\right]\frac{1}{(\xi-\xi_1)(\xi-\xi_2)(\xi-\xi_3)}\,P = 0. \quad (3.1)$$

Die zu den außerwesentlich singulären Stellen $\xi_1 . \xi_2 , \xi_3$ gehörigen Paare von Verzweigungsexponenten wurden mit α_1, α_1' bzw. α_2, α_2' bzw. α_3, α_3' bezeichnet. Zwischen ihnen besteht die Riemannsche Beziehung

$$\alpha_1+\alpha_2+\alpha_3+\alpha_1'+\alpha_2'+\alpha_3' = 1. \quad (3.2)$$

Die eine Funktion des zum singulären Punkte ξ_1 gehörigen kanonischen Fundamentalsystems, deren Konvergenzkreis bis zum nächsten singulären Punkte ξ_3 sich erstreckt, wird durch

$$P(\xi) = \left(\frac{\xi-\xi_1}{\xi-\xi_2}\right)^{\alpha_1} \left(\frac{\xi-\xi_3}{\xi-\xi_2}\right)^{\alpha_3} {}_2F_1\left(\alpha_1+\alpha_2+\alpha_3,\right.$$

$$\left.\alpha_1+\alpha_2'+\alpha_3;\ 1+\alpha_1-\alpha_1';\ \frac{\xi-\xi_1}{\xi-\xi_2}\frac{\xi_3-\xi_2}{\xi_3-\xi_1}\right) \qquad (3.3)$$

gegeben. Die andere Funktion wird im Falle, wo $\alpha_1-\alpha_1'$ nicht verschwindet und auch keine positive oder negative ganze Zahl ist, aus (3.3) durch Vertauschung von α_1 mit α_1' erhalten.[1]

Durch eine Permutation der Indizes 1, 2, 3 kann man aus (3.3) zu anderen singulären Stellen gehörige, kanonische Fundamentalsysteme erhalten. Als Beispiel führen wir das zum Punkte ξ_2 gehörige kanonische Fundamentalsystem an, dessen Konvergenzkreis bis zum nächsten singulären Punkte ξ_3 reicht. Es besteht aus der durch eine Vertauschung von ξ_1 und ξ_2 in (3.3) entstehenden *P*-Funktion

$$P(\xi) = \left(\frac{\xi-\xi_2}{\xi-\xi_1}\right)^{\alpha_2} \left(\frac{\xi-\xi_3}{\xi-\xi_1}\right)^{\alpha_3} {}_2F_1\left(\alpha_1+\alpha_2+\alpha_3,\right.$$

$$\left.\alpha_1'+\alpha_2+\alpha_3;\ 1+\alpha_2-\alpha_2';\ \frac{\xi-\xi_2}{\xi-\xi_1}\frac{\xi_3-\xi_1}{\xi_3-\xi_2}\right), \qquad (3.4)$$

sowie der aus ihr durch Vertauschung von α_2 mit α_2' hervorgehenden *P*-Funktion.

Soll die Differentialgleichung (1,1.1) durch den Ansatz (1.1) gelöst werden, wobei $P(\xi)$ eine Lösung der Papperitzschen Differentialgleichung (3.1) ist, so muß die Funktion $P(\xi)$ auch noch die Differentialgleichung (1.8) erfüllen. Der Vergleich dieser beiden Differentialgleichungen zeigt, daß

$$\frac{1-\alpha_1-\alpha_1'}{\xi-\xi_1} + \frac{1-\alpha_2-\alpha_2'}{\xi-\xi_2} + \frac{1-\alpha_3-\alpha_3'}{\xi-\xi_3} = \frac{h-1}{h}\frac{1}{\xi} \qquad (3.5)$$

ist, sowie daß das durch (1,2.11) gegebene $S(x)$ gleich sein muß

$$\Sigma(\xi) = \frac{h^2\xi^2}{(\xi-\xi_1)(\xi-\xi_2)(\xi-\xi_3)}\left[\frac{\alpha_1\alpha_1'(\xi_1-\xi_2)(\xi_1-\xi_3)}{\xi-\xi_1} +\right.$$

$$\left.+ \frac{\alpha_2\alpha_2'(\xi_2-\xi_3)(\xi_2-\xi_1)}{\xi-\xi_2} + \frac{\alpha_3\alpha_3'(\xi_3-\xi_1)(\xi_3-\xi_2)}{\xi-\xi_3}\right]. \qquad (3.6)$$

Bei der Diskussion der Beziehung (3.5) sind zwei Fälle zu unterscheiden, je nachdem ob unter den singulären Stellen ξ_1, ξ_2, ξ_3 sich der Nullpunkt $\xi = 0$ vorfindet oder nicht.

---

[1] Befindet sich der singuläre Punkt ξ_2 in einer kleineren Entfernung vom Punkte ξ_1 als der Punkt ξ_3, so ist in der Umgebung des Punktes ξ_1 für die *P*-Funktion eine Darstellung zu verwenden, die aus (3.3) sich ergibt, wenn hier ξ_2 und ξ_3 sowie die Rollen von α_2, α_2' und α_3, α_3' miteinander vertauscht werden.

Im ersten Falle sei etwa $\xi_1 = 0$. Die Verzweigungsexponenten α_1 und α_1' müssen dann, wie aus (3.5) folgt, der Beziehung $\alpha_1 + \alpha_1' = 1/h$ genügen. Ferner muß etwa $\alpha_3 + \alpha_3' = 1$ sein und ξ_2 ins Unendliche gehen, damit die Beziehung (3.5) erfüllt werden kann. Aus der Riemannschen Beziehung (3.2) folgt sodann, daß $\alpha_2 + \alpha_2' = -1/h$ sein muß. Zusammenfassend müssen wir also im Falle $\xi_1 = 0$ fordern, daß etwa

$$h = \text{beliebig}, \quad \alpha_1 + \alpha_1' = 1/h, \quad \alpha_2 + \alpha_2' = -1/h,$$
$$\alpha_3 + \alpha_3' = 1, \quad \xi_1 = 0, \quad \xi_2 \to \infty. \tag{3.7}$$

Die Indizes $1, 2, 3$ können hier selbstverständlich in beliebiger Weise permutiert werden. Die Beziehungen (3.7) entsprechen vollständig den Beziehungen (1.9). Dies ist nicht verwunderlich, da in dem betrachteten Falle die Lage zweier singulärer Punkte, nämlich $\xi_1 = 0$ und $\xi_2 = \infty$ die gleiche ist, wie im Falle der in § 1 betrachteten Riemannschen P-Funktionen. Der jetzt ins Auge gefaßte Fall ist also nur insofern allgemeiner, als die Lage des dritten singulären Punktes ξ_3 beliebig ist. Mit Rücksicht auf den Zusammenhang zwischen ξ und x (1.7) ist dies jedoch kein wesentlicher Unterschied. Sowohl in dem Ausdruck (1.10) für $\Sigma(\xi)$ als auch in den Ausdrücken (1.4) und (1.5) für die P-Funktion tritt ja jetzt ξ/ξ_1 an Stelle von ξ. In einem solchen Falle sind somit die Formeln des § 1 vollkommen hinreichend.

Als neu ist hingegen der zweite Fall anzusehen, wo keine singuläre Stelle sich im Nullpunkte befindet. Zur Erfüllung von (3.2) und (3.5) muß dann gefordert werden daß

$$h = 1 \quad \text{und etwa} \quad \alpha_1 + \alpha_1' = 1, \quad \alpha_2 + \alpha_2' = -1,$$
$$\alpha_3 + \alpha_3' = 1, \quad \xi_2 \to \infty \tag{3.7a}$$

ist. Diese Beziehungen stellen übrigens nur den für $h = 1$ sich aus (3.7) ergebenden Spezialfall dar. Auch hier können die Indizes $1, 2, 3$ beliebig permutiert werden.

Zusammenfassend können wir somit feststellen, daß stets die Beziehung (3.7) oder eine aus ihr durch Permutation der Indizes $1, 2, 3$ hervorgehende Beziehung erfüllt sein muß. Dabei kann h einen beliebigen Wert haben, wenn eine singuläre Stelle ξ_1, ξ_2, ξ_3 in den Nullpunkt fällt, es muß jedoch $h = 1$ sein, wenn dies nicht der Fall ist.

Da in den beiden soeben betrachteten Fällen eine singuläre Stelle sich im Unendlichen befinden muß, seien hier zum eventuellen Gebrauch der Leser für diesen Spezialfall die durch (3.6) dargestellte Funktion $\Sigma(\xi)$ sowie die beiden P-Funktionen (3.3) und (3.4) angegeben. Im Grenzfalle $\xi_2 \to \infty$ ist

$$\Sigma(\xi) = \frac{h^2 \xi^2}{(\xi-\xi_1)(\xi-\xi_3)} \left[\frac{\alpha_1 \alpha_1'(\xi_1-\xi_3)}{\xi-\xi_1} + \alpha_2 \alpha_2' + \frac{\alpha_3 \alpha_3'(\xi_3-\xi_1)}{\xi-\xi_3} \right].$$

(3.8)

Weiters erhält man nach Multiplikation der *P*-Funktion (3.3) bzw. (3.4) mit $(-\xi_2)^{\alpha_1+\alpha_3}$ bzw. mit $(-\xi_2)^{-\alpha_2}$ und nachfolgendem Grenzübergang $\xi_2 \to \infty$ die beiden *P*-Funktionen

$$P(\xi) = (\xi-\xi_1)^{\alpha_1}(\xi-\xi_3)^{\alpha_3} {}_2F_1\bigg(\alpha_1+\alpha_2+\alpha_3,$$

$$\alpha_1+\alpha_2'+\alpha_3; 1+\alpha_1-\alpha_1'; \frac{\xi-\xi_1}{\xi_3-\xi_1}\bigg), \quad (3.9)$$

$$P(\xi) = (\xi-\xi_1)^{-\alpha_2-\alpha_3}(\xi-\xi_3)^{\alpha_3} {}_2F_1\bigg(\alpha_1+\alpha_2+\alpha_3,$$

$$\alpha_1'+\alpha_2+\alpha_3; 1+\alpha_2-\alpha_2'; \frac{\xi_3-\xi_1}{\xi-\xi_1}\bigg). \quad (3.10)$$

Es braucht hier wohl nicht darauf hingewiesen zu werden, daß sich auch in dem jetzt betrachteten allgemeineren Falle aus den Beziehungen (3.7) oder (3.7a) und (3.8) quadratische Gleichungen zur Bestimmung der Verzweigungsexponenten ergeben. Das weitere Vorgehen ist ganz analog wie im Falle des § 1. Es ist daher nicht notwendig hier darauf näher einzugehen. Wir geben übrigens in den beiden nächsten Paragraphen diesbezügliche Beispiele an.

Wenn die singulären Stellen ξ_1 und ξ_3 eine beliebige Lage in der komplexen ξ-Ebene haben, so wird $\Sigma(\xi)$ (3.8) im allgemeinen durch einen komplexen Ausdruck gegeben. Für $\Sigma(\xi) = S(x)$ erhält man jedoch einen reellen Ausdruck, falls

$$\xi_3 = \xi_1^*, \quad \alpha_3\alpha_3' = (\alpha_1\alpha_1')^* \quad \text{und} \quad \alpha_2\alpha_2' = \text{reell}$$

ist. Dabei wird durch den Stern die Bildung des konjugiert komplexen Wertes angezeigt, so daß insbesondere die beiden singulären Stellen ξ_1 und ξ_3 symmetrisch in Bezug auf die reelle Achse der komplexen ξ-Ebene liegen. Aber selbst wenn diese Bedingungen erfüllt sind, werden die in den Eigenlösungen auftretenden *P*-Funktionen (3.9) oder (3.10) komplexe Parameter enthalten und von komplexen Variablen abhängen, trotzdem bis auf einen konstanten, eventuell komplexen Faktor die Eigenlösungen reelle Funktionen darstellen müssen, wenn das Eigenwertproblem (1,1.1) reelle Koeffizienten $p(x)$, $q(x)$, $\varrho(x)$ enthält und linearen Randbedingungen genügt (vgl. den Eindeutigkeitssatz in 1, § 4). Das Grundgebiet eines Eigenwertproblems, bei dem für reelle x-Werte im Endlichen keine singulären Punkte vorhanden sind, wird jedoch in der Regel durch $(-\infty, +\infty)$ gegeben sein (vgl. das Kepler-Problem in der Hypersphäre in § 6).

Die Fälle in denen neben ξ_2 auch noch ξ_1 oder ξ_3 ins Unendliche geht, ergeben entweder triviale Funktionen oder konfluente *P*-Funktionen. Wir werden die letzteren Fälle näher in Kap. 3 betrachten.

§ 4. Nochmals Eigenwertproblem der zugeordneten Kugelfunktionen als Beispiel

Die Differentialgleichung (2.1) des Eigenwertproblems der zugeordneten Kugelfunktionen besitzt die singulären Stellen -1, $+1$, ∞, die alle außerwesentlich singulär sind. Man kann daher versuchen das entsprechende Eigenwertproblem mit Hilfe der in § 3 angegebenen Formeln zu lösen. Wir wollen zeigen, daß man auf diesem Wege zu einer der wohl am häufigsten verwendeten Darstellungen der zugeordneten Kugelfunktionen gelangt.

Da keine singuläre Stelle im Nullpunkte sich befindet, so muß gemäß (3.7a) $h = 1$ angenommen werden. Die durch (2.3) gegebene Funktion $S(x)$ läßt sich auch in der Gestalt

$$S(x) = \frac{x^2}{1-x^2}\left[\frac{1-m^2}{1-x^2}+\lambda\right] \tag{4.1}$$

darstellen. Man kann die $\Sigma(\xi)$-Funktion (3.8) mit dieser Funktion in Übereinstimmung bringen, wenn man in $\Sigma(\xi)$

$$h = 1, \quad \xi = x, \quad \xi_1 = 1, \quad \xi_3 = -1 \tag{4.2}$$

setzt.[1] $\Sigma(\xi)$ geht dann in

$$\Sigma(\xi) = \frac{x^2}{1-x^2}\left[\frac{2(\alpha_1\alpha_1'-\alpha_3\alpha_3')x+2(\alpha_1\alpha_1'+\alpha_3\alpha_3')}{1-x^2} - \alpha_2\alpha_2'\right] \tag{4.3}$$

über. Wie der Vergleich von (4.1) mit (4.3) lehrt, muß der in dem Klammerausdruck von (4.3) im Zähler auftretende Koeffizient von x verschwinden. Es ist daher $\alpha_1\alpha_1' = \alpha_3\alpha_3'$, so daß wir mit Rücksicht darauf beim Vergleich von (4.1) und (4.3) die Beziehungen

$$\alpha_1\alpha_1' = \alpha_3\alpha_3', \quad 4\alpha_1\alpha_1' = 1-m^2, \quad \lambda = -\alpha_2\alpha_2' \tag{4.4}$$

erhalten. Die quadratische Gleichung, die sich für α_1 aus (3.7a) und (4.4) ergibt, hat die Lösung $\alpha_1 = \frac{1}{2}(1\pm m)$.

---

[1] Auch die Annahme $\xi_1 = -1$, $\xi_2 = \infty$, $\xi_3 = 1$ führt zum Ziele. In dem Ausdruck für die Kugelfunktion tritt dann aber eine von $\frac{1}{2}(1+x)$ abhängige hypergeometrische Funktion $_2F_1$ auf.

Entscheiden wir uns für die Verwendung der P-Funktion (3.9), so müssen wir

$$\alpha_1 = \frac{1}{2}\,(1+m) \qquad (4.5)$$

annehmen, da ja sonst die mit der gewählten P-Funktion gebildete Lösung (1.1) im Punkte $x = 1$ unerlaubt stark unendlich werden würde, wenn wir $m \geqslant 0$ voraussetzen.

Weiters kann nach (3.7a) und (4.4) α_3 entweder gleich α_1 oder gleich $\alpha_1' = 1-\alpha_1$ gesetzt werden. Das Verhalten der P-Funktion im Punkte $x = -1$ erfordert, daß mit Rücksicht auf (4.5) $\alpha_3 = \alpha_1 = \frac{1}{2}(1+m)$ gewählt wird.

Mit den obigen Werten für α_1 und α_3 erhält die Lösung der Differentialgleichung (2.1) der zugeordneten Kugelfunktionen mit Rücksicht auf (1.1), (2.2), (3.7a) und (3.9) die Gestalt

$$f(x) = (x^2-1)^{m/2}\,{}_2F_1\left(m+1+\alpha_2,\, m-\alpha_2;\, m+1;\, \frac{1}{2}\,(1-x)\right). \qquad (4.6)$$

Würde nun die in dem obigen Ausdruck auftretende hypergeometrische Funktion nicht abbrechen, so würde für $x = -1$ ihr Argument gleich 1 werden, so daß sie selbst allzustark unendlich werden würde[1]. Daher müssen wir $m+1+\alpha_2$ (oder auch $m-\alpha_2$) gleich einer negativen ganzen Zahl $-n$ $(n \geqslant 0)$ setzen. Um die üblichen Bezeichnungen zu erhalten, führen wir statt n durch $n = l-m$ $(l \geqslant m)$ die positive Zahl l ein. Aus $m+1+\alpha_2 = -n = m-l$ folgt $\alpha_2 = -l-1$. Damit die Funktion (4.6) im Bereiche $(-1, +1)$ reelle Werte hat und für ganzzahlige m und l in der üblichen Weise normiert ist, multiplizieren wir sie mit dem konstanten Faktor $(-1)^{m/2}(l+m)!/2^m m!\,(l-m)!$. Wir erhalten so für die zugeordneten Kugelfunktionen den Ausdruck

$$P_l^m(x) = \frac{(l+m)!}{2^m m!\,(l-m)!}\,(1-x^2)^{m/2}\,{}_2F_1\left(m-l,\, m+l+1;\, m+1;\, \frac{1}{2}\,(1-x)\right). \qquad (4.7)$$

Aus (3.7a), (4.4) sowie $\alpha_2 = -l-1$ ergeben sich schließlich für den Eigenwertparameter λ die bekannten Eigenwerte $\lambda = l(l+1)$.

Setzt man nicht $m+1+\alpha_2$ sondern $m-\alpha_2$ gleich einer negativen ganzen Zahl $m-l$, so wird $\alpha_2 = l$ und wir erhalten mit Rücksicht auf (4.4) und (4.6) sowie (3.7a) für die Eigenfunktionen und die Eigenwerte wieder die oben angegebenen Ausdrücke.

---

[1] Vgl. den auf S. 28 angegebenen Ausdruck für die analytische Fortsetzung der hypergeometrischen Funktion ${}_2F_1(a, b; c; z)$ in den Einheitskreis um den Punkt $z = 1$ als Mittelpunkt.

Der Ausdruck (4.7) für die zugeordnete Kugelfunktion $P_l^m(x)$ muß selbstverständlich die gleiche Funktion darstellen, wie die Ausdrücke (2.8) und (2.12). Daß dies im Falle der Darstellung (2.8) zutrifft, kann man sich mit Hilfe der von Gauß bewiesenen Relation

$$_2F_1\left(2a, 2b; a+b+\frac{1}{2}; \frac{1-\sqrt{z}}{2}\right) =$$

$$= \frac{\Gamma\left(a+b+\frac{1}{2}\right)\Gamma\left(\frac{1}{2}\right)}{\Gamma\left(a+\frac{1}{2}\right)\Gamma\left(b+\frac{1}{2}\right)}\, _2F_1\left(a, b; \frac{1}{2}; z\right) +$$

$$+ \frac{\Gamma\left(a+b+\frac{1}{2}\right)\Gamma\left(-\frac{1}{2}\right)}{\Gamma(a)\,\Gamma(b)}\, \sqrt{z}\, _2F_1\left(a+\frac{1}{2}, b+\frac{1}{2}; \frac{3}{2}; z\right) \quad (4.8)$$

überzeugen.

Vertauscht man im Ansatz (4.2) die Rollen der singulären Punkte ξ_1 und ξ_3, setzt also $\xi_1 = -1$, $\xi_3 = 1$, so erhält man die Eigenfunktionen (4.7), in denen jedoch $-x$ statt der Variablen x auftritt. Die so erhaltenen Eigenfunktionen müssen mit den Eigenfunktionen (4.7), bis auf eine eventuelle multiplikative Konstante, identisch sein. Daß sich nämlich bei der Spiegelung am Nullpunkte die Eigenfunktionen (4.7) höchstens um einen konstanten multiplikativen Faktor ändern können, kann man ja aus der Tatsache erschließen, daß die Differentialgleichung (2.1) der Kugelfunktionen gegenüber der Spiegelung am Nullpunkte invariant ist und ihre Eigenwerte nicht entartet sind. Würden wir nämlich aus (4.7) durch Spiegelung andere, von (4.7) unabhängige Funktionen erhalten, so müßten auch sie zu den gleichen Eigenwerten gehörige Lösungen der Differentialgleichung (2.1) darstellen. Dies kann jedoch nach dem in 1, § 4 angegebenen Eindeutigkeitssatz nicht der Fall sein.

Würden wir anstatt (3.9) die *P*-Funktion (3.10) benützen, so würden wir die Kugelfunktionen in einer Gestalt erhalten, in der die hypergeometrische Funktion von $2/(1-x)$ oder von $2/(1+x)$ abhängt.

An dem Beispiel des Eigenwertproblems der Kugelfunktionen ist ersichtlich, wie leicht man durch eine kleine Verallgemeinerung der Polynommethode die Eigenfunktionen in verschiedenen Gestalten erhalten kann, indem man einfach die *P*-Funktionen in verschiedenen Gestalten verwendet. Dies ist selbstverständlich auch in allen anderen Spezialfällen möglich und bildet einen der Hauptvorteile der angegebenen Verallgemeinerung.

Selbstverständlich kann man die Kugelfunktionen $P_l^m(x)$ in der Gestalt (4.7) als Lösung des Eigenwertproblems (2.1) auch mit Hilfe der in § 1 angegebenen Formeln erhalten. Man muß nur in der Differentialgleichung (2.1) durch eine geeignete Transformation eine solche unabhängige Veränderliche z einführen, daß die beiden singulären Punkte dieser Differentialgleichung ± 1, solchen singulären Punkten z_1 und z_2 der transformierten Differentialgleichung entsprechen, die durch die zu (1.7) analoge Transformation $\xi = \varkappa z^h$ in die singulären Punkte $\xi_1 = 0$ und $\xi_2 = 1$ der Differentialgleichung (1.2) der Riemannschen P-Funktionen übergeführt werden können. Eine solche Transformation wird durch

$$z = \frac{1}{2}(1-x)$$ gegeben. Mit ihrer Hilfe erhält man aus (2.1) das Eigenwertproblem

$$\frac{d}{dz}\left[z(1-z)\frac{df}{dz}\right] - \left(\frac{\frac{1}{4}m^2}{z(1-z)} - \lambda\right)f = 0.$$

Zu ihm gehört die $S(x)$-Funktion (1,2.11)

$$S(z) = \frac{\frac{1}{4}(1-m^2)}{(1-z)^2} + \frac{\lambda}{1-z} - \lambda,$$

die der $\Sigma(\xi)$-Funktion (1.10) gleichgesetzt werden kann.

§ 5. Eigenwertproblem der verallgemeinerten zugeordneten Kugelfunktionen als Beispiel

Wir wollen nun die Lösung eines Eigenwertproblems angeben, das später als Beispiel für Eigenwertprobleme, die sich in verschiedener Weise umordnen lassen (4, § 3) sowie für dreiparametrige Eigenwertprobleme (4, § 4) dienen soll. Es handelt sich um die von Kuipers und Meulenbeld (1957, vgl. auch Kuipers 1959, Meulenbeld 1958, 1959 sowie Kuipers und Robin 1959) definierten und näher untersuchten, verallgemeinerten Kugelfunktionen. Man kann sie als Lösungen des durch die selbstadjungierte Differentialgleichung

$$\frac{d}{dx}\left[(1-x^2)\frac{df}{dx}\right] - \left[\frac{1}{2}\frac{m^2}{1-x} + \frac{1}{2}\frac{n^2}{1+x} - \lambda\right]f = 0 \qquad (5.1)$$

gegebenen Eigenwertproblems ansehen. Für $n^2 = m^2$ geht (5.1) in das Eigenwertproblem (2.1) der gewöhnlichen zugeordneten Kugelfunktionen über. Auch das Grundgebiet soll für das Eigenwertproblem (5.1) durch $(-1, +1)$ wie im Falle der gewöhnlichen zugeordneten Kugelfunktionen gegeben sein, so daß im Falle $n^2 = m^2$ auch die Eigenlösungen die gleichen sein müssen.

Wir verwenden zur Lösung von (5.1) das in § 3 angegebene Verfahren. Die zum Eigenwertproblem (5.1) gehörige Funktion $S(x)$ (1,2.11)

$$S(x) = \frac{x^2}{1-x^2}\left[-\frac{1}{2}\frac{m^2-1}{1-x}-\frac{1}{2}\frac{n^2-1}{1+x}+\lambda\right] \tag{5.2}$$

kann der Funktion $\Sigma(\xi)$ (3.8) gleichgesetzt werden, wenn wir

$$\xi = x \quad \text{und daher} \quad h=1, \quad \varkappa=1 \quad \text{und ferner}$$
$$\xi_1=1, \quad \xi_2=\infty, \quad \xi_3=-1 \tag{5.3}$$

annehmen. Für $\Sigma(\xi)$ (3.8) erhalten wir dann den Ausdruck

$$\Sigma(\xi) = \frac{\xi^2}{1-\xi^2}\left[\frac{2\alpha_1\alpha_1'}{1-\xi}-\alpha_2\alpha_2'+\frac{2\alpha_3\alpha_3'}{1+\xi}\right]. \tag{5.4}$$

Wenn wir (5.2) und (5.4) miteinander vergleichen, so ergeben sich mit Rücksicht auf (5.3) sowie (3.7a) für die Verzweigungsexponenten α_1, α_2, α_3 die quadratischen Gleichungen

$$\alpha_1(\alpha_1-1) = \frac{1}{4}(m^2-1), \quad \alpha_2(\alpha_2+1) = \lambda,$$
$$\alpha_3(\alpha_3-1) = \frac{1}{4}(n^2-1), \tag{5.5}$$

aus denen

$$\alpha_1 = \frac{1}{2}(1\pm m), \quad \alpha_3 = \frac{1}{2}(1\pm n) \tag{5.6}$$

folgt. Da gemäß (5.1) $p(x) = 1-x^2$ ist, so erhalten wir mit Rücksicht auf (2,1.1), wenn wir uns für die P-Funktion (3.9) entscheiden, laut (5.3) und (5.6) bis auf eine multiplikative Konstante den Ausdruck

$$f(x) = (1-x)^{m/2}(1+x)^{n/2}\,_2F_1\Big(\alpha_2 + \frac{1}{2}(m+n)+1,$$
$$\frac{1}{2}(m+n)-\alpha_2; m+1; \frac{1}{2}(1-x)\Big). \tag{5.7}$$

Dabei haben wir vorausgesetzt, daß m und n positiv sind und haben daher in den Ausdrücken (5.6) für α_1 und α_3 das positive Vorzeichen gewählt. Sonst würde ja $f(x)$ in den beiden Punkten $x = \pm 1$ eine Unendlichkeitsstelle aufweisen, selbst wenn die in (5.7) auftretende hypergeometrische Funktion in diesen Punkten endlich bleiben würde. Verwenden wir für α_2 die Bezeichnung l, so müssen wir unter der Voraussetzung, daß auch l positiv ist

$$l-\frac{1}{2}(m+n) = n' = 0, 1, 2, \dots \tag{5.8}$$

setzen, damit die in (5.7) auftretende hypergeometrische Funktion in ein Polynom übergeht. Die Eigenlösungen erhalten wir somit in der Gestalt

$$P_l^{m,\,n}(x) = (1-x)^{m/2}(1+x)^{n/2}\,_2F_1\left(l+\frac{1}{2}\,(m+n)+1,\right.$$

$$\left.-l+\frac{1}{2}\cdot(m+n);\, m+1;\, \frac{1}{2}\,(1-x)\right). \qquad (5.9)$$

Mit Rücksicht auf $\alpha_2 = l$ sowie (5.5) ergibt sich für den Eigenwertparameter λ der gleiche Ausdruck wie im Falle der gewöhnlichen zugeordneten Kugelfunktionen, nämlich

$$\lambda = l(l+1). \qquad (5.10)$$

Die Parameter m und n können beliebige Werte haben, die Eigenwertquantenzahl l muß hingegen die Beziehung (5.8) mit der ganzzahligen Polynomquantenzahl n' erfüllen. Für $n = m$ gehen die verallgemeinerten zugeordneten Kugelfunktionen (5.9) in die gewöhnlichen zugeordneten Kugelfunktionen (4.7) über, abgesehen von einem konstanten Faktor.

§ 6. Kepler-Problem in der Hypersphäre als Beispiel

Schrödinger (1941a) hat das Kepler-Problem für die Hypersphäre formuliert und für die entsprechende Radialfunktion das nachstehende Eigenwertproblem

$$\frac{d}{d\chi}\left(\sin^2\chi\,\frac{df}{d\chi}\right) - [l(l+1)-2\nu\sin\chi\cos\chi-\lambda\sin^2\chi]f = 0 \qquad (6.1)$$

erhalten. Hier ist $\nu = me^2R/\hbar^2$, wo R den Krümmungsradius der Hypersphäre bedeutet. λ stellt den Eigenwertparameter dar und $l = 0, 1, 2, \ldots$ Das Eigenwertproblem ist für das Grundgebiet $0 \leqslant \chi \leqslant \pi$ zu lösen. Wendet man auf (6.1) nach Stevenson (1941) die Substitution $x = \operatorname{ctg}\chi$ an, so erhält man das für das Grundgebiet $(-\infty, +\infty)$ zu lösende Eigenwertproblem sogleich in der selbstadjungierten Normalform

$$\frac{d^2f}{dx^2} - \left[\frac{l(l+1)}{1+x^2} - \frac{2\nu x}{(1+x^2)^2} - \lambda\,\frac{1}{(1+x^2)^2}\right]f = 0. \qquad (6.2)$$

Dieses Eigenwertproblem kann mit Hilfe der in § 1 und § 3 angegebenen Methoden gelöst werden. Es ist für uns nicht nur deshalb interessant, weil es in einem unendlichen Grundgebiete gegeben ist, sondern auch deshalb weil die Parameter a, b, c, die in der hypergeometrischen Funktion $_2F_1(a, b\,;\,c\,;\,\xi)$ auftreten, zum Teil komplexe Werte haben. Beide Tatsachen werden dadurch bedingt, daß die singulären Stellen der Differentialgleichung (6.2) sich nicht auf der reellen Achse der komplexen x-Ebene befinden. Zwei von ihnen liegen nämlich auf der imaginären Achse und werden durch $x_1 = i$ und $x_2 = -i$ gegeben, während der dritte $x_3 = \infty$ sich im Unendlichen befindet.

Wollte man zur Lösung von (6.2) das in § 1 angegebene Verfahren verwenden, so müßte man zunächst (6.2) etwa mit Hilfe der Substitution $z = \frac{1}{2} i(x-i)$ derart umformen, daß im transformierten Eigenwertproblem die singulären Stellen auf der reellen Achse in den Punkten $z = 0$ und $z = 1$ liegen. Da wir eine Transformation verwenden, in der die imaginäre Einheit i auftritt, muß i in der Regel auch in dem transformierten Eigenwertproblem auftreten. Das Auftreten von i muß aber im allgemeinen zur Folge haben, daß die in der Lösung des Eigenwertproblems auftretenden Verzweigungsexponenten α, β, γ und die Parameter a, b, c zum Teil wenigstens komplexe Werte aufweisen. Einen solchen Sachverhalt hat man bei der Anwendung der Polynommethode stets zu erwarten, wenn in dem ursprünglich gegebenen, durch eine reelle Differentialgleichung definierten Eigenwertproblem die singulären Stellen nicht auf der reellen Achse liegen.

Wir wollen uns aber die Durchführung der Substitution $z = \frac{1}{2} i(x-i)$ ersparen und auf das Eigenwertproblem (6.2) das in § 3 angegebene Verfahren anwenden. Als Ausgangspunkt unserer Betrachtungen müssen wir die zum Eigenwertproblem (6.2) gehörige Funktion $S(x)$ (1,2.11)

$$S(x) = \frac{x^2}{(1+x^2)^2} [-l(l+1)+\lambda+2\nu x-l(l+1)x^2] \qquad (6.3)$$

wählen. Sie kann zur Übereinstimmung mit der Funktion $\Sigma(\xi)$ (3.8) gebracht werden, wenn wir in der letzteren

$$h = 1, \quad \xi_1 = i, \quad \xi_2 = \infty, \quad \xi_3 = -i \qquad (6.4)$$

setzen. $\Sigma(\xi)$ wird dann

$$\Sigma(\xi) = \frac{\xi^2}{(1+\xi^2)^2} [-2\alpha_1\alpha_1'+\alpha_2\alpha_2'-2\alpha_3\alpha_3'+$$
$$+2i(\alpha_1\alpha_1'-\alpha_3\alpha_3')\xi+\alpha_2\alpha_2'\xi^2]. \qquad (6.5)$$

Der Vergleich von (6.3) und (6.5) ergibt somit

$$-2\alpha_1\alpha_1'+\alpha_2\alpha_2'-2\alpha_3\alpha_3' = -l(l+1)+\lambda, \qquad (6.6a)$$

$$i(\alpha_1\alpha_1'-\alpha_3\alpha_3') = \nu, \qquad (6.6b)$$

$$\alpha_2\alpha_2' = -l(l+1). \qquad (6.6c)$$

Da wegen $h = 1$ (6.4) die Beziehungen (3.7a)

$$\alpha_1 + \alpha_1' = 1, \quad \alpha_2 + \alpha_2' = -1, \quad \alpha_3 + \alpha_3' = 1 \qquad (6.7)$$

gelten, so folgt aus (6.6c): $\alpha_2 = l$ oder $\alpha_2 = -l - 1$.

Mit Rücksicht auf (6.6c) und (6.7) erhält man aus (6.6a) und (6.6b) für α_1 und α_3 zwei quadratische Gleichungen, deren Lösungen durch

$$\alpha_1 = \frac{1}{2} \pm \frac{1}{2} \sqrt{\lambda + 1 + 2i\nu}, \qquad \alpha_3 = \frac{1}{2} \pm \frac{1}{2} \sqrt{\lambda + 1 - 2i\nu}$$

gegeben werden. Setzt man

$$\alpha = \frac{1}{2} - \frac{1}{2} \sqrt{\lambda + 1 - 2i\nu}, \qquad (6.8)$$

wobei die hier auftretende Quadratwurzel einen positiven Realteil enthalten soll, so kann man durch α die Verzweigungsexponenten α_1 und α_3 in der nachstehenden Weise ausdrücken

$$
\begin{aligned}
\alpha_1 &= \alpha^* \quad \text{oder} \quad \alpha_1 = 1 - \alpha^*, \\
\alpha_3 &= \alpha \quad \text{oder} \quad \alpha_3 = 1 - \alpha,
\end{aligned}
\qquad (6.9)
$$

wobei der Stern den konjugiert komplexen Wert anzeigt.

Da in (6.2) der Koeffizient $p(x) = 1$ ist, so wird in dem betrachteten Falle wegen (2,1.1) die Eigenfunktion direkt durch eine P-Funktion gegeben. Von den beiden uns zur Verfügung stehenden P-Funktionen (3.9) und (3.10) entscheiden wir uns für die letztere um die Lösung in der von Stevenson (1941) angegebenen Gestalt zu erhalten. Mit Rücksicht auf (6.4) und (6.7) ergibt sich daher für die Lösung des Eigenwertproblems (6.2) die Funktion

$$
\begin{aligned}
f(x) = (x-i)^{-\alpha_2 - \alpha_3}(x+i)^{\alpha_3}\,{}_2F_1\big(\alpha_1 + \alpha_2 + \alpha_3, \\
-\alpha_1 + \alpha_2 + \alpha_3 + 1; 2\alpha_2 + 2; -2i/(x-i)\big). \qquad (6.10)
\end{aligned}
$$

Würde nun die Potenzreihe, durch die die hypergeometrische Funktion in (6.10) dargestellt wird, nicht abbrechen, so würde diese Funktion im allgemeinen nur für x-Werte konvergieren, die der Ungleichung $|-2i/(x-i)|^2 < 1$ genügen, d.h. für $x^2 > 3$. Damit also (6.10) für alle x-Werte konvergent ist, muß die hypergeometrische Funktion in (6.10) in ein Polynom übergehen. Es muß also entweder

$$a = \alpha_1 + \alpha_2 + \alpha_3 \quad \text{oder} \quad b = -\alpha_1 + \alpha_2 + \alpha_3 + 1 \qquad (6.11)$$

gleich einer negativen ganzen Zahl $-n$ sein.

Da nun der Faktor $(x-i)^{-\alpha_2 - \alpha_3}(x+i)^{\alpha_3}$ in (6.10) sich für große x-Werte wie $x^{-\alpha_2}$ verhält, müssen wir uns zunächst für $\alpha_2 = l$ entscheiden.

Untersuchen wir nun den Fall, wo wir $a = -n'$ setzen. Es muß dann wegen $\alpha_2 = l$ und (6.11) $\alpha_1 + \alpha_3$ reell und negativ sein. Mit Rücksicht auf (6.9) und (6.8) müssen wir daher $\alpha_1 = \alpha^*$ und $\alpha_3 = \alpha$ annehmen. (6.11) ergibt dann

$$a = -n' = l+\alpha+\alpha^* \quad \text{und} \quad b = l+\alpha-\alpha^*+1. \qquad (6.12)$$

Setzen wir hingegen $b = -n'$, so muß $-\alpha_1+\alpha_3+1$ reell und negativ sein. Wir müssen daher gemäß (6.9) $\alpha_1 = 1-\alpha^*$, $\alpha_3 = \alpha$ wählen. Wir erhalten dann wieder die Beziehungen (6.12), in denen jedoch die Ausdrücke für a und b miteinander vertauscht sind.

Aus der ersten Gleichung (6.12) und aus (6.8) ergibt sich für den Eigenwertparameter λ der Ausdruck

$$\lambda+1 = n^2-\nu^2/n^2, \qquad (6.13)$$

wo $n = n'+l+1$ $(n' = 0, 1, 2, \ldots)$.

Da aus (6.13) für α (6.8)

$$\alpha = \frac{1}{2}\left(1-n+i\frac{\nu}{n}\right) \qquad (6.14)$$

folgt, so erhalten wir die nicht normierten Eigenfunktionen (6.10) schließlich in der Gestalt

$$f(x) = (x-i)^{-l-\alpha}(x+i)^{\alpha}{}_2F_1\left(l+1-n, l+1+i\frac{\nu}{n}; 2l+2; -2i/(x-i)\right). \qquad (6.15)$$

Trotzdem diese Eigenfunktion die imaginäre Einheit i enthält, muß sie dennoch gemäß dem in 1, § 4 (S. 13) angegebenen Eindeutigkeitssatz, bis auf eine eventuelle multiplikative Konstante, eine reelle Funktion darstellen, da sie ja doch sämtliche Voraussetzungen dieses Satzes erfüllt.

Führt man in (6.15) durch die Substitution $x = \operatorname{ctg}\chi$ die in dem ursprünglich gegebenen Eigenwertproblem (6.1) auftretende Variable χ ein, so erhält man schließlich mit Rücksicht auf (6.14), bis auf eine multiplikative Konstante, die Eigenfunktion in der von Stevenson (1941) angegebenen Gestalt

$$f(x) = \sin^l\chi\, e^{-\nu\chi/n} e^{-i(n-l-1)}\chi \times$$
$$\times {}_2F_1(-(n-l-1), l+1+i\nu/n; 2l+2; 1-e^{2i\chi}). \qquad (6.16)$$

Daß diese Funktion reell ist, folgt auch aus der Tatsache, daß man sich mit Hilfe der Beziehung (vgl. Kratzer und Franz 1941, S. 89, Gl. (19a))

$${}_2F_1(a, b; c; 1-z) = z^{-a}{}_2F_1\left(a, c-b; c; 1-\frac{1}{z}\right) \qquad (6.17)$$

überzeugen kann, daß (6.16) ihrem konjugiert-komplexen Werte gleich ist.

Kapitel 3

Auflösung von Eigenwertproblemen mit Hilfe konfluenter Riemannscher P-Funktionen

§ 1. Konfluente hypergeometrische Funktionen

Der Begriff einer konfluenten Funktion tritt ursprünglich in der Theorie der durch die Differentialgleichung (1,3.8) definierten hypergeometrischen Funktionen auf. Diese Differentialgleichung stellt einen Spezialfall der Differentialgleichung der Riemannschen P-Funktionen (2,1.2) dar, nämlich den, den wir erhalten, wenn wir die Verzweigungsexponenten $\alpha = \gamma = 0$ setzen. Sie hat daher, ebenso wie die Differentialgleichung der gewöhnlichen Riemannschen P-Funktionen, drei in den Punkten $\xi = 0$, 1 und ∞ liegende singuläre Stellen, die alle außerwesentlich sind. Der Vergleich von (2,1.2) mit (1,3.8) zeigt dann, daß mit Rücksicht auf $\alpha = \gamma = 0$ sowie die Riemannsche Beziehung (2,1.3) wir

$$a = \beta, \quad b = \beta', \quad c = 1-\alpha' \tag{1.1}$$

anzunehmen haben. Wie man aus der P-Funktion (2,1.4) sowie der P-Funktion folgern kann, die sich aus (2,1.4) ergibt, wenn wir hier α und α' miteinander vertauschen, werden mit Rücksicht auf (1.1) die Lösungen der hypergeometrischen Differentialgleichung (1,3.8), die im Einheitskreis um den Nullpunkt konvergieren, durch

$$_2F_1(a, b; c; \xi) \tag{1.2}$$

sowie durch

$$\xi^{1-c} {}_2F_1(a-c+1, b-c+1; 2-c; \xi) \tag{1.3}$$

gegeben.

Um zu den konfluenten hypergeometrischen Funktionen zu gelangen wenden wir zunächst auf die gewöhnlichen hypergeometrischen Funktionen und ihre Differentialgleichung die Transformation $\xi = \zeta/\varrho$ mit nachfolgendem Grenzübergang $\varrho \to \infty$ an. Die Transformation $\zeta = \varrho\xi$ beläßt die beiden singulären Stellen $\xi = 0$ und $\xi = \infty$ in ihrer ursprünglichen Lage und transformiert nur die singuläre Stelle $\xi = 1$ in den Punkt $\zeta = \varrho$. Der Parameter ϱ bedeutet daher die Entfernung der beiden außerwesentlich singulären Stellen $\zeta = 0$ und $\zeta = \varrho$. Wenn wir nun

ϱ unendlich werden lassen, so „fließt" (lateinisch *fluere*) die singuläre Stelle $\zeta = \varrho$ mit der unendlich fernen singulären Stelle zusammen.

Wenden wir die Transformation $\xi = \zeta/\varrho$ auf die Funktionen (1.2) und (1.3) an, so erhalten wir zwei Potenzreihenentwicklungen von Funktionen der Veränderlichen ζ, nämlich

$$_2F_1(a, b; c; \zeta/\varrho) \tag{1.4}$$

sowie (nach Multiplikation mit ϱ^{1-c})

$$\zeta^{1-c}{}_2F_1(a-c+1, b-c+1; 2-c; \zeta/\varrho), \tag{1.5}$$

deren Konvergenzkreis um den Nullpunkt als Mittelpunkt sich bis zum nächsten singulären Punkt, d.h. bis $\zeta = \varrho$ erstreckt. Im Grenzfalle $\varrho \to \infty$ gehen die Funktionen (1.4) bzw. (1.5) in 1 bzw. ζ^{1-c} über.

Um eine reichere Funktionsmannigfaltigkeit zu erhalten, muß man zugleich mit zunehmendem ϱ wenigstens einen der beiden Parameter a oder b ins Unendliche wachsen lassen. Setzt man etwa $b = b_0 + \varrho$, so erhält man im Grenzfalle $\varrho \to \infty$ aus (1.4) bzw. (1.5) die durch (1,3.18) gegebene konfluente Funktion

$$_1F_1(a; c; \zeta) \quad \text{bzw. die Funktion} \quad \zeta^{1-c}{}_1F_1(a-c+1; 2-c; \zeta).$$

Gleichzeitig geht bei dem angegebenen Grenzübergang die gewöhnliche hypergeometrische Differentialgleichung (1,3.8) in die Differentialgleichung (1,3.17) der konfluenten hypergeometrischen Funktionen über.

Eine andere Art konfluenter hypergeometrischen Funktionen ergibt sich, wenn man von dem Ansatz $\xi = \zeta/\varrho$, $a = a_0 + \sqrt{\varrho}$, $b = b_0 + \sqrt{\varrho}$ ausgeht und den Grenzübergang $\varrho \to \infty$ vollführt. Die Funktion (1.4) bzw. (1.5) wird dabei gleich der durch (1,3.23) gegebenen Funktion

$$F_1(c; \zeta) \tag{1.6}$$

bzw. gleich der Funktion

$$\zeta^{1-c}F_1(2-c; \zeta). \tag{1.7}$$

Die Differentialgleichung der gewöhnlichen hypergeometrischen Funktionen (1,3.8) erhält bei diesem Grenzübergang die Gestalt (1,3.22).

Die beiden Differentialgleichungen (1,3.17) und (1,3.22) haben im unendlich fernen Punkte eine wesentlich singuläre Stelle. Sie ist durch das Hineinrücken der außerwesentlich singulären Stelle im Punkte $\xi = 1$ in die im unendlich fernen Punkte befindliche außerwesentlich singuläre Stelle entstanden.

Andere konfluente hypergeometrische Funktionen mit einer im unendlich fernen Punkte liegenden wesentlich singulären Stelle erhalten wir durch Hineinrücken der im Nullpunkt befindlichen außerwesentlich singulären Stelle in den unendlich fernen Punkt.

Ferner ergeben sich zwei Klassen konfluenter hypergeometrischer Funktionen mit der wesentlich singulären Stelle $\zeta = 0$, wenn man einmal die singuläre Stelle $\xi = 1$ und das andere Mal die singuläre Stelle $\xi = \infty$ in den Nullpunkt hineinrücken läßt.

Schließlich gibt es zwei Klassen von konfluenten hypergeometrischen Funktionen mit einer wesentlich singulären Stelle im Punkte $\zeta = 1$.

Im ganzen gibt es somit sechs Klassen von konfluenten hypergeometrischen Funktionen, die wir mit Nr. 1, 2, ..., 6 bezeichnen wollen Eine Übersicht über die singulären Stellen der einzelnen Klassen gibt die nachstehende Tabelle I:

Tabelle I

der singulären Stellen der konfluenten hypergeometrischen Funktionen.

Nr	$\zeta = 0$	$\zeta = 1$	$\zeta = \infty$
1	a	r	w
2	w	r	a
3	r	a	w
4	w	a	r
5	a	w	r
6	r	w	a

Hier bezeichnet w bzw. a bzw. r eine wesentlich singuläre bzw. eine außerwesentlich singuläre bzw. eine reguläre Stelle. Dabei haben wir die einzelnen Klassen in einer Reihenfolge angegeben, die für unsere späteren Überlegungen sich als bequem erweisen wird.

§ 2. Lösung von Eigenwertproblemen mit Hilfe konfluenter *P*-Funktionen mit einer wesentlich singulären Stelle im Unendlichen. Funktionsklasse BI

Die Differentialgleichung (2,1.2) der gewöhnlichen Riemannschen *P*-Funktionen hat, wie bereits bemerkt wurde, die gleichen singulären Stellen wie die hypergeometrische Differentialgleichung (1,3.8). In beiden Fällen handelt es sich um außerwesentlich singuläre Stellen. Da überdies die hypergeometrische Differentialgleichung nur ein Spezialfall der Differentialgleichung (2,1.2) der Riemannschen *P*-Funktionen ist, so ist es nicht überraschend, daß auch bei den *P*-Funktionen, wie wir uns sogleich überzeugen werden, durch das „Zusammenfließen" zweier außerwesentlich singulärer Stellen eine wesentlich singuläre

Stelle entstehen kann. Eine konfluente P-Funktion wird also zwei singuläre Stellen enthalten, von denen die eine außerwesentlich und die andere eine wesentlich singuläre Stelle sein wird. Beide singulären Stellen können im Endlichen liegen, eine auch im Unendlichen. Im folgenden wollen wir uns jedoch nur auf konfluente P-Funktionen beschränken, die in der Polynommethode verwendbar sind (vgl. Anhang D).

Im laufenden Paragraphen wollen wir konfluente P-Funktionen betrachten, die wir als zur Klasse BI gehörig bezeichnen wollen, da sie für besondere Lagen der singulären Punkte ξ_i die mit dem gleichen Symbol in Kap. 1 bezeichnete Funktionsklasse als Spezialfall enthalten. Die P-Funktionen dieser Klasse sind u.a. dadurch ausgezeichnet, daß sie im Unendlichen eine wesentlich singuläre Stelle haben. Wir verschieben daher in der Differentialgleichung (2,3.1) der gewöhnlichen P-Funktionen zunächst ξ_2 und sodann ξ_3 ins Unendliche. Die Verschiebung von ξ_2 führt (2,3.1), wenn wir die Verzweigungsexponenten konstant halten, in die Differentialgleichung einer gewöhnlichen Riemannschen P-Funktion

$$\frac{d^2P}{d\xi^2} + \left[\frac{1-\alpha_1-\alpha_1'}{\xi-\xi_1} + \frac{1-\alpha_3-\alpha_3'}{\xi-\xi_3}\right]\frac{dP}{d\xi} +$$

$$+ \left[\frac{\alpha_1\alpha_1'(\xi_1-\xi_3)}{\xi-\xi_1} + \alpha_2\alpha_2' + \frac{\alpha_3\alpha_3'(\xi_3-\xi_1)}{\xi-\xi_3}\right]\frac{1}{(\xi-\xi_1)(\xi-\xi_3)} P = 0 \quad (2.1)$$

über. Würden wir bei der Verlegung von ξ_3 ins Unendliche auch weiterhin die Verzweigungsexponenten konstant halten, so würden wir nur die Differentialgleichung

$$\frac{d^2P}{d\xi^2} + \frac{1-\alpha_1-\alpha_1'}{\xi-\xi_1}\frac{dP}{d\xi} + \frac{\alpha_1\alpha_1'}{(\xi-\xi_1)^2} P = 0 \quad (2.1a)$$

bekommen, deren Lösungen durch $(\xi-\xi_1)^{\alpha_1}$ und $(\xi-\xi_1)^{\alpha_1'}$ gegeben werden. Um andere als die obigen, recht trivialen Funktionen zu erhalten, genügt es somit nicht den singulären Punkt ξ_3 in den im Unendlichen befindlichen singulären Punkt ξ_2 hineinrücken zu lassen. Da jedoch in der gewöhnlichen Riemannschen P-Funktion (2,3.3) die hypergeometrische Funktion

$$_2F_1\left(a, b; c; \frac{\xi-\xi_1}{\xi-\xi_2}\frac{\xi_3-\xi_2}{\xi_3-\xi_1}\right) \quad (2.2)$$

auftritt, ist nach § 1 zu erwarten, daß man eine reichere Funktionsmannigfaltigkeit erhält, wenn man in der hypergeometrischen Funktion (2.2) mit ins Unendliche gehendem ξ_3 entsprechend stark entweder den Parameter a oder den Parameter b oder auch zugleich beide Parameter a und b unendlich werden läßt. Die Parameter a, b, c sind aber aus den Verzweigungsexponenten $\alpha_1, \alpha_2, \alpha_3, \alpha_1', \alpha_2', \alpha_3'$ additiv aufgebaut. Es ist ja nach (2,3.3)

$$a = \alpha_1+\alpha_2+\alpha_3, \qquad b = \alpha_1+\alpha_2'+\alpha_3, \qquad c = 1+\alpha_1-\alpha_1'. \qquad (2.3)$$

Das bedeutet, daß man zugleich mit ξ_3 auch einen oder mehrere Verzweigungsexponenten ins Unendliche anwachsen lassen muß. Das Wort „konfluent" hebt somit nur *ein* charakteristisches Merkmal des betreffenden Grenzprozesses hervor, nämlich das „Zusammenfließen" der außerwesentlich singulären Stellen. Das andere nicht minder wichtige Merkmal, nämlich das Unendlichwerden der Verzweigungsexponenten, wird durch diese Bezeichnungsweise vollständig außer acht gelassen.

In allen folgenden Überlegungen wollen wir nur solche konfluente *P*-Funktionen verwenden, die durch einen Grenzübergang aus den gewöhnlichen Riemannschen *P*-Funktionen hervorgehen, wenn wir fordern, daß bei diesem Grenzübergang die Nebenbedingungen (2,1.9) erfüllt bleiben. Wir verlangen demnach, daß die Summen $\alpha_1+\alpha_1'$, $\alpha_2+\alpha_2'$ und $\alpha_3+\alpha_3'$, der zu den einzelnen singulären Stellen gehörigen Paare von Verzweigungsexponenten während des Grenzüberganges ihre Werte beibehalten. Auf diese Weise erhält man jedoch nur eine ganz spezielle Klasse von konfluenten *P*-Funktionen. Im Anhang D wird nämlich gezeigt, daß es noch andere konfluente *P*-Funktionen gibt, als die, die wir im laufenden Kapitel verwenden. Es wird dort aber auch ein Weg zum Nachweis der Tatsache angegeben, daß wir keine Lösungen von neuen Eigenwertproblemen erhalten, falls wir in der Polynommethode von einem Ansatz mit allgemeineren, konfluenten *P*-Funktionen ausgehen, als dies im laufenden Kapitel geschieht.

Wir versuchen nun konfluente *P*-Funktionen herzustellen, in denen die in der gewöhnlichen *P*-Funktion (2,3.3) auftretende hypergeometrische Funktion $_2F_1$ in die konfluente hypergeometrische Funktion $_1F_1$ übergeht. Im Grenzfalle $\xi_3 \to \infty$ geht die *P*-Funktion (2,3.3) in die *P*-Funktion (2,3.9) über. Bezeichnen wir hier mit $\varrho = \xi_3-\xi_1$ den Abstand der beiden im Endlichen liegenden singulären Stellen, so tritt in (2,3.9) die hypergeometrische Funktion

$$_2F_1\big(a, b; c; (\xi-\xi_1)/\varrho\big) \qquad (2.4)$$

auf. Falls nun ξ_3 ins Unendliche rückt, so geht auch ϱ ins Unendliche, so daß das Argument der hypergeometrischen Funktion (2.4) verschwindet. Damit daher (2.4) in die Funktion $_1F_1(a; c; \xi-\xi_1)$ übergeht, können wir nach § 1 den Parameter c und etwa a konstant halten und b wie ϱ unendlich werden lassen. Wir erreichen, daß das durch (2.3) gegebene a konstant bleibt, wenn $\alpha_1 = $ const ist und wir α_2 und α_3 mit entgegengesetzten Vorzeichen ins Unendliche wachsen lassen indem wir etwa

$$\alpha_2 = \alpha_{20}-\frac{1}{2}\varrho \text{ und } \alpha_3 = \alpha_{30}+\frac{1}{2}\varrho \text{ setzen. Damit ferner } c \text{ nicht unendlich}$$

wird, müßten α_1 und α_1' in gleicher Weise mit ϱ unendlich werden. Dann könnte man jedoch nicht die Bedingung erfüllen, daß $\alpha_1 + \alpha_1'$ während des Grenzüberganges konstant bleibt. Weiterhin wollen wir fordern, daß $\alpha_2' = \alpha_{20}' + \dfrac{1}{2}\varrho$ ist, damit der Parameter $b = \alpha_1 + \alpha_2' + \alpha_3 = \alpha_1 + {}$ $+ \alpha_{20}' + \alpha_{30} + \varrho$ zugleich mit ϱ ins Unendliche wächst. Schließlich ist noch $\alpha_3' = \alpha_{30}' - \dfrac{1}{2}\varrho$ anzunehmen, damit die Summen $\alpha_i + \alpha_i'$ aller drei Paare von Verzweigungsexponenten während des Grenzüberganges $\varrho \to \pm\infty$ konstant bleiben und die Riemannsche Bedingung (2,3.2) in der Form

$$\alpha_1 + \alpha_{20} + \alpha_{30} + \alpha_1' + \alpha_{20}' + \alpha_{30}' = 1 \qquad (2.5)$$

bestehen bleiben kann. Unserem Grenzübergang liegt somit der nachstehende Ansatz zugrunde:

$$\frac{\xi - \xi_1}{\xi_3 - \xi_1} = \frac{\xi - \xi_1}{\varrho},$$

$$\alpha_1 = \text{const}, \quad \alpha_2 = \alpha_{20} - \frac{1}{2}\varrho, \quad \alpha_3 = \alpha_{30} + \frac{1}{2}\varrho,$$

$$\alpha_1' = \text{const}, \quad \alpha_2' = \alpha_{20}' + \frac{1}{2}\varrho, \quad \alpha_3' = \alpha_{30}' - \frac{1}{2}\varrho. \qquad (2.6)$$

Der Bequemlichkeit des sprachlichen Ausdruckes halber wollen wir im folgenden die Parameter $\alpha_{20}, \alpha_{20}', \alpha_{30}, \alpha_{30}'$ als die *endlichen Teile* der unendlich werdenden *Verzweigungsexponenten* $\alpha_2, \alpha_2', \alpha_3, \alpha_3'$ bezeichnen.

Nun wollen wir die konfluente *P*-Funktion angeben, die wir bei dem obigen doppelten Grenzübergang aus der gewöhnlichen Riemannschen *P*-Funktion (2,3.3) erhalten. Der erste Grenzübergang $\xi_2 \to \infty$ ergibt die Funktion (2,3.9), in der wir durchwegs $\xi_3 = \xi_1 + \varrho$ setzen. Vor dem zweiten Grenzübergang $\varrho \to \pm\infty$ muß diese Funktion mit $(-\varrho)^{-\alpha_3}$ multipliziert werden. Der Faktor $(\xi - \xi_3)^{\alpha_3}$ in der gewöhnlichen *P*-Funktion (2,3.9) geht dann mit Rücksicht auf $\xi_3 = \xi_1 + \varrho$ über in

$$[1 - (\xi - \xi_1)/\varrho]^{\alpha_{30} + \frac{1}{2}\varrho} = [1 - (\xi - \xi_1)/\varrho]^{\alpha_{30}}[1 - (\xi - \xi_1)/\varrho]^{\frac{1}{2}\varrho}.$$

Beim Grenzübergang $\varrho \to \pm\infty$ liefert die erste Klammer rechts den Wert 1, die zweite $\exp\left(-\dfrac{1}{2}(\xi - \xi_1)\right)$, so daß

$$\lim_{\varrho \to \pm\infty} (-\varrho)^{-\alpha_3}(\xi - \xi_3)^{\alpha_3} = \exp\left(-\frac{1}{2}(\xi - \xi_1)\right)$$

wird.

Ferner geht beim Grenzübergange $\varrho \to \pm \infty$ die in der P-Funktion (2,3.9) auftretende hypergeometrische Funktion mit Rücksicht auf $a = \text{const}$, $c = \text{const}$, $b = \text{const}+\varrho$ in die konfluente hypergeometrische Funktion $_1F_1$ (vgl. § 1) über.

Bei dem angegebenen doppelten Grenzübergang ergibt sich somit aus der gewöhnlichen Riemannschen P-Funktion (2,3.3) die konfluente P-Funktion

$$P(\xi) = (\xi-\xi_1)^{\alpha_1}e^{-\frac{1}{2}(\xi-\xi_1)}{}_1F_1(\alpha_1+\alpha_{20}+\alpha_{30}; 1+\alpha_1-\alpha_1'; \xi-\xi_1),$$

$$(2.7)$$

die im Falle $\xi_1 = 0$ mit der konfluenten P-Funktion (1,3.20) identisch ist.

Ganz analog erhält man bei dem angegebenen doppelten Grenzübergang aus der gewöhnlichen P-Funktion (2,3.4) die konfluente P-Funktion

$$P(\xi) = (\xi-\xi_1)^{-\alpha_{20}-\alpha_{30}}e^{-\frac{1}{2}(\xi-\xi_1)}{}_2F\big(\alpha_1+\alpha_{20}+\alpha_{30},$$

$$\alpha_1'+\alpha_{20}+\alpha_{30}; -1/(\xi-\xi_1)\big), \quad (2.8)$$

in der die im allgemeinen nicht konvergente Potenzreihe (1,3.27) auftritt.

Die Funktionsklasse, die wir durch den Grenzübergang (2.6) erhalten, soll BIa heißen.

Ändert man in dem durch den Ansatz (2.6) gegebenen Grenzübergang das Vorzeichen des in den unendlich werdenden Verzweigungsexponenten auftretenden ϱ, nicht aber das des ϱ, das in $(\xi-\xi_1)/\varrho$ auftritt, so erhält man im Grenzfalle die Funktionen (2.7) und (2.8) jedoch mit verändertem Vorzeichen von $\xi-\xi_1$. Dies ist verständlich, weil ja eine gleichzeitige Änderung der Vorzeichen von ϱ im ganzen Ansatz (2.6) keine Änderung der obigen Formeln zur Folge haben kann. Beim Grenzübergange $\varrho \to \pm \infty$ sind ja doch sowohl positive als auch negative ϱ-Werte zulässig. Die durch den zuletzt betrachteten Grenzübergang erhaltene Funktionsklasse wollen wir mit BIb bezeichnen. Die Funktionsklassen BIa und BIb sollen beide zusammen BI heißen.

Wir müssen noch die Differentialgleichungen angeben, denen die konfluenten P-Funktionen der Klasse BI genügen. Zu diesem Zwecke müssen wir in der Differentialgleichung (2.1) den durch (2.6) definierten Grenzübergang $\varrho \to \pm \infty$ vollziehen. Nehmen wir an, daß die in dieser Differentialgleichung auftretende P-Funktion mit der entsprechenden Potenz von ϱ multipliziert wurde, so daß sich aus ihr im Grenzfalle $\varrho \to \pm \infty$ ein endlicher Ausdruck für eine konfluente P-Funktion, etwa (2.7), ergibt. Im Grenzfalle $\varrho \to \pm \infty$ erhalten die beiden ersten Glieder der Differentialgleichung (2.1), mit Rücksicht darauf, daß die Summen

$\alpha_i + \alpha_i'$ der Verzweigungsexponenten bei unserem Grenzübergang konstant bleiben, die Gestalt

$$\frac{d^2P}{d\xi^2} + \frac{1-\alpha_1-\alpha_1'}{\xi-\xi_1}\frac{dP}{d\xi}. \qquad (2.9)$$

Der Grenzübergang $\varrho \to \pm \infty$ des aus drei Gliedern bestehenden Koeffizienten der P-Funktion in der Differentialgleichung (2.1) muß näher erläutert werden. Das erste Glied liefert den Ausdruck

$$\frac{\alpha_1\alpha_1'}{(\xi-\xi_1)^2}. \qquad (2.10)$$

Das zweite bzw. dritte Glied verhält sich wegen (2.6) für große ϱ-Werte[1] bei einer Entwicklung nach fallenden Potenzen von ϱ wie

$$\frac{1}{\xi-\xi_1}\left[-\frac{1}{2}(\alpha_{20}-\alpha_{20}')+\frac{1}{4}(\xi-\xi_1)+\frac{1}{4}\varrho\right] \qquad (2.11)$$

bzw. wie

$$\frac{1}{\xi-\xi_1}\left[\frac{1}{2}(\alpha_{30}'-\alpha_{30})-\frac{1}{2}(\xi-\xi_1)-\frac{1}{4}\varrho\right]. \qquad (2.12)$$

Trotzdem jedes einzelne der beiden letzten Glieder für sich unendlich wird, ergibt ihre Summe einen endlichen Ausdruck. Mit Rücksicht auf (2.9) bis (2.12) erhalten wir somit im Grenzfalle $\varrho \to \pm \infty$ aus (2.1) eine Differentialgleichung[2], die durch

$$\frac{d^2P}{d\xi^2} + \frac{1-\alpha_1-\alpha_1'}{\xi-\xi_1}\frac{dP}{d\xi} + \left[\frac{\alpha_1\alpha_1'}{(\xi-\xi_1)^2} \pm \frac{C_{\alpha_1}}{\xi-\xi_1} - \frac{1}{4}\right]P = 0 \qquad (2.13)$$

gegeben wird, wenn wir hier beim doppelten Vorzeichen das obere berücksichtigen. C_{α_1} bedeutet hier

$$C_{\alpha_1} = \frac{1}{2}(\alpha_{20}'+\alpha_{30}'-\alpha_{20}-\alpha_{30}). \qquad (2.14)$$

Falls wir in den Ausdrücken (2.6) für α_2, α_2', α_3, α_3' das Vorzeichen von ϱ ändern, so erhalten wir, wie man leicht bestätigt, eine Differentialgleichung, die durch (2.13) mit dem unteren Vorzeichen dargestellt wird.

---

[1] Man beachte, daß mit Rücksicht auf $\xi_3-\xi_1 = \varrho$ in erster Näherung

$$\frac{1}{\xi-\xi_3} = \frac{1}{\xi-\xi_1-\varrho} = -\frac{1}{\varrho}\left(1+\frac{\xi-\xi_1}{\varrho}\right)$$

ist.

[2] Einen Spezialfall dieser Differentialgleichung, nämlich für $\alpha_1+\alpha_1' = 1$ und $\xi_1 = 0$, bildet die bekannte Differentialgleichung der Whittakerschen Funktionen $W_{k,m}$ (Whittaker–Watson 1952, S. 327).

Lösungen der Differentialgleichung (2.13) mit dem oberen Vorzeichen werden durch die konfluenten P-Funktionen (2.7) und (2.8) gegeben. Um Lösungen der Differentialgleichung (2.13) mit dem unteren Vorzeichen zu erhalten, ist in diesen Funktionen das Vorzeichen von $\xi - \xi_1$ zu ändern. In (2.13) entspricht somit, wie in allen im laufenden Paragraphen noch anzugebenden Formeln, das obere bzw. untere Vorzeichen der Funktionsklasse BIa bzw. BIb.

Betreffs der Verwendung der der Differentialgleichung (2.13) genügenden konfluenten P-Funktionen in der Sommerfeldschen Polynommethode ist nachstehendes zu bemerken: Soll ein Eigenwertproblem (1,1.1) durch den Ansatz (2,1.1) mit einer, der Differentialgleichung (2.13) genügenden konfluenten P-Funktion gelöst werden, so müssen die Koeffizienten der Differentialgleichungen (2,1.8) und (2.13) einander gleich sein.

Die Gleichheit der Koeffizienten von $dP/d\xi$ ergibt die Beziehung

$$\frac{1-\alpha_1-\alpha_1'}{\xi-\xi_1} = \frac{h-1}{h}\frac{1}{\xi}. \tag{2.15}$$

Im Falle $\xi_1 = 0$ erfordert (2.15)

$$h = \text{beliebig}, \qquad \alpha_1 + \alpha_1' = 1/h. \tag{2.16}$$

Im Falle $\xi_1 \neq 0$ muß in (2.16) $h = 1$ angenommen werden.

Die Gleichheit der Koeffizienten, mit denen die P-Funktionen in den beiden Differentialgleichungen multipliziert sind, hat zur Folge, daß die durch (1,2.11) definierte Funktion $S(x)$ gleich sein muß der Funktion

$$\Sigma(\xi) = h^2\xi^2\left[\frac{\alpha_1\alpha_1'}{(\xi-\xi_1)^2} \pm \frac{C_{\alpha_1}^j}{\xi-\xi_1} - \frac{1}{4}\right]. \tag{2.17}$$

Aus der Gleichheit dieser beiden Funktionen kann man die in (2.17) auftretenden Konstanten, nämlich $\varkappa$, ξ_1, α_1, α_1', C_{α_1} und im Falle $\xi_1 = 0$ auch h bestimmen. Mit Hilfe der Relation (2.16) (in der $h = 1$ im Falle $\xi_1 \neq 0$ zu setzen ist) ergibt sich dann eine quadratische Gleichung für α_1 und eine lineare Gleichung für C_{α_1}.

Eingehender wollen wir nur den für die in § 3 angegebenen Anwendungen wichtigen Spezialfall $\xi_1 = 0$ besprechen. In diesem Falle erhält die Funktion $\Sigma(\xi)$ eine besonders einfache Gestalt

$$\Sigma(\xi) = s_0 + s_1\xi + s_2\xi^2,$$

wo

$$s_0 = h^2\alpha_1\alpha_1', \qquad s_1 = \pm h^2 C_{\alpha_1}, \qquad s_2 = -\frac{1}{4}h^2. \tag{2.18}$$

Damit die Funktion $S(x)$ gleich der durch (2.18) gegebenen Funktion $\Sigma(\xi)$ sein kann, muß, mit Rücksicht auf den durch (2,1.7) gegebenen

Zusammenhang $\xi = \varkappa x^h$ zwischen den Veränderlichen x und ξ, die Funktion $S(x)$ die Gestalt

$$S(x) = \sigma_0 + \sigma_1 x^j + \sigma_2 x^{2j} \qquad (\sigma_1, \sigma_2, j \neq 0) \qquad (2.19)$$

besitzen. Die Gleichheit von (2.18) und (2.19) erfordert das Bestehen der Beziehungen

$$h = j, \quad h^2 \alpha_1 \alpha_1' = \sigma_0, \quad \pm \varkappa h^2 C_{\alpha_1} = \sigma_1, \quad -\frac{1}{4} h^2 \varkappa^2 = \sigma_2.$$

$$(2.20)$$

Mit Rücksicht auf (2.16) wird die Lösung dieser Gleichungen gegeben durch

$$h = j, \quad \varkappa = (\pm)(-4\sigma_2/j^2)^{1/2}, \quad C_{\alpha_1} = \pm \sigma_1/\varkappa j^2,$$

$$\alpha_1 = \frac{1}{2j}(\pm)\frac{1}{j}\sqrt{\frac{1}{4} - \sigma_0}. \qquad (2.21)$$

In C_{α_1} entspricht das obere bzw. das untere Vorzeichen der Funktionsklasse BIa bzw. BIb, wie wir es auf S. 55 verabredet haben. In $\varkappa$ und α_1 kann hingegen in diesen beiden Funktionsklassen sowohl das positive als auch das negative Vorzeichen verwendet werden. Um anzudeuten, daß dieses Vorzeichen unabhängig davon gewählt werden kann, mit welcher Funktionsklasse BIa oder BIb wir es zu tun haben, haben wir es in Klammern gesetzt. An dieser Festsetzung wollen wir nicht nur in dem laufenden, sondern auch in allen folgenden Paragraphen festhalten, wo wir es mit Paaren von Funktionsklassen zu tun haben, die wir durch die Buchstaben a und b unterscheiden.

Um die konfluenten P-Funktionen (2.7) und (2.8) anzugeben, die den Werten (2.21) entsprechen, müssen wir noch, die in diesen Funktionen auftretenden Parameter $a = \alpha_1 + \alpha_{20} + \alpha_{30}$ und $b = \alpha_1' + \alpha_{20} + \alpha_{30}$ durch die in (2.21) angegebenen Größen ausdrücken. Auf Grund von (2.5), (2.14) und (2.16) ist

$$C_{\alpha_1} = \alpha_1 - a + \frac{1}{2} - \frac{1}{2h}. \qquad (2.22)$$

Es ist daher

$$a = \alpha_1 - C_{\alpha_1} + \frac{1}{2} - \frac{1}{2h}, \quad b = a - 2\alpha_1 + \frac{1}{h}. \qquad (2.23)$$

Da man zur Bestimmung von Eigenfunktionen, die dem diskreten Eigenwertspektrum angehören, a oder b gleich einer negativen ganzen Zahl zu setzen hat, so drücken wir die konfluenten P-Funktionen (2.7) bzw. (2.8) mittels des Parameters a aus. Im Falle $\xi_1 = 0$ ist also

$$P(\xi) = \xi^{\alpha_1} e^{\mp \frac{1}{2}\xi} {}_1F_1\left(a; 2\alpha_1 + 1 - \frac{1}{h}; \pm \xi\right) \qquad (2.24)$$

bzw.

$$P(\xi) = \xi^{\alpha_1 - a} e^{\mp \frac{1}{2}\xi}{}_2F\left(a,\, a - 2\alpha_1 + \frac{1}{h};\, \mp\frac{1}{\xi}\right). \qquad (2.25)$$

Nun müssen wir uns noch klar werden, wie aus den angegebenen Lösungen die Eigenfuntionen auszuwählen sind. Da in wenigstens einem der Koeffizienten $\sigma_0, \sigma_1, \sigma_2$ von $S(x)$ (2.19) der Eigenwertparameter λ enthalten sein muß, so stellt jede Funktion (2,1.1) mit einer konfluenten P-Funktion, deren Parameter durch (2.21) gegeben werden, zunächst eine Lösung der Differentialgleichung (1,1.1) für einen beliebigen Wert des Eigenwertparameters λ dar. Dabei ist es irrelevant, ob wir uns der Formeln des Falles BIa oder BIb bedienen. Damit jedoch eine Lösung der Differentialgleichung (1,1.1) zugleich auch eine Lösung des durch sie definierten Eigenwertproblems ist, darf sie in den Endpunkten des Grundgebietes gemäß 1, § 4 nicht allzustark unendlich werden. Man kann dies durch zwei gleichzeitig anzuwendende Maßnahmen erzwingen. Nachdem wir uns für die Verwendung der Formeln des Falles BIa oder BIb entschieden haben, steht uns erstens die Wahl der Vorzeichen in (2.21) (einschließlich des von $\varkappa$) und zweitens, im Falle diskontinuierlicher Eigenwertspektren, des Wertes des Eigenwertparameters λ offen.

Das Grundgebiet (x_1, x_2) des Eigenwertproblems (1,1.1) kann sich entweder nach beiden Seiten ins Unendliche hin erstrecken (Beispiel: Eigenwertproblem des linearen harmonischen Oszillators) oder auch, im Falle wo $\xi_1 = x_1 = 0$ ist, durch den im Endlichen befindlichen Punkt $x_1 = 0$ und einen unendlich fernen Punkt $+\infty$ oder $-\infty$ begrenzt sein (Beispiel: radiales Eigenwertproblem des Ein-Elektronen-Atoms).

Nehmen wir zunächst an, daß wir zur Auflösung des Eigenwertproblems (1,1.1) die konfluente P-Funktion (2.24) benützen und daß $h > 0$ ist. Sei es daß der Punkt $x = 0$ im Innern, sei es daß er an der Begrenzung des Grundgebietes liegt, darf nach 1, § 4 hier die Lösung $f(x)$ (2,1.1) nicht allzustark unendlich werden. Da $\xi = \varkappa x^h$ zugleich mit x verschwindet, so können wir das Verhalten von $f(x) = p(x)^{-1/2}P(\xi)$ (2,1.1) im Punkte $x = 0$ durch eine entsprechende Wahl des Verzweigungsexponenten α_1 in (2.24) beeinflussen. Es treten Fälle auf, wo nur eine oder wo auch beide durch (2.21) gegebenen Wurzeln von α_1 zulässig sind.

Um uns ferner Klarheit über das Verhalten von $f(x)$ im unendlich fernen Punkte zu verschaffen, bemerken wir, daß für die konfluente hypergeometrische Funktion ${}_1F_1$ (vgl. Sommerfeld 1939, S. 796) für große ξ-Werte die semikonvergente Entwicklung

$$\begin{aligned}{}_1F_1(a;\, c;\, \xi) = {} &\frac{\Gamma(c)}{\Gamma(c-a)}\,(-\xi)^{-a}F\left(a,\, a-c+1;\, -\frac{1}{\xi}\right) + \\ &+ \frac{\Gamma(c)}{\Gamma(a)}\, e^{\xi}\xi^{a-c}{}_2F\left(c-a,\, 1-a;\, \frac{1}{\xi}\right) \qquad (2.26)\end{aligned}$$

gilt. Wir erhalten daher aus (2.26) für die konfluente P-Funktion (2.24) für große ξ-Werte die semikonvergente Darstellung

$$\xi^{\alpha_1} e^{\mp \frac{1}{2}\xi} {}_1F_1\left(a; 2\alpha_1+1-\frac{1}{h}; \pm\xi\right) =$$

$$= \frac{\Gamma\left(2\alpha_1+1-\frac{1}{h}\right)}{\Gamma\left(2\alpha_1+1-\frac{1}{h}-a\right)} e^{\mp \frac{1}{2}\xi} \xi^{\alpha_1}(\mp\xi)^{-a} {}_2F\left(a, a-2\alpha_1+\frac{1}{h}; \mp\frac{1}{\xi}\right) +$$

$$+ \frac{\Gamma\left(2\alpha_1+1-\frac{1}{h}\right)}{\Gamma(a)} e^{\pm \frac{1}{2}\xi} \xi^{\alpha_1}(\pm\xi)^{a-2\alpha_1-1+1/h} {}_2F\left(2\alpha_1+1-\frac{1}{h}-a,\right.$$

$$\left. 1-a; \pm\frac{1}{\xi}\right). \tag{2.27}$$

Mit Rücksicht darauf, daß wir $h > 0$ annehmen, wird mit unendlich werdendem x auch ξ unendlich. In den beiden Exponentialfunktionen rechterhand in (2.27) tritt die Variable ξ mit entgegengesetzten Vorzeichen auf. Es wird daher, solange nicht rechterhand in (2.27) einer der beiden aus Γ-Funtionen bestehenden Zahlenkoeffizienten verschwindet, die Funktion (2.24) mit unendlich werdendem ξ exponentiell, also im Sinne der in 1, § 4 angegebenen Bedingungen allzustark unendlich. Dies findet statt ohne Rücksicht darauf, ob wir es mit dem Falle BIa oder BIb zu tun haben. Nehmen wir an, daß α_1 reell ist, so kann $\Gamma(2\alpha_1+$ $+1-1/h)$ nicht verschwinden[1], da ja für reelle x-Werte $\Gamma(x) \neq 0$ ist. Ein exponentielles, also allzu starkes Unendlichwerden kann daher nur verhindert werden, wenn eine von den beiden Γ-Funktionen, die im Nenner der in Rede stehenden Koeffizienten auftreten, unendlich wird, d.h. wenn entweder a oder $2\alpha_1+1-1/h-a$ gleich einer negativen ganzen Zahl $-n$ ($n = 0, 1, 2, ...$) ist.

Im Falle $a = -n$ wird die in der konfluenten P-Funktion (2.24) auftretende hypergeometrische Reihe zu einem nach steigenden Potenzen von ξ geordneten Polynom. Gleichzeitig tritt auch auf der linken Seite von (2.27) ein fallende Potenzen von ξ enthaltendes Polynom auf, so daß wir nun statt einer semikonvergenten Beziehung eine streng gültige Relation erhalten:

---

[1] Ein Nullwerden von $\Gamma(2a_1+1-1/h)$ würde übrigens bewirken, daß die ganze rechte Seite der Beziehung (2.27) verschwindet.

$$\xi^{\alpha_1} e^{\mp \frac{1}{2}\xi} \,_1F_1\left(-n; 2\alpha_1+1-\frac{1}{h}; \pm\xi\right) =$$

$$= \frac{\Gamma(2\alpha_1+1-1/h)}{\Gamma(2\alpha_1+1-1/h+n)} \, e^{\mp \frac{1}{2}\xi} \xi^{\alpha_1} (\mp\xi)^n \,_2F(-n, -n-2\alpha_1+1/h; \mp 1/\xi).$$

$$(2.28)$$

Daß diese Relation in der Tat besteht, ergibt sich auch aus der für ganze n leicht zu verifizierenden Beziehung

$$\,_1F_1(-n; c; \xi) = \frac{\Gamma(c)}{\Gamma(c+n)} \, (-\xi)^n \,_2F(-n, -n-c+1; -1/\xi). \quad (2.29)$$

Ist jedoch $2\alpha_1+1-1/h-a = -n$, so tritt in der konfluenten P-Funktion (2.24) zwar kein Polynom auf, die Darstellung (2.27) dieser Funktion ergibt aber wieder den Ausdruck rechterhand in (2.28), so daß die aus (2.24) in diesem Falle sich ergebende Funktion gleich sein muß dem rechts in (2.28) auftretenden Ausdruck. Die Gleichheit der beiden in Rede stehenden Ausdrücke folgt auch direkt aus der bekannten und übrigens auch leicht zu bestätigenden Kummerschen Gleichung

$$\,_1F_1(a; c; \xi) = e^\xi \,_1F_1(c-a; c; -\xi). \quad (2.30)$$

Die mit Hilfe der Polynommethode zu gewinnenden Eigenlösungen kann man somit eventuell auch durch Funktionen darstellen, die keine Polynome enthalten.[1]

Den rechterhand in (2.28) auftretenden Ausdruck kann man auch direkt, ohne Benutzung der Beziehung (2.27) erhalten, wenn man in der konfluenten P-Funktion (2.25) entweder a oder auch $a-2\alpha_1+1/h$ gleich einer negativen, ganzen Zahl $-n$ setzt. Ebenso ergibt sich der linkerhand in (2.28) auftretende Ausdruck wenn in (2.24) $a = -n$ angenommen wird. Bei der praktischen Anwendung der Polynommethode genügt es somit die beiden Ausdrücke (2.24) und (2.25) für die konfluente P-Funktion zu verwenden. Auf den Gebrauch der asymptotischen Beziehung (2.27) kann man daher verzichten.

Damit die P-Funktion (2.28) in dem die Begrenzung des Grundgebietes bildenden unendlich fernen Punkte $+\infty$ oder $-\infty$ nicht allzustark unendlich wird, muß mit unendlich werdendem ξ die Exponentialfunktion $\exp\left(\mp\frac{1}{2}\xi\right)$ verschwinden. Man kann dies sowohl im Falle BIa als auch BIb erreichen, da wir ja über das Vorzeichen von $\varkappa$ frei verfügen dürfen. Wir können also stets annehmen, daß $\exp\left(\mp\frac{1}{2}\varkappa x^h\right)$ für $x \to +\infty$ oder $x \to -\infty$ verschwindet.

---

[1] Vgl. dazu die Anm. auf S. 24.

Es ist klar, daß im Falle, wo das Grundgebiet sich nach beiden Seiten hin ins Unendliche erstreckt, h eine ganze und zwar gerade Zahl sein muß.

Wir haben bisher vorausgesetzt, daß $h > 0$ ist. Falls $h < 0$ ist, liegt die wesentlich singuläre Stelle im Nullpunkte $x = 0$ und die außerwesentlich singuläre Stelle im unendlich fernen Punkte $x \to \infty$.

Wie man mit Hilfe des im laufenden Paragraphen benutzten Formelnapparates den Fall erledigen kann, wo in dem Ausdruck (2.19) für die Funktion $S(x)$ entweder σ_1 oder σ_2 verschwindet, werden wir in § 4 zeigen. Dort werden wir auch andere Formeln zur Behandlung dieses Falles angeben, die insofern vorteilhafter sind, als sie die Eigenfunktionen in einer Gestalt liefern, in der sie gewöhnlich angegeben werden.

§ 3. Zwei Beispiele: Eigenwertproblem des linearen, harmonischen Oszillators und der Radialfunktion eines Ein-Elektronen-Atoms

Nachstehend bringen wir zwei Beispiele für die Anwendung der im vorigen Paragraphen angegebenen Beziehungen.

A. Linearer, harmonischer Oszillator. Das ihm entsprechende Eigenwertproblem wird durch die Differentialgleichung

$$\frac{d^2f}{dx^2} - \left(\frac{m^2\omega^2}{\hbar^2}x^2 - \frac{2mE}{\hbar^2}\right)f = 0 \tag{3.1}$$

gegeben. Hier bedeutet E die Energie, m die Masse und ω die Eigenfrequenz des Oszillators. Das Eigenwertproblem ist in dem Grundgebiete $(-\infty, +\infty)$ definiert. Der Vergleich mit (1,1.1) lehrt, daß (3.1) eine selbstadjungierte Differentialgleichung darstellt und daß

$$p(x) = \varrho(x) = 1, \qquad q(x) = m^2\omega^2x^2/\hbar^2, \qquad \lambda = 2mE/\hbar^2 \tag{3.2}$$

ist. Daher hat die durch (1,2.11) definierte Funktion $S(x)$ die Gestalt

$$S(x) = \lambda x^2 - \frac{m^2\omega^2}{\hbar^2}x^4, \tag{3.3}$$

also die Gestalt der $S(x)$-Funktion (2.19). Das behandelte Eigenwertproblem läßt sich somit mit Hilfe der im vorigen Paragraphen angegebenen Formeln lösen. Der Vergleich von (2.19) mit (3.3) ergibt

$$j = 2, \qquad \sigma_0 = 0, \qquad \sigma_1 = \lambda, \qquad \sigma_2 = -\frac{m^2\omega^2}{\hbar^2}.$$

Aus (2.21) erhalten wir daher, wenn wir unseren Betrachtungen die Formeln des Falles BIa zugrunde legen

$$h = 2, \quad \varkappa = m\omega/\hbar, \quad C_{\alpha_1} = +2\hbar/4m\omega, \quad \alpha_1 = 0 \text{ oder} = \frac{1}{2}.$$

(3.4)

Mit Rücksicht auf (2.22) wird daher

$$\lambda = \frac{4m\omega}{\hbar}\left(\alpha_1 - a + \frac{1}{4}\right).$$

(3.5)

Um in der Lösung des Eigenwertproblems ein nach fallenden Potenzen von $\xi = \varkappa x^2$ geordnetes Polynom zu erhalten, verwenden wir die P-Funktion (2.25) im Falle BIa. Damit die hier auftretende hypergeometrische Funktion $_2F_1$ in ein Polynom übergeht, muß dann entweder a oder $a - 2\alpha_1 + 1/h$ eine negative ganze Zahl sein. Da gemäß den α_1-Werten (3.4) $a - 2\alpha_1 + 1/h = a \pm 1/2$ ist, muß $a = -\frac{1}{2}, -1, -\frac{3}{2}, \dots$ sein. Es ist dann $2(a - \alpha_1) = 2a$ oder $2(a - \alpha_1) = 2a - 1$, also jedenfalls gleich einer nicht positiven ganzen Zahl d.h.

$$2(a - \alpha_1) = -n \quad (n = 0, 1, 2, \dots).$$

(3.6)

Aus (3.2) und (3.5) folgt daher für die Energieniveaus der bekannte Ausdruck

$$E = \left(n + \frac{1}{2}\right)\hbar\omega.$$

Mit Rücksicht auf (2,1.1), (2.25), (3.2) und (3.6) erhält man nach Multiplikation von (2.25) mit 2^n die Eigenfunktionen in der Gestalt

$$f(x) = \left(2\sqrt{\varkappa}\,x\right)^n e^{-\varkappa x^2/2}\,_2F\left(-\frac{1}{2}n + \alpha_1, -\frac{1}{2}n - \alpha_1 + \frac{1}{2}; -1/\varkappa x^2\right).$$

(3.6a)

Unabhängig davon, ob α_1 den Wert $\frac{1}{2}$ oder 1 hat, können wir $f(x)$ in der Form darstellen

$$f(x) = e^{-\varkappa x^2/2}H_n\left(\sqrt{\varkappa}\,x\right),$$

wo

$$H_n(z) = (2z)^n\,_2F\left(-\frac{1}{2}n, -\frac{1}{2}n + \frac{1}{2}; -1/z^2\right)$$

ein Hermitesches Polynom bedeutet und z gleich $\sqrt{\varkappa}\,x$ ist.

Es sei noch darauf aufmerksam gemacht, daß wir zum Ausgangspunkt unserer Betrachtungen die Schrödingergleichung in ihrer ursprünglichen Form und nicht in der von den physikalischen Konstanten befreiten Gestalt

$$\frac{d^2f}{dz^2} - z^2f + \lambda f = 0$$

gewählt haben, die gewöhnlich bei der Lösung des betrachteten Eigenwertproblems nach der Polynommethode verwendet wird.

Bei der Anwendung der ursprünglichen Fassung der Polynommethode erhält Sommerfeld (1939) zur Lösung des Eigenwertproblems des linearen, harmonischen Oszillators den Faktor $\exp(-\varkappa x^2/2)$ in (3.6a) durch eine angenäherte Lösung der für große x-Werte aus (3.1) sich ergebenden asymptotischen Differentialgleichung

$$\frac{d^2f}{dx^2} = \frac{m^2\omega^2}{\hbar^2}\, x^2 f.$$

Es mag jedoch bemerkt werden, daß diese Differentialgleichung aus der Differentialgleichung (3.1) im Falle $E = 0$, d.h. $\lambda = 0$ sich ergibt. Ihre exakte Lösung kann daher mittels der Polynommethode ermittelt werden, wenn gemäß (3.5) $a = \alpha_1 + 1/4$ gesetzt wird. Wenn jedoch die so erhaltene exakte Lösung für die Funktion $E(x)$ verwendet wird, ergibt sich auf Grund des Ansatzes $f(x) = E(x)W(x)$ (1,1.2) für $W(x)$ eine komplizierte und nicht die leicht lösbare Differentialgleichung (1,1.3).

B. *Eigenwertproblem der Radialfunktion eines Ein-Elektronen-Atoms.* Setzen wir

$$\lambda = 2\mu E/\hbar^2, \tag{3.7}$$

so können wir das Eigenwertproblem für die radialen Eigenfunktionen eines nur aus einem Kern und einem einzigen Elektron bestehenden Atoms in der selbstadjungierten Gestalt

$$\frac{d}{dx}\left(x^2\,\frac{df}{dx}\right) - \left[l(l+1) - 2\,\frac{x}{R_1} - \lambda x^2\right]f = 0 \tag{3.8}$$

darstellen. Dabei bedeutet μ die reduzierte Masse und R_1 den Radius der ersten Quantenbahn eines Ein-Elektronen-Atoms in der älteren Quantentheorie. In der Quantentheorie ist l als ganzzahlig anzusehen, da es ja hier die Eigenwertquantenzahl des Bahnimpulsmomentes eines Ein-Elektron-Atoms bedeutet. Wir können jedoch mit Hilfe der Polynommethode das obige Eigenwertproblem auch ohne diese einschränkende Voraussetzung lösen und wollen daher l als eine beliebige positive Zahl ansehen.

Gemäß den physikalischen Voraussetzugen ist das Eigenwertproblem (3.8) in dem Grundgebiet $(0, +\infty)$ definiert.

Der Vergleich von (3.8) mit (1,1.1) ergibt

$$p = \varrho = x^2, \quad q = l(l+1) - 2x/R_1.$$

Für die durch (1,2.11) definierte Funktion $S(x)$ erhalten wir demnach den Ausdruck

$$S(x) = -l(l+1) + \frac{2}{R_1}x + \lambda x^2,$$

der die Gestalt von $S(x)$ (2.19) besitzt, wobei

$$j = 1, \quad \sigma_0 = -l(l+1), \quad \sigma_1 = 2/R_1, \quad \sigma_2 = \lambda$$

ist. Aus (2.21) folgt daher, wenn wir den Fall BIa voraussetzen

$$h - 1, \quad \varkappa = 2\sqrt{-\lambda}, \quad C_{\alpha_1} = 1/R_1\sqrt{-\lambda}, \quad \alpha_1 = l | 1 \text{ oder } = -l.$$
$$(3.9)$$

Wegen des Ausdruckes (2.22) für C_{α_1} wird demnach

$$\lambda = -1/R_1^2(\alpha_1 - a)^2. \tag{3.10}$$

Falls wir ein nach steigenden Potenzen von ξ geordnetes Polynom zu erhalten wünschen ist für die konfluente P-Funktion der Ausdruck (2.24) zu verwenden. Von den beiden in (3.9) für α_1 angegebenen Wurzeln wählen wir

$$\alpha_1 = l+1. \tag{3.11}$$

Die andere Wurzel $\alpha_1 = -l$ würde nämlich im Punkte $x = 0$ ein allzustarkes Anwachsen der P-Funktion (2.24) und daher auch der Eigenfunktion $f(x)$ (2,1.1) zur Folge haben.

Damit die in (2.24) auftretende hypergeometrische Funktion $_1F_1$ in ein Polynom übergeht, müssen wir

$$a = -n_r \quad (n_r = 0, 1, 2, \ldots)$$

setzen. Nach (3.10) und (3.11) erhalten wir daher

$$\lambda = -1/R_1^2 n^2, \tag{3.12}$$

wo wir mit $n = n_r + l + 1$ die Hauptquantenzahl bezeichnen. Wegen $R_1 = \hbar^2/\mu e^2 Z$ ergibt sich somit mit Rücksicht auf (3.7) für die Energieeigenwerte E_n der Bohrsche Ausdruck

$$E_n = -\frac{\hbar^2}{2\mu R_1^2}\frac{1}{n^2} = -\frac{2\pi^2\mu e^4 Z^2}{h^2}\frac{1}{n^2}.$$

Da nach (3.9) und (3.12) $\varkappa = 2/R_1 n$ ist, so erhalten wir auf Grund von (2,1.1), (2.24), (3.11) und (3.12) die Eigenfunktionen in der Gestalt

$$f(x) = \left(\frac{2x}{nR_1}\right)^{l+1} e^{-x/nR_1} {}_1F_1\left(-(n-l-1); 2l+2; 2x/nR_1\right). \tag{3.13}$$

Beachtenswert an dem behandelten Beispiel ist die Tatsache, daß der

Parameter $\varkappa$ laut (3.9) von dem Eigenwertparameter λ abhängt. Der Parameter $\varkappa$ hat somit für verschiedene Quantenzustände auch verschiedene Werte.

Der mathematische Apparat der Polynommethode liefert Eigenfunktionen nicht nur im Falle diskreter sondern auch kontinuierlicher Eigenwertspektren, d.h. in dem betrachteten Beispiel für positive Energiewerte $E > 0$, wenn auch in diesem Falle in den Lösungen keine Polynome auftreten. Um diese Eigenfunktionen zu erhalten, bemerken wir, daß nach (3.7) im Falle $E > 0$ auch $\lambda > 0$ sein muß. Die Konstante $\varkappa$ muß dann infolge von (3.9) einen imaginären Wert besitzen. Wenn wir daher $\varkappa = \pm 2ik$ setzen, so wird auf Grund von (2.22) und (3.9): $\alpha_1 - a = \mp i/kR_1$. Mit Rücksicht auf (3.11) ist somit $a = l+1 \pm i/kR_1$. Wegen (2.24) sowie (3.11) erhalten wir folglich die Eigenfunktionen des kontinuierlichen Eigenwertspektrums in der Gestalt

$$f(x) = x^l e^{\mp ikx} {}_1F_1(l+1 \pm i/kR_1; 2l+2; \pm 2ikx). \qquad (3.14)$$

§ 4. Lösung von Eigenwertproblemen mit Hilfe konfluenter P-Funktionen mit einer wesentlich singulären Stelle im Unendlichen. Funktionsklasse BII

Wir gehen nun zur Betrachtung der konfluenten P-Funktionen, über die wir als zur Klasse BII gehörig bezeichnen wollen, da sie für besondere Lagen der singulären Punkte ξ_i die in Kap. 1 mit dem gleichen Symbol bezeichnete Funktionsklasse als Spezialfall enthält. Die Differentialgleichungen der hier mit BII bezeichneten Funktionsklasse haben, wie die in Kap. 1 ebenso bezeichnete, eine wesentlich singuläre Stelle im Unendlichen und eine außerwesentlich singuläre Stelle im Endlichen. Ferner tritt in beiden Fällen in den Funktionen des Fundamentalsystems, das zur außerwesentlich singulären Stelle gehört, die konfluente hypergeometrische Funktion F_1 (1,3.23) auf.

Um eine solche hypergeometrische Funktion zu erhalten, muß man, wie wir in § 1 gesehen haben, in der gewöhnlichen hypergeometrischen Funktion ${}_2F_1(a, b; c; \xi/\varrho)$ beim Hineinrücken der singulären Stelle $\xi = \varrho$ in die im Unendlichen befindliche, die Parameter a und b mit unendlich werdender Entfernung ϱ der beiden im Endlichen liegenden singulären Stellen $\xi = 0$ und $\xi = \varrho$ wie $\pm \sqrt{\varrho}$ unendlich werden lassen, während der Parameter c endlich bleibt.

Um mit der gewöhnlichen P-Funktion (2,3.9), deren singuläre Stelle ξ_2 bereits im Unendlichen liegt, den analogen Grenzübergang auszuführen, bezeichnen wir, wie in § 2, mit ϱ die Entfernung der beiden im Endlichen befindlichen singulären Stellen ξ_1 und ξ_3, setzen also $\varrho = \xi_3 - \xi_1$.

Wir nehmen ferner an, daß $\alpha_2 = \alpha_{20} \pm \sqrt{\varrho}$, $\alpha_2' = \alpha_{20}' \mp \sqrt{\varrho}$ ist und die übrigen Verzweigungsexponenten α_i, α_i' konstant sind. Nach vorheriger Multiplikation mit $\varrho^{-\alpha_3}$ geht dann die P-Funktion (2,3.9) im Grenzfalle $\varrho \to \infty$ über in

$$P(\xi) = (\xi - \xi_1)^{\alpha_1} F_1 \big(1 + \alpha_1 - \alpha_1'; -(\xi - \xi_1) \big). \tag{4.1}$$

Die gleiche konfluente P-Funktion, jedoch mit verändertem Vorzeichen von $\xi - \xi_1$, erhalten wir, wenn wir (2,3.9) mit $\varrho^{-\alpha_3}$ multiplizieren, sodann $\alpha_3 = \alpha_{30} \pm \sqrt{\varrho}$, $\xi_3 = \xi_1 + \varrho$ setzen und schließlich den Grenzübergang $\varrho \to \infty$ durchführen. Man braucht bloß zu beachten, daß

$$\varrho^{-\alpha_3}(\xi - \xi_3)^{\alpha_3} = \left(1 + \frac{\xi - \xi_1}{\varrho}\right)^{\alpha_{30} \pm \sqrt{\varrho}} = \left(1 + \frac{\xi - \xi_1}{\varrho}\right)^{\alpha_{30}} \left(1 + \frac{1}{\sqrt{\varrho}} \frac{\xi - \xi_1}{\sqrt{\varrho}}\right)^{\pm \sqrt{\varrho}}$$

und daß beide im letzten Glied enthaltenen Klammergrößen für $\varrho \to \infty$ den Grenzwert 1 haben. Diese P-Funktion stimmt im wesentlichen mit der konfluenten P-Funktion (1,3.24) überein.

Wir wollen die Funktionsklassen, zu denen die konfluenten P-Funktionen (4.1) bzw. die aus ihnen durch Vorzeichenwechsel von $\xi - \xi_1$ hervorgehenden gehören, mit BIIa bzw. BIIb bezeichnen. Diese Funktionsklassen sollen beide zusammen BII heißen.

Die Differentialgleichungen, denen die konfluenten P-Funktionen der Klassen BIIa bzw. BIIb genügen, sind leicht anzugeben. Man hat in die Differentialgleichung (2.1) der gewöhnlichen P-Funktionen die oben angegebenen Werte für α_2, α_2' bzw. α_3 sowie $\alpha_3' = \alpha_{30}' \mp \sqrt{\varrho}$ einzusetzen und die Differentialgleichung (2.1) mit einer geeigneten Potenz von ϱ zu multiplizieren, damit die P-Funktion im Grenzfalle $\varrho \to \infty$ einen endlichen Ausdruck ergibt. Der Grenzübergang $\varrho \to \infty$ liefert dann die Differentialgleichung

$$\frac{d^2 P}{d\xi^2} + \frac{1 - \alpha_1 - \alpha_1'}{\xi - \xi_1} \frac{dP}{d\xi} + \left[\frac{\alpha_1 \alpha_1'}{(\xi - \xi_1)^2} \pm \frac{1}{\xi - \xi_1} \right] P = 0. \tag{4.2}$$

Das obere bzw. das untere Vorzeichen entspricht der Funktionsklasse BIIa bzw. BIIb.

Über die Verwendung der Funktionsklasse BII in der Sommerfeldschen Polynommethode sei nachstehendes bemerkt: Falls in der Lösung (2,1.1) eines Eigenwertproblems (1,1.1) eine zur Funktionsklasse BII gehörige konfluente P-Funktion auftreten soll, müssen die Koeffizienten der Differentialgleichungen (2,1.8) und (4.2) übereinstimmen. Aus der Gleichheit der Koeffizienten von $dP/d\xi$ folgt, daß im Falle $\xi_1 = 0$

$$h = \text{beliebig}, \qquad \alpha_1 + \alpha_1' = 1/h \tag{4.3}$$

sein muß. Im Falle $\xi_1 \neq 0$ ist jedoch $h = 1$ zu fordern.

Die Gleichheit der Koeffizienten mit denen die P-Funktion in den beiden Differentialgleichungen multipliziert ist, hat zur Folge, daß die durch (1,2.11) definierte Funktion $S(x)$ gleich sein muß der Funktion

$$\Sigma(\xi) = h^2 \xi^2 \left[\frac{\alpha_1 \alpha_1'}{(\xi - \xi_1)^2} \pm \frac{1}{\xi - \xi_1} \right]. \qquad (4.4)$$

In dem für die Anwendungen wichtigen Spezialfall $\xi_1 = 0$ hat $\Sigma(\xi)$ die einfache Gestalt

$$\Sigma(\xi) = s_0 + s_1 \xi, \qquad (4.5)$$

wo

$$s_0 = h^2 \alpha_1 \alpha_1', \qquad s_1 = \pm h^2$$

ist. Damit eine Funktion $S(x)$ gleich dieser $\Sigma(\xi)$-Funktion sein kann, muß sie mit Rücksicht auf $\xi = \varkappa x^h$ die Gestalt

$$S(x) = \sigma_0 + \sigma_1 x^j \qquad (\sigma_1, j \neq 0) \qquad (4.6)$$

besitzen. Die Gleichheit von (4.5) und (4.6) fordert das Bestehen der Beziehungen

$$h = j, \qquad h^2 \alpha_1 \alpha_1' = \sigma_0, \qquad \pm h^2 \varkappa = \sigma_1. \qquad (4.7)$$

Mit Rücksicht auf (4.3) werden die Lösungen der Gleichungen (4.7) gegeben durch

$$h = j, \qquad \varkappa = \pm \sigma_1 / j^2, \qquad \alpha_1 = \frac{1}{2j} (\pm) \frac{1}{j} \sqrt{\frac{1}{4} - \sigma_0}. \qquad (4.8)$$

Das Vorzeichen von $\varkappa$ ist jetzt in den beiden Fällen BIIa und BIIb eindeutig bestimmt.

Im Falle $\xi_1 = 0$ können wir in der P-Funktion (4.1), da ja wegen (4.3) $1 + \alpha_1 - \alpha_1' = 1 + 2\alpha_1 - 1/h$ ist, nur noch eventuell über das Vorzeichen in dem Ausdruck (4.8) für α_1 verfügen. Möglicherweise sind hier beide Vorzeichen zulässig.

Es ist jedoch nicht schwer festzustellen, daß die Formeln der beiden Fälle BIIa und BIIb immer nur zugleich anwendbar oder nicht anwendbar sind und stets die gleichen Ergebnisse liefern.

Es mag bemerkt werden, daß die Funktion F_1 in (4.1) nicht durch eine entsprechende Wahl des Verzweigungsexponenten α_1 in ein Polynom übergeführt werden kann. In dem betrachteten Falle können somit die Eigenfunktionen scheinbar nur einem kontinuierlichen, nicht aber einem diskreten Eigenwertspektrum angehören.

Zur Auflösung eines Eigenwertproblems mit der $S(x)$-Funktion (4.6) kann man jedoch auch die in § 2 angegebenen Formeln benützen, wie bereits dort bemerkt wurde. Um dies durchzuführen muß man die S(x)-Funktion (4.6) der durch $\Sigma(\xi) = s_0 + s_1 \xi + s_2 \xi^2$ gegebenen $\Sigma(\xi)$-Funktion (2.18) gleichsetzen. Damit dies möglich ist, muß entweder s_1 oder $s_2 = 0$ sein. Der Koeffizient s_2 kann aber nicht verschwinden, da er gemäß (2.18) durch $s_2 = -\frac{1}{4}h^2$ gegeben wird und daher $h = 0$ sein müßte. Dies würde aber, wie aus (2.18) ersichtlich ist, zur Folge haben, daß auch $s_0 = s_1 = 0$ ist und daher die ganze $\Sigma(\xi)$-Funktion verschwindet. Man muß also $s_1 = 0$, $h \neq 0$ annehmen, was nach (2.18) zur Folge hat, daß $C_{\alpha_1} = 0$ sein muß. Nach (2.22) bedeutet dies, daß

$$a = \alpha_1 + (h-1)/2h \qquad (4.9)$$

ist.

Wir erhalten somit eine konfluente P-Funktion von der Gestalt

$$P(\xi) = \xi^{\alpha_1} e^{-\xi/2} {}_1F_1(a; 2a; \xi), \qquad (4.10)$$

wobei zwischen a und α_1 die Beziehung (4.9) besteht. Die erhaltene Lösung besitzt eine von (4.1) verschiedene Gestalt, da z.B. in ihr eine Exponentialfunktion auftritt. Trotzdem sind aber, wie wir uns auf Grund der in § 5 angegebenen Beziehung (5.4) überzeugen können, die beiden Eigenfunktionen, die mit Hilfe der beiden P-Funktionen (4.1) und (4.10) herstellbar sind, miteinander identisch. Auch mit Hilfe von (4.1) lassen sich somit in dem betrachteten Falle die Eigenfunktionen des diskreten Eigenwertspektrums darstellen.

Die in § 2 (S. 50) erwähnten Funktionen $(\xi-\xi_1)^{\alpha_1}$ und $(\xi-\xi_1)^{\alpha'_1}$, die eine Lösung der Differentialgleichung (2.1) darstellen, an der der Grenzübergang $\xi_2 \to \infty$ bei endlich bleibenden α_i, α'_i-Werten vollzogen wurde, kann man auch noch als konfluente P-Funktionen ansehen. Eine Berechtigung dazu gibt uns die Tatsache, daß man diese Lösungen und ihre Differentialgleichung auch erhalten kann, wenn man die den beiden Fällen BIIa und BIIb entsprechenden Grenzübergänge $\alpha_2 = = \alpha_{20} \pm \sqrt{\varrho}$, $\alpha'_2 = \alpha'_{20} \mp \sqrt{\varrho}$ sowie $\alpha_3 = \alpha_{30} \pm \sqrt{\varrho}$, $\alpha'_3 = \alpha'_{30} \mp \sqrt{\varrho}$ beide zugleich ausführt. Die Einfachheit der Lösungen und der dadurch bedingte sehr beschränkte Anwendungsbereich lassen jedoch eine Diskussion dieses Falles nicht lohnend erscheinen.

§ 5. Zwei Beispiele: Eigenwertproblem der Besselschen Funktionen und eine Beziehung zwischen zwei konfluenten hypergeometrischen Funktionen

A. Eigenwertproblem der Besselschen Funktionen. Die Differentialgleichung der Besselschen Funktionen von der Ordnung ν lautet, wenn wir sie in selbstadjungierter Form schreiben

$$\frac{d}{dx}\left(x \frac{df}{dx}\right) + \left(x - \frac{\nu^2}{x}\right)f = 0. \qquad (5.1)$$

Es ist also, wie der Vergleich mit (1,1.1) lehrt, $p(x) = x$, $q(x) - \lambda \varrho(x) =$
$= -x + v^2/x$. Zufolge (1,2.11) wird daher

$$S(x) = \frac{1}{4} - v^2 + x^2. \qquad (5.2)$$

Die Funktion $S(x)$ hat somit die Gestalt (4.6) und wir können daher
die Differentialgleichung (5.1) mit Hilfe der in der ersten Hälfte des § 4
angegebenen Formeln lösen. Da nach (4.6) und (5.2)

$$j = 2, \qquad \sigma_0 = \frac{1}{4} - v^2, \qquad \sigma_1 = 1$$

ist, so folgt aus (4.8), wenn wir den Fall BIIa voraussetzen,

$$h = 2, \qquad \varkappa = \frac{1}{4}, \qquad \alpha_1 = \frac{1}{4} (\pm) \frac{1}{2} v.$$

Falls die Differenz der beiden α_1-Werte eine ganze Zahl ist, ist die
Lösung (4.1) nur mit dem größeren α_1-Wert verwendbar, sonst ergeben
aber beide α_1-Werte eine brauchbare Lösung. Im betrachteten Falle
ist die Differenz der α_1-Werte gleich v. Wir erhalten somit ohne Rücksicht
darauf, ob v eine ganze Zahl ist oder nicht, die eine Lösung der Differentialgleichung (5.1), wenn wir den größeren α_1-Wert

$$\alpha_1 = \frac{1}{4} + \frac{1}{2} v$$

verwenden. Mit den angegebenen Werten für h, $\varkappa$ und α_1 ergibt sich
somit mit Rücksicht auf (2,1.1) und (4.1) bei entsprechender Wahl einer
multiplikativen Konstanten für die Lösung der Differentialgleichung
(5.1) der Ausdruck

$$f(x) = \left(\frac{x}{2} \right)^v F_1 \left(v+1; -\left(\frac{x}{2} \right)^2 \right), \qquad (5.3)$$

d.h. die Besselsche Funktion $J_v(x)$.

Die Verwendung der Formeln der Funktionsklasse BI würde für die
Besselschen Funktionen eine mit einer Exponentialfunktion multipli-
zierte Potenzreihe ergeben (vgl. (5,8.18)), aus der jedoch mit Hilfe der
unten angegebenen Relation (5.4) die übliche Darstellung (5.3) erhalten
werden kann.

 B. *Eine Beziehung zwischen zwei konfluenten hypergeometrischen
Funktionen.* Um die Richtigkeit der Beziehung (vgl. Kratzer–Franz
1960, S. 224)

$$F_1 \left(a + \frac{1}{2}; x^2/16 \right) = e^{-x/2}\,_1 F_1(a; 2a; x) \qquad (5.4)$$

zu beweisen, suchen wir eine Lösung der Differentialgleichung

$$\frac{d^2f}{dx^2} + \frac{k-1}{k}\frac{1}{x}\frac{df}{dx} - \left[\frac{\alpha_1^*(\alpha_1^*-1/k)}{x^2} + \frac{1}{4}\right]f = 0 \qquad (5.5)$$

zunächst mit Hilfe der Formeln des Falles BIa und sodann mit Hilfe der des Falles BIIa herzustellen. Die angegebene Differentialgleichung ist mit der Differentialgleichung (2.13) der konfluenten P-Funktionen des Falles BIa identisch, wenn wir in der letzteren $C_{\alpha_1} = 0, \xi_1 = 0$ setzen. Dabei wurden in (2.13) die Bezeichnungen: $P \to f, h \to k, \xi \to x$, $\alpha_1 \to \alpha_1^*$ eingeführt, um die Bezeichnungen in der Differentialgleichung (5.5) von denen in der Differentialgleichung (4.2) des Falles BIIa unterscheiden zu können. Gemäß (2.22) bedeutet dann $C_{\alpha_1} = 0$, daß

$$a = \alpha_1^* + \frac{1}{2} - \frac{1}{2k} \qquad (5.6)$$

ist.

Eine Lösung der Differentialgleichung (5.5) wird mit Rücksicht auf (5.6) sowie $\alpha_1^* + \alpha_1^{*\prime} = 1/k$ durch (2.7) also durch

$$f(x) = x^{\alpha_1^*}e^{-x/2}{}_1F_1(a; 2a; x) \qquad (5.7)$$

gegeben, wo wegen des Verschwindens von C_{α_1} zwischen a und α_1^* die Beziehung (5.6) besteht.

Um nun den Formalismus des Falles BIIa gebrauchen zu können, müssen wir die Differentialgleichung (5.5) in selbstadjungierter Form hinschreiben:

$$\frac{d}{dx}\left(x^{(k-1)/k}\frac{df}{dx}\right) - \left[\frac{\alpha_1^*(\alpha_1^*-1/k)}{x^2} + \frac{1}{4}\right]x^{(k-1)/k}f = 0. \qquad (5.8)$$

Der Vergleich von (5.8) mit (1,1.1) ergibt

$$p(x) = x^{(k-1)/k},$$

$$q(x) - \lambda\varrho(x) = \left[\frac{\alpha_1^*(\alpha_1^*-1/k)}{x^2} + \frac{1}{4}\right]x^{(k-1)/k}.$$

Daher wird die durch (1,2.11) definierte Funktion $S(x)$ gegeben durch

$$S(x) = \frac{k^2-1}{4k^2} - \alpha_1^*\left(\alpha_1^* - \frac{1}{k}\right) - \frac{1}{4}x^2.$$

Da diese Funktion die Gestalt der $S(x)$-Funktion (4.6) hat, so können wir zur Lösung der Differentialgleichung (5.8) die Formeln des Falles BIIa heranziehen. Da nach (4.6)

$$\sigma_0 = \frac{k^2-1}{4k^2} - \alpha_1^*\left(\alpha_1^* - \frac{1}{k}\right), \qquad \sigma_1 = -\frac{1}{4}$$

ist, so folgt aus (4.8)

$$h = 2, \quad \varkappa = -1/16, \quad \alpha_1 = \frac{1}{4}\,(\pm)\,\frac{1}{2}\left(\alpha_1^* - \frac{1}{2k}\right).$$

Entscheiden wir uns für den α_1-Wert mit dem Pluszeichen,[1] so erhalten wir auf Grund von (2,1.1), (4.1) sowie (5.6) die Lösung der Differentialgleichung (5.8) in der Gestalt

$$f(x) = x^{\alpha_1^*} F_1\left(a + \frac{1}{2};\,\frac{x^2}{16}\right). \tag{5.9}$$

Um das Bestehen der Beziehung (5.4) zu beweisen, müssen wir uns überzeugen, daß die beiden Lösungen (5.7) und (5.9) der Differentialgleichung (5.8) einander gleich sind. Dies folgt daraus, daß jede von ihnen eine zum Verzweigungsexponenten α_1^* gehörige kanonische Fundamentallösung der Entwicklung um den Nullpunkt darstellt. Da eine solche Lösung bis auf eine multiplikative Konstante eindeutig bestimmt ist und beide Lösungen (5.7) und (5.9) mit $x^{-\alpha_1^*}$ multipliziert für $x = 0$ den Wert 1 ergeben, müssen diese beiden Lösungen identisch sein. Damit ist die Richtigkeit der Beziehung (5.4) bewiesen.

An der Formel (5.4) ist die Tatsache bemerkenswert, daß in ihr die Abhängigkeit von α_1^* nur in dem Parameter a enthalten ist, der jedoch beliebige Werte annehmen kann.

Einen Beweis für das Bestehen der Relation (5.4) können wir auch erhalten, wenn wir die Differentialgleichung (4.2) des Falles BII als die zu lösende Differentialgleichung (1,1.1) ansehen und wir ihre Lösung mit Hilfe der Formeln des Falles BI abzuleiten versuchen. Es ergibt sich dann die Beziehung (5.4), in der jedoch das Argument $x^2/16$ durch x d.h. x durch $4x^{1/2}$ ersetzt wurde. Dieses Beispiel zeigt, daß h auch gleich $1/2$ sein kann, also für h nicht unbedingt ganzzahlige Werte auftreten müssen, wie dies bei der praktischen Anwendung der Polynommethode meistens der Fall ist.

§ 6. Lösung von Eigenwertproblemen mit Hilfe konfluenter P-Funktionen mit wesentlich singulären Stellen im Endlichen. Funktionsklasse CI

Bisher haben wir in diesem Kapitel zur Auflösung von Eigenwertproblemen mit Hilfe der Polynommethode konfluente P-Funktionen verwendet, deren wesentlich singuläre Stellen sich im Unendlichen befanden. Nunmehr müssen wir im laufenden sowie im folgenden

---

[1] Die Verwendung des α_1-Wertes mit dem Minuszeichen ergibt eine Lösung, die einen von α_1^* verschiedenen Verzweigungsexponenten besitzt und daher der Lösung (5.7) nicht gleich sein kann.

Paragraphen auch noch die Verwendung von konfluenten P-Funktionen besprechen, die umgekehrt im Endlichen befindliche wesentlich singuläre Stellen haben. Dabei kann die außerwesentlich singuläre Stelle im Endlichen oder auch im Unendlichen liegen. Da wir die konfluenten P-Funktionen mit einer im Unendlichen liegenden außerwesentlich singulären Stelle durch eine Verlagerung ins Unendliche aus den konfluenten P-Funktionen herstellen können, deren beide singulären Stellen im Endlichen liegen, so wollen wir uns zunächst mit den letzteren befassen.

Solche konfluente P-Funktionen werden erhalten, wenn wir ausgehend von den gewöhnlichen Riemannschen P-Funktionen eine außerwesentlich singuläre Stelle, etwa ξ_3, in eine andere, etwa ξ_2, hineinrücken lassen. Um nicht auf die trivialen Funktionen (vgl. S. 50)

$$\left(\frac{\xi-\xi_1}{\xi-\xi_2}\right)^{\alpha_1} \quad \text{und} \quad \left(\frac{\xi-\xi_1}{\xi-\xi_2}\right)^{\alpha_1'}$$

zu verfallen, müssen wir dabei einen Teil der Verzweigungsexponenten α_i, α_i' ins Unendliche wachsen lassen. Beschränkt man sich dabei auf konfluente P-Funktionen, die in der Polynommethode verwendbar sind, so muß man bei diesem Grenzübergang die Summen der Verzweigungsexponentenpaare $\alpha_i+\alpha_i'$ der einzelnen singulären Punkte ξ_i auch in dem jetzigen Falle konstant halten. Bei dem betrachteten Grenzübergang geht die Entfernung $\varepsilon = \zeta_3 - \zeta_2$ der beiden „zusammenfließenden" singulären Stellen ξ_3 und ξ_2 gegen Null, während das bisher verwendete $\varrho = \xi_3-\xi_1$ beim Hineinrücken des Punktes ξ_3 in den Punkt $\xi_2 = \infty$ unendlich wurde. Um daher die in der gewöhnlichen P-Funktion (2,3.3) auftretende hypergeometrische Funktion $_2F_1$ beim Grenzübergang $\varepsilon \to 0$ in die konfluente hypergeometrische Funktion $_1F_1$ überzuführen, machen wir laut § 1 sowie analog (2.6) den Ansatz

$$\xi_3 = \xi_2+\varepsilon \quad \begin{cases} \alpha_1 = \text{const}, & \alpha_2 = \alpha_{20}\mp 1/2\varepsilon, & \alpha_3 = \alpha_{30}\pm 1/2\varepsilon, \\ \alpha_1' = \text{const}, & \alpha_2' = \alpha_{20}'\pm 1/2\varepsilon, & \alpha_3' = \alpha_{30}'\mp 1/2\varepsilon. \end{cases}$$

$$(6.1)$$

Man kann unmittelbar feststellen, daß wenn man die Werte (6.1) in die Riemannsche P-Funktion (2,3.3) bzw. (2,3.4) einsetzt und sodann den Grenzübergang $\varepsilon \to 0$ ausführt, man auf dem gleichen Wege, auf dem wir zu (2.7) gelangt sind, die nachstehenden konfluenten P-Funktionen erhält

$$P(\xi) = \left(\frac{\xi-\xi_1}{\xi-\xi_2}\right)^{\alpha_1} e^{\mp 1/2(\xi-\xi_2)} {}_1F_1\Big(\alpha_1+\alpha_{20}+\alpha_{30};$$

$$1+\alpha_1-\alpha_1'; \pm \frac{1}{\xi_2-\xi_1}\frac{\xi-\xi_1}{\xi-\xi_2}\Big) \quad (6.2)$$

bzw.

$$P(\xi) = \left(\frac{\xi-\xi_2}{\xi-\xi_1}\right)^{\alpha_{20}+\alpha_{30}} e^{\mp 1/2(\xi-\xi_2)} {}_2F\left(\alpha_1+\alpha_{20}+\alpha_{30},\right.$$

$$\left.\alpha_1'+\alpha_{20}+\alpha_{30}; \mp(\xi_2-\xi_1)\frac{\xi-\xi_2}{\xi-\xi_1}\right). \qquad (6.3)$$

Das obere bzw. das untere Vorzeichen in (6.2) und (6.3) entspricht dabei dem oberen bzw. unteren Vorzeichen in (6.1). Wir wollen die erhaltenen P-Funktionen als zur Klasse CI gehörig bezeichnen und zwar wollen wir die mit dem oberen bzw. unteren Vorzeichen versehenen der Klasse CIa bzw. CIb zuweisen. Die Funktionsklasse CI enthält die mit dem gleichen Symbol in Kap. 1 bezeichnete Funktionsklasse als Spezialfall für besondere Lagen der singulären Stellen ξ_i. Einem Spezialfall der Funktion (6.3) sind wir bereits in (1,3.28) begegnet.

Um die Differentialgleichung der konfluenten P-Funktionen der Klasse CIa bzw. CIb zu erhalten, gehen wir mit dem Ansatz (6.1) in die Differentialgleichung (2,3.1) der gewöhnlichen Riemannschen P-Funktionen ein und vollziehen den Grenzübergang $\varepsilon \to 0$. Durch diesen Grenzübergang erhält die Riemannsche Relation (2,3.2) die Gestalt

$$\alpha_1+\alpha_{20}+\alpha_{30}+\alpha_1'+\alpha_{20}'+\alpha_{30}' = 1. \qquad (6.4)$$

Beziehung (6.4) ermöglicht uns, die nach dem Grenzübergang $\varepsilon \to 0$ im Koeffizienten von $dP/d\xi$ in der Differentialgleichung (2,3.1) auftretenden endlichen Teile der Verzweigungsexponenten durch $\alpha_1+\alpha_1'$ auszudrücken.

Der Koeffizient der Riemannschen P-Funktion in der Differentialgleichung (2,3.1) besteht aus drei Gliedern. Um seinen Grenzwert für $\varepsilon \to 0$ zu erhalten, muß man das Verhalten dieser Glieder für kleine ε-Werte ermitteln, ganz analog wie dies in § 2 in (2.10), (2.11) und (2.12) für große ϱ-Werte geschehen ist.

Da sich die unendlich werdenden Glieder wegheben, so erhält man auf diese Weise im Grenzfalle $\varepsilon \to 0$ die Differentialgleichung

$$\frac{d^2P}{d\xi^2} + \left(\frac{1-\alpha_1-\alpha_1'}{\xi-\xi_1} + \frac{1+\alpha_1+\alpha_1'}{\xi-\xi_2}\right)\frac{dP}{d\xi} +$$

$$+\left[\frac{\alpha_1\alpha_1'(\xi_2-\xi_1)}{\xi-\xi_1} \pm \frac{C_{\alpha_1}}{\xi-\xi_2} - \frac{\xi-\xi_1}{4(\xi-\xi_2)^2(\xi_2-\xi_1)}\right]\frac{\xi_2-\xi_1}{(\xi-\xi_1)(\xi-\xi_2)^2}P = 0,$$

$$\qquad (6.5)$$

wo (vgl. (2.14))

$$C_{\alpha_1} = \frac{1}{2}(\alpha_{20}'+\alpha_{30}'-\alpha_{20}-\alpha_{30})$$

ist. Das obere Vorzeichen in (6.5) ist im Falle CIa und das untere im Falle CIb zu verwenden.

Damit das Eigenwertproblem (1,1.1) mit Hilfe des Ansatzes (2,1.1) mit einer konfluenten P-Funktion lösbar ist, die eine Lösung der Differentialgleichung (6.5) darstellt, müssen die Koeffizienten von $dP/d\xi$ und von P dieser Differentialgleichung mit denen der Differentialgleichung (2,1.8) übereinstimmen.

Um die Gleichheit der Koeffizienten von $dP/d\xi$ d.h. das Bestehen der Beziehung

$$\frac{1-\alpha_1-\alpha_1'}{\xi-\xi_1} + \frac{1+\alpha_1+\alpha_1'}{\xi-\xi_2} = \frac{h-1}{h}\frac{1}{\xi} \tag{6.6}$$

zu erzielen, können wir ξ_1 oder ξ_2 gleich Null setzen oder unendlich werden lassen oder auch den Koeffizienten $1-\alpha_1-\alpha_1'$ oder $1+\alpha_1+\alpha_1'$ verschwinden lassen. Ein Nullwerden von ξ_1 bzw. ξ_2 bewirkt nämlich, daß der betreffende Koeffizient $1-\alpha_1-\alpha_1'$ bzw. $1+\alpha_1+\alpha_1'$ gleich $(h-1)/h$ gesetzt werden kann. Ein Unendlichwerden von ξ_1 oder ξ_2 hat hingegen zur Folge, daß das betreffende Glied wegfällt, also der betreffende Koeffizient einen beliebigen Wert annehmen kann. Wenn jedoch ξ_1 oder ξ_2 gleichzeitig von Null und ∞ verschieden ist, so muß der betreffende Koeffizient in (6.6) verschwinden. Beachtet man daß stets $\xi_1 \neq \xi_2$ sein muß, so ergeben sich im ganzen die nachstehenden sechs Fälle

$$\begin{array}{lllll}
(1) & \xi_1 = 0, & \xi_2 = \infty, & \alpha_1+\alpha_1' = 1/h, & h \neq 0, \\
(2) & \xi_1 = \infty, & \xi_2 = 0, & \alpha_1+\alpha_1' = -1/h, & h \neq 0, \\
(3) & \xi_1 \neq 0, & \xi_2 = \infty, & \alpha_1+\alpha_1' = 1, & h = 1, \\
(4) & \xi_1 \neq \infty, & \xi_2 = 0, & \alpha_1+\alpha_1' = 1, & h = -1, \\
(5) & \xi_1 = 0, & \xi_2 \neq \infty, & \alpha_1+\alpha_1' = -1, & h = -1, \\
(6) & \xi_1 = \infty, & \xi_2 \neq 0, & \alpha_1+\alpha_1' = -1, & h = 1.
\end{array} \tag{6.7}$$

In den Fällen (1) und (2) ist $h \neq 0$, kann aber sonst beliebige Werte annehmen. In den Fällen (3) bis (6) ist jedoch der Wert von h bestimmt. Dies wird dadurch bedingt, daß wegen $\xi_i \neq 0$ oder $\xi_i \neq \infty$ die Werte beider Koeffizienten $1-\alpha_1-\alpha_1'$ und $1+\alpha_1+\alpha_1'$ zugleich in (6.6) festgelegt werden.

Man bemerkt, daß entgegen unserer ursprünglichen Absicht nur im Endlichen liegende singuläre Stellen zu berücksichtigen, wir durch die Beziehung (6.6) gezwungen waren in zwei von den sechs Fällen (6.7) die wesentlich singuläre Stelle ξ_2 ins Unendliche zu verlegen. Es wird sich jedoch sogleich erweisen, daß diese Fälle für die praktische Anwendung der Polynommethode nicht von Bedeutung sind.

Bedenkt man, daß ξ_1 eine außerwesentlich und ξ_2 eine wesentlich singuläre Stelle ist, so stimmt die hier angegebene Klassifikation der konfluenten P-Funktionen der Klasse CI mit der in der Tabelle I (S. 49) angegebenen Klassifikation der konfluenten hypergeometrischen Funktionen auch in der Numerierung der einzelnen Fälle, bis auf ein unwesentliches Detail, vollkommen überein. In der Tabelle I wird nämlich das Verhalten der konfluenten hypergeometrischen Funktionen in den Punkten $\xi = 0$, 1 und ∞ angegeben, während in der obigen Klassifikation der konfluenten P-Funktionen ihr Verhalten in den Punkten $\xi = 0$ und $\xi = \infty$ sowie in einem von 0 und ∞ verschiedenen, sonst aber beliebigen Punkte auf der reellen ξ-Achse maßgebend ist.

Entsprechend (6.7) werden die Funktionsklassen CIa und CIb in je sechs Unterklassen aufgespalten.

Aus der Gleichheit der Koeffizienten, mit denen die Funktionen P in den beiden Differentialgleichungen (2,1.8) und (6.5) multipliziert sind, folgt, daß die durch (1,2.11) definierte Funktion $S(x)$ gleich sein muß einer Funktion $\Sigma(\xi)$, die durch den mit $h^2 \xi^2$ multiplizierten Koeffizienten von P in der Differentialgleichung (6.5) gegeben wird. Es ist also

$$\Sigma(\xi) = h^2 \xi^2 \left[\frac{\alpha_1 \alpha_1'(\xi_2 - \xi_1)}{\xi - \xi_1} \pm \frac{C_{\alpha_1}^{\text{q}}}{\xi - \xi_2} - \right.$$

$$\left. - \frac{\xi - \xi_1}{4(\xi - \xi_2)^2 (\xi_2 - \xi_1)} \right] \frac{\xi_2 - \xi_1}{(\xi - \xi_1)(\xi - \xi_2)^2}. \qquad (6.8)$$

Nun wollen wir die einzelnen Fälle (6.7) näher besprechen. Der Fall (1) unterscheidet sich von dem Falle (3) nur durch die spezielle Lage der außerwesentlich singulären Stelle ξ_1, was einen größeren Spielraum der Werte von h zur Folge hat. Die wesentlich singuläre Stelle ξ_2 liegt jedoch in den beiden Fällen im Unendlichen, so daß wir die beiden Fälle (1) und (3) gemeinsam behandeln können. Setzt man gemäß (1) und (3) in der Differentialgleichung (6.5) $\xi_2 = \infty$, so erhält man die Differentialgleichung (2.1a), deren Lösungen durch $(\xi - \xi_1)^{\alpha_1}$ und $(\xi - \xi_1)^{\alpha_1'}$ gegeben werden.

Dieses Resultat dürfte vielleicht auf den ersten Blick paradox erscheinen, da man vermuten könnte in den beiden Fällen (1) und (3) die Formeln der in § 2 besprochenen Funktionsklasse BI zu erhalten. In diesen beiden Fällen befindet sich ja die außerwesentlich singuläre Stelle im Endlichen und die wesentlich singuläre Stelle im Unendlichen. Die Lage der beiden singulären Stellen ist also die gleiche, wie im Falle BI. In beiden Fällen (1) und (3) werden ferner gemäß (2.6) und (6.1) die gleichen Verzweigungsexponenten und zwar in der gleichen Weise unendlich wie im Falle BI. Die Aufklärung dieses Paradoxons besteht darin, daß es sich sowohl im Falle BI als auch in den beiden Fällen (1) und (3) um einen doppelten Grenzübergang handelt, der aus zwei etwas verschiedenen und in verschiedener Reihenfolge durchgeführten Grenzübergängen besteht. Im Falle BI wird zuerst die singuläre Stelle ξ_3 bei konstant gehaltenen Verzweigungsexponenten ins Unendliche verschoben und danach die singuläre Stelle ξ_2 bei gleichzeitig gemäß (2.6) unendlich werdenden Verzweigungsexponenten mit ihr vereinigt. In den Fällen (1) und (3) rückt jedoch die singuläre Stelle ξ_3 mit gemäß (6.1) unendlich werdenden Verzweigungsexponenten in die singuläre Stelle ξ_2 hinein und danach wird erst die so entstandene wesentlich singuläre Stelle ins Unendliche verlegt.

Auf die Fälle (1) und (3) sind wir übrigens bereits in § 2 gestoßen (vgl. die Ausführungen nach der Formel (2.1)) und wollen auch hier wie dort auf ihre nähere Besprechung verzichten.

In den beiden Fällen (2) und (6) liegt die wesentlich singuläre Stelle ξ_2 im Endlichen und die außerwesentlich singuläre Stelle ξ_1 im Unendlichen. Die Differentialgleichung der entsprechenden konfluenten P-Funktionen ergibt sich in diesen Fällen mit Rücksicht auf (6.5) in der Gestalt

$$\frac{d^2P}{d\xi^2} + \frac{1+\alpha_1+\alpha_1'}{\xi-\xi_2}\frac{dP}{d\xi} + \left[\frac{\alpha_1\alpha_1'}{(\xi-\xi_2)^2} \pm \frac{C_{\alpha_1}}{(\xi-\xi_2)^3} - \frac{1}{4(\xi-\xi_2)^4}\right]P = 0,$$

(6.9)

wobei im Falle (2) wir $\xi_2 = 0$ zu setzen haben.

An dieser Differentialgleichung ist bemerkenswert, daß sie durch die Inversion $\xi-\xi_1 = 1/(\zeta-\zeta_2)$ aus der Differentialgleichung (2.13) der Funktionsklasse BI hervorgeht. Dies wird durch die Tatsache bedingt, daß in den beiden Differentialgleichungen (2.13) und (6.9) die Lagen der beiden singulären Stellen, der wesentlichen und der außerwesentlichen, miteinander vertauscht sind. Die Lösungen der Differentialgleichung (6.9) werden demnach erhalten, wenn man in den konfluenten P-Funktionen (2.7) und (2.8) die Variable $\xi-\xi_1$ durch $1/(\xi-\xi_2)$ ersetzt.

Die (6.9) entsprechende Funktion $\Sigma(\xi)$ wird gegeben durch

$$\Sigma(\xi) = h^2\xi^2\left[\frac{\alpha_1\alpha_1'}{(\xi-\xi_2)^2} \pm \frac{C_{\alpha_1}}{(\xi-\xi_2)^3} - \frac{1}{4(\xi-\xi_2)^4}\right].$$

(6.10)

Interessant ist hier der Spezialfall (2), wo $\xi_2 = 0$ und daher $\Sigma(\xi)$ gleich

$$\Sigma(\xi) = s_0 + s_1\xi^{-1} + s_2\xi^{-2}$$

(6.11)

ist. Die hier auftretenden Koeffizienten s_0, s_1, s_2 haben die in (2.18) angegebenen Werte. Daraus folgt, daß die Formeln der Fälle (2) und BI mit $\xi_1 = 0$ ineinander durch Vorzeichenänderung von h übergehen. Wir brauchen daher diesen Spezialfall in unserer Formelnzusammenstellung in 4, § 1 nicht zu berücksichtigen.

Die der Differentialgleichung (6.9) entsprechenden Fälle CIa und

CIb wollen wir mit CIaα und CIbα bezeichnen. Beide Fälle zusammen sollen CIα heißen.

In den beiden noch zu besprechenden Fällen (4) bzw. (5) liegen die beiden singulären Stellen im Endlichen, davon eine im Nullpunkte. Gemäß (6.7) erhält die Differentialgleichung (6.5) in diesen beiden Fällen die Gestalt

$$\frac{d^2P}{d\xi^2} + \left(\frac{1-\alpha_1-\alpha_1'}{\xi-\xi_1} + \frac{1+\alpha_1+\alpha_1'}{\xi}\right)\frac{dP}{d\xi} +$$
$$+ \left[\frac{\alpha_1\alpha_1'\xi_1}{\xi-\xi_1} \mp \frac{C_{\alpha_1}}{\xi} - \frac{\xi-\xi_1}{4\xi^2\xi_1}\right]\frac{\xi_1}{(\xi-\xi_1)\xi^2}\,P = 0 \qquad (6.12)$$

bzw.

$$\frac{d^2P}{d\xi^2} + \left(\frac{1-\alpha_1-\alpha_1'}{\xi} + \frac{1+\alpha_1+\alpha_1'}{\xi-\xi_2}\right)\frac{dP}{d\xi} +$$
$$+ \left[\frac{\alpha_1\alpha_1'\xi_2}{\xi} \pm \frac{C_{\alpha_1}}{\xi-\xi_2} - \frac{\xi}{4(\xi-\xi_2)^2\xi_2}\right]\frac{\xi_2}{\xi(\xi-\xi_2)^2}\,P = 0. \qquad (6.13)$$

Diese beiden Differentialgleichungen können aus der Differentialgleichung (2.13) der Funktionsklasse BI erhalten werden, wenn man hier durch die Transformation

$$\xi-\xi_1 = 1/\zeta - 1/\zeta_1 \qquad (6.14)$$

bzw.

$$\xi-\xi_1 = \zeta/(\zeta-\zeta_2)\zeta_2 \qquad (6.15)$$

eine neue Variable ζ einführt und nachher ζ, ζ_1, ζ_2 durch ξ, ξ_1, ξ_2 ersetzt. Diese Transformationen führen die Lagen der außerwesentlich singulären Stelle $\xi_1 = 0$ und der wesentlich singulären Stelle $\xi_2 = \infty$ der Funktionsklasse BI in die aus (6.7) zu entnehmenden Lagen dieser beiden singulären Stellen in den Fällen (4) bzw. (5) über.

Die Lösungen der Differentialgleichung (6.12) bzw. (6.13) werden durch die konfluenten P-Funktionen dargestellt, die wir erhalten, wenn wir in (2.7) und (2.8) gemäß (6.14) bzw. (6.15) die Variable $\xi-\xi_1$ durch $1/\xi - 1/\xi_1$ bzw. $\xi/(\xi-\xi_2)\xi_2$ ersetzen.

Die Funktion $\Sigma(\xi)$ wird in dem Falle (4) bzw. (5) durch

$$\Sigma(\xi) = \frac{\xi_1}{\xi-\xi_1}\left[\frac{\alpha_1\alpha_1'\xi_1}{\xi-\xi_1} \mp \frac{C_{\alpha_1}}{\xi} - \frac{\xi-\xi_1}{4\xi^2\xi_1}\right] \qquad (6.16)$$

bzw.

$$\Sigma(\xi) = \frac{\xi_2\xi}{(\xi-\xi_2)^2}\left[\frac{\alpha_1\alpha_1'\xi_2}{\xi} \pm \frac{C_{\alpha_1}}{\xi-\xi_2} - \frac{\xi}{4(\xi-\xi_2)^2\xi_2}\right] \qquad (6.17)$$

gegeben.

Wir wollen in der Folge die Funktionsklassen, die den Unterklassen (4) bzw. (5) der Klassen CIa und CIb entsprechen, mit CIaβ, CIbβ bzw. CIaγ, CIbγ bezeichnen.

§ 7. Lösung von Eigenwertproblemen mit Hilfe konfluenter P-Funktionen mit wesentlich singulären Stellen im Endlichen. Funktionsklasse CII

Es sollen nun konfluente P-Funktionen betrachtet werden, die wir als zur Klasse CII gehörig bezeichnen wollen. Sie entstehen ebenso, wie die zur Funktionsklasse CI gehörigen konfluenten P-Funktionen durch ein Hineinrücken der außerwesentlich singulären Stelle ξ_3 in die im Endlichen befindliche außerwesentlich singuläre Stelle ξ_2. Sie unterscheiden sich aber von den Funktionen der Klasse CI dadurch, daß die Verzweigungsexponenten bei diesem Grenzübergang schwächer unendlich werden, nämlich nur so, daß wir nun konfluente P-Funktionen mit der konfluenten hypergeometrischen Funktion F_1 (vgl. (1.6) und (1.7)) erhalten.

Wir setzen demnach $\xi_3 = \xi_2 + \varepsilon$ und lassen dabei, ähnlich wie wir dies in § 4 getan haben, entweder die Verzweigungsexponenten α_2, α_2' wie

$$\alpha_2 = \alpha_{20} \pm 1/\sqrt{\varepsilon}\,, \quad \alpha_2' = \alpha_{20}' \mp 1/\sqrt{\varepsilon} \tag{7.1}$$

oder die Verzweigungsexponenten α_3, α_3' wie

$$\alpha_3 = \alpha_{30} \pm 1/\sqrt{\varepsilon}\,, \quad \alpha_3' = \alpha_{30}' \mp 1/\sqrt{\varepsilon} \tag{7.2}$$

mit verschwindender Entfernung ε unendlich werden. Wir wollen die beiden Funktionsklassen, die wir bei Zugrundelegung des Ansatzes (7.1) bzw. (7.2) im Grenzfalle $\varepsilon \to 0$ erhalten, mit CIIa bzw. CIIb bezeichnen.

Mit Hilfe dieser beiden Ansätze erhalten wir im Grenzfalle $\varepsilon \to 0$ aus der gewöhnlichen Riemannschen P-Funktion (2,3.3) die konfluente P-Funktion

$$P(\xi) = \left(\frac{\xi - \xi_1}{\xi - \xi_2} \right)^{\alpha_1} F_1 \left(1 + \alpha_1 - \alpha_1';\ \mp\ \frac{1}{\xi_2 - \xi_1}\ \frac{\xi - \xi_1}{\xi - \xi_2} \right). \tag{7.3}$$

Das obere Vorzeichen gilt dabei im Falle der Klasse CIIa und das untere im Falle der Klasse CIIb.

Geht man mit dem Ansatz (7.1) oder (7.2) in die Papperitzsche Differentialgleichung (2,3.1) der gewöhnlichen Riemannschen P-Funktionen ein, wobei $\xi_3 = \xi_2 + \varepsilon$ angenommen wird, so erhält man im Grenzfalle $\varepsilon \to 0$ die Differentialgleichung der konfluenten P-Funktionen der Klasse CII

$$\frac{d^2 P}{d\xi^2} + \left(\frac{1 - \alpha_1 - \alpha_1'}{\xi - \xi_1} + \frac{1 + \alpha_1 + \alpha_1'}{\xi - \xi_2} \right) \frac{dP}{d\xi} +$$

$$+ \left[\frac{\alpha_1 \alpha_1'(\xi_2 - \xi_1)}{\xi - \xi_1} \pm \frac{1}{\xi - \xi_2} \right] \frac{\xi_2 - \xi_1}{(\xi - \xi_1)(\xi - \xi_2)^2} P = 0. \tag{7.4}$$

Das obere bzw. das untere Vorzeichen entspricht dabei dem Falle CIIa bzw. CIIb.

Damit die konfluenten P-Funktionen der Klasse CII zur Lösung der Eigenwertprobleme (1,1.1) verwendbar sind, müssen die Koeffizienten, mit denen $dP/d\xi$ sowie P in den Differentialgleichungen (2,1.8) und (7.4) multipliziert sind, übereinstimmen.

Die Gleichheit der Koeffizienten von $dP/d\xi$ kann nur in den sechs Fällen (6.7) bestehen, da ja die Koeffizienten von $dP/d\xi$ in den beiden Differentialgleichungen (6.5) und (7.4) einander gleich sind.

Aus der Gleichheit der Koeffizienten von P in (2,1.8) und (7.4) folgt für $\Sigma(\xi)$ der Ausdruck

$$\Sigma(\xi) = h^2\xi^2\left[\frac{\alpha_1\alpha_1'(\xi_2-\xi_1)}{\xi-\xi_1} \pm \frac{1}{\xi-\xi_2}\right]\frac{\xi_2-\xi_1}{(\xi-\xi_1)(\xi-\xi_2)}. \qquad (7.5)$$

Bezüglich der einzelnen Fälle (6.7) ist nachstehendes zu bemerken: In den Fällen (1) und (3) ist $\xi_2 = \infty$ und wir erhalten wieder die Differentialgleichung (2.1a).

Im Falle (6) nimmt die Differentialgleichung (7.4) wegen $\xi_1 = \infty$ die Form an

$$\frac{d^2P}{d\xi^2} + \frac{1+\alpha_1+\alpha_1'}{\xi-\xi_2}\frac{dP}{d\xi} + \left[\frac{\alpha_1\alpha_1'}{(\xi-\xi_2)^2} \pm \frac{1}{(\xi-\xi_2)^3}\right]P = 0. \qquad (7.6)$$

Im Falle (2) ist hier speziell $\xi_2 = 0$ zu setzen. Diese Differentialgleichung geht aus der Differentialgleichung (4.2) der Funktionsklasse BII durch die Transformation $\xi-\xi_1 = 1/(\zeta-\zeta_2)$ und nachträglichen Ersatz von ζ, ζ_2 durch ξ, ξ_2 hervor. Durch die gleiche Transformation erhalten wir aus der Lösung (4.1) der Differentialgleichung (4.2) eine konfluente P-Funktion, die eine Lösung der Differentialgleichung (7.6) darstellt.

Die zur Differentialgleichung (7.6) gehörige Funktion $\Sigma(\xi)$ wird durch

$$\Sigma(\xi) = h^2\xi^2\left[\frac{\alpha_1\alpha_1'}{(\xi-\xi_2)^2} \pm \frac{1}{(\xi-\xi_2)^3}\right] \qquad (7.7)$$

gegeben, wie auch aus (7.5) für $\xi_1 \to \infty$ sich ergibt.

Im Spezialfalle (2) ist $\xi_2 = 0$ und daher wird

$$\Sigma(\xi) = s_0 + s_1\xi^{-1}, \qquad (7.8)$$

wo s_0 und s_1 die in (4.5) auftretenden Koeffizienten sind. Daraus folgt ebenso wie im Falle CI (vgl. § 6), daß auch im Falle CII der Fall BII mit $\xi_1 = 0$ (vgl. § 4) und der Fall (2) ineinander durch eine Vorzeichenänderung von h übergehen.

Die der Differentialgleichung (7.6) mit dem oberen bzw. unteren Vorzeichen entsprechenden Fälle CIIa bzw. CIIb sollen mit CIIaα bzw.

CIIbα bezeichnet werden. Für beide Fälle zusammen soll die Bezeichnung CIIα verwendet werden.

In dem Falle (4) bzw. (5) erhält die Differentialgleichung (7.4) gemäß (6.7) die Gestalt

$$\frac{d^2P}{d\xi^2} + \left(\frac{1-\alpha_1-\alpha_1'}{\xi-\xi_1} + \frac{1+\alpha_1+\alpha_1'}{\xi} \right) \frac{dP}{d\xi} +$$

$$+ \left[\frac{\alpha_1\alpha_1'\xi_1^2}{\xi^2(\xi-\xi_1)^2} \mp \frac{\xi_1}{\xi^3(\xi-\xi_1)} \right] P = 0 \quad (7.9)$$

bzw.

$$\frac{d^2P}{d\xi^2} + \left(\frac{1-\alpha_1-\alpha_1'}{\xi} + \frac{1+\alpha_1+\alpha_1'}{\xi-\xi_2} \right) \frac{dP}{d\xi} +$$

$$+ \left[\frac{\alpha_1\alpha_1'\xi_2^2}{\xi^2(\xi-\xi_2)^2} \pm \frac{\xi_2}{\xi(\xi-\xi_2)^3} \right] P = 0. \quad (7.10)$$

Um diese beiden Differentialgleichungen zu erhalten, ist in der Differentialgleichung (4.2) der Funktionsklasse BII die bereits in § 6 angewendete Transformation (6.14) bzw. (6.15) zu verwenden. Konfluente P-Funktionen, die Lösungen der Differentialgleichung (7.9) bzw. (7.10) sind, erhalten wir daher, wenn wir in (4.1) die Variable $\xi-\xi_1$ durch $1/\xi-1/\xi_1$ bzw. durch $\xi/(\xi-\xi_2)\xi_2$ ersetzen.

Die Funktion $\Sigma(\xi)$ hat in dem Falle (4) bzw. (5) die Gestalt

$$\Sigma(\xi) = \frac{\alpha_1\alpha_1'\xi_2^2}{(\xi-\xi_1)^2} \mp \frac{\xi_1}{\xi(\xi-\xi_1)} \quad (7.11)$$

bzw.

$$\Sigma(\xi) = \frac{\alpha_1\alpha_1'\xi_2^2}{(\xi-\xi_2)^2} \pm \frac{\xi\xi_2}{(\xi-\xi_2)^3}. \quad (7.12)$$

Die Funktionen, die den Unterklassen (4) und (5) der Klasse CIIa bzw. CIIb entsprechen, werden wir mit CIIaβ, CIIbβ bzw. CIIaγ, CIIbγ bezeichnen.

Zum Abschluß der Darstellung des Lösungsverfahrens der Polynommethode sei noch bemerkt: In den Eigenwertproblemen (1,1.1) der Quantentheorie treten in den Koeffizienten $p(x)$, $q(x)$ und $\varrho(x)$ öfter Konstante auf, deren Werte durch ganzzahlige Parameter bestimmt werden, etwa durch die Quantenzahlen schon vorher gelöster Eigenwertprobleme. Überblickt man hingegen die in der vorliegenden Monographie dargestellten Lösungsverfahren der Polynommethode, so muß man feststellen, daß in ihnen nirgends die Forderung enthalten ist, daß die in den Koeffizienten $p(x)$, $q(x)$ und $\varrho(x)$ auftretenden Konstanten durch ganzzahlige Parameter bestimmt sein sollen. Als ein charakteristischer Zug der mittels der Polynommethode lösbaren Eigenwertprobleme ist daher die Tatsache anzusehen, daß ihre Lösbarkeit erhalten bleibt, falls wir die in den oben genannten drei Koeffizienten auftretenden Konstanten in gewissen Bereichen beliebig ändern. Der einzige in der Lösung auftretende Parameter, der unbedingt ganzzahlig sein muß, ist die Polynomquantenzahl, die die gewöhnlichen oder konfluenten hypergeometrischen Funktionen im Falle eines diskreten Eigenwertspektrums in Polynome verwandelt. Hingegen müssen die Quantanzahlen, die die Eigenwerte festlegen und die wir daher als Eigenwertquantenzahlen bezeichnet haben, keineswegs ganzzahlig sein. Wir können uns davon an verschiedenen Beispielen (vgl. 2, § 3; 3, § 3) überzeugen.

Kapitel 4

Formelsammlung und verschiedene Anwendungen

§ 1. Formelsammlung zur Sommerfeldschen Polynommethode

Die Sommerfeldsche Polynommethode beschäftigt sich mit der Lösung der eindimensionalen Eigenwertprobleme der Quantenthorie, die wir durch die selbstadjungierte Differentialgleichung[1] zweiter Ordnung

$$\frac{d}{dx}\left(p\,\frac{df}{dx}\right)-(q-\lambda\varrho)f = 0 \qquad (1,1.1)$$

als gegeben annehmen. Aus den Annahmen der Polynommethode folgt, daß die Lösung des Eigenwertproblems (1,1.1) durch

$$f(x) = p(x)^{-1/2}\,P(\xi) \qquad (2,1.1)$$

darstellbar ist, wo $P(\xi)$ im Falle (A) eine gewöhnliche und in allen übrigen Fällen eine konfluente P-Funktion bezeichnet. Zwischen den Variablen x und ξ besteht die Beziehung

$$\xi = \varkappa x^h \qquad (\varkappa, h \neq 0). \qquad (2,1.7)$$

Dabei wird angenommen, daß die Begrenzungspunkte x_1 und x_2 des Grundgebietes (x_1, x_2) in dem das Eigenwertproblem vorgegeben ist, im allgemeinen singuläre Punkte der Differentialgleichung (1,1.1) sind.

Die im folgenden angegebene Formelsammlung enthält alle notwendigen Angaben, um zunächst möglichst rasch festzustellen, ob ein mit Hilfe einer vorgegebenen Veränderlichen x formuliertes Eigenwertproblem (1,1.1) mittels der Sommerfeldschen Polynommethode lösbar ist, und sodann, falls dies zutrifft, um die Eigenfunktionen und die Eigenwerte anzugeben.

Zunächst muß man ermitteln, ob die aus den Koeffizienten der Differentialgleichung (1,1.1) des gegebenen Eigenwertproblems gebildete Funktion

---

[1] In dem laufenden Paragraphen wurde die ursprüngliche Numerierung der einzelnen Formeln und Beziehungen beibehalten, um die Auffindung ihrer Begründung zu ermöglichen.

$$S(x) = x^2 \left[\left(\frac{p'}{2p} \right)^2 - \frac{p''}{2p} - \frac{q - \lambda \varrho}{p} \right] \qquad (1,2.11)$$

gleich einer der weiter unten angegebenen Funktionen $\Sigma(\xi)$ ist, wenn zwischen den Variablen x und ξ die Beziehung $\xi = \varkappa x^h$ (2,1.7) zutrifft. Dabei muß der Parameter h einen der betreffenden Funktion $\Sigma(\xi)$ entsprechenden, unten in jedem Einzelnfalle angegebenen Wert haben. Im folgenden bedeutet $h \neq 0$, daß h sonst beliebig angenommen werden kann. Falls h festgelegt ist, so muß $h = \pm 1$ sein. Schließlich muß noch ermittelt werden, ob die Endpunkte des vorgegebenen Grundgebietes (x_1, x_2) gemäß der Beziehung (2,1.7) den singulären Stellen ξ_1, ξ_2, ξ_3 bzw. ξ_1, ξ_2 der entsprechenden gewöhnlichen bzw. konfluenten P-Funktion zugeordnet werden können. Trifft dies zu, so ergibt (2,1.1) die Eigenfunktionen. In den einzelnen Spezialfällen sind ja die zugehörigen gewöhnlichen oder konfluenten P-Funktionen angeführt oder es sind wenigstens die Transformationen angegeben, mittels deren sie leicht herstellbar sind.

(A) In dieser Funktionsklasse ist $P(\xi)$ eine gewöhnliche Riemannsche P-Funktion. ξ_1, ξ_2, ξ_3 sind dann drei voneinander verschiedene außerwesentlich singuläre Stellen.[1] Zur Festlegung der Eigenwerte und Eigenfunktionen ist die Angabe von

$$\xi_1, \ \xi_2, \ \xi_3, \ \varkappa, \ h, \ \alpha_1, \ \alpha_2, \ \alpha_3 \qquad (1.1)$$

erforderlich. Es sind dabei die nachstehenden beiden Fälle in Betracht zu ziehen:

1) $\qquad \xi_1 = 0, \quad \xi_2 = \infty, \quad \xi_3 = 1, \quad h \neq 0.$

$$\Sigma(\xi) = s_0 + \frac{s_1}{1 - \xi} + \frac{s_2}{(1 - \xi)^2} . \qquad (2,1.10)$$

Die Verzweigungsexponenten $\alpha_1, \alpha_2, \alpha_3, \alpha_1', \alpha_2', \alpha_3'$, sind aus den quadratischen Gleichungen

$$\alpha_1(\alpha_1 - 1/h) = -(s_0 + s_1 + s_2)/h^2, \quad \alpha_2(\alpha_2 + 1/h) = -s_0/h^2,$$
$$\alpha_3(\alpha_3 - 1) = -s_2/h^2 \qquad (2,1.12)$$

sowie aus

$$\alpha_1 + \alpha_1' = 1/h, \quad \alpha_2 + \alpha_2' = -1/h, \quad \alpha_3 + \alpha_3' = 1 \qquad (2,3.7)$$

zu berechnen.

$$P(\xi) = \xi^{\alpha_1}(1 - \xi)^{\alpha_3} {}_2F_1(\alpha_1 + \alpha_2 + \alpha_3, \ \alpha_1 + \alpha_2' + \alpha_3; \ 1 + \alpha_1 - \alpha_1'; \ \xi),$$
$$(2,1.4)$$

---

[1] Wir haben nun die in 2, § 1 und § 2 verwendeten Bezeichnungen durch die sonst durchwegs in der vorliegenden Darstellung benutzten ersetzt.

$$P(\xi) = \xi^{\alpha_1}(1-\xi)^{\alpha_3}{}_2F_1(\alpha_1+\alpha_2+\alpha_3, \alpha_1+\alpha_2'+\alpha_3; 1+\alpha_3-\alpha_3'; 1-\xi),$$
$$(2,1.4a)$$

$$P(\xi) = \xi^{-\alpha_2-\alpha_3}(1-\xi)^{\alpha_3}{}_2F_1(\alpha_1+\alpha_2+\alpha_3, \alpha_1'+\alpha_2+\alpha_3; 1+\alpha_2-\alpha_2'; 1/\xi).$$
$$(2,1.5)$$

2) $\xi_2 = \infty$, $\xi_1 = 0$ und ξ_3 von 0 und ∞ verschieden, $h \neq 0$; nur wenn $\xi_1 \neq 0$, ist $h = 1$ zu setzen.

$$\alpha_1+\alpha_1' = 1/h, \quad \alpha_2+\alpha_2' = -1/h, \quad \alpha_3+\alpha_3' = 1. \quad (2,3.7)$$

$$\Sigma(\xi) = \frac{h^2\xi^2}{(\xi-\xi_1)(\xi-\xi_3)}\left[\frac{\alpha_1\alpha_1'(\xi_1-\xi_3)}{\xi-\xi_1} + \alpha_2\alpha_2' + \frac{\alpha_3\alpha_3'(\xi_3-\xi_1)}{\xi-\xi_3}\right].$$
$$(2,3.8)$$

$$P(\xi) = (\xi-\xi_1)^{\alpha_1}(\xi-\xi_3)^{\alpha_3}{}_2F_1\big(\alpha_1+\alpha_2+\alpha_3,$$
$$\alpha_1+\alpha_2'+\alpha_3; 1+\alpha_1-\alpha_1'; (\xi-\xi_1)/(\xi_3-\xi_1)\big), \quad (2,3.9)$$

$$P(\xi) = (\xi-\xi_1)^{-\alpha_2-\alpha_3}(\xi-\xi_3)^{\alpha_3}{}_2F_1\big(\alpha_1+\alpha_2+\alpha_3,$$
$$\alpha_1'+\alpha_2+\alpha_3; 1+\alpha_2-\alpha_2'; (\xi_3-\xi_1)/(\xi-\xi_1)\big). \quad (2,3.10)$$

In allen übrigen Funktionsklassen außer (A) ist $P(\xi)$ eine konfluente P-Funktion mit zwei singulären Stellen ξ_1 und ξ_2. Es bezeichnet ξ_1 im folgenden stets eine außerwesentlich singuläre Stelle und ξ_2 eine wesentlich singuläre Stelle.

Zur Festlegung der Eigenwerte und Eigenfunktionen ist in allen Fällen, in deren Symbol I enthalten ist, die Kenntnis der Konstanten

$$\xi_1, \xi_2, \varkappa, h, \alpha_1 \text{ und } C_{\alpha_1} \quad (1.2)$$

erforderlich. Die Fälle in deren Symbol II auftritt, enthalten nicht den Parameter C_{α_1}.

Bei einem doppelten Vorzeichen, das nicht in Klammern gesetzt ist, ist das obere bzw. das untere Vorzeichen in allen Fällen zu verwenden, in denen im Funktionssymbol a bzw. b auftritt. Welche von den in Klammern gesetzten Vorzeichen zu wählen sind, darüber entscheidet nur das Verhalten der Eigenfunktionen in den Endpunkten des Grundgebietes. Die Formeln der beiden Fälle a und b können stets gleichzeitig gebraucht werden und ergeben das gleiche Endergebnis.

(BI) Hier sind die beiden Fälle $\xi_1 = 0$ und $\xi_1 \neq 0$ zu unterscheiden.

1) $\xi_1 = 0$, $\xi_2 = \infty$, $h \neq 0$, $\alpha_1+\alpha_1' = 1/h$.

$$\Sigma(\xi) = s_0+s_1\xi+s_2\xi^2, \quad (3,2.16)$$

$$s_0 = h^2\alpha_1\alpha_1', \quad s_1 = \pm h^2 C_{\alpha_1}, \quad s_2 = -\frac{1}{4}h^2. \quad (3,2.18)$$

Die Funktion $S(x)$ muß daher die Gestalt

$$S(x) = \sigma_0 + \sigma_1 x^j + \sigma_2 x^{2j} \qquad (\sigma_1, \sigma_2, j \neq 0) \qquad (3,2.19)$$

haben. Die Konstanten h, $\varkappa$, C_{α_1}, α_1 werden dann gegeben durch

$$h = j, \qquad \varkappa = (\pm)(-4\sigma_2/j^2)^{1/2}, \qquad C_{\alpha_1} = \pm\sigma_1/\varkappa j^2,$$

$$\alpha_1 = \frac{1}{2j}(\pm)\frac{1}{j}\sqrt{\frac{1}{4} - \sigma_0}. \qquad (3,2.21)$$

$$P(\xi) = \xi^{\alpha_1} e^{\mp \xi/2} {}_1F_1\left(a; 2\alpha_1 + 1 - \frac{1}{h}; \pm\xi\right) \qquad (3,2.24)$$

bzw.

$$P(\xi) = \xi^{\alpha_1 - a} e^{\mp \xi/2} {}_2F\left(a, a - 2\alpha_1 + \frac{1}{h}; \mp\frac{1}{\xi}\right). \qquad (3,2.25)$$

Hier ist

$$a = \alpha_1 - C_{\alpha_1} + \frac{1}{2} - \frac{1}{2h}. \qquad (3,2.23)$$

2) $\qquad \xi_1 \neq 0, \qquad \xi_2 = \infty, \qquad h = 1, \qquad \alpha_1 + \alpha_1' = 1. \qquad (3,2.16)$

$$\Sigma(\xi) = \xi^2\left[\frac{\alpha_1\alpha_1'}{(\xi - \xi_1)^2} \pm \frac{C_{\alpha_1}}{\xi - \xi_1} - \frac{1}{4}\right]. \qquad (3,2.17)$$

Die konfluenten P-Funktionen ergeben sich aus (3,2.24) und (3,2.25), wenn dort ξ durch $\xi - \xi_1$ ersetzt wird.

(BII) Auch hier sind die beiden Fälle $\xi_1 = 0$ und $\xi_1 \neq 0$ gesondert zu behandeln.

1) $\qquad \xi_1 = 0, \qquad \xi_2 = \infty, \qquad h \neq 0, \qquad \alpha_1 + \alpha_1' = 1/h. \qquad (3,4.3)$

$$\Sigma(\xi) = s_0 + s_1\xi \qquad \text{wo} \qquad s_0 = h^2\alpha_1\alpha_1', \qquad s_1 = \pm h^2. \qquad (3,4.5)$$

Die Funktion $S(x)$ muß somit die Gestalt haben

$$S(x) = \sigma_0 + \sigma_1 x^j \qquad (\sigma_1, j \neq 0). \qquad (3,4.6)$$

Die Konstanten h, $\varkappa$, α_1 werden gegeben durch

$$h = j, \qquad \varkappa = \pm\sigma_1/j^2, \qquad \alpha_1 = \frac{1}{2j}(\pm)\frac{1}{j}\sqrt{\frac{1}{4} - \sigma_0}. \qquad (3,4.8)$$

$$P(\xi) = \xi^{\alpha_1} F_1(1 + \alpha_1 - \alpha_1'; \mp\xi). \qquad (3,4.1)$$

Über die Verwendung der Formeln des Falles (BI) zur Auflösung von Eigenwertproblemen mit der durch (3,4.6) gegebenen Funktion $S(x)$ vgl. 3, § 4 (S. 66).

2) $\quad\quad \xi_1 \neq 0, \quad \xi_2 = \infty, \quad h = 1, \quad \alpha_1 + \alpha_1' = 1,$ (3,4.3)

$$\Sigma(\xi) = \xi^2\left[\frac{\alpha_1\alpha_1'}{(\xi-\xi_1)^2} \pm \frac{1}{\xi-\xi_1}\right].$$ (3,4.4)

$$P(\xi) = (\xi-\xi_1)^{\alpha_1}F_1\left(1+\alpha_1-\alpha_1'; \mp(\xi-\xi_1)\right).$$ (3,4.1)

(CI α) Hier liegt die außerwesentlich singuläre Stelle ξ_1 in dem Punkte $\xi_1 = \infty$. Betreffs der Lage der wesentlich singulären Stelle ξ_2 sind die beiden Fälle $\xi_2 = 0$ und $\xi_2 \neq 0$ zu unterscheiden.

1) $\xi_1 = \infty, \quad \xi_2 = 0, \quad h \neq 0, \quad \alpha_1 + \alpha_1' = -1/h$

(Fall (2) in (3,6.7)).

$$\Sigma(\xi) = s_0 + s_1\xi^{-1} + s_2\xi^{-2}.$$ (3,6.11)

Die Koeffizienten s_0, s_1, s_2 werden durch (3,2.18) gegeben. Hierher gehörige Eigenwertprobleme können mit Hilfe der Formeln des in (BI) behandelten Falles 1) erledigt werden.

2) $\xi_1 = \infty, \quad \xi_2 \neq 0, \quad h = 1, \quad \alpha_1 + \alpha_1' = -1$

(Fall (6) in (3,6.7)).

$$\Sigma(\xi) = \xi^2\left[\frac{\alpha_1\alpha_1'}{(\xi-\xi_2)^2} \pm \frac{C_{\alpha_1}}{(\xi-\xi_2)^3} - \frac{1}{4(\xi-\xi_2)^4}\right].$$ (3,6.10)

Die konfluenten P-Funktionen werden aus den Funktionen (3,2.24) und (3,2.25) erhalten, wenn wir hier ξ durch $1/(\xi-\xi_2)$ ersetzen. Der Parameter a wird durch (3,2.23) bestimmt, falls hier $h = 1$ gesetzt wird.

(CIβ) $\xi_1 \neq \infty, \quad \xi_2 = 0, \quad h = -1, \quad \alpha_1 + \alpha_1' = 1$

(Fall (4) in (3,6.7)).

$$\Sigma(\xi) = \frac{\xi_1}{\xi-\xi_1}\left[\frac{\alpha_1\alpha_1'\xi_1}{\xi-\xi_1} \mp \frac{C_{\alpha_1}}{\xi} - \frac{\xi-\xi_1}{4\xi^2\xi_1}\right].$$ (3,6.16)

Die konfluenten P-Funktionen werden aus (3,2.24) sowie (3,2.25) erhalten durch Ersatz von ξ durch $1/(\xi-1)\xi_1$. Der Parameter a ergibt sich aus (3,2.23), wenn hier $h = -1$ angenommen wird.

(CIγ) $\xi_1 = 0, \quad \xi_2 \neq \infty, \quad h = -1, \quad \alpha_1 + \alpha_1' = -1$

(Fall (5) in (3,6.7)).

$$\Sigma(\xi) = \frac{\xi_2\xi}{(\xi-\xi_2)^2}\left[\frac{\alpha_1\alpha_1'\xi_2}{\xi} \pm \frac{C_{\alpha_1}}{\xi-\xi_2} - \frac{\xi}{4(\xi-\xi_2)^2\xi_2}\right].$$ (3,6.17)

Die konfluenten P-Funktionen folgen aus (3,2.24) und (3,2.25), wenn statt ξ dort $\xi/(\xi-\xi_2)\xi_2$ angenommen wird. Um den Parameter a zu erhalten ist der Ausdruck (3,2.23) mit $h = -1$ zu verwenden.

(CIIα) Auch hier erfordern, wie in (CIα), die beiden Fälle $\xi_2 = 0$ und $\xi_2 \neq 0$ eine gesonderte Behandlung.

1) $\xi_1 = \infty$, $\quad \xi_2 = 0$, $\quad h \neq 0$, $\quad \alpha_1 + \alpha_1' = -1/h$

$$\text{(Fall (2) in (3,6.7)).}$$

$$\Sigma(\xi) = s_0 + s_1\xi^{-1}, \tag{3,7.8}$$

wo s_0 und s_1 die in (3,4.5) auftretenden Koeffizienten sind. Der gegenwärtig betrachtete Fall kann somit mit Hilfe der Formeln des in (BII) behandelten Falles 1) erledigt werden.

2) $\xi_1 = \infty$, $\quad \xi_2 \neq 0$, $\quad h = 1$, $\quad \alpha_1 + \alpha_1' = -1$

$$\text{(Fall (6) in (3,6.7)).}$$

$$\Sigma(\xi) = \xi^2 \left[\frac{\alpha_1\alpha_1'}{(\xi-\xi_2)^2} \pm \frac{1}{(\xi-\xi_2)^3} \right]. \tag{3,7.7}$$

Die konfluenten $\dot{P}$-Funktionen ergeben sich aus (3,4.1), wenn dort $\xi - \xi_1$ durch $1/(\xi - \xi_2)$ ersetzt wird.

(CIIβ) $\xi_1 \neq \infty$, $\quad \xi_2 = 0$, $\quad h = -1$, $\quad \alpha_1 + \alpha_1' = 1$

$$\text{(Fall (4) in (3,6.7)).}$$

$$\Sigma(\xi) = \frac{\alpha_1\alpha_1'\xi_1^2}{(\xi-\xi_1)^2} \mp \frac{\xi_1}{\xi(\xi-\xi_1)}. \tag{3,7.11}$$

Die konfluente P-Funktion erhalten wir als Spezialfall von (3,7.3) für $\xi_2 = 0$

$$P(\xi) = \left(\frac{\xi-\xi_1}{\xi}\right)^{\alpha_1} F_1\left(1+\alpha_1-\alpha_1'; \pm\frac{1}{\xi_1}\frac{\xi-\xi_1}{\xi}\right). \tag{3,7.3}$$

(CIIγ) $\xi_1 = 0$, $\quad \xi_2 \neq \infty$, $\quad h = -1$, $\quad \alpha_1 + \alpha_1' = -1$

$$\text{(Fall (5) in (3,6.7)).}$$

$$\Sigma(\xi) = \frac{\alpha_1\alpha_1'\xi_2^2}{(\xi-\xi_2)^2} \pm \frac{\xi\xi_2}{(\xi-\xi_2)^3}. \tag{3,7.12}$$

Die konfluente P-Funktion wird durch (3,7.3) im Spezialfalle $\xi_1 = 0$ gegeben.

$$P(\xi) = \left(\frac{\xi}{\xi-\xi_2}\right)^{\alpha_1} F_1\left(1+\alpha_1-\alpha_1'; \mp\frac{1}{\xi_2}\frac{\xi}{\xi-\xi_2}\right). \tag{3,7.3}$$

Zwecks einer eventuellen Umformung der in den Eigenlösungen auftretenden hypergeometrischen Funktionen oder der aus ihnen entstehenden Polynome können die nachstehenden Beziehungen benützt werden.
Hier bedeutet n eine nicht negative ganze Zahl.

$$_2F_1(-n, b; c; \xi) =$$

$$= \frac{b(b+1) \dots (b+n-1)}{c(c+1) \dots (c+n-1)} (-\xi)^n {}_2F_1(-n, 1-c-n; 1-b-n; 1/\xi).$$

$$(2,2.13)$$

$$_2F_1\left(2a, 2b; a+b+\frac{1}{2}; \frac{1-\sqrt{z}}{2}\right) = \frac{\Gamma\left(a+b+\frac{1}{2}\right)\Gamma\left(\frac{1}{2}\right)}{\Gamma\left(a+\frac{1}{2}\right)\Gamma\left(b+\frac{1}{2}\right)} \times$$

$$\times {}_2F_1\left(a, b; \frac{1}{2}; z\right) + \frac{\Gamma\left(a+b+\frac{1}{2}\right)\Gamma\left(-\frac{1}{2}\right)}{\Gamma(a)\Gamma(b)} \times$$

$$\times z^{1/2} {}_2F_1\left(a+\frac{1}{2}, b+\frac{1}{2}; \frac{3}{2}; z\right). \qquad (2,4.8)$$

$$_2F_1(a, b; c; z) = \frac{\Gamma(c)\Gamma(c-a-b)}{\Gamma(c-a)\Gamma(c-b)} {}_2F_1(a, b; a+b-c+1; 1-z) +$$

$$+ \frac{\Gamma(c)\Gamma(a+b-c)}{\Gamma(a)\Gamma(b)} (1-z)^{c-a-b} {}_2F_1(c-a, c-b; c-a-b+1; 1-z)$$

(vgl. S. 28).

$$_2F_1(a, b; c; 1-z) = z^{-a} {}_2F_1\left(a, c-b; c; 1-\frac{1}{z}\right), \qquad (2,6.17)$$

$$_2F_1(a, b; c; z) = (1-z)^{c-a-b} {}_2F_1(c-a, c-b; c; z).$$

(vgl. S. 17, Anm.)

$$e^{-\xi/2} {}_1F_1(a; c; \xi) = e^{\xi/2} {}_1F_1(c-a; c; -\xi). \qquad (3,2.30)$$

$$_1F_1(-n; c; \xi) = \frac{1}{c(c+1) \dots (c+n-1)} (-\xi)^n {}_2F(-n, -n-c+1; -1/\xi). \qquad (3,2.29)$$

$$F_1\left(a+\frac{1}{2}; \xi^2/16\right) = e^{-\xi/2} {}_1F_1(a, 2a; \xi). \qquad (3,5.4)$$

§ 2. Ermittlung von Potentialen, die mit Hilfe der Sommerfeldschen Polynommethode lösbare Eigenwertprobleme ergeben

Das Eigenwertproblem eines unter dem Einfluß einer Zentralkraft mit dem Potential $V(r)$ sich bewegenden Elektrons wird durch die Schrödingergleichung

$$-\frac{\hbar^2}{2m}\,\Delta u + V(r)u = Eu$$

gegeben. Da der in diesem Eigenwertproblem auftretende Hamilton-Operator mit dem Operator des Quadrates des gesamten Impulsmomentes sowie mit dem seiner z-Komponenten vertauschbar ist, muß die gemeinsame Eigenfunktion u dieser drei Operatoren die Gestalt $u = Y_{lm}(\vartheta, \varphi)\, f(r)$ haben, wo $Y_{lm}(\vartheta, \varphi)$ eine Kugelflächenfunktion ist. Für die Radialfunktion $f(r)$ ergibt sich, wenn wir statt r die Veränderliche x verwenden, das Eigenwertproblem

$$\frac{d}{dx}\left(x^2\,\frac{df}{dx}\right) - \left[\frac{l(l+1)}{x^2} + \frac{2m}{\hbar^2}\,V(x) - \frac{2m}{\hbar^2}\,E\right]x^2 f = 0. \quad (2.1)$$

Dieses Eigenwertproblem ist im Falle eines Coulombschen Kraftfeldes, wo $V(x) = -Ze^2/x$ ist, mit dem in 3, § 3 mit Hilfe der Polynommethode behandelten Eigenwertproblem (3,3.8) identisch. Im Falle $V(x) = m\omega_0^2 x^2$ stellt (2.1) das Eigenwertproblem eines räumlichen harmonischen Oszillators dar. Besonders interessant ist vom physikalischen Standpunkte aus gesehen die Frage, inwieweit man das Coulombsche oder das räumliche elastische Potential verallgemeinern kann, um ein immer noch mit Hilfe der Polynommethode lösbares Eigenwertproblem zu erhalten. Man kann sich aber auch die Frage stellen, für welche anderen Potentiale $V(x)$ das Eigenwertproblem (2.1) auch noch mittels der Polynommethode gelöst werden kann.

Wir wollen die obige Problemstellung noch ein wenig verallgemeinern. Wir fragen uns nämlich, für welche „Potentiale" $q(x)$ und welche Gewichtsfunktionen $\varrho(x)$ ein Eigenwertproblem (1,1.1) mit Hilfe der Polynommethode erledigt werden kann, wenn nur der Koeffizient $p(x)$ vorgegeben ist. Um zunächst die Gestalt der Potentialfunktion $q(x)$ zu ermitteln, hat man die zur Differentialgleichung (1,1.1) gehörige Funktion $S(x)$ gleich einer der in § 1 angegebenen Funktionen $\Sigma(\xi)$ zu setzen. Mit Rücksicht auf (1,2.11) erhält man so

$$q(x) = \lambda\varrho + \frac{p'^2}{4p} - \frac{1}{2}\,p'' - \frac{p}{x^2}\,\Sigma(\xi). \quad (2.2)$$

Je nachdem für welche der in § 1 verzeichneten Funktionen $\Sigma(\xi)$ man sich entscheidet, ergeben sich verschiedene Potentialfunktionen $q(x)$. Dabei ist zu beachten, daß verschiedenen Funktionen $\Sigma(\xi)$ verschiedene singuläre Stellen ξ_1, ξ_2 (und eventuell auch ξ_3) entsprechen und daß bei einigen von diesen Funktionen für den Parameter h nur die Werte $h = +1$ oder $h = -1$ zulässig sind. Mit Rücksicht auf $\xi = \varkappa x^h$ (2,1.7) bedeutet dies, daß die Wahl der Funktion $\Sigma(\xi)$ ganz wesentlich die Lage der Endpunkte des zum Eigenwertproblem (1,1.1) gehörigen Grundgebietes (x_1, x_2) einschränkt.

Im allgemeinen wird man verlangen, daß die Koeffizienten $p(x)$, $q(x)$ und $\varrho(x)$ der Differentialgleichung (1,1.1) in allen Quantenzuständen die gleiche Gestalt haben, also von dem Eigenwertparameter λ weder direkt noch durch die Vermittlung anderer Parameter abhängen.

Drücken wir die in § 1 angegebenen Funktionen $\Sigma(\xi)$ mittels $\xi = \varkappa x^h$ (2,1.7) als Funktion von x aus, so erhalten wir zwei oder drei willkürlich wählbare Parameter, die linear in diese Funktionen eingehen. Im Falle, der durch (3,2.18) gegebenen Funktion $\Sigma(\xi)$, werden z.B. diese Parameter durch $\sigma_0 = s_0 = h^2 \alpha_1 \alpha_1'$, $\sigma_1 = \varkappa s_1 = \pm \varkappa h^2 C_{\alpha_1}$, $\sigma_2 = \varkappa^2 s_2 = = -\frac{1}{4} \varkappa^2 h^2$ gegeben. Im Falle der $\Sigma(\xi)$-Funktion (3,4.5) sind es die beiden Parameter $\sigma_0 = h^2 \alpha_1 \alpha_1'$ und $\sigma_1 = \pm \varkappa h^2$. Wir wollen auch im allgemeinen Falle diese Parameter, die ihrerseits Funktionen wenigstens eines Teiles der Parameter (1.1) bzw. (1.2) sind, mit $\sigma_0, \sigma_1, \sigma_2$ bezeichnen. Da der Koeffizient $p(x)$ von λ, unserer Voraussetzung gemäß, nicht abhängt, so muß, damit auch das Potential $q(x)$ keine Funktion von λ ist, das Glied $\lambda\varrho(x)$, das in dem Ausdrucke (2.2) für das Potential $q(x)$ auftritt, durch Glieder kompensiert werden, die in $\Sigma(\xi)$ enthalten sind. Um eine solche Kompensation zu erreichen, müssen wir voraussetzen, daß einer oder mehrere Parameter σ_i lineare Funktionen von λ sind, also im allgemeinen

$$\sigma_i = c_i + \lambda d_i \qquad (2.3)$$

ist, wo c_i und d_i von λ unabhängige Konstante bedeuten. Bezeichnen wir nun die Funktion, die wir erhalten, wenn wir in $\Sigma(\xi)$ die Variable ξ mittels $\xi = \varkappa x^h$ (2,1.7) durch x ausdrücken, mit $\Sigma(\sigma_i, x)$ und die Funktion, die sich aus ihr ergibt, wenn wir in ihr σ_i durch c_i bzw. d_i ersetzen, mit $\Sigma(c_i, x)$ bzw. $\Sigma(d_i, x)$. Wegen der linearen Abhängigkeit der Funktion $\Sigma(\sigma_i, x)$ von den σ_i und der linearen Abhängigkeit der σ_i von λ gilt dann die Beziehung

$$\Sigma(\xi) = \Sigma(\sigma_i, x) = \Sigma(c_i, x) + \lambda \Sigma(d_i, x). \qquad (2.4)$$

Durch Einsetzen von (2.4) in (2.2) erhält man somit für $q(x)$ und $\varrho(x)$ die Ausdrücke

$$q(x) = \frac{p'^2}{4p} - \frac{1}{2}p'' - \frac{p}{x^2} \Sigma(c_i, x),$$

$$\varrho(x) = \frac{p}{x^2} \Sigma(d_i, x). \tag{2.5}$$

In den beiden Ausdrücken für $q(x)$ und $\varrho(x)$ muß selbstverständlich die gleiche Funktion $\Sigma(\xi)$ verwendet werden.

. Stellt man sich die Frage, welche Eigenwertprobleme (1,1.1) mit Hilfe einer vorgegebenen Funktion $\Sigma(\xi)$ gelöst werden können, so ist zunächst zu bemerken, daß die Wahl der Funktion $\Sigma(\xi)$ darüber entscheidet, ob für die Lösung (2,1.1) des Eigenwertproblems gewöhnliche oder bestimmte Abarten von konfluenten Riemannschen P-Funktionen zu verwenden sind. Dies bedingt auch eine Einschränkung in der Wahl des Grundgebietes, in dem das Eigenwertproblem definiert ist.

Sodann muß man berücksichtigen, daß die Wahl von $p(x)$ in den beiden Beziehungen (2.5) durch Regularitätsbedingungen eingeschränkt ist. Die Funktion $p(x)$ darf ja keine unerwünschten Singularitäten der Eigenfunktionen im Grundgebiet verursachen. Es muß auch im allgemeinen $p(x)$ so gewählt werden, daß die Gewichtsfunktion $\varrho(x)$ im Grundgebiet ihr Vorzeichen nicht ändert und hier im allgemeinen nicht singulär ist. Diese sich auf $\varrho(x)$ beziehenden Forderungen wird man auch bei der Wahl der Koeffizienten d_i in der in dem Ausdruck für $\varrho(x)$ auftretenden Funktion $\Sigma(d_i, x)$ zu berücksichtigen haben. Es sei noch bemerkt, daß alle Koeffizienten c_i, d_i wegen der linearen Unabhängigkeit der σ_i ganz unabhängig voneinander gewählt werden können.

Im allgemeinen wird man bezüglich $p(x)$ auch die Forderung stellen, daß es im Grundgebiete keine Vorzeichenänderung erleidet.

Sobald wir uns für die Funktion $\Sigma(\xi)$ entschieden haben, sind die Parameter σ_i (2.3) als Funktionen eines gewissen Teiles der Parameter (1.1) bzw. (1.2) bekannt. Eine zusätzliche Beziehung zwischen den Parametern α_1, α_2, α_3 bzw. α_1, C_{α_1} ergibt sich im Falle diskreter Eigenwertspektren aus der Bedingung, daß die in den entsprechenden P-Funktionen auftretenden gewöhnlichen oder konfluenten hypergeometrischen Funktionen in Polynome übergehen müssen. Mit Hilfe dieser Forderung ergeben sich in der Regel die Eigenwerte.

Um die allgemeinen Überlegungen durch Beispiele zu illustrieren, wählen wir für $\Sigma(\xi)$ zunächst den Ausdruck (3,2.18). Die Koeffizienten σ_i sind dann (vgl. oben) mit den in (3,2.19) ebenso bezeichneten Koeffizienten identisch. Die Auflösung der drei Gleichungen (3,2.20) nach $\varkappa$, C_{α_1} und α_1 ergibt für diese Größen die Ausdrücke (3,2.21). Die Eigenwerte werden erhalten, wenn man aus (3,2.21) die Werte für α_1 und C_{α_1} in den Ausdruck (3,2.23) für a oder in den Ausdruck für $b = a - 2\alpha_1 +$

$+1/h = -\alpha_1 - C_{\alpha_1} + (h+1)/2h$ substituiert und einen dieser Ausdrücke einer negativen ganzen Zahl $-n$ gleichsetzt.

Besonders eingehend wollen wir uns mit der Frage beschäftigen, inwieweit man das Coulombsche bzw. räumliche elastische Potential verallgemeinern kann, um ein Eigenwertproblem zu erhalten, das immer noch mit Hilfe der Polynommethode gelöst werden kann.

In (2.1) ist

$$p(x) = \varrho(x) = x^2, \quad q(x) = l(l+1) + \frac{2m}{\hbar^2} V(x) x^2, \quad \lambda = \frac{2m}{\hbar^2} E.$$

$$(2.6)$$

Um eine Verallgemeinerung des Coulombschen und des räumlichen elastischen Potentials zu erhalten, entscheiden wir uns für die Funktion $\Sigma(\xi)$ (3,2.18), mittels deren das Eigenwertproblem (2.1) im Falle der genannten beiden Potentiale mit Hilfe der Polynommethode lösbar ist. Wir können dann nämlich erwarten, daß wir Eigenwertprobleme erhalten, in denen diese Potentiale irgendwie verallgemeinert sind, z.B. mit eventuellen Zusatzpotentialen auftreten. Da nach (2,2.19)

$$\Sigma(\sigma_i, x) = \sigma_0 + \sigma_1 x^h + \sigma_2 x^{2h}, \tag{2.7}$$

ist, so folgt aus den Ausdrücken[1] (2.5) und (2.6)

$$x^2 = d_0 + d_1 x^h + d_2 x^{2h}.$$

Diese Beziehung kann nur erfüllt werden, entweder wenn

$$h = 2, \quad d_0 = 0, \quad d_1 = 1, \quad d_0 = 0, \tag{2.8a}$$

oder wenn

$$h = 1, \quad d_0 = d_1 = 0, \quad d_2 = 1 \tag{2.8b}$$

ist. Aus (2.5), (2.6) und (2.7) folgt dann

$$q(x) = -(c_0 + c_1 x^h + c_2 x^{2h}). \tag{2.9}$$

Schließlich ergibt sich aus (2.6), (2.9) sowie (2.8a) bzw. (2.8b)

$$V(x) = -\frac{\hbar^2}{2m}\left(\frac{l(l+1)+c_0}{x^2} + c_1 + c_2 x^2\right) \tag{2.10a}$$

bzw.

$$V(x) = -\frac{\hbar^2}{2m}\left(\frac{l(l+1)+c_0}{x^2} + \frac{c_1}{x} + c_2\right). \tag{2.10b}$$

Die Konstante c_1 in (2.10a) und die Konstante c_2 in (2.10b) bewirkt nur eine Abänderung aller Eigenwerte um eine additive Konstante. Beide Konstanten können daher auch weggelassen werden.

---

[1] Man beachte, daß wenn $\varrho(x)$ nicht gemäß (2.6) gleich x^2 sondern anders gewählt wird, die Beziehung (2.5) für $\varrho(x)$ mit Rücksicht auf (2.7) eventuell unerfüllbar ist.

Der in der Differentialgleichung (2.1) in dem Potential $V(x)$ (2.10a) auftretende Ausdruck $-\hbar^2 c_2 x^2/2m$ stellt im Falle $c_2 = -m^2\omega^2/\hbar^2$ das kugelsymmetrische elastische Potential $m\omega^2 x^2/2$ eines dreidimensionalen harmonischen Oszillators dar. Wir erhalten demnach ein immer noch mit Hilfe der Polynommethode lösbares Eigenwertproblem, wenn wir zum isotropen elastischen Potential noch ein Potential hinzufügen, das umgekehrt proportional dem Quadrate der Entfernung wirkt.

Der Ausdruck $-\hbar^2 c_1/2mx$ bedeutet in (2.10b) das Coulombsche Potential eines Ein-Elektronen-Atoms. Wenn wir zu ihm, ebenso wie im Falle (2.10a), ein umgekehrt proportional zum Quadrate der Entfernung wirkendes Potential hinzufügen, erhalten wir ein ebenfalls mittels der Polynommethode lösbares Eigenwertproblem.

Da die Konstante c_0 in (2.10a) und in (2.10b) willkürlich gewählt werden kann und das Auftreten der azimutalen Quantenzahl l in den Ausdrücken für das Potential $V(x)$ physikalisch nicht zu rechtfertigen ist, wollen wir

$$^*c_0 = l(l+1)+c_0 \qquad (2.11)$$

setzen, wo $^*c_0$ als von l unabhängig, also als konstant angesehen werden kann.

Um im Falle (2.8a) die Eigenwerte und Eigenfunktionen anzugeben, bemerken wir, daß mit Rücksicht auf (2.3), (2.8a) sowie die anderen oben betreffs der c_i und d_i getroffenen Voraussetzungen

$$\sigma_0 = c_0, \quad \sigma_1 = \lambda, \quad \sigma_2 = -m^2\omega^2/\hbar^2 \qquad (2.12)$$

ist. Setzen wir

$$c_0 = -\tau(\tau+1), \qquad (2.13)$$

so erhalten wir aus (3,2.21)

$$\varkappa = m\omega/\hbar, \quad C_{\alpha_1} = \lambda\hbar/4m\omega, \quad \alpha_1 = \frac{1}{2}\tau + \frac{1}{2}. \qquad (2.14)$$

Die in (3,2.21) auftretenden Vorzeichen wurden dabei so gewählt, daß wir mit $\tau \geqslant 0$ und $a = -n_r$ (n_r = radiale Quantenzahl = Polynomquantenzahl = ganze Zahl $\geqslant 0$) mit Rücksicht auf (2,1.1) sowie die konfluente P-Funktion (3,2.24) die Eigenfunktionen

$$f(x) = x^\tau e^{-m\omega x^2/\hbar} {}_1F_1\left(-n_r; \tau + \frac{3}{2}; \frac{m\omega}{\hbar} x^2\right)$$

erhalten, die in dem Punkte $x = 0$ bzw. $x = \pm\infty$ verschwinden, bzw. im Sinne von 1, § 4 nicht allzustark unendlich werden.

Aus $a = -n_r$ sowie (2.6) und (2.14) erhält man für die Eigenwerte E den Ausdruck

$$E = \hbar\omega\left(2n_r + \tau + \frac{3}{2}\right). \qquad (2.15)$$

Im Falle $*c_0 = 0$ wird mit Rücksicht auf (2.11) $c_0 = -l(l+1)$ und es kann daher wegen (2.13) $\tau = l$ gesetzt werden. In diesem Falle geht das Potential (2.10a) mit Rücksicht auf $c_2 = \sigma_2$ und (2.12) über in

$$V(x) = \frac{m\omega^2}{2} x^2, \qquad (2.16)$$

also in das Potential eines dreidimensionalen, isotropen harmonischen Oszillators über. Gleichzeitig nehmen die Eigenwerte (2.15) und die oben angegebenen Eigenfunktionen die Gestalt an, die sie in diesem Falle besitzen.

Falls also zum elastischen Potential (2.16) noch das zu x^2 umgekehrt proportionale Glied hinzutritt, muß die azimutale Quantenzahl l durch τ ersetzt werden. Die mit Rücksicht auf (2.11) und (2.13) sich ergebende, wegen $*c_0 = $ const nur von l abhängige Differenz

$$\tau - l = \sqrt{\left(l + \frac{1}{2}\right)^2 - *c_0} - \left(l + \frac{1}{2}\right) \qquad (2.17)$$

kann als eine Rydberg-Korrektion eines gestörten harmonischen Oszillators angesehen werden. Ebenso wie im Falle eines Atoms mit einem einzigen Elektron (vgl. die Überlegungen im nachfolgenden Spezialfall (2.8b)) unterscheiden sich die einzelnen durch $l = $ const gegebenen Termserien durch die Werte der Rydberg-Korrektion.

Damit im Falle (2.8b) das in dem Potential (2.10b) auftretende, umgekehrt zu x proportionale Glied das Coulombsche Potential $-Ze^2/x$ darstellt, muß

$$c_1 = 2Zme^2/\hbar^2 \qquad (2.18)$$

gesetzt werden. Mit Rücksicht auf (2.3), (2.8b), (2.11), (2.18) wird dann, unter der Annahme daß in $V(x)$ (2.10b) $c_2 = 0$ ist,

$$\sigma_0 = c_0 = *c_0 - l(l+1), \qquad \sigma_1 = 2Zme^2/\hbar^2, \qquad \sigma_2 = \lambda. \quad (2.19)$$

Wegen (2.13) ergibt sich aus (2.19) und (3,2.21)

$$\varkappa = 2\sqrt{-\lambda}, \qquad C_{\alpha_1} = Zme^2/\hbar^2 \sqrt{-\lambda}, \qquad \alpha_1 = \tau + 1, \quad (2.20)$$

wenn wir uns in (3,2.21) durchwegs für die positiven Vorzeichen entscheiden.

Setzen wir noch $a = -n_r$, so erhalten wir gemäß (3,2.23) und wegen $h = 1$ (2.8b)

$$\lambda = -\frac{m^2 e^4 Z^2}{\hbar^4 n^{*2}}, \qquad (2.21)$$

wo $n^* = n_r + \tau + 1$ die „effektive" Hauptquantenzahl bezeichnet. Daher ergibt sich mit Hilfe von (2.6) für die Energieeigenwerte der Ausdruck

$$E = -\frac{2\pi^2 m e^4 Z^2}{h^2 n^{*2}}. \qquad (2.22)$$

Im Falle $*c_0 = 0$ wird nach (2.17) $\tau = l$, so daß dann n^* die Hauptquantenzahl $n = n_r + l + 1$ darstellt und daher (2.22) einem Balmerterm entspricht. Ist $*c_0 \neq 0$, so tritt, wie (2.17) zeigt, eine Rydberg-Korrektion auf.

Man überzeugt sich, daß die Vorzeichen in (2.20) richtig gewählt wurden, falls man mit Hilfe von (2.20) die Eigenfunktionen angibt. Mit Rücksicht auf die konfluente P-Funktion (3,2.24) und auf λ (2.21) erhält man

$$f(\varrho) = e^{-\varrho/n^*} \varrho^\tau {}_1F_1\left(-(n^* - \tau - 1); 2\tau + 2; 2\varrho/n^*\right), \qquad (2.23)$$

wo $\varrho = n^* \sqrt{-\lambda}\, x = (m e^2 Z/\hbar^2)\, x$ bedeutet. Für $\tau = l$ wird $n^* = n = n_r + l + 1$ und (2.23) geht in die bekannten Eigenfunktionen des Ein-Elektronen-Atoms im Falle des diskreten Eigenwertspektrums über.

Als zweites Beispiel behandeln wir ganz kurz, ohne Ableitung der Eigenwerte und Eigenfunktionen, den Fall des Eigenwertproblems

$$\frac{d^2 f}{dx^2} - \frac{2m}{\hbar^2}[V(x) - E]f = 0. \qquad (2.24)$$

Im Falle $V(x) = m\omega^2 x^2/2$ stellt (2.24) das Eigenwertproblem eines eindimensionalen harmonischen Oszillators dar. Im Falle $V(x) = \text{const}/x$ wird durch (2.24) das Eigenwertproblem eines eindimensionalen Coulombschen Potentials gegeben. Beide Probleme sind mit Hilfe der Polynommethode lösbar. Auch jetzt stellen wir uns die Aufgabe die Verallgemeinerungen dieser beiden Potentiale anzugeben, für die das Eigenwertproblem (2.24) mit Hilfe der Polynommethode gelöst werden kann.

In (2.24) ist

$$p(x) = \varrho(x) = 1, \quad q(x) = \frac{2m}{\hbar^2}V(x), \quad \lambda = \frac{2m}{\hbar^2}E. \qquad (2.25)$$

Um die gewünschte Verallgemeinerung zu erhalten müssen wir für $\Sigma(\xi)$ den Ausdruck (3,2.18) wählen, mit welchem die beiden ursprünglich gegebenen Eigenwertprobleme gelöst werden können. Es wird dann $\Sigma(\sigma_i, x)$ durch (2.7) dargestellt. Aus (2.5) und (2.25) folgt dann

$$1 = \frac{1}{x^2}(d_0 + d_1 x^h + d_2 x^{2h}).$$

In dem betrachteten Beispiele sind somit wieder zwei Fälle möglich

$$h = 1, \quad d_0 = d_1 = 0, \quad d_2 = 1, \qquad (2.26a)$$

sowie

$$h = 2, \quad d_0 = 0, \quad d_1 = 1, \quad d_2 = 0. \qquad (2.26b)$$

Aus (2.5), (2.7) und (2.25) ergibt sich

$$q(x) = -(c_0 + c_1 x^h + c_2 x^{2h})/x^2.$$

Daher folgt aus (2.25) sowie aus (2.26a) bzw. (2.26b)

$$V(x) = -\frac{\hbar^2}{2m}\left(\frac{c_0}{x^2} + \frac{c_1}{x} + c_2\right) \qquad (2.27a)$$

bzw.

$$V(x) = -\frac{\hbar^2}{2m}\left(\frac{c_0}{x^2} + c_1 + c_2 x^2\right). \qquad (2.27b)$$

Mit Rücksicht auf die Differentialgleichung (2.24) kann das Potential (2.27a) bzw. (2.27b) aufgefaßt werden als ein durch das Potential $-\hbar^2 c_0/2mx^2$ gestörtes eindimensionales Coulombsches Potential $-\hbar^2 c_1/2mx$ bzw. eindimensionales elastisches Potential $-\hbar^2 c_2 x^2/2m$. Wird $c_0 = 0$ gesetzt, so ergibt das Potential (2.27a) für die Energieeigenwerte einen Balmerschen Ausdruck, während (2.27b) den bekannten Ausdruck für die Energieniveaus eines linearen harmonischen Oszillators liefert. Die Mitberücksichtigung der Störung ergibt eine Abänderung dieser Ausdrücke, da zu den Quantenzahlen eine additive Konstante, d.h. eine von den Eigenwertquantenzahlen unabhängige Rydberg-Korrektion hinzutritt.

Als drittes Beispiel diene das Eigenwertproblem

$$\frac{d}{dx}\left[(1-x^2)\frac{df}{dx}\right] - (V(x)-\lambda)f = 0, \qquad (2.28)$$

das für $V(x) = m^2/(1-x^2)$ in das Eigenwertproblem (2,2.1) der zugeordneten Kugelfunktionen $P_l^m(x)$ übergeht. Die Differentialgleichung (2.28) hat die Gestalt einer selbstadjungierten Differentialgleichung (1,1.1), wobei

$$p(x) = 1-x^2, \quad \varrho(x) = 1, \quad q(x) = V(x), \quad \lambda = \lambda \qquad (2.29)$$

ist. Im folgenden wollen wir feststellen, inwieweit das Eigenwertproblem (2,2.1) der zugeordneten Kugelfunktionen verallgemeinert werden kann, um ein immer noch mit Hilfe der Polynommethode lösbares Problem zu ergeben. Um unter dieser Voraussetzung die allgemeinste Gestalt von $V(x)$ zu ermitteln wählen wir zur Behandlung von (2.28) die dem Fall 1) der Funktionsklasse (A) angehörenden Formeln, die wir bei der Lösung des Eigenwertproblems (2,2.1) der zugeordneten Kugelfunktionen in 2, § 2 verwendet haben. Es ist für die folgenden Überlegungen bequemer die Funktion $\Sigma(\xi)$ nicht in der früher benutzten Gestalt (2,1.10) vorauszusetzen, sondern in der äquivalenten Gestalt

$$\Sigma(\xi) = \Sigma(\sigma_i, x) = \frac{\xi}{1-\xi}\left(\frac{\sigma_0}{\xi} + \frac{\sigma_1}{1-\xi} + \sigma_2\right),$$

$$\sigma_0 = h^2 \alpha\alpha', \qquad \sigma_1 = h^2 \gamma\gamma', \qquad \sigma_2 = -h^2 \beta\beta', \tag{2.30}$$

die wir mit Rücksicht auf $S(x)$ (1,2.11) auch direkt durch einen Vergleich der Koeffizienten von P in den beiden Differentialgleichungen (2,1.2) und (2,1.8) erhalten. Da nach (2.29) $\varrho(x) = 1$ ist, so ergibt der Ausdruck für $\varrho(x)$ in (2.5)

$$\frac{x^2}{1-x^2} = \frac{\varkappa x^h}{1-\varkappa x^h}\left(\frac{d_0}{\varkappa x^h} + \frac{d_1}{1-\varkappa x^h} + d_2\right). \tag{2.31}$$

Diese Beziehung wird durch

$$\varkappa = 1, \quad h = 2, \quad d_0 = d_1 = 0, \quad d_2 = 1 \tag{2.32}$$

befriedigt. Daß dies die einzige Lösung von (2.31) ist, kann man sich in der nachstehenden Weise überzeugen. Für $x = \pm 1$ wird die linke Seite von (2.31) unendlich. Daher muß $\varkappa = 1$ und h gerade sein. Da weiters für $x = 0$ die linke Seite von (2.31) verschwindet, muß $d_0 = 0$ sein. Die Beziehung (2.31) erhält somit die Gestalt

$$\frac{1}{1-x^2} = \frac{x^{h-2}}{1-x^h}\left(\frac{d_1}{1-x^h} + d_2\right).$$

Damit diese Beziehung für $x \to 0$ erfüllt werden kann, muß $h = 2$ sein, weil aus ihr $1 = 0$ für $h > 2$ und $1 = \pm \infty$ für $h < 2$ folgt. Es muß daher $1 = d_1/(1-x^2) + d_2$ sein. Aus dieser Gleichung folgt aber schließlich $d_1 = 0$, $d_2 = 1$, w.z.b.w.

Aus (2.5), (2.30) und (2.32) ergibt sich somit mit Rücksicht auf (2.29) für $q(x)$ die Funktion

$$q(x) = V(x) = -\frac{c_0}{x^2} + \frac{1-c_1}{1-x^2}. \tag{2.33}$$

Dabei haben wir die Konstante $c_2 = 0$ gesetzt, da sie ja mit Rücksicht auf $\varrho(x) = 1$ alle Eigenwerte nur um die gleiche additive Konstante c_2 abändert. Um das im Eigenwertproblem (2,2.1) der zugeordneten Kugelfunktionen auftretende „Potential" $V(x) = m^2/(1-x^2)$ zu erhalten, hat man somit in (2.33) $1-c_1 = m^2$, $c_0 = 0$ zu setzen. Mit Hilfe der Sommerfeldschen Polynommethode können wir daher das Eigenwertproblem (2.28) auch noch in dem Falle lösen, wo zur „Potentialfunktion" des Eigenwertproblems der zugeordneten Kugelfunktionen noch das „Störungspotential" $-c_0/x^2$ hinzutritt (Rubinowicz 1949a).

Um noch im Falle des verallgemeinerten Eigenwertproblems der zugeordneten Kugelfunktionen die Eigenfunktionen und die Eigenwerte zu erhalten, bemerken wir, daß mit Rücksicht auf (2.3), (2.32) sowie $c_2 = 0$

$$\sigma_0 = c_0, \qquad \sigma_1 = c_1, \qquad \sigma_2 = \lambda \tag{2.34}$$

ist. Wegen (2,1.9), (2.30), (2.34) erhalten wir somit für die Verzweigungs-exponenten α, β, γ die quadratischen Gleichungen

$$c_0 = 4\alpha\left(\frac{1}{2}-\alpha\right), \quad c_1 = 4\gamma(1-\gamma), \quad \lambda = 4\beta\left(\frac{1}{2}+\beta\right). \quad (2.35)$$

Setzen wir, um für γ einen reellen Wert zu erhalten,

$$c_1 = 1-m^2,$$

so wird

$$\alpha = \frac{1}{4}\pm\frac{1}{4}\sqrt{1-4c_0}, \quad \gamma = \frac{1}{2}(1+m). \quad (2.36)$$

Dabei muß m nicht unbedingt eine ganze Zahl sein. Zufolge (2,1.1), (2,1.4), (2.29) und (2.36) erhalten wir die Eigenfunktionen in der Gestalt (2,2.7), wobei jedoch die dort verwendeten Konstanten α, β und m durch die oben angegebenen, ebenso bezeichneten Größen zu ersetzen sind. Diese Größen müssen im Falle diskreter Eigenwertspektren sämtlich reell sein, damit die in (2,2.7) auftretende hypergeometrische Funktion in ein Polynom übergehen kann. Soll α reell sein, so muß gemäß (2.36) $1-4c_0 > 0$, d.h. $-\frac{1}{4} < -c_0$ sein. Ferner muß wegen (2,2.7) $4\alpha+1 > $ > 0 sein, um die Konvergenz der Normierungsintegrale im Punkte $x = 0$ sicherzustellen. Beide Ausdrücke (2.36) für α sind somit verwendbar falls $-\frac{1}{4} < -c_0 < \frac{3}{4}$ ist. Ist jedoch $\frac{3}{4} < -c_0$, so kann nur der Ausdruck mit dem positiven Vorzeichen der Wurzel benützt werden.

Um alle Eigenfunktionen zu erhalten, genügt es, wie in 2, § 2, nur den in (2,2.7) auftretenden Ausdruck $\alpha-\beta+\frac{1}{2}m$ gleich einer negativen ganzen Zahl $-n$ zu setzen. Wir erhalten dann wegen (2.36)

$$\beta = n+\frac{1}{2}m+\frac{1}{4}\pm\frac{1}{4}\sqrt{1-4c_0} \quad (n = 0, 1, 2, \ldots).$$

Der Eigenwertparameter λ wird dann nach (2.35) durch $\lambda = 2\beta(2\beta+1)$ gegeben. Diesen Ausdruck für λ kann man als einen durch eine Ryd-berg-Korrektion modifizierten Ausdruck $\lambda = l(l+1)$ ($l = $ ganzzahlig) ansehen, der im Falle des Eigenwertproblems der zugeordneten Kugel-funktionen ($c_0 = 0$) erhalten wird.

Die Gestalt (2.28) besitzt auch die Differentialgleichung (2,5.1) der von Kuipers und Meulenbeld verallgemeinerten Kugelfunktionen. Die Tatsache, daß wir bei der Aufsuchung der Verallgemeinerung der zu-geordneten Kugelfunktionen nicht auf die von Kuipers und Meulenbeld untersuchte Verallgemeinerung gestoßen sind, ist darauf zurückzuführen, daß wir für $\Sigma(\xi)$ die spezielle Wahl (2.30) getroffen haben. Will man die Frage beantworten, ob sich nicht die von Kuipers und Meulenbeld untersuchten Funktionen noch weiter so verallgemeinern lassen, daß ihre Differentialgleichung noch immer mit Hilfe der Polynommethode lösbar ist, so muß man für $\Sigma(\xi)$ eine andere Wahl treffen. In (2.28) ist nun $p(x) = 1-x^2$, $\varrho(x) = 1$, so daß $S(x)$ (1,2.11) auch in der Gestalt

$$S(x) = \frac{x^2}{1-x^2}\left(\frac{1}{2}\frac{1}{1+x} + \frac{1}{2}\frac{1}{1-x} - q(x) - \lambda\right)$$

dargestellt werden kann. Da die singulären Stellen von $S(x)$ in den Punkten $x = \pm 1$ und $x = \infty$ sich befinden, so ist es naheliegend $\Sigma(\xi)$ in der Gestalt (2,3.8) zu verwenden und $\xi_1 = 1$, $\xi_2 = \infty$, $\xi_3 = -1$, $h = 1$ zu setzen. Man erhält dann aber für $\Sigma(\xi)$ den Ausdruck (2,5.4) und der weitere Rechnungsgang verläuft dann ebenso wie in 2, § 5 und liefert die dort angegebenen Eigenwerte und Eigenfunktionen. Das mittels der von Kuipers und Meulenbeld angegebenen Differentialgleichung definierte Eigenwertproblem (2,5.1) liegt somit an der Grenze der Anwendbarkeit der Polynommethode.

An dem letzthin oben behandelten Beispiel kann man erkennen, daß man ein gegebenes Eigenwertproblem, das mittels der Polynommethode lösbar ist, auf so viele Arten verallgemeinern kann, als man die mit den gegebenen $p(x)$- und $\varrho(x)$-Werten gebildete Funktion $S(x)$ (1,2.11) gleich einer der in § 1 angegebenen $\Sigma(\xi)$-Funktionen setzen kann.

Bezüglich der Funktionsklassen, in deren $\Sigma(\xi)$-Funktionen die von 0 und ∞ verschiedenen Punkte ξ_1, ξ_2, ξ_3 entweder einzeln oder auch zu zwei oder zu drei zugleich auftreten, ist nachstehendes zu bemerken: Zufolge des Beziehung $\xi = \varkappa x^h$ (2,1.7) entspricht sicherlich jedem dieser, auf der reellen Achse der komplexen ξ-Ebene liegenden Punkte ξ_i ein Punkt x_i auf der reellen Achse der komplexen x-Ebene, der durch die Beziehung $x_i = (\xi_i/\varkappa)^{1/h}$ gegeben wird. Ist jedoch h eine gerade Zahl, so befindet sich dort auch noch der dem gleichen Punkte ξ_i entsprechende Punkt $x_i = -(\xi_i/\varkappa)^{1/h}$.

Ist in dem Punkte ξ_i eine singuläre Stelle vorhanden, so besteht sie, wie eine Durchsicht der in § 1 angegebenen $\Sigma(\xi)$-Funktionen zeigt, aus Polen endlicher Ordnung. Aus Polen bestehende Singularitäten weisen dann auch im Falle ganzzahliger h-Werte die entsprechenden Funktionen $\Sigma(\sigma_i, x)$ in den Punkten x_i auf. Sieht man dabei die Punkte x_i als fix an, so kann man die Abhängigkeit der aus der Funktion $\Sigma(\xi)$ durch die Substitution $\xi = \varkappa x^h$ entstehenden Funktion $\Sigma(\varkappa x^h)$ von dem Parameter $\varkappa$ mit Rücksicht auf $\xi - \xi_j = \varkappa(x^h - x_j^h)$ in den Koeffizienten σ_i unterbringen. Der Parameter $\varkappa$ tritt dann also in den Funktionen $\Sigma(\sigma_i, x)$ nicht explizit auf. Die singulären Stellen x_i werden auch singuläre Stellen des ursprünglich gegebenen Eigenwertproblems (1,1.1) sein.

Als ein hierher gehöriges Beispiel wollen wir die Eigenwertprobleme betrachten, die dem Fall $h = 1$ der Funktionsklasse (BI) angehören. Mit Rücksicht auf die durch (3,2.17) gegebene Funktion $\Sigma(\xi)$ ist hier infolge $h = 1$

$$\Sigma(\sigma_i, x) = x^2 \left[\frac{\sigma_0}{(x-x_1)^2} + \frac{\sigma_1}{x-x_1} + \sigma_2 \right]$$

wo

$$\sigma_0 = \alpha_1 \alpha_1^\cdot, \quad \sigma_1 = \varkappa C_{\alpha_1}, \quad \sigma_2 = -\frac{1}{4} \varkappa^2. \tag{2.37}$$

Wir wollen zunächst eine geeignete Funktion $\varrho(x)$ aufsuchen. Zufolge (2.5) ist wegen $\sigma_i = c_i + \lambda d_i$

$$\varrho(x) = p(x) \left[\frac{d_0}{(x-x_1)^2} + \frac{d_1}{x-x_1} + d_2 \right].$$

Nehmen wir an, daß $p(x)$ im Grundgebiet regulär ist. Damit $\varrho(x)$ im Punkte $x = x_1$ kein singuläres Verhalten aufweist, muß man entweder $d_0 = d_1 = 0$ annehmen oder $p(x)$ muß in dem Punkte $x = x_1$ eine einfache (wenn $d_0 = 0$ ist) oder eine zweifache (wenn $d_0 \neq 0$ ist) Nullstelle haben. Setzen wir demnach z.B.

$$p(x) = (x-x_1)^2,$$

so wird

$$\varrho(x) = d_0 + d_1(x-x_1) + d_2(x-x_1)^2.$$

Insbesondere können die nachstehenden Spezialfälle auftreten:

1) $\varrho(x) = 1, \quad d_0 = 1, \quad d_1 = d_2 = 0,$

2) $\varrho(x) = x - x_1, \quad d_0 = 0, \quad d_1 = 1, \quad d_2 = 0,$

3) $\varrho(x) = (x-x_1)^2, \quad d_0 = d_1 = 0, \quad d_2 = 1.$

Mit $p(x) = (x-x_1)^2$ ergibt sich nach (2.5) das „Potential" $q(x)$ für alle oben angegebenen Funktionen $\varrho(x)$ gleich

$$q(x) = -[c_0 + c_1(x-x_1) + c_2(x-x_1)^2].$$

Trotz der Gleichheit der „Potentialfunktion" $q(x)$ ergeben sich für die verschiedenen $\varrho(x)$-Funktionen ganz verschiedene Eigenwertprobleme. Dies wird durch die Tatsache bedingt, daß in $\sigma_i = c_i + \lambda d_i$ in den obigen drei Fällen bei gegebenem $q(x)$ zwar die c_i gleich, jedoch die d_i verschieden sind. In den Gleichungen (2.37), aus denen die Werte der Konstanten α_1, C_{α_1} und $\varkappa$ zu entnehmen sind, tritt z.B. in den Fällen 1), 2) und 3) der Eigenwertparameter λ in verschiedenen Gleichungen auf.

§ 3. Umordnung von Eigenwertproblemen

Aus dem mittels irgend einer Methode lösbaren Eigenwertproblem

$$\frac{d}{dx}\left[p(x)\,\frac{df}{dx}\right] - [q(x) - \lambda\varrho(x)]\,f = 0 \qquad (1,1.1)$$

kann man in vielen Fällen andere, ebenfalls mit Hilfe der gleichen Methode lösbare Eigenwertprobleme herleiten. Es muß nur in der Potentialfunktion $q(x)$ und eventuell auch in der Gewichtsfunktion $\varrho(x)$ ein in $p(x)$ nicht enthaltener Parameter, er heiße m, derart auftreten, daß die Beziehung

$$q(x) - \lambda\varrho(x) = q'(x) - \lambda'\varrho'(x)$$

gilt. Dabei ist $\lambda' = \lambda'(m)$ eine Funktion des Parameters m, von dem $q'(x)$ und $\varrho'(x)$ nicht abhängen. Wir können dann das gegebene Eigenwertproblem (1,1.1) in das Eigenwertproblem

$$\frac{d}{dx}\left[p(x)\,\frac{df}{dx}\right] - [q'(x) - \lambda'\varrho'(x)]\,f = 0,$$

$$q'(x) = q(x) - \lambda\varrho(x) + \lambda'(m)\,\varrho'(x) \qquad (3.1)$$

„umordnen"[1] wobei der Parameter m weder in der neuen Potentialfunktion $q'(x)$ noch in der neuen Gewichtsfunktion $\varrho'(x)$ enthalten ist.

Nehmen wir nun an, daß das ursprünglich gegebene Eigenwertproblem (1,1.1) für einen gewissen Wert des Parameters $m = m_0$ gelöst wurde und man dabei die zum Eigenwert $\lambda = \lambda_0$ gehörige Eigenfunktion $f = f_0(x)$ erhalten hat. Setzen wir voraus, daß in den beiden Eigenwertproblemen, dem ursprünglichen und dem umgeordneten, das Grundgebiet und die Randbedingungen die gleichen sind. Nehmen wir ferner an, daß wir das umgeordnete Eigenwertproblem (3.1) für den Fall lösen, wo $\lambda = \lambda_0$ ist. Es ist dann $\lambda' = \lambda'(m)$ ein Eigenwert des umgeordneten Eigenwertproblems (3.1) und die zu diesem Eigenwert gehörige Eigenlösung des umgeordneten Eigenwertproblems (3.1) wird durch die zum Eigenwert $\lambda = \lambda_0$ gehörige Eigenlösung $f = f_0(x)$ des ursprünglichen Eigenwertproblems (1,1.1) gegeben.

Beachtet man, daß etwa mit Hilfe der Polynommethode das ursprüngliche Eigenwertproblem (1,1.1) für beliebige, in einem gewissen Bereiche gelegene Werte des Parameters m, und daher auch von $\lambda'(m)$, und das

---

[1] Ich habe mir erlaubt die Bezeichnung „umgeordnete" Eigenwertprobleme einzuführen, weil ich auf diese Problemgruppe in der mir zugänglichen mathematischen Literatur keine ausdrücklichen Hinweise und daher auch keinen Namen gefunden habe.

umgeordnete Eigenwertproblem (3.1) für beliebige, in einem gewissen Bereiche gelegene Werte von λ lösbar ist, so kann man behaupten: Die Gesamtheit der Eigenfunktionen des ursprünglichen Eigenwertproblems (1,1.1) (für beliebige Werte des Parameters λ') und des umgeordneten (3.1) (für beliebige Werte des Parameters λ) ist die gleiche, gleiche Grundgebiete und gleiche Randbedingungen vorausgesetzt.

Man kann ferner zu jedem gegebenen, ursprünglichen Eigenwertproblem ein bestimmtes umgeordnetes angeben, das die gleichen Eigenfunktionen, wie das ursprüngliche besitzt. Umgekehrt gehört zu jedem gegebenen umgeordneten Eigenwertproblem ein entsprechendes ursprüngliches mit den gleichen Eigenfunktionen.

Die Eigenwertprobleme (1,1.1) und (3.1) werden wir in der Folge als lineare Eigenwertprobleme bezeichnen, da in ihnen die Eigenwertparameter nur in der ersten Potenz auftreten.

Man hat selbstverständlich anzunehmen, daß die Gewichtsfunktionen $\varrho(x)$ und $\varrho'(x)$ der beiden Eigenwertprobleme (1,1.1) und (3.1) nicht zueinander proportional sind, weil ja sonst diese beiden Probleme im wesentlichen miteinander identisch wären.

Im allgemeinen kann man nicht erwarten, daß in dem umgeordneten Eigenwertproblem (3.1) die Gewichtsfunktion $\varrho'(x)$ alle Bedingungen erfüllt, die wir ihr sonst auferlegen. Sie kann im Grundgebiete ihr Vorzeichen ändern, so daß z.B. nicht alle Normierungsintegrale ein positives Vorzeichen haben. Oder sie kann eine Singularität aufweisen, die zur Folge hat, daß alle oder auch nur einige Integrale in der Normierungs- und Orthogonalitätsbedingung für die Eigenfunktionen nicht konvergieren (vgl. z.B. (3.6b)). Oft begegnet man auch dem Falle, wo das System der Eigenfunktionen, in denen der Eigenwertparameter λ einen bestimmten Wert hat, nicht vollständig ist, weil z.B. nur eine endliche Anzahl von Eigenfunktionen auftritt. Jeder dieser Umstände bedingt jedoch im allgemeinen, daß den entsprechenden umgeordneten Eigenwertproblemen keine physikalische Bedeutung zugeschrieben werden kann.

Ein einfaches Beispiel für die obigen Überlegungen liefert das mit Hilfe der Polynommethode lösbare Eigenwertproblem der zugeordneten Kugelfunktionen, das durch die Differentialgleichung

$$\frac{d}{dx}\left[(1-x^2)\frac{df}{dx}\right]-\left(\frac{m^2}{1-x^2}-\lambda\right)f=0 \qquad (2,2.1)$$

gegeben wird. Setzen wir hier für den Eigenwertparameter λ seinen Wert $\lambda = l(l+1)$ ein und ersetzen $-m^2$ (Minuszeichen damit $\varrho'(x) > 0$ und daher das Normierungsintegral positiv ist) durch

$$\lambda' = -m^2, \qquad (3.2)$$

so erhalten wir das umgeordnete Eigenwertproblem

$$\frac{d}{dx}\left[(1-x^2)\frac{df}{dx}\right] + \left[l(l+1)+\lambda'\frac{1}{1-x^2}\right]f = 0. \tag{3.3}$$

Ein zweites Beispiel für ein umgeordnetes Eigenwertproblem erhält man aus dem Eigenwertproblem der Radialfunktionen eines Ein-Elektronen-Atoms

$$\frac{d}{dx}\left(x^2\frac{df}{dx}\right) - \left[l(l+1)-2\frac{x}{R_1}-\lambda x^2\right]f = 0. \tag{3,3.8}$$

Setzt man hier für λ seinen Wert $\lambda = -1/R_1^2 n^2$ (3,3.12) ein und ersetzt ferner $-l(l+1)$ durch den Eigenwertparameter

$$\lambda' = -l(l+1), \tag{3.4}$$

so ergibt sich das umgeordnete Eigenwertproblem

$$\frac{d}{dx}\left(x^2\frac{df}{dx}\right) - \left(-\frac{2x}{R_1}+\frac{x^2}{R_1^2 n^2}-\lambda'\right)f = 0. \tag{3.5}$$

Nehmen wir an, daß das umgeordnete Eigenwertproblem (3.3) bzw. (3.5) in dem Grundgebiete $(-1, +1)$ bzw. $(0, \infty)$ des ursprünglichen Eigenwertproblems (2,2.1) bzw. (3,3.8) definiert ist und auch den gleichen Randbedingungen genügt, so werden die Eigenfunktionen der beiden umgeordneten Eigenwertprobleme durch die Eigenfunktionen (2,2.12) bzw. (3,3.13) der ursprünglichen Eigenwertprobleme gegeben. Die Eigenwerte werden durch (3.2) bzw. (3.4) bestimmt, wobei m in (3.2) gemäß $l = m+n$ (2, § 2) durch $m = l-n$ und l in (3.4) gemäß $n = n_r+ +l+1$ (3, § 3) durch $l = n-n_r-1$ gegeben ist.

Umgeordnete Eigenwertprobleme sind als solche für den Physiker nur dann von Interesse, wenn sie eine physikalische Bedeutung haben. Dies trifft jedoch meist nicht zu, so daß man vielleicht geneigt ist, die obigen Überlegungen als eine müssige Spielerei anzusehen. Dies ist jedoch keineswegs der Fall, wenn das umgeordnete Eigenwertproblem linear ist. Man kann dann nämlich, wenn $\varrho'(x)$ im Grundgebiete hinreichend regulär ist, aus dem umgeordneten Eigenwertproblem neue Orthogonalitätsrelationen für die Eigenfunktionen des ursprünglichen Eigenwertproblems herleiten, die sich eventuell als nützlich erweisen können. Und zwar entspricht jeder Möglichkeit, aus einem gegebenen Eigenwertproblem ein umgeordnetes lineares herzustellen, eine neue Orthogonalitätsrelation.

Als erstes Beispiel führen wir die Orthogonalitäts- und Normierungsbedingungen für das ursprüngliche und das umgeordnete Eigenwertproblem der zugeordneten Kugelfunktionen an:

$$\int_{-1}^{+1} P_l^m(x)\,P_{l'}^m(x)\,dx = \delta_{ll'} \quad (l-l' = \text{ganze Zahl}), \tag{3.6a}$$

$$\int_{-1}^{+1} P_l^m(x)\,P_l^{m'}(x)\,\frac{1}{1-x^2}\,dx = \delta_{mm'} \quad (m-m' = \text{ganze Zahl}). \tag{3.6b}$$

Da gemäß $l = m+n$ die Differenz $l-m = n$ eine ganze Zahl sein muß, treten, wie leicht ersichtlich, in der Orthogonalitätsbedingung (3.6a) bzw. (3.6b) nur zugeordnete Kugelfunktionen auf, deren untere bzw. obere Indizes, l, l' bzw. m, m', sich voneinander nur um ganze Zahlen unterscheiden. Man bemerkt auch, daß die Normierung der zugeordneten Kugelfunktionen in den beiden Fällen (3.6a) und (3.6b) eine verschiedene ist, da ja in den beiden Fällen die Gewichtsfunktionen verschieden sind. Jede dieser beiden Orthogonalitätsbedingungen kann jedoch selbstverständlich für beliebig normierte Kugelfunktionen verwendet werden. Man beachte jedoch, daß im Falle $m = 0$ die Kugelfunktionen $P_l^m(x)$ (2,2.12) für $x = 1$ nicht verschwinden, so daß für $m = m' = 0$ die Integrale (3.6b) divergieren.

Die Orthogonalitäts- und Normierungsbedingungen für das ursprüngliche und das umgeordnete Eigenwertproblem der Radialfunktionen des Ein-Elektronen-Atoms sind durch

$$\int_0^\infty R_{nl}(x)\,R_{n'l}(x)\,x^2\,dx = \delta_{nn'} \quad (n-n' = \text{ganze Zahl}), \tag{3.7a}$$

$$\int_0^\infty R_{nl}(x)\,R_{nl'}(x)\,dx = \delta_{ll'} \quad (l-l' = \text{ganze Zahl}) \tag{3.7b}$$

festgelegt. Mit Rücksicht darauf, daß gemäß $n = n_r+l+1$ die Differenz $n-l$ eine ganze Zahl sein muß, kann man leicht schließen, daß die Differenzen $n-n'$ in (3.7a) und $l-l'$ in (3.7b) ebenfalls ganze Zahlen sein müssen.

Die betrachteten Eigenwertprobleme sind Beispiele für den Fall, wo die Anzahl der Eigenfunktionen im umgeordneten Eigenwertproblem eine endliche ist. Bei gegebenem λ, d. h. im Falle der zugeordneten Kugelfunktionen bzw. im Falle der Radialfunktionen erhalten wir nämlich bei festgelegtem l bzw. n eine endliche Anzahl von Eigenfunktionen, da ja $|m| \leqslant l$ bzw. $l < n$ sein muß.

Ein solcher Tatbestand scheint in sehr vielen Fällen aufzutreten. Mit Hilfe der Polynommethode lösbare Eigenwertprobleme, die durch Umordnung aus Eigenwertproblemen mit einem vollständigen System von Eigenfunktionen entstehen, besitzen im allgemeinen nur eine endliche Anzahl von Eigenfunktionen. Dies wird durch den in 5, § 9 besprochenen

Zusammenhang zwischen der Polynomquantenzahl und den Eigenwertquantenzahlen des ursprünglichen und des umgeordneten Eigenwertproblems bedingt.

Die Tatsache, daß wir bisher als Beispiele nur solche mit Hilfe der
Polynommethode lösbare Eigenwertprobleme angeführt haben, die
nur auf eine Weise sich in ein anderes Eigenwertproblem umordnen
lassen, darf nicht den Eindruck erwecken, daß es nicht mittels der
Polynommethode lösbare Eigenwertprobleme gibt, die in mehrere
verschiedene Eigenwertprobleme umgeordnet werden können. Als Beispiel dafür kann das in 2, § 5 behandelte Eigenwertproblem der von
Kuipers und Meulenbeld (1957) verallgemeinerten zugeordneten Kugelfunktionen dienen. Man erhält zwei verschiedene umgeordnete Eigenwertprobleme, wenn man λ in (2,5.1) durch seinen Wert (2,5.10) ersetzt
und sodann entweder $\lambda' = -\frac{1}{2} m^2$ oder $\lambda'' = -\frac{1}{2} n^2$ annimmt.[1]
Wird vorausgesetzt, daß die beiden umgeordneten Eigenwertprobleme,
ebenso wie das ursprüngliche im Grundgebiete $(-1, +1)$ definiert
sind, so werden ihre Eigenfunktionen durch die verallgemeinerten
zugeordneten Kugelfunktionen $P_l^{m,n}(x)$ (2,5.9) gegeben.

Die Orthogonalitätsrelationen des ursprünglichen sowie der beiden
umgeordneten Eigenwertprobleme lauten:

$$\int_{-1}^{+1} P_l^{m,n}(x) P_{l'}^{m,n}(x) dx = 0 \qquad (l-l' = \pm 1, \pm 2, \pm 3, \ldots),$$

$$\int_{-1}^{+1} P_l^{m,n}(x) P_l^{m',n}(x) \frac{dx}{1-x} = 0 \qquad (m-m' = \pm 2, \pm 4, \pm 6, \ldots),$$

$$\int_{-1}^{+1} P_l^{m,n}(x) P_l^{m,n'}(x) \frac{dx}{1+x} = 0 \qquad (n-n' = \pm 2, \pm 4, \pm 6, \ldots)$$

wie aus (2,5.1) ersichtlich ist. Die Bedingungen für die Quantenzahldif-
ferenzen der Quantenzahlen l, m, n ergeben sich dabei aus (2,5.8).

Es ist klar, daß die Anzahl der aus einem gegebenen Eigenwertproblem
herstellbaren, umgeordneten Eigenwertprobleme um Eins kleiner sein
muß als die Anzahl der Konstanten, über die wir in der in der Lösung
auftretenden Riemannschen P-Funktion oder in der zugehörigen $\Sigma(\xi)$-
Funktion verfügen. Wie aus der Formelsammlung des § 1 zu entnehmen
ist, beträgt daher die maximale Anzahl der durch Umordnung herstellbaren Eigenwertprobleme in allen Fällen, wo die Lösungen die gewöhnliche
bzw. die konfluente hypergeometrische Funktion $_2F_1$ bzw. $_1F_1$ enthalten,

---

[1] Wie aus (2,5.1) ersichtlich ist, gehen diese beiden Eigenwertprobleme ineinander
über, wenn man m^2 und n^2 vertauscht und gleichzeitig das Vorzeichen von x ändert.

zwei bzw. eins. In allen anderen Fällen lassen sich aus dem ursprünglichen Eigenwertproblem keine umgeordneten Eigenwertprobleme
herstellen. Darin ist auch die Behauptung enthalten, daß aus Eigenwertproblemen, die mittels der Polynommethode lösbar sind, sich höchstens zwei umgeordnete Eigenwertprobleme herstellen lassen.

Nicht in jedem Spezialfalle der mit Hilfe der Polynommethode lösbaren
Eigenwertprobleme tritt ein Parameter m in dem Ausdruck $q(x) - \lambda\varrho(x)$
des ursprünglichen Eigenwertproblems in der Weise auf, daß es sich in
ein lineares Eigenwertproblem (3.1) umordnen läßt. Unter den mit
Hilfe der Polynommethode lösbaren Eigenwertproblemen sind auch
solche vorhanden, die sich nur in Eigenwertprobleme von der Gestalt

$$\frac{d}{dx}\left[p(x)\frac{df}{dx}\right] - [q'(x) - \lambda'\varrho'(x) - \lambda'^2\varrho''(x)]f = 0,$$

$$q'(x) = q(x) - \lambda\varrho(x) + \lambda'\varrho'(x) + \lambda'^2\varrho''(x) \qquad (3.8)$$

umordnen lassen, in denen also der Eigenwertparameter λ' nicht nur
linear sondern auch quadratisch auftritt und die wir daher kurz als
quadratische Eigenwertprobleme bezeichnen wollen. Von m ist dabei
nur der Eigenwertparameter λ' abhängig, während $p, q', \varrho', \varrho''$ von
m unabhängig sind.

Selbstverständlich muß man voraussetzen, daß $\varrho'(x)$ und $\varrho''(x)$ nicht
zueinander proportional sind: $\varrho'(x) \neq c\varrho''(x)$. Im Falle $\varrho'(x) = c\varrho''(x)$
kann man ja $c\lambda' + \lambda'^2$ als einen Eigenwertparameter auffassen und erhält
so ein lineares Eigenwertproblem mit der Gewichtsfunktion $\varrho''(x)$.

Im folgenden nehmen wir auch an, daß im Grundgebiet des Eigenwertproblems (3.8) im allgemeinen nicht nur $\varrho''(x)$, sondern auch $\varrho'(x)$
nicht verschwindet, so daß in (3.8) neben dem Glied $\lambda'^2\varrho''(x)$ stets
auch das Glied $\lambda'\varrho'(x)$ auftritt. Im Falle, wo im Grundgebiete überall
$\varrho'(x) = 0$ ist, wo also in (3.8) nur das Glied $\lambda'^2\varrho''(x)$ vorhanden ist,
kann nämlich das Eigenwertproblem (3.8) ganz ebenso behandelt
werden, wie ein Eigenwertproblem, in dem der Eigenwertparameter
nur in der ersten Potenz auftritt.

Zunächst wollen wir uns überzeugen, unter welchen Bedingungen
ein quadratisches Eigenwertproblem reelle Eigenwerte besitzt. Um diese
Bedingungen abzuleiten setzen wir voraus, daß der Eigenwertparameter
λ'_n einen komplexen Wert hat und bezeichnen mit $f_n(x)$ die zum Eigenwert
λ'_n gehörige Eigenlösung von (3.8). Multiplizieren wir (3.8) für $f = f_n(x)$
und $\lambda' = \lambda'_n$ mit $f_n^*(x)$ und subtrahieren davon den mit $f_n(x)$ multiplizierten konjugiert-komplexen Wert von (3.8) für $f = f_n(x)$ und $\lambda' = \lambda'_n$,
so erhalten wir

$$\frac{d}{dx}G_{nn} = -[(\lambda'_n - \lambda'^*_n)\varrho'(x) + (\lambda'^2_n - \lambda'^{*2}_n)\varrho''(x)]f_n^* f_n, \qquad (3.9)$$

wo

$$G_{nn} = p\left(f_n^* \frac{df_n}{dx} - f_n \frac{df_n^*}{dx}\right)$$

ist. Unter der (1,4.2) entsprechenden Voraussetzung

$$\lim_{x \to x_1} G_{nn} = \lim_{x \to x_2} G_{nn}$$

ergibt dann eine Integration von (3.9) über das Grundgebiet (x_1, x_2) die Beziehung

$$(\lambda_n' - \lambda_n'^*) \int_{x_1}^{x_2} f_n^* f_n [\varrho'(x) + (\lambda_n' + \lambda_n'^*)\varrho''(x)]dx = 0. \qquad (3.10)$$

Selbst wenn λ_n' einen komplexen Wert hat, ist $\lambda_n' + \lambda_n'^*$ eine reelle Größe. Das Integral in (3.10) hat dann einen nicht verschwindenden Wert, wenn z.B. vorausgesetzt wird, daß

$$\varrho'(x) + (\lambda_n' + \lambda_n'^*)\varrho''(x)$$

im Grundgebiet (x_1, x_2) sein Vorzeichen nicht ändert. In einem solchen Falle muß jedoch die Klammer vor dem Integral in (3.10) verschwinden, also $\lambda_n' = \lambda_n'^*$ sein. Es muß daher, entgegen unserer Voraussetzung, λ_n' einen reellen Wert haben.

Und nun soll festgestellt werden, in welchem Sinne man von einer Orthogonalität zweier zu verschiedenen Eigenwerten gehörigen Eigenfunktionen im Falle quadratischer Eigenwertprobleme sprechen kann. Um die Orthogonalitätsbedingungen abzuleiten, multiplizieren wir (3.8) für $f = f_n(x)$ und $\lambda' = \lambda_n'$ mit $f_m^*(x)$ und subtrahieren davon den konjugiert komplexen Wert der mit $f_n(x)$ multiplizierten Gleichung (3.8) für $f = f_m(x)$ und $\lambda' = \lambda_m'$. Beschränken wir uns auf den Fall reeller Eigenwerte, so erhalten wir

$$\frac{d}{dx}G_{mn} = -[(\lambda_n' - \lambda_m')\varrho'(x) + (\lambda_n'^2 - \lambda_m'^2)\varrho''(x)]f_m^* f_n, \qquad (3.11)$$

wo

$$G_{mn} = p\left(f_m^* \frac{df_n}{dx} - f_n \frac{df_m^*}{dx}\right)$$

ist. Integration der Beziehung (3.11) über das Grundgebiet ergibt dann mit Rücksicht auf $\lambda_n' \neq \lambda_m'$ die Orthogonalitätsbedingung

$$\int_{x_1}^{x_2} f_m^* f_n [\varrho'(x) + (\lambda_n' + \lambda_m')\varrho''(x)]dx = 0, \qquad (3.12)$$

vorausgesetzt, daß die Randbedingung (1,4.2)

$$\lim_{x \to x_1} G_{mn} = \lim_{x \to x_2} G_{mn}$$

erfüllt ist und daher das Integral (3.12) konvergiert. Auffallend an der Orthogonalitätsbedingung (3.12) ist ihre Abhängigkeit von den Eigenwertparametern der beiden hier auftretenden Eigenfunktionen.

Diese Abhängigkeit bedingt jedoch einen schweren Nachteil der quadratischen Eigenwertprobleme gegenüber den linearen. Selbst wenn. das quadratische Eigenwertproblem (3.8) ein vollständiges System von Eigenfunktionen besitzt und daher jede hinreichend reguläre Funktion $f(x)$ in der Gestalt $f(x) = \sum_{n=0}^{\infty} f_n(x) c_n$ darstellbar ist, so verhindert die Abhängigkeit der Orthogonalitätsbedingung (3.12) von den Eigenwertparametern eine einfache Berechnung der Entwicklungskoeffizienten c_n. Aus (3.12) kann man nämlich nicht für die c_n einfache Ausdrücke, wie im Falle der linearen Eigenwertprobleme, erhalten. Zur Berechnung der c_n ergibt sich nämlich wegen (3.12) ein unendliches System von linearen Gleichungen, von denen jede im allgemeinen unendlich viele Koeffizienten c_n enthält.

Als ein Beispiel eines mit Hilfe der Polynommethode lösbaren Eigenwertproblems, das in ein quadratisches umgeordnet werden kann, möge das beim symmetrischen Kreisel auftretende Eigenwertproblem (2,2.16) dienen. Setzt man in ihm für den Eigenwertparameter λ seinen Wert (2,2.21) ein, so kann man in (2,2.16) entweder τ oder τ' als den Eigenwertparameter λ' des umgeordneten Eigenwertproblems ansehen, das offenbar quadratisch ist.

Eigenwertprobleme, in denen der Eigenwertparameter in einem höheren als der zweite Grad auftritt, können wir außer Betracht lassen. Es sind nämlich keine Beispiele bekannt, wo sie aus den mit Hilfe der Polynommethode lösbaren linearen Eigenwertproblemen durch Umordnung herstellbar sind.

Die Möglichkeit, Eigenwertprobleme, die mittels der Polynommethode lösbar sind, umordnen zu können, ist für das Verständnis der Faktorisierungsmethode von grundlegender Bedeutung, wie wir dies in 5, § 9 näher begründen werden.

§ 4. Zweiparametrige Eigenwertprobleme

Wir werden uns nun mit einer Gruppe von Eigenwertproblemen befassen, die für uns deshalb von Interesse sind, weil sie aus allen Eigenwertproblemen gewonnen werden können, die sich umordnen lassen. Sie werden passend als mehrparametrige Eigenwertprobleme bezeichnet, da sie sich von den einparametrigen Eigenwertproblemen (1,1.1), mit denen wir uns in der vorliegenden Monographie sonst ausschließlich befassen, dadurch unterscheiden, daß in ihnen mehrere Eigenwertpara-

meter auftreten (vgl. Collatz 1949). Insbesondere interessieren wir uns
für die linearen, zweiparametrigen Eigenwertprobleme, die aus den
einparametrigen hergestellt werden können, sobald sich diese in lineare
Eigenwertprobleme umordnen lassen (Rubinowicz 1960). Wir können
sie stets in der selbstadjungierten Normalform

$$\frac{d}{dx}\left[p(x)\frac{df}{dx}\right] - [q_0(x) - \lambda^{(1)}\varrho_1(x) - \lambda^{(2)}\varrho_2(x)]f = 0 \qquad (4.1)$$

als gegeben voraussetzen. Wir wollen annehmen, daß das Eigenwertproblem (4.1) in einem durch zwei singuläre Punkte x_1 und x_2 dieser
Differentialgleichung begrenzten Grundgebiet (x_1, x_2) gegeben ist. In
den Endpunkten des Grundgebietes sollen sich die Eigenfunktionen
so verhalten, wie dies (1,4.2), d. h. den beiden einparametrigen
Eigenwertproblemen entspricht, die aus (4.1) erhalten werden, wenn
wir hier entweder $\lambda^{(1)}$ oder $\lambda^{(2)}$ als eine gegebene Konstante ansehen.
Wir stellen uns die Aufgabe, zusammengehörige Paare der beiden
Eigenwertparameter $\lambda^{(1)}$ und $\lambda^{(2)}$ zu finden, für die sich Eigenlösungen,
d.h. innerhalb des Grundgebietes (x_1, x_2) im allgemeinen reguläre
Funktionen angeben lassen, für die die Normierungs- und Orthogonalitätsintegrale wenigstens eines der beiden oben charakterisierten Eigenwertprobleme konvergieren.

Wir nehmen dabei an, daß ebenso wie beim quadratischen Eigenwertproblem (3.8) die beiden Gewichtsfunktionen $\varrho_1(x)$ und $\varrho_2(x)$ nicht
zueinander proportional sind, d.h. $\varrho_1(x) \neq c\varrho_2(x)$ ist. Im Falle $\varrho_1(x) =$
$= c\varrho_2(x)$ geht ja das zweiparametrige Eigenwertproblem (4.1) in ein
einparametriges (1,1.1) mit dem Eigenwertparameter $c\lambda^{(1)} + \lambda^{(2)}$ und
der Gewichtsfunktion $\varrho_2(x)$ über.

Eine Eigenlösung $f_n(x)$ des Eigenwertproblems (4.1) gehört stets zu
einem Paar zusammengehöriger Eigenwerte $\lambda^{(1)}$ und $\lambda^{(2)}$. Zur Bezeichnung der Eigenfunkionen und ihrer beiden Eigenwerte verwenden
wir stets einen und denselben Index, z.B. n oder m.

Einparametrige lineare Eigenwertprobleme, die durch selbstadjungierte
Operatoren gegeben werden, haben stets reelle Eigenwerte. Bei zweiparametrigen Eigenwertproblemen solcher Operatoren ist das nicht immer
der Fall. Um dies einzusehen multiplizieren wir (4.1) für $f = f_n$ und
$\lambda^{(1)} = \lambda_n^{(1)}$, $\lambda^{(2)} = \lambda_n^{(2)}$ mit f_n^* und subtrahieren davon den mit f_n multiplizierten konjugiert-komplexen Wert dieses Ausdruckes. Wir erhalten dann

$$\frac{d}{dx}G_{nn} = -[(\lambda_n^{(1)} - \lambda_n^{(1)*})\varrho_1 + (\lambda_n^{(2)} - \lambda_n^{(2)*})\varrho_2]f_n^* f_n, \qquad (4.2)$$

wo

$$G_{nn} = p\left(f_n^*\frac{df_n}{dx} - f_n\frac{df_n^*}{dx}\right)$$

ist. Integrieren wir (4.2) über das Grundgebiet (x_1, x_2), so ergibt sich

$$(\lambda_n^{(1)} - \lambda_n^{(1)*}) \int\limits_{x_1}^{x_2} f_n^* f_n \varrho_1 \, dx + (\lambda_n^{(2)} - \lambda_n^{(2)*}) \int\limits_{x_1}^{x_2} f_n^* f_n \varrho_2 \, dx = 0, \qquad (4.3)$$

sobald die Randbedingung (1,4.2)

$$\lim_{x \to x_1} G_{nn} = \lim_{x \to x_2} G_{nn}$$

erfüllt ist und die in (4.3) auftretenden Integrale konvergieren.

Da die Integrale in (4.3) reell sind, stellt (4.3) eine Beziehung zwischen den Imaginärteilen $\frac{1}{2}(\lambda_n^{(1)} - \lambda_n^{(1)*})$ bzw. $\frac{1}{2}(\lambda_n^{(2)} - \lambda_n^{(2)*})$ der beiden zusammengehörigen Eigenwerte $\lambda_n^{(1)}$ bzw. $\lambda_n^{(2)}$ dar. Setzen wir voraus, daß $\varrho_1(x)$ und $\varrho_2(x)$ und daher auch die beiden in (4.3) auftretenden Integrale positiv sind, so müssen die Imaginärteile der Eigenwerte $\lambda_n^{(1)}$ und $\lambda_n^{(2)}$ verschiedene Vorzeichen haben. Ferner ergibt (4.3) die sehr wichtige Tatsache, daß sobald unter der Voraussetzung $\varrho_1(x) > 0, \varrho_2(x) > 0$ einer der beiden zusammengehörigen Eigenwerte $\lambda_n^{(1)}$ und $\lambda_n^{(2)}$ reell ist, auch der andere reell sein muß.

Falls wir nicht ausdrücklich das Gegenteil betonen, wollen wir im folgenden nur Eigenfunktionen betrachten, die zu reellen Eigenwerten $\lambda_n^{(1)}$ und $\lambda_n^{(2)}$ gehören. Nur solche Eigenfunktionen können ja im allgemeinen für physikalische Überlegungen interessant sein. In einem solchen Falle ist die Bedingung (4.3) identisch erfüllt.

Nehmen wir an, daß wir eine Lösung f_n des zweiparametrigen Eigenwertproblems (4.1) gefunden haben, die zu den Eigenwerten $\lambda_n^{(1)}$ und $\lambda_n^{(2)}$ gehört. Wir können dann f_n als eine Lösung eines einparametrigen Eigenwertproblems (1,1.1) ansehen, in dem entweder

(a) $\qquad q = q_0 - \lambda_n^{(2)} \varrho_2, \quad \varrho = \varrho_1, \quad \lambda = \lambda^{(1)}$

oder

(b) $\qquad q = q_0 - \lambda_n^{(1)} \varrho_1, \quad \varrho = \varrho_2, \quad \lambda = \lambda^{(2)}$

ist. Vorausgesetzt wird dabei, daß in den beiden einparametrigen Eigenwertproblemen (a) und (b) das gleiche Grundgebiet und die gleichen Rand- und Regularitätsbedingungen vorgeschrieben werden.[1] Richtig ist aber auch die Behauptung, daß jede Lösung f_n des einparametrigen Eigenwertproblems (a) oder (b) zugleich auch eine Lösung des zweiparametrigen (4.1) und des einparametrigen (b) oder (a) ist.

Will man feststellen, für welche Eigenwerte $\lambda^{(1)}$ und $\lambda^{(2)}$ das zweipa-

---

[1] Auch aus der Tatsache, daß für reelle $\lambda^{(2)}$- bzw. $\lambda^{(1)}$-Werte das einparametrige Eigenwertproblem (a) bzw. (b) selbstandjungiert ist und als solches reelle Eigenwerte $\lambda^{(1)}$ bzw. $\lambda^{(2)}$ besitzt, kann man schließen, daß sobald einer der beiden Eigenwerte $\lambda^{(1)}$ oder $\lambda^{(2)}$ beim selbstadjungierten zweiparametrigen Eigenwertproblem (4.1) reell ist, auch der andere reell sein muß.

rametrige Eigenwertproblem (4.1) lösbar ist, so genügt es bei beliebig vorgegebenem $\lambda^{(2)}$ bzw. $\lambda^{(1)}$ zu ermitteln, für welche Eigenwerte $\lambda^{(1)}$ bzw. $\lambda^{(2)}$ das Eigenwertproblem (a) bzw. (b) lösbar ist. Uns interessiert insbesondere der Fall, wo die Eigenfunktionen der Eigenwertprobleme (a) und (b) dem diskreten Eigenwertspektrum angehören und lineare Randbedingungen erfüllen und daher gemäß dem Eindeutigkeitssatz in 1, § 4 (S. 13) zu jedem Eigenwert λ_n eine einzige Eigenfunktion gehört.

Im Falle des Eigenwertproblems (a) gehört dann z.B. zu jedem Wert des Parameters $\lambda^{(2)}$ eine diskrete Folge von Eigenwerten $\lambda^{(1)}$. In der $\lambda^{(1)}$, $\lambda^{(2)}$-Ebene werden somit die zusammengehörigen Werte der Eigenwertparameter $\lambda^{(1)}$ und $\lambda^{(2)}$ durch „Eigenwertkurven" (Collatz 1949) gegeben, die alle zusammen eine Kurvenschar bilden. Sie legt im allgemeinen die zusammengehörigen Werte der beiden Eigenwertparameter nicht nur im Falle des einparametrigen Problems (a) fest, sondern auch des zweiparametrigen (4.1) Aus der in Rede stehenden graphischen Darstellung der zusammengehörigen Eigenwerte von $\lambda^{(1)}$ und $\lambda^{(2)}$ folgt insbesondere, daß zugleich mit dem Eigenwertproblem (a) auch das Eigenwertproblem (b) im allgemeinen diskrete $\lambda^{(2)}$-Eigenwerte bei beliebig vorgegebenem $\lambda^{(1)}$ aufweisen wird.

Die Schar der Eigenwertkurven wird im allgemeinen nur in einem Teilgebiet der $\lambda^{(1)}$, $\lambda^{(2)}$-Ebene definiert sein, je nachdem für welche Werte von $\lambda^{(1)}$ und $\lambda^{(2)}$ Eigenlösungen des zweiparametrigen Eigenwertproblems (4.1) vorhanden sind.

Wir wollen annehmen, daß die einzelnen Kurven der Eigenwertkurvenschar durch einen ganzzahligen Index numeriert sind.

Man kann sich nun fragen:

(α) In welchem Sinne kann man zwei zu verschiedenen zusammengehörigen Eigenwertpaaren $\lambda^{(1)}$, $\lambda^{(2)}$ gehörige Eigenfunktionen als orthogonal bezeichnen?

(β) In welcher Weise kann man aus der Gesamtheit der Eigenlösungen des zweiparametrigen Eigenwertproblems (4.1) Systeme von unendlich vielen Eigenfunktionen auswählen, die im Sinne der üblichen Normierungs- und Orthogonalitätsbedingungen (1,4.1) der linearen, einparametrigen Eigenwertprobleme orthogonal sind?

Um zu den Orthogonalitätsbedingungen für die Lösungen des zweiparametrigen Eigenwertproblems (4.1) zu gelangen und die Frage (α) zu beantworten, multiplizieren wir die Gleichung (4.1) für $f = f_n$ mit f_m^* und subtrahieren davon den mit f_n multiplizierten konjugiert-komplexen Wert der Gleichung (4.1) für f_m. Unter der Voraussetzung daß die in Betracht kommenden Eigenwerte reell sind, erhalten wir so

$$\frac{d}{dx} G_{mn} = -[(\lambda_n^{(1)} - \lambda_m^{(1)})\varrho_1 + (\lambda_n^{(2)} - \lambda_m^{(2)})\varrho_2] f_m^* f_n, \qquad (4.4)$$

wo formell ebenso wie in 1, § 4 G_{mn} durch

$$G_{mn} = p\left(f_m^* \frac{df_n}{dx} - f_n \frac{df_m^*}{dx}\right)$$

definiert ist. Integration der Beziehung (4.4) über das Grundgebiet (x_1, x_2) ergibt dann

$$\int_{x_1}^{x_2} f_m^* f_n [(\lambda_n^{(1)} - \lambda_m^{(1)})\varrho_1 + (\lambda_n^{(2)} - \lambda_m^{(2)})\varrho_2]dx = 0, \qquad (4.5)$$

vorausgesetzt, daß die Randbedingung (1,4.2)

$$\lim_{x \to x_1} G_{mn} = \lim_{x \to x_2} G_{mn}$$

erfüllt ist, so daß das Integral in (4.5) konvergiert.

Analog wie wir es in (3.12) getan haben, können wir auch hier zwei Eigenfunktionen f_n und f_m des zweiparametrigen Eigenwertproblems (4.1) als zueinander orthogonal bezeichnen, falls sie die Bedingung (4.5) erfüllen. Ganz ebenso wie im Falle des quadratischen Eigenwertproblems verhindert aber auch hier das Auftreten der Eigenwerte in der Orthogonalitätsbedingung (4.5) eine einfache Berechnung der Entwicklungskoeffizienten in der Entwicklung $f(x) = \sum_n f_n(x)c_n$ einer Funktion $f(x)$, selbst wenn eine solche Entwicklung tatsächlich vorhanden ist.

Um die Beantwortung der Frage (β) vorzubereiten, wollen wir bemerken, daß man sehr leicht von zweiparametrigen Eigenwertproblemen zu einparametrigen zurückgelangen kann, für die die übliche Normierungs- und Orthogonalitätsbedingung (1,4.1) verwendbar ist. Spezielle Fälle von einparametrigen Eigenwertproblemen, die in zweiparametrigen enthalten sind, sind die Eigenwertprobleme (a) und (b). Um allgemeinere Fälle zu erhalten, in denen die Orthogonalitätsbedingung (4.5) die Gestalt der Bedingung (1,4.1) annimmt, kann man fordern, daß zwischen zwei beliebigen Eigenwertpaaren $\lambda_n^{(1)}$, $\lambda_n^{(2)}$ und $\lambda_m^{(1)}$, $\lambda_m^{(2)}$ eine Beziehung von der Gestalt

$$A(\lambda_n^{(1)} - \lambda_m^{(1)}) = B(\lambda_n^{(2)} - \lambda_m^{(2)}) \qquad (A, B = \text{const}) \qquad (4.6)$$

besteht. In der Orthogonalitätsbedingung (1,4.1) wird dann gemäß (4.5) die Gewichtsfunktion $\varrho(x)$ bis auf eine multiplikative Konstante durch

$$\varrho(x) = B\varrho_1(x) + A\varrho_2(x) \qquad (4.7)$$

gegeben. Die Orthogonalitätsbedingung (4.5) geht ja dann wegen $\lambda_n^{(1)} \neq \neq \lambda_m^{(1)}$ über in

$$\int_{x_1}^{x_2} f_m^* f_n [B\varrho_1(x) + A\varrho_2(x)]dx = 0. \qquad (4.8)$$

Spezielle Fälle von (4.6) sind dann $A = 0$, d.h. $\lambda^{(2)} = $ const, sowie $B = 0$, d.h. $\lambda^{(1)} = $ const. Auf Grund von (4.7) wird dann $\varrho(x) =$ $= B\varrho_1(x)$ bzw. $\varrho(x) = A\varrho_2(x)$, so daß das zweiparametrige Eigenwertproblem (4.1) in das einparametrige (a) bzw. (b) übergeht.

Im allgemeinen Falle bedeutet jedoch (4.6), daß

$$A\lambda^{(1)} - B\lambda^{(2)} = C \qquad (A, B, C = \text{const}) \qquad (4.9)$$

ist, also eine lineare Beziehung zwischen den Eigenwertparametern $\lambda^{(1)}$ und $\lambda^{(2)}$ besteht. In der $\lambda^{(1)}$, $\lambda^{(2)}$-Ebene entspricht der Beziehung (4.9) eine Gerade. Ihre Schnittpunkte mit der Schar der Eigenwertkurven legen eine Folge von diskreten Werten der beiden Eigenwertparameter $\lambda^{(1)}$ und $\lambda^{(2)}$ fest. Die Eigenfunktionen des zweiparametrigen Eigenwertproblems (4.1), die zu diesen Paaren von Eigenwertparametern gehören, sind nicht nur im Sinne der Bedingung (1,4.1) zueinander orthogonal, sondern können auch im Sinne dieser Bedingung normiert werden.

Eine natürliche Numerierung der zusammengehörigen Paare von Eigenwertparametern $\lambda^{(1)}$ und $\lambda^{(2)}$ ergeben die Nummern der Eigenwertkurven auf denen sie liegen, sobald die Gerade (4.9) jede Eigenwertkurve nur einmal schneidet.

Die Folgen dieser zusammengehörigen Eigenwertpaare $\lambda^{(1)}$ und $\lambda^{(2)}$ und die entsprechenden Eigenfunktionen kann man auch aus einparametrigen Eigenwertproblemen ermitteln, wenn man in dem zweiparametrigen Eigenwertproblem (4.1) den Parameter $\lambda^{(2)}$ bzw. $\lambda^{(1)}$ mit Hilfe der Beziehung (4.9) eliminiert. Man erhält auf diese Weise die nachstehenden beiden einparametrigen Eigenwertprobleme

$$\frac{d}{dx}\left(p\,\frac{df}{dx}\right) - \left[q_0 + \frac{C}{B}\,\varrho_2 - \lambda^{(1)}\left(\varrho_1 + \frac{A}{B}\,\varrho_2\right)\right]f = 0$$

bzw.

$$\frac{d}{dx}\left(p\,\frac{df}{dx}\right) - \left[q_0 - \frac{C}{A}\,\varrho_1 - \lambda^{(2)}\left(\varrho_2 + \frac{B}{A}\,\varrho_1\right)\right]f = 0.$$

Sie sind einander vollständig äquivalent, da sie ja die gleichen Eigenfunktionen und auf Grund von (4.9) auch die gleichen Paare von zusammengehörigen Eigenwerten $\lambda^{(1)}$ und $\lambda^{(2)}$ ergeben.

Im allgemeinen wird man verlangen, daß die Gewichtsfunktion $\varrho(x)$ (4.7) im Grundgebiet (x_1, x_2) positiv und hinreichend regulär ist, um eine Normierung aller Eigenfunktionen auf $+1$ zu ermöglichen.

Ferner wird eine Einschränkung in der Wahl der Konstanten A, B und C sich ergeben, je nach den Forderungen die man an das System der Eigenfunktionen stellt, das sich mit Hilfe von (4.9) ergibt. Falls man verlangt, daß das sich ergebende System von orthonormalen Eigenfunktionen ein vollständiges ist, muß man in Übereinstimmung mit (β) zunächst fordern, daß die Gerade (4.9) unendlich viele Schnittpunkte mit dem System der Eigenwertkurven besitzt. Einem jeden solchen Schnittpunkt entspricht nämlich eine Eigenfunktion, die zu einem Paar von Eigenwerten $\lambda^{(1)}$ und $\lambda^{(2)}$ gehört. Ob man in der Tat, beim Erfülltsein dieser notwendigen Bedingung ein vollständiges System von orthonormalen Eigenfunktionen erhält, muß in jedem Spezialfalle noch besonders untersucht werden.

Soweit mir bekannt ist, lassen sich Beispiele von linearen zweiparametrigen Eigenwertproblemen, die für die Quantenphysik von Bedeutung sind, nicht anführen.[1] Mathematische Beispiele für solche Probleme (4.1) kann man jedoch in allen Fällen aus einparametrigen Eigenwertproblemen (1,1.1) erhalten, sobald sie sich, wie in § 3 angegeben, umordnen lassen und dabei lineare umgeordnete Eigenwertprobleme ergeben.

Dies gilt insbesondere für die mit Hilfe der Polynommethode lösbaren Eigenwertprobleme, die in lineare Eigenwertprobleme umgeordnet werden können.[2] Der Mechanismus, der es bewirkt, daß wir für diese spezielle Klasse von Eigenwertproblemen im allgemeinen Scharen von Eigenwertkurven erhalten, ist sehr einfach. Um Eigenwerte zu bekommen, muß man, im Falle eines diskreten Eigenwertspektrums, in den in den Lösungen auftretenden hypergeometrischen Funktionen $_2F_1(a, b; c; \xi)$ bzw. $_1F_1(a; c; \xi)$ einen von den beiden Parametern a oder b bzw. den Parameter a gleich einer negativen ganzen Zahl setzen. Eine solche Festsetzung der Eigenwerte kann selbstverständlich nur dann erfolgen, wenn die genannten Parameter a oder b von dem Eigenwertparameter abhängen. Soll daher eine Beziehung zwischen $\lambda^{(1)}$ und $\lambda^{(2)}$ bestehen, so muß der Parameter a oder b, der einer negativen ganzen Zahl gleichgesetzt wird, gleichzeitig eine Funktion von $\lambda^{(1)}$ und $\lambda^{(2)}$ sein. Bei den mit Hilfe der Polynommethode lösbaren Eigenwertproblemen werden somit die Eigenwertkurven durch eine Beziehung zwischen den beiden Eigenwertparametern $\lambda^{(1)}$ und $\lambda^{(2)}$ und der Polynomquantenzahl gegeben. Da die Eigenwertparameter Funktionen der entsprechenden Eigenwertquantenzahlen sind, müssen diese Beziehungen äquivalent sein den Relationen, die zwischen den Eigenwertquantenzahlen und der Polynomquantenzahl bestehen. Jedem Wert der Polynomquantenzahl entspricht auf diese Weise eine Eigenwertkurve. Die Polynomquantenzahlen numerieren sozusagen ganz von selbst die Eigenwertkurven.

---

[1] Zweiparametrige Eigenwertprobleme, die in der Technik auftreten, findet man bei Collatz (1949) angegeben.

[2] Lassen sich lineare einparametrige Eigenwertprobleme in quadratische umordnen (vgl. § 3), so ergeben sie zweiparametrige Eigenwertprobleme, die in dem einen Eigenwertparameter linear, in dem anderen jedoch quadratisch sind. Mit solchen zweiparametrigen Eigenwertproblemen wollen wir uns hier nicht befassen, wenn sich auch Beispiele für solche Probleme angeben lassen, die mit Hilfe der Polynommethode gelöst werden können.

Diese Überlegungen wollen wir für den Fall, wo in den Eigenwertlösungen die gewöhnliche hypergeometrische Funktion $_2F_1(a, b; c; \xi)$ auftritt, näher erläutern. Da die beiden Eigenwertparameter $\lambda^{(1)}$ und $\lambda^{(2)}$ in dem zweiparametrigen Eigenwertproblem (4.1) linear auftreten, müssen sie auch in der zu diesem Problem gehörigen Funktion $S(x)$ (die analog zu (1,2.11) definiert ist) und daher auch in der ihr gleichen Funktion $\Sigma(\xi)$ (2,1.10) linear enthalten sein. Das bedeutet aber, daß die Koeffizienten s_i in der Funktion $\Sigma(\xi)$ und daher auch $s = \sum\limits_{i=0}^{2} s_i$ sich analog zu (2,1.15) in der Gestalt

$$s_i = \sigma_i^{(1)}\lambda^{(1)} + \sigma_i^{(2)}\lambda^{(2)} + \tau_i \quad (i = 0, 1, 2),$$

$$s = \sigma^{(1)}\lambda^{(1)} + \sigma^{(2)}\lambda^{(2)} + \tau$$

darstellen lassen müssen. Die Koeffizienten $\sigma^{(1)}$, $\sigma^{(2)}$ und τ werden dabei durch die Summen der Koeffizienten $\sigma_i^{(1)}$ bzw. $\sigma_i^{(2)}$ bzw. τ_i gegeben. Aus den Koeffizienten s, s_0, s_2 berechnen sich jedoch gemäß (2,1.12) die Verzweigungsexponenten α, β, γ, deren lineare Kombinationen die Parameter a, b, c ergeben. Wird nun a oder b gleich der negativen Polynomquantenzahl gesetzt, so ergibt sich somit zwischen dieser und den Eigenwertparametern $\lambda^{(1)}$ und $\lambda^{(2)}$ eine Beziehung.

Im Falle des Eigenwertproblems (2,2.1) der zugeordneten Kugelfunktionen ergeben sich die Gleichungen der Eigenwertkurven aus der Beziehung $l = m+n$ zwischen den Eigenwertquantenzahlen l und m und der Polynomquantenzahl n, wenn man hier die Eigenwertquantenzahlen durch die entsprechenden Eigenwerte $\lambda^{(1)} = l(l+1)$ und $\lambda^{(2)} = -m^2$ ausdrückt. Man erhält so, wenn l und m als positiv vorausgesetzt werden, für die Schar der Eigenwertkurven die Darstellung

$$-\frac{1}{2} + \sqrt{\lambda^{(1)} + \frac{1}{4}} = \sqrt{-\lambda^{(2)}} + n. \tag{4.10}$$

Im Falle des Eigenwertproblems (3,3.8) der Radialfunktionen eines Ein-Elektronen-Atoms werden die Eigenwertkurven aus der Relation $n = n_r + l + 1$ erhalten, wenn man berücksichtigt, daß die Eigenwertparameter durch $\lambda^{(1)} = -1/n^2 R_1^2$ und $\lambda^{(2)} = -l(l+1)$ gegeben werden. Sie werden dargestellt durch

$$\sqrt{-1/\lambda^{(1)} R_1^2} = n_r + \frac{1}{2} + \sqrt{-\lambda^{(2)} + \frac{1}{4}}. \tag{4.11}$$

Den Punkten der durch die Polynomquantenzahl n gekennzeichneten Eigenwertkurven (4.10) entsprechen dabei die zugeordneten Kugelfunktionen $P_l^m(x)$, bei denen die Differenz der beiden Indizes $l-m$ gleich ist der betreffenden Polynomquantenzahl n.

Die Punkte der mit der Polynomquantenzahl n_r numerierten Eigenwertkurve (4.11) legen hingegen wegen $n = n_r + l + 1$ die Radialfunktionen $R_{nl}(x)$ fest, für die die Differenz der Indizes $n-l$ durch die
um 1 vermehrte Polynomquantenzahl n_r, d.h. durch $n_r + 1$ bestimmt
wird.

Ein diskretes Eigenwertspektrum tritt im Falle eines Ein-Elektronen-
Atoms nur für negative Energieeigenwerte auf und nur für diesen Fall
haben wir die reellen Eigenwertkurven in der $\lambda^{(1)}$, $\lambda^{(2)}$-Ebene angegeben.
Im Falle positiver Energieeigenwerte, wo wir es mit einem kontinuierli-
chen Energie-Eigenwertspektrum zu tun haben, sind jedoch keine reellen
Eigenwertkurven vorhanden. Die Möglichkeit, daß für negative Ener-
gieeigenwerte reelle Eigenwertkurven auftreten, ergibt sich aus dem
Vorhandensein einer reellen, ganzzahligen Polynomquantenzahl n_r und
der Tatsache, daß die oben angegebene Beziehung zwischen n_r, $\lambda^{(1)}$
und $\lambda^{(2)}$ nur aus reellen Gliedern besteht. Im Falle des kontinuierlichen
Energie-Eigenwertspektrums wird jedoch in der hypergeometrischen
Funktion

$$_1F_1(l+1\pm i/kR_1; 2l+2; \pm 2ikx),$$

die in der Eigenfunktion (2,3.14) auftritt, der Parameter a, der im Falle
diskreter Energie-Eigenwerte gleich der negativen Polynomquantenzahl
n_r ist, durch den komplexen Ausdruck

$$a = l+1\pm i/kR_1$$

gegeben. Dabei ist k, gemäß $\varkappa = 2\sqrt{-\lambda}$ (3,3.9) und $\varkappa = \pm 2ik$, gleich
$\sqrt{\lambda}$. Werden in dem obigen Ausdruck wegen $\lambda = \lambda^{(1)}$ und $\lambda^{(2)} = -l(l+
+1)$ die beiden Eigenwertparameter $\lambda^{(1)}$ und $\lambda^{(2)}$ eingeführt, so erhält
man die Beziehung

$$a = \frac{1}{2} + \sqrt{\lambda^{(2)} + \frac{1}{4}} \pm i/\sqrt{\lambda^{(1)}} R_1.$$

Sie ergibt sich aus der oben für diskrete Energie-Eigenwerte erhaltenen
Beziehung, wenn man in dieser $-n_r$ durch a ersetzt und beachtet daß
$\lambda^{(1)} > 0$ ist. Zusammenfassend können wir somit behaupten: Die Unmöglichkeit, reelle Eigenwertkurven im Falle des kontinuierlichen
Energie-Eigenwertspektrums eines Ein-Elektronen-Atoms anzügeben,
wird durch die Tatsache bedingt, daß der Parameter a der hypergeometrischen Funktion $_1F_1$ durch einen komplexen Ausdruck gegeben wird
und es daher unmöglich ist, ihn gleich einer negativen Polynomquantenzahl zu setzen. Da man im Falle zweiparametriger Eigenwertprobleme,
die mittels der Polynommethode lösbar sind und für den einen Eigenwertparameter ein kontinuierliches Eigenwertspektrum aufweisen, keine
reellen Polynomquantenzahlen angeben kann, kann man im allgemei-

nen nicht erwarten, daß in diesem Falle Eigenwertkurven auftreten können.

Wir wollen uns auch an Beispielen überzeugen, wie die Normierungs- und Orthogonalitätsbedingungen (4.8) mit den durch (4.7) gegebenen Gewichtsfunktionen aussehen. Im Falle des Eigenwertproblems der zugeordneten Kugelfunktionen ist gemäß (2,2.1) und (3.3) $\varrho_1(x) = 1$ und $\varrho_2(x) = 1/(1-x^2)$. Die entsprechende Normierungs- und Orthogonalitätsrelation (4.8) lautet daher

$$\int_{-1}^{+1} P_l^m(x) P_{l'}^{m'}(x) \left[B + A\, \frac{1}{1-x^2} \right] dx = \delta_{nn'}. \qquad (4.12)$$

Dem Kroneckerschen Delta Symbol haben wir dabei als Indizes die Polynomquantenzahlen der Eigenwertkurven beigefügt, auf denen die den beiden in (4.12) auftretenden zugeordneten Kugelfunktionen entsprechenden Eigenwertpaare $\lambda^{(1)}$, $\lambda^{(2)}$ liegen. Das Integral (4.12) muß nämlich verschwinden, falls die Eigenwertpaare $\lambda^{(1)}$, $\lambda^{(2)}$ der beiden Eigenfunktionen auf verschiedenen Eigenwertkurven liegen und muß gleich 1 sein, falls sie in einem Punkte einer Eigenwertkurve zusammenfallen.

Man muß jedoch bemerken, daß wenn m zugleich mit m' verschwindet, die Integrale (4.12) divergent sind, da ja dann für $x = 1$ die Kugelfunktionen $P_l^m(x)$, wie sich aus ihrer Darstellung (2,2.12) ergibt, nicht verschwinden.

Um die l, m- bzw. l', m'-Werte festzulegen, für die die Bedingung (4.12) erfüllt ist, beachte man, daß $l = m + n$ ist und daher mit Rücksicht auf $\lambda^{(1)} = l(l+1)$, $\lambda^{(2)} = -m^2$ sich aus (4.9) die Beziehung

$$Al(l+1) + Bm^2 = C \qquad (4.13)$$

ergibt. Wir erhalten daher im Falle $A + B \neq 0$ für die Schnittpunkte von (4.13) mit der durch die Polynomquantenzahl n definierten Eigenwertkurve die nachstehenden Ausdrücke

$$m = -\frac{A}{2(A+B)}(2n+1) \pm$$

$$\pm \left\{ \left[\frac{A^2}{(A+B)^2} - \frac{A}{A+B} \right] \frac{1}{4}(2n+1)^2 + \frac{C + \frac{1}{4}A}{A+B} \right\}^{1/2}, \qquad (4.14)$$

$l = m + n$. Im Falle $A + B = 0$ gilt hingegen

$$m = -\frac{n(n+1)}{2n+1} + \frac{1}{2n+1} \frac{C}{A},$$

$$l = m + n. \qquad (4.15)$$

Für l', m' ergeben sich entsprechende Ausdrücke mit l', m', n' statt l, m, n.

Aus (4.14) sind leicht die Bedingungen abzulesen, daß das durch die Relationen (4.14) ausgewählte System von Eigenfunktionen unendlich viele solche Funktionen enthält. Für große n-Werte ergibt sich nämlich aus (4.14) der nachstehende Ausdruck für m

$$m \sim \frac{A(2n+1)}{2(A+B)}\left(-1 \pm \sqrt{-\frac{B}{A}}\right). \qquad (4.16)$$

Damit die in (4.16) auftretende Quadratwurzel reell ist, muß

$$B/A \leqslant 0 \qquad (4.17)$$

sein. Eine weitergehende Einschränkung für den Quotienten B/A ergibt sich aus der Forderung, daß $m \geqslant 0$ sein muß. Der unseren Überlegungen zugrunde liegende Ausdruck (2,2.12) für die zugeordneten Kugelfunktionen wurde nämlich unter der Voraussetzung $m \geqslant 0$ und $l \geqslant 0$ abgeleitet. Die bei der Berechnung von (4.14) benutzte Relation $l = m+n$ gilt auch nur unter dieser Voraussetzung.

In dem in (4.17) enthaltenen Spezialfalle

$$-1 \leqslant B/A \leqslant 0 \qquad (4.18)$$

ist jedoch die in (4.16) auftretende Quadratwurzel kleiner als 1 und der vor der Klammer in (4.16) stehende Ausdruck $A(2n+1)/2(A+B)$ positiv. Im Falle (4.18) ergibt sich daher aus (4.16) für m ein negativer, also unbrauchbarer Wert.

In dem noch zur Untersuchung verbleibenden Spezialfalle von (4.17)

$$B/A < -1 \qquad (4.19)$$

hat hingegen die Quadratwurzel in (4.16) einen Absolutbetrag, der größer als 1 ist, während der hier vor der Klammer auftretende Ausdruck $A(2n+1)/2(A+B)$ negativ ist. Wir müssen daher bei der in (4.16) auftretenden Quadratwurzel das negative Vorzeichen berücksichtigen, um für m einen positiven Wert zu erhalten. Aus (4.19) folgt jedoch mit Rücksicht darauf, daß B/A negativ ist, die Ungleichung

$$-1 < A/B < 0. \qquad (4.20)$$

Schreibt man die Gleichung (4.9) für die Schnittgerade in der Gestalt

$$\lambda^{(2)} = \frac{A}{B}\,\lambda^{(1)} - \frac{C}{B}, \qquad (4.21)$$

so erkennt man, daß wegen (4.20) die Schnittgerade in der $\lambda^{(1)}, \lambda^{(2)}$-Ebene mit der positiven $\lambda^{(1)}$-Achse einen Winkel zwischen 0 und $-\frac{1}{4}\pi$ einschließt.

9*

Dieses Ergebnis ist verständlich, wenn man bemerkt, daß $\lambda^{(1)} = l(l+$ $+1)$ einen positiven und $\lambda^{(2)} = -m^2$ einen negativen Wert hat und daher die Eigenwertkurven in dem vierten Quadranten der $\lambda^{(1)}$, $\lambda^{(2)}$-Ebene verlaufen. Sie werden hier mit Rücksicht auf $l = m+n$ durch die Gleichung

$$\lambda^{(2)} = -\left(n + \frac{1}{2} \pm \sqrt{\lambda^{(1)} + \frac{1}{4}}\right)^2 \tag{4.22}$$

gegeben. Für große $\lambda^{(1)}$-Werte gehen sämtliche Eigenwertkurven, wie aus (4.22) sich ergibt und auch aus der Abb. 1 zu entnehmen ist, asymptotisch in Gerade über, die zur Winkelhalbierenden der positiven $\lambda^{(1)}$- und der negativen $\lambda^{(2)}$-Achse parallel sind.

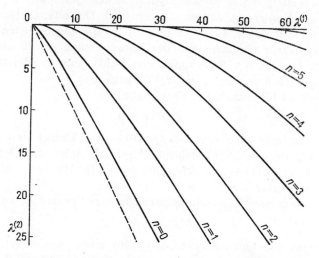

Abb. 1. Eigenwertkurven des zweiparametrigen Eigenwertproblems der zugeordneten Kugelfunktionen. Die strichlierte Gerade entspricht der Winkelhalbierenden zwischen der positiven $\lambda^{(1)}$- und der negativen $\lambda^{(2)}$-Achse.

Der in (4.15) wiedergegebene Fall $A+B = 0$ entspricht, wie aus (4.21) ersichtlich ist, dem Grenzfall, wo der Neigungswinkel der Schnittgeraden gerade $-\frac{1}{4}\pi$ beträgt.

Aus (4.14) kann man auch die Bedingung entnehmen, die erfüllt sein muß, damit die Schnittgerade (4.21) alle Eigenwertkurven schneidet. In diesem Falle muß (4.14) auch für $n = 0$, d. h.

$$m = \frac{A}{2(A+B)}\left(-1 \pm \sqrt{1 + \frac{4C(A+B)}{A^2}}\right) \tag{4.23}$$

reell und positiv sein. Damit die in (4.23) auftretende Quadratwurzel reell ist, muß $A^2 + 4C(A+B) \geqslant 0$, d.h.

$$\frac{A^2/B^2}{4(1+A/B)} > -C/B \tag{4.24}$$

sein. Da die linke Seite von (4.24) gemäß (4.20) positiv ist, bedeutet (4.24), daß der Schnittpunkt $-C/B$ der Geraden (4.21) mit der $\lambda^{(2)}$-Achse, je nach dem Werte von A/B, der der Einschränkung (4.20) unterliegt, nicht zu hoch auf der positiven $\lambda^{(2)}$-Achse liegen darf. Aus (4.23) entnimmt man ferner die Tatsache, daß mit Rücksicht auf (4.19) der Ausdruck unter dem Wurzelzeichen für $C/A > 0$ kleiner ist als 1 und wir daher, wenn er positiv ist, wegen $(A+B)/A < 0$ zwei verschiedene positive m-Werte erhalten. Für $C/A < 0$ ist jedoch dieser Ausdruck größer als 1, so daß sich nur ein positiver m-Wert ergibt. Mit Rücksicht darauf, daß C/A den Schnittpunkt der Geraden (4.9) mit der $\lambda^{(1)}$-Achse bezeichnet, bedeutet dies, daß sobald die Schnittgerade (4.9) die negative $\lambda^{(1)}$-Achse schneidet, sie mit der durch $n = 0$ gegebenen Eigenwertkurve nur einen Schnittpunkt gemeinsam hat, während sich im Falle, wo sie die positive $\lambda^{(1)}$-Achse schneidet, zwei Schnittpunkte ergeben.

Im Falle der Radialfunktionen $R_{nl}(x)$ des Ein-Elektronen-Atoms ist gemäß dem Eigenwertproblem (3,3.8) bzw. (3.5) $\varrho_1(x) = x^2$ bzw. $\varrho_2(x) = 1$. Daher wird die Normierungs- und Orthogonalitätsbedingung (4.8) gegeben durch

$$\int_0^\infty R_{nl}(x) R_{n'l'}(x) (Bx^2 + A) dx = \delta_{n_r n_r'},$$

da die, die Eigenwertkurven numerierende Polynomquantenzahl jetzt mit n_r bezeichnet wird.

Um die Eigenwertquantenzahlen n, l in ihrer Abhängigkeit von der Polynomquantenzahl n_r zu ermitteln, bemerken wir, daß $n = n_r + l + 1$ ist und daher mit Rücksicht auf $\lambda^{(1)} = -1/n^2 R_1^2$, $\lambda^{(2)} = -l(l+1)$, sowie (4.9) die Eigenwertquantenzahlen n und l in ihrer Abhängigkeit von n_r aus den Gleichungen

$$-\frac{A}{R_1^2} \frac{1}{n^2} + Bl(l+1) = C \quad \text{und} \quad n = n_r + l + 1$$

zu berechnen sind. Auf diese Weise ergeben sich für n und l algebraische Gleichungen vom vierten Grade. Analoge Gleichungen gelten für n', l', n_r'. Es mag daher auf die weitere Diskussion dieses Falles verzichtet werden.

Es sei noch darauf hingewiesen, daß ähnlich wie die zweiparametrigen sich auch die mehrparametrigen Eigenwertprobleme behandeln lassen. Als ein Beispiel für ein dreiparametriges Eigenwertproblem kann das in 2, § 5 behandelte Eigenwertproblem für die von Kuipers und Meulen-beld (1957) verallgemeinerten zugeordneten Kugelfunktionen dienen. Setzt man in (2,5.1) $\lambda^{(1)} = l(l+1)$, $\lambda^{(2)} = -\dfrac{1}{2} m^2$, $\lambda^{(3)} = -\dfrac{1}{2} n^2$, so erhält man das dreiparametrige Eigenwertproblem

$$\frac{d}{dx}\left[(1-x^2)\frac{df}{dx}\right] - \left[-\lambda^{(1)} - \lambda^{(2)}\frac{1}{1-x} - \lambda^{(3)}\frac{1}{1+x}\right]f = 0.$$

Die Verallgemeinerung der bei den zweiparametrigen Eigenwertpro-blemen durchgeführten Überlegungen auf den dreiparametrigen Fall bietet keine Schwierigkeiten. An Stelle der Eigenwertkurven in der $\lambda^{(1)}$, $\lambda^{(2)}$-Ebene treten nun in einem dreidimensionalen $\lambda^{(1)}$, $\lambda^{(2)}$, $\lambda^{(3)}$-Raume „Eigenwertflächen" auf, die durch verschiedene Werte der Polynomquan-tenzahl festgelegt werden. Man kann zweiparametrige Eigenwertpro-bleme aus dreiparametrigen erhalten, falls man in dem $\lambda^{(1)}$, $\lambda^{(2)}$, $\lambda^{(3)}$-Rau-me die Schar der Eigenwertflächen durch eine Ebene schneidet. Wird jedoch diese Flächenschar durch eine Gerade geschnitten, so ergeben sich Sätze von Eigenfunktionen, die im Sinne der üblichen Orthogo-nalitätsbedingungen (1,4.1) zueinander orthogonal sind und die auch als Lösungen einparametriger Eigenwertprobleme aufgefaßt werden können.

Bezüglich der mit Hilfe der Polynommethode lösbaren Eigenwert-probleme ist noch zu bemerken: Da man gemäß § 3 in einem solchen Falle aus dem ursprünglichen Eigenwertproblem höchstens zwei umge-ordnete herstellen kann, kann man mit ihrer Hilfe höchstens dreipa-rametrige Eigenwertprobleme angeben.

Kapitel 5

Beziehungen zwischen der Faktorisierungs- und der Polynommethode

§ 1. Die Grundidee der Faktorisierungsmethode

Die Faktorisierungsmethode wurde zuerst von E. Schrödinger (1940, 1941a und b) angegeben und sodann hauptsächlich von L. Infeld[1] (1941, 1942, 1947, 1949; vgl. Infeld und Schild 1945; für das folgende sei vor allem auf den zusammenfassenden Bericht von Infeld und Hull, 1951, verwiesen) für eine spezielle Klasse von Eigenwertproblemen systematisch ausgebaut. Diese Methode betrachtet nicht einzelne Eigenwertprobleme, wie wir es bisher getan haben, sondern im allgemeinen ganze Sätze von solchen Problemen. Die einzelnen Eigenwertprobleme, die zu einem Satze gehören, werden dabei durch einen ganzzahligen Parameter m voneinander unterschieden. Jedem Eigenwertproblem, das zu einem bestimmten m-Wert gehört, entsprechen jedoch Eigenwerte, die ein und derselben Folge von Eigenwerten λ angehören. Diese Folge ist demnach für den betreffenden Satz von Eigenwertproblemen charakteristisch. Die Faktorisierungsmethode gibt sodann für die mit ihrer Hilfe lösbaren Sätze von Eigenwertproblemen Paare von Rekursionsformeln an, die zwei zwar zu dem gleichen Eigenwert λ, aber zu zwei aufeinander folgenden Parameterwerten m, also etwa m und $m-1$, gehörige Eigenfunktionen miteinander verbinden.

Im laufenden Paragraphen geben wir eine kurze Übersicht über die

---

[1] Wenn im folgenden von der Faktorisierungsmethode die Rede ist, so ist damit stets die Infeldsche Fassung gemeint. Die Schrödingersche Fassung unterscheidet sich von ihr in der nachstehenden Weise:

(1) Schrödinger transformiert nicht die Eigenwertprobleme auf die Sturm–Liouvillesche Normalform (1.2).

(2) Schrödinger setzt die beiden Operatoren $H^{m-1,m}$ und $H^{m,m-1}$ nicht in einer Form voraus, die der speziellen Gestalt (1.3), sondern einer solchen, die der allgemeinen Gestalt (2.5) entspricht.

Mit Rücksicht auf (2) folgt daher aus den Überlegungen in § 3, daß alle mit Hilfe der Polynommethode lösbaren Eigenwertprobleme (1,1.1) im Schrödingerschen Sinne faktorisierbar sind, wenn ihre Lösungen benachbarte oder mindestens verwandte hypergeometrische Funktionen enthalten (vgl. Anhang C).

Faktorisierungsmethode. In § 2 betrachten wir Paare von Rekursionsformeln, die zwei beliebige Eigenfunktionen eines faktorisierbaren Satzes von Eigenwertproblemen miteinander verknüpfen. In § 3 werden Paare von Rekursionsformeln für die gewöhnlichen und die konfluenten hypergeometrischen Funktionen angegeben, die in § 4 zur Herstellung von Rekursionsformeln für die Eigenwertprobleme benützt werden die sich mit Hilfe der Polynommethode lösen lassen und ihre Lösungen benachbarte oder verwandte hypergeometrische Funktionen enthalten. § 5 zeigt an dem Beispiel der zugeordneten Kugelfunktionen, wie man unter Zugrundelegung der mit Hilfe der Polynommethode erhaltenen Lösungen mittels der in § 3 und § 4 angegebenen Formeln Paare von Rekursionsformeln für zwei beliebige Eigenfunktionen eines Satzes von solchen Problemen angeben kann. In § 6 und § 7 wird ermittelt, welche mit Hilfe der Polynommethode lösbaren Eigenwertprobleme im Infeldschen Sinne faktorisierbar sind. Es stellt sich dabei heraus, daß dies nicht für alle mittels der Polynommethode lösbaren Eigenwertprobleme der Fall ist, in deren Lösungen benachbarte oder verwandte hypergeometrische Funktionen auftreten und die deshalb nach Schrödinger faktorisierbar sind. In § 8 werden für die mit Hilfe der Polynommethode lösbaren und zugleich auch faktorisierbaren Eigenwertprobleme die Funktionen $k(v, m)$ und die Ausdrücke für $L(m) - \lambda$ angeführt, um zu beweisen, daß mittels der Polynommethode alle im Infeldschen Sinne faktorisierbaren Eigenwertprobleme lösbar sind. In § 9 werden die Beziehungen zwischen den faktorisierbaren und den umgeordneten Eigenwertproblemen einer Betrachtung unterzogen. In § 10 wird der Zusammenhang zwischen den Operatoren der Faktorisierungsmethode und den Lie Algebren dargestellt. In § 11 werden die Vor- und Nachteile der Polynom- und der Faktorisierungsmethode gegeneinander abgewogen. Im Anhang C wird gezeigt, daß nicht alle mittels der Polynommethode lösbaren Eigenwertprobleme auch nur im Schrödingerschen Sinne faktorisierbar sind.

Um nun in aller Kürze die Faktorisierungsmethode darzustellen, denken wir uns einen Satz von Eigenwertproblemen der Quantentheorie in der selbstadjungierten Normalform

$$\frac{d}{dx}\left(p\,\frac{df}{dx}\right) - (q - \lambda\varrho)f = 0 \qquad (1,1.1)$$

gegeben. Um die Faktorisierungsmethode anwenden zu können, muß man ihn zunächst mit Hilfe der Transformation

$$u = (p\varrho)^{1/4}f, \qquad \frac{dv}{dx} = \left(\frac{\varrho}{p}\right)^{1/2} \qquad (1.1)$$

in die spezielle selbstadjungierte Normalform

$$\frac{d^2u}{dv^2} + r(v, m)u + \lambda u = 0,$$

$$r(v, m) = -(p\varrho)^{-1/4}\frac{d^2}{dv^2}(p\varrho)^{1/4} - \frac{q}{\varrho} \qquad (1.2)$$

überführen (vgl. Courant–Hilbert 1931, S. 250), die beim Beweis der Sturm–Liouvilleschen Sätze verwendet wird und die daher im folgenden als die Sturm–Liouvillesche Normalform bezeichnet werden soll. Der Koeffizient $r(v, m)$ muß dabei von einem ganzzahligen, positiven oder negativen Parameter m abhängen, damit wir es mit einem von m abhängigen Satze von Eigenwertproblemen zu tun haben. Vorausgesetzt wird dabei, daß — wie wir es bereits hervorgehoben haben — alle einzelnen Eigenwertprobleme eines solchen Satzes Eigenwerte haben, die für jeden ganzzahligen Wert von m alle der gleichen Folge von Eigenwerten λ angehören.

Ein solcher ganzzahliger Parameter m tritt in manchen Fällen bereits in dem ursprünglich gegebenen Eigenwertproblem (1,1.1) schon von selbst auf. Wird z.B. das Problem (1,1.1) durch Separation der Variablen aus einem durch eine partielle Differentialgleichung gegebenen Eigenwertproblem gewonnen, so hat dieser Parameter m eventuell die Bedeutung einer Quantenzahl, die in einem vorher gelösten Eigenwertproblem auftritt. So stellt der in dem Eigenwertproblem (2,2.1) der zugeordneten Kugelfunktionen auftretende Parameter m die Quantenzahl der z-Komponente des Impulsmomentes dar. In dem radialen Eigenwertproblem (3,3.8) eines Ein-Elektronen-Atoms tritt hingegen ein die Rolle von m spielender Parameter l auf, der die Quantenzahl des gesamten Bahn-Impulsmomentes bedeutet. Man überzeugt sich, daß in den beiden oben angeführten Beispielen die Folge der Eigenwerte der zu einem bestimmten Parameter m gehörigen Eigenwertprobleme nicht vom Parameter m bzw. dem ihn ersetzenden Parameter l abhängt.

Wie später noch eingehender zu begründen sein wird (vgl. § 9), kann jedoch vom mathematischen Standpunkte aus der Parameter m als die Eigenwertquantenzahl eines Eigenwertproblems angesehen werden, das durch eine Umordnung aus dem zu lösenden Eigenwertproblem erhalten werden kann. Die Forderung, daß sich ein Eigenwertproblem umordnen läßt, stellt somit eine notwendige Bedingung für seine Faktorisierbarkeit dar.

Ist ein derartiger Parameter m in dem ursprünglichen Eigenwertproblem (1,1.1) nicht vorhanden, so kann man ihn eventuell in das betrachtete Problem noch nachträglich einführen. Man kann dies erreichen, indem man das Potential $q(x)$, wie in 4, § 2 angegeben, verallgemeinert hat. In einem solchen Falle spricht man von einer künstlichen Faktorisierung. Ein solches Vorgehen kann z.B. im Falle des linearen harmonischen Oszillators verwendet werden, in dessen Eigenwertproblem

$$\frac{d^2 f}{pz^2} - z^2 f + \lambda f = 0$$

(vgl. S. 62) keine als Parameter m verwendbare Konstante auftritt, dessen „Potentialfunktion" z^2 jedoch gemäß (4,2.27b) verallgemeinert werden kann, so daß sie eine als Parameter m verwendbare Konstante enthält.

Dieses Eigenwertproblem und einige seiner Verallgemeinerungen kann man aber auch durch ein von Infeld–Hull (1951, S. 39.1) als modifizierte Behandlung bezeichnetes Verfahren lösen. Es besteht einfach darin, daß man dem Eigenwertparameter λ die Rolle des Parameters m zuweist. Man kann es deshalb als ein umgeordnetes Eigenwertproblem ansehen, dessen Eigenwertparameter einen verschwindenden Wert hat. Auf diese Weise kann man den betrachteten Ausnahmefall dem allgemeinen Schema der Infeldschen Faktorisierungsmethode unterordnen. Wir können demnach im folgenden von der Betrachtung dieses von Infeld–Hull nur zur Lösung der oben angegebenen, ganz speziellen Eigenwertprobleme benutzten Verfahrens absehen und daher in allen Überlegungen stets den typischen Fall voraussetzen, daß ein Parameter m vorhanden ist.

Bei dieser Gelegenheit sei bemerkt, daß für die Durchführung der Schrödingerschen Faktorisierung eines mit Hilfe der Polynommethode lösbaren Eigenwertproblems, dessen Eigenfunktionen nur benachbarte oder verwandte hypergeometrische Funktionen enthalten, das Vorhandensein eines Parameters m von keiner Bedeutung ist.

Im folgenden wird eine zum Parameterwert m und zum Eigenwert λ gehörige Eigenfunktion mit $u(v, m, \lambda)$ oder auch ganz einfach mit u_m bezeichnet.

In der Regel tritt im ursprünglich gegebenen Eigenwertproblem (1,1.1) der Parameter m nicht in $p(x)$ und $\varrho(x)$, sondern nur in der Potentialfunktion $q(x)$ auf.

Ist ein Eigenwertproblem in der selbstadjungierten Gestalt (1,1.1) vorgegeben, so ist die Sturm–Liouvillesche Normalform (1.2) im wesentlichen eindeutig bestimmt. Die Beziehung (1.1) definiert ja, bis auf eine multiplikative Konstante, eindeutig die Funktion u und bis auf eine additive Konstante die neue Veränderliche v. Schließlich wird durch (1.2) der Koeffizient $r(v, m)$ eindeutig festgelegt.

Ist jedoch das Eigenwertproblem in der Sturm–Liouvilleschen Normalform (1.2) vorgelegt und setzt man voraus, daß der Zusammenhang zwischen den Variablen v der Normalform (1.2) und der Veränderlichen

x der selbstadjungierten Normalform (1,1.1) bekannt ist, so ist damit das Eigenwertproblem (1,1.1) noch keineswegs eindeutig definiert. Zwar wird durch dv/dx gemäß (1.1) das Verhältnis ϱ/p gegeben, um aber die Funktion f festzulegen muß p oder ϱ oder eine Beziehung zwischen ihnen, z. B. das Produkt $p\varrho$ bekannt sein. Man kann also bei gegebenem ϱ/p eine von diesen drei Funktionen noch willkürlich wählen.

Bezeichnet $u_1 = (p\varrho)^{1/4}f_1$ und $u_2 = (p\varrho)^{1/4}f_2$, so erhält man mit Rücksicht auf (1.1)

$$\int_{v_1}^{v_2} u_1^* u_2 dv = \int_{x_1}^{x_2} f_1^* f_2 \varrho dx.$$

Das bedeutet, daß die Normierungs- und Orthogonalitätseigenschaften beim Übergang vom Eigenwertproblem (1.2) zu einem Eigenwertproblem (1,1.1) unabhängig von der Wahl der Funktion f erhalten bleiben.

Ein Eigenwertproblem (1.2) soll als im Infeldschen Sinne faktorisierbar bezeichnet werden, falls man zwei Operatoren $H^{m-1,m}$ bzw. $H^{m,m-1}$ von der Gestalt

$$\left.\begin{matrix} H^{m-1,m} \\ H^{m,m-1} \end{matrix}\right\} = k(v, m) \pm \frac{d}{dv} \tag{1.3}$$

angeben kann, die auf die Eigenfunktion $u_m = u(v, m, \lambda)$ bzw. $u_{m-1} = u(v, m-1, \lambda)$ des Eigenwertproblems (1.2) angewendet bis auf eine multiplikative Konstante wieder zum gleichen Eigenwert λ gehörige Eigenfunktionen ergeben, deren Parameter m jedoch dabei um 1 erniedrigt bzw. erhöht wird. Es gelten somit die beiden zusammengehörigen Rekursionsformeln:

$$\begin{aligned} H^{m-1,m}u_m &= u_{m-1}\Lambda_{m-1,m}, \\ H^{m,m-1}u_{m-1} &= u_m \Lambda_{m,m-1}. \end{aligned} \tag{1.4}$$

Der ganzzahlige Parameter m wird somit in der Eigenfunktion u_m durch den Operator $H^{m-1,m}$ um eine Einheit erniedrigt und durch den Operator $H^{m+1,m}$ um eine Einheit erhöht.

Bezüglich der in den Operatoren (1.3) auftretenden Funktion $k(v, m)$ setzen wir voraus, daß sie reell ist.

Die in den Rekursionsformeln (1.4) auftretenden Eigenfunktionen u_m und u_{m-1} können reelle oder auch komplexe Werte haben. Daher können auch die Konstanten $\Lambda_{m-1,m}$ und $\Lambda_{m,m-1}$ reell oder auch komplex sein.

Wenden wir auf die Eigenfunktion u_m zuerst den Operator $H^{m-1,m}$ und sodann auf $H^{m-1,m}u_m$ den Operator $H^{m,m-1}$ an, so erhalten wir gemäß (1.4) die Beziehung

$$H^{m,m-1}H^{m-1,m}u_m = u_m\Lambda_{m,m-1}\Lambda_{m-1,m}, \tag{1.5}$$

d.h. bis auf einen von der Variablen v unabhängigen Faktor wieder die gleiche Eigenfunktion u_m.

Ersetzt man in den beiden Beziehungen (1.4) den Parameter m durch $m+1$, so ergibt sich die zu (1.5) ähnliche Beziehung

$$H^{m,\,m+1} H^{m+1,\,m} u_m = u_m \Lambda_{m,\,m+1} \Lambda_{m+1,\,m}. \qquad (1.6)$$

Mit Rücksicht auf die Definition (1.3) der Operatoren $H^{m-1,\,m}$ und $H^{m,\,m-1}$ stellen die linken Seiten der Beziehungen (1.5) und (1.6) Operatoren dar, in denen der zweite Differentialquotient d^2u/dv^2 auftritt. Eliminiert man ihn mit Hilfe der Differentialgleichung (1.2), so folgt auf diese Weise aus der Beziehung (1.5)

$$k^2(v,\,m) - dk(v,\,m)/dv + r(v,\,m) = \Lambda_{m,\,m-1} \Lambda_{m-1,\,m} - \lambda. \qquad (1.7)$$

Wir wollen nun zeigen, daß man durch eine entsprechende Normierung der beiden Eigenfunktionen u_m und u_{m-1} erreichen kann, daß die in den Rekursionsformeln (1.4) auftretenden beiden Λ-Faktoren als reell und einander gleich vorausgesetzt werden können. Ändert man die Normierung der Eigenfunktionen u_m und u_{m-1} indem man die Eigenfunktionen

$$u'_m = A_m u_m \quad \text{und} \quad u'_{m-1} = A_{m-1} u_{m-1}$$

einführt, so nehmen die Rekursionsformeln (1.4) die Gestalt

$$H^{m-1,\,m} u'_m = u'_{m-1} \Lambda'_{m-1,\,m},$$
$$H^{m,\,m-1} u'_{m-1} = u'_m \Lambda'_{m,\,m-1}$$

an, wo

$$\Lambda'_{m-1,\,m} = \frac{A_m}{A_{m-1}} \Lambda_{m-1,\,m}, \quad \Lambda'_{m,\,m-1} = \frac{A_{m-1}}{A_m} \Lambda_{m,\,m-1}$$

ist. Es ist daher

$$\Lambda_{m,\,m-1} \Lambda_{m-1,\,m} = \Lambda'_{m,\,m-1} \Lambda'_{m-1,\,m},$$

d.h. das Produkt der beiden Λ-Faktoren in den beiden Rekursionsformeln (1.4) ist von der Normierung der Eigenfunktionen u_m und u_{m-1} unabhängig.

Weiters folgt aus (1.7), daß dieses Produkt reell ist. Außer diesem Produkt treten nämlich in (1.7) lauter reelle Größen auf. Im folgenden wollen wir überdies annehmen, daß dieses Produkt einen positiven Wert hat. Das bedeutet jedoch, daß wenn der eine Λ-Faktor durch

$$\Lambda_{m-1,\,m} = |\Lambda_{m-1,\,m}| e^{-i\varphi}$$

gegeben wird, der andere Faktor den Wert

$$\Lambda_{m,\,m-1} = |\Lambda_{m,\,m-1}| e^{i\varphi}$$

haben muß. Nehmen wir daher an, daß

$$\frac{A_m}{A_{m-1}} = Be^{i\varphi},$$

so wird

$$\Lambda'_{m-1,m} = B|\Lambda_{m-1,m}| \quad \text{und} \quad \Lambda'_{m,m-1} = \frac{1}{B}|\Lambda_{m,m-1}|.$$

Um gleiche und zwar positive Λ'-Faktoren zu erhalten, muß man in den obigen Ausdrücken für diese Faktoren für die Konstante B die positive Wurzel der quadratischen Gleichung

$$B^2|\Lambda_{m-1,m}| = |\Lambda_{m,m-1}|$$

verwenden. Wir können und wollen demnach im folgenden stets voraussetzen, daß die Eigenfunktionen u_m und u_{m-1} derart normiert sind, daß die beiden Λ-Faktoren nicht nur einander gleich

$$\Lambda_{m-1,m} = \Lambda_{m,m-1},$$

sondern auch reell und positiv sind.

Aus der Beziehung (1.7) kann man auch entnehmen, daß der Ausdruck $\Lambda_{m,m-1}\Lambda_{m-1,m}-\lambda$ von λ unabhängig ist, da ja auf der linken Seite von (1.7) λ nicht auftritt. Da dieser Ausdruck als eine Konstante auch von der Variablen v nicht abhängt, so kann er nur eine Funktion von m sein, die wir mit $-L(m)$ bezeichnen wollen. Es ist demnach

$$\Lambda_{m,m-1}\Lambda_{m-1,m} = \lambda-L(m). \tag{1.8}$$

Mit Rücksicht auf (1.8) erhalten nun die Beziehungen (1.5) und (1.6) die Gestalt

$$H^{m,m-1}H^{m-1,m}u_m = [\lambda-L(m)]u_m, \tag{1.9a}$$

$$H^{m,m+1}H^{m+1,m}u_m = [\lambda-L(m+1)]u_m. \tag{1.9b}$$

Gleichzeitig folgt aus (1.7) und (1.8) für $r(v,m)$ der Ausdruck

$$r(v,m) = -k^2(v,m)+dk(v,m)/dv-L(m). \tag{1.10a}$$

Auf dem gleichen Wege erhalten wir aus (1.9b) und (1.8) mit Hilfe der Operatoren (1.3), in denen m durch $m+1$ ersetzt wurde, für die Funktion $r(v,m)$ auch den Ausdruck

$$r(v,m) = -k^2(v,m+1)+dk(v,m+1)/dv-L(m). \tag{1.10b}$$

Bei gegebenem $r(v,m)$ sowie $L(m)$ bzw. $L(m+1)$ können (1.10a) bzw. (1.10b) als Differentialgleichungen zur Bestimmung von $k(v,m)$ bzw. $k(v,m+1)$ angesehen werden. Sie sind vom Typus der Riccatischen Differentialgleichung.

Da $k(v,m)$ eine reelle Funktion von v ist, sind $H^{m-1,m}$ und $H^{m,m-1}$ keine reellen Operatoren, da sie ja die Summe bzw. Differenz eines reellen Operators $k(v,m)$ und eines imaginären Operators d/dv darstellen. Diese beiden Operatoren sind jedoch zueinander adjungiert. Aus der

Definition (1.3) dieser beiden Operatoren folgt nämlich das Bestehen der Beziehung

$$\int\limits_{v_1}^{v_2} \varphi^* H^{m,\,m-1} \psi\, dv = \left(\int\limits_{v_1}^{v_2} \psi^* H^{m-1,\,m} \varphi\, dv\right)^*, \qquad (1.11)$$

wobei die Integration über das Grundgebiet (v_1, v_2) des Eigenwert-problems (1.2) zu erstrecken ist. Aus der Tatsache, daß die beiden Operatoren $H^{m,\,m-1}$ und $H^{m-1,\,m}$ sowie $H^{m,\,m+1}$ und $H^{m+1,\,m}$ zueinander adjungiert sind, folgt daß die Operatoren $H^{m,\,m-1}\,H^{m-1,\,m}$ bzw. $H^{m,\,m+1}$ $H^{m+1,\,m}$ reell sind. Dies steht im Einklang mit der Tatsache, daß die Eigenwertprobleme (1.9a) und (1.9b) dieser beiden Operatoren mit dem Eigenwertproblem (1.2) identisch sind, das selbstadjungiert und daher reell ist.

Die Bezeichnung „Faktorisierungsmethode" rührt von der Tatsache her, daß sie den in dem Eigenwertproblem (1.2) auftretenden Operator, der einen zweiten Differentialquotienten enthält, auf zwei verschiedene Arten, (1.5) und (1.6), in ein Produkt je zweier, nur erste Ableitungen (und zwar linear) enthaltender Operatoren (1.3) zerlegt. Durch diese Zerlegung ist aber das Endziel ˙der Faktorisierungsmethode, nämlich die Angabe der Eigenfunktionen noch nicht erreicht[1]. Um mit Hilfe

---

[1] Es sei noch darauf aufmerksam gemacht, daß unsere Darstellung der Faktorisierungsmethode sich von der von Infeld (1941, Infeld–Hull 1951) angegebenen ein wenig unterscheidet. In Übereinstimmung mit der Bezeichnung „Faktorisierungsmethode" bezeichnet Infeld (Infeld–Hull 1951, S. 24) ein Eigenwertproblem als faktorisierbar, falls man zwei von einem ganzzahligen Parameter m abhängige Operatoren $H^{m-1,\,m}$ und $H^{m,\,m-1}$ von der Gestalt (1.3) angeben kann, so daß das ursprünglich gegebene Eigenwertproblem (1.2) gleichzeitig in den beiden Gestalten (1.9a) und (1.9b) darstellbar ist. Aus dieser Forderung ergeben sich unmittelbar durch Anwendung des Operators $H^{m-1,\,m}$ auf (1.9a) sowie $H^{m+1,\,m}$ auf (1.9b) Paare von Rekursionsformeln von der Gestalt (1.4).

Für den oben im Text eingeschlagenen Weg wäre die Bezeichnung „Rekursions-formeln-Methode" vielleicht eher geeignet, da er eben die Rekursionsformeln (1.4) als das primär gegebene ansieht, und nicht die Aufspaltung des Eigenwertproblems (1.2) oder (1.5) in das Paar der Rekursionsformeln (1.4). Der Hauptvorteil des oben eingeschlagenen Weges besteht darin, daß er die beiden etwas komplizierten und sehr speziell aussehenden Beziehungen (1.9a) und (1.9b) samt der Gestalt der Faktoren $\lambda - L(m)$ bzw. $\lambda - L(m+1)$ abzuleiten gestattet. Die vorgeschlagene Bezeichnung wäre auch deshalb vorzuziehen, weil in der Tat zur Auflösung des Eigenwertproblems (1.2) nicht die faktorisierte Gleichung (1.2), nämlich (1.9a) und (1.9b), sondern die Rekursionsformeln (1.4) und eine aus ihnen hervorgehende Differentialgleichung erster Ordnung zur Bestimmung der Stammfunktion verwendet wird.

Nebenbei sei bemerkt, daß Infeld–Hull (1951) die Beziehungen (1.4) (bei Infeld–Hull Gl. (2.2.2a) und (2.2.2b)) ohne die Λ-Faktoren angeben, so daß aus ihnen die Beziehungen (1.9a) und (1.9b) (bei Infeld–Hull Gl. (2.2.1a) und (2.2.1b)) nicht mehr abgeleitet werden können. Insbesondere muß dann aber die gleichzeitige Verwendung der Formeln (2.2.1) und (2.2.2) beanstandet werden, was bei Infeld–Hull bei der Ableitung des trotzdem richtigen „Theorems IV" geschieht. Professor Infeld war dieser Tatbestand bekannt.

der Rekursionsformeln (1.4) alle Eigenfunktionen angeben zu können, muß man für jedes λ eine Stammfunktion kennen, aus der alle übrigen zum gleichen λ gehörigen Eigenfunktionen durch fortgesetzte Anwendung des Operators $H^{m-1,\,m}$ oder $H^{m,\,m-1}$ erhalten werden können.

Im Falle eines kontinuierlichen Eigenwertspektrums lassen sich im allgemeinen solche Stammfunktionen nicht angeben. In diesem Falle kann man somit mit Hilfe der Faktorisierungsmethode die Eigenfunktionen nicht herstellen, was einen schweren Nachteil der Faktorisierungsmethode bedeutet.

Im Falle eines diskreten Eigenwertspektrums kann man jedoch solche Stammfunktionen leicht erhalten, vorausgesetzt, daß $L(m)$ eine monoton unbeschränkt wachsende oder abnehmende Funktion von m ist. Unter dieser Annahme kann man nämlich, wie sogleich gezeigt werden soll, beweisen, daß für ein bestimmtes $m = m_0$ der Ausdruck (1.8) für $\Lambda_{m_0,\,m_0-1}\Lambda_{m_0-1,\,m_0}$ verschwindet. Dies legt nicht nur den Eigenwert des Eigenwertparameters λ:

$$\lambda = L(m_0) \qquad (1.12)$$

fest, sondern hat auch zur Folge, daß entweder $\Lambda_{m_0-1,\,m_0}$ oder $\Lambda_{m_0,\,m_0-1}$ verschwinden und daher eine der beiden Rekursionsformeln (1.4) abbrechen muß. Es muß also entweder $H^{m_0-1,\,m_0}u_{m_0} = 0$ oder $H^{m_0,\,m_0-1}u_{m_0-1} = 0$ sein. Dies sind aber mit Rücksicht auf (1.3) ganz einfache, in der Regel ganz elementar durch eine Integration lösbare Differentialgleichungen erster Ordnung für die Stammfunktionen $u(v, m_0, \lambda)$ bzw. $u(v, m_0-1, \lambda)$.

Die beiden faktorisierbaren Eigenwertproblemklassen, in denen $L(m)$ eine mit m monoton wachsende bzw. abnehmende Funktion ist, erfordern eine gesonderte Behandlung. Um eine kurze Bezeichnung für sie zur Verfügung zu haben, werden sie daher als Eigenwertprobleme der Klasse I bzw. II bezeichnet. Es nimmt somit $L(m)$ monoton ab, wenn im Falle der Problemklasse I bzw. II die Zahl m monoton ab- bzw. zunimmt.

Die fortgesetzte Anwendung der Operatoren $H^{m,\,m-1}$ (bzw. $H^{m-1,\,m}$) im Falle der Eigenwertprobleme der Klasse I (bzw. II) führt zu der Differentialgleichung

$$H^{m_0,\,m_0-1}u(v, m_0-1, \lambda) = 0 \quad \text{bzw.} \quad H^{m_0-1,\,m_0}u(v, m_0, \lambda) = 0$$

für die Stammfunktion $u(v, m_0-1, \lambda)$ bzw. $u(v, m_0, \lambda)$ der betreffenden Problemklasse. Um im Falle der Eigenwertprobleme der Klasse I bzw. II ausgehend von einer solchen Stammfunktion die Gesamtheit aller zu einem bestimmten Eigenwert λ gehörigen auf 1 normierbaren Eigenfunktionen zu erhalten, muß man auf die betreffende Stammfunktion nacheinander die Operatoren $H^{m_0-2,\,m_0-1}$, $H^{m_0-3,\,m_0-2}$, $H^{m_0-4,\,m_0-3}$, ... bzw. $H^{m_0+1,\,m_0}$, $H^{m_0+2,\,m_0+1}$, $H^{m_0+3,\,m_0+2}$, ... anwenden.

Wir setzen nämlich voraus, daß $\Lambda_{m-1,m}$ und $\Lambda_{m,m-1}$ einander gleich und nicht negativ sind. Da daher gemäß (1.8)

$$\Lambda_{m-1,m} = \Lambda_{m,m-1} = [\lambda - L(m)]^{1/2}$$

ist, muß $\lambda = L(m_0) \geqslant L(m)$ sein, damit $[\lambda - L(m)]^{1/2}$ stets nicht negativ sein kann. Es muß also, wenn wir von $L(m_0)$ ausgehen, $L(m)$ stets abnehmen. Wie oben bemerkt wurde, muß daher im Falle der Problemklasse I bzw. II die Zahl m stets ab- bzw. zunehmen.

Um noch das Vorhandensein eines m_0-Wertes zu beweisen, bei dem eine der beiden Rekursionsformeln (1.4) abbricht, genügt es zunächst unseren Betrachtungen den Fall der Problemklasse I zugrunde zu legen. Mit Rücksicht auf (1.4), (1.11), (1.9b) sowie die Tatsache, daß die Λ-Faktoren reell sind, erhalten wir dann

$$\Lambda_{m+1,m}^2 \int_{v_1}^{v_2} u^*(v, m+1, \lambda) u(v, m+1, \lambda) dv =$$

$$= \int_{v_1}^{v_2} [H^{m+1,m} u(v, m, \lambda)]^* H^{m+1,m} u(v, m, \lambda) dv =$$

$$= \left[\int_{v_1}^{v_2} u^*(v, m, \lambda) H^{m,m+1} H^{m+1,m} u(v, m, \lambda) dv \right]^* =$$

$$= [\lambda - L(m+1)] \int_{v_1}^{v_2} u^*(v, m, \lambda) u(v, m, \lambda) dv. \qquad (1.13)$$

Multiplizieren wir den ersten und letzten Ausdruck in dieser Beziehung mit den Relationen, die wir erhalten, wenn wir in (1.13) m durch $m+1$, $m+2, \ldots, m+n-1$ ersetzen, so ergibt sich

$$\Lambda_{m+n,m+n-1}^2 \Lambda_{m+n-1,m+n-2}^2 \cdots \Lambda_{m+1,m}^2 \times$$

$$\times \int_{v_1}^{v_2} u^*(v, m+n, \lambda) u(v, m+n, \lambda) dv =$$

$$= [\lambda - L(m+n)] [\lambda - L(m+n-1)] \ldots [\lambda - L(m+1)] \times$$

$$\times \int_{v_1}^{v_2} u^*(v, m, \lambda) u(v, m, \lambda) dv. \qquad (1.14)$$

Das auf der rechten Seite dieser Beziehung auftretende Integral ist positiv; ebenso die linke Seite dieser Beziehung, falls sie nicht verschwindet. Nehmen wir nun an, daß entgegen unserer Behauptung $\lambda \neq L(m+n')$ für alle $n' = 1, 2, 3, \ldots$ und daß wir m so gewählt haben, daß $\lambda > L(m)$ ist. Da voraussetzungsgemäß $L(m)$ zugleich mit m unbeschränkt wächst, so können wir n als die kleinste ganze Zahl wählen für die $\lambda < L(m+n)$ wird. Die rechte Seite der letzten Beziehung müßte dann negativ werden.

Diesem Widerspruch kann man nur durch die Annahme entgehen, daß $L(m+n)$ mit wachsendem m für einen bestimmten n-Wert $n = n_0$ gleich λ wird: $\lambda = L(m+n_0)$. Mit Rücksicht auf (1.8) muß dann entweder $\varLambda_{m+n_0, m+n_0-1}$ oder $\varLambda_{m+n_0-1, m+n_0}$ verschwinden. Dies hat aber zufolge (1.4) das Bestehen einer der beiden oben erwähnten Differentialgleichungen erster Ordnung für die Stammfunktion zur Folge. Analoge Überlegungen kann man in dem Falle der Problemklasse II anstellen, wo $L(m)$ mit wachsendem m abnimmt.

Ein wichtiger Vorzug der Faktorisierungsmethode ist der, daß die Rekursionsformeln (1.4) im Falle $\lambda > L(m)$ aus auf 1 normierten Eigenfunktionen wieder auf 1 normierte ergeben, falls in ihnen, in Übereinstimmung mit der Beziehung (1.8) und der Tatsache daß $\varLambda_{m, m-1}$ und $\varLambda_{m-1, m}$ reelle und zwar einander gleiche Größen sind,

$$\varLambda_{m, m-1} = \varLambda_{m-1, m} = [\lambda - L(m)]^{1/2} \qquad (1.15)$$

gesetzt wird. Benutzt man somit normierte Stammfunktionen, so erhält man mittels der Rekursionsformeln (1.4) unter der Voraussetzung (1.15) alle Eigenfunktionen normiert.

Der Beweis der obigen Behauptung ergibt sich unmittelbar aus (1.13) oder (1.14). Wegen (1.15) geht z.B. (1.14) über in

$$\int_{v_1}^{v_2} u^*(v, m+n, \lambda) u(v, m+n, \lambda) dv = \int_{v_1}^{v_2} u^*(v, m, \lambda) u(v, m, \lambda) dv.$$

Unter der Voraussetzung (1.15) erhalten die Rekursionsformeln-Paare (1.4) mit Rücksicht auf (1.3) die endgültige Gestalt

$$H^{m-1, m} u_m = \left[k(v, m) + \frac{d}{dv} \right] u_m \;\; = [\lambda - L(m)]^{1/2} u_{m-1},$$

$$H^{m, m-1} u_{m-1} = \left[k(v, m) - \frac{d}{dv} \right] u_{m-1} = [\lambda - L(m)]^{1/2} u_m. \qquad (1.16)$$

Diese Formeln legen nicht nur die Normierung sondern auch die relativen Phasen der Eigenfunktionen u_m fest. Man kann diese Phasen willkürlich ändern, also statt u_m die Eigenfunktionen ${}^0u_m = e^{i\alpha_m} u_m$ verwenden. Anstelle der Operatoren (1.3) müssen dann gemäß (1.4) die Operatoren

$$ {}^0H^{m-1, m} = e^{-i(\alpha_m - \alpha_{m-1})} H^{m-1, m},$$

$$ {}^0H^{m, m-1} = e^{i(\alpha_m - \alpha_{m-1})} H^{m, m-1} \qquad (1.17)$$

treten. Setzt man insbesondere für alle m $\exp i(\alpha_m - \alpha_{m-1}) = -1$, d.h. $\exp(i\alpha_m) = -\exp(i\alpha_{m-1}) = (-1)^n \exp(i\alpha_{m-n})$, so müssen sich nun die neuen Eigenfunktionen ${}^0u_m$ von den alten u_m eventuell um einen konstanten Phasenfaktor sowie durch das abwechselnd positive und negative Vorzeichen. In diesem Falle folgt aus (1.17)

$$^0H^{m-1,m} = -H^{m-1,m}, \qquad ^0H^{m,m-1} = -H^{m,m-1}. \tag{1.18}$$

Die neuen Operatoren unterscheiden sich somit von den alten nur durch das Vorzeichen.

Es sei noch darauf hingewiesen, daß durch Elimination von du_m/dv aus der ersten sowie aus der zweiten Rekursionsformel in (1.16), in der m durch $m+1$ ersetzt wurde, man die Beziehung

$$[k(v, m) + k(v, m+1)]u_m = [\lambda - L(m)]^{1/2}u_{m-1} + [\lambda - L(m+1)]^{1/2}u_{m+1}$$

erhält, die eventuell bei der Berechnung von Matrixelementen verwendet werden kann.

Wie die Beziehung (1.11) zeigt, sind die beiden Operatoren $H^{m,m-1}$ und $H^{m-1,m}$ zwar nicht reell, jedoch zueinander adjungiert. Einer Idee von Joseph (1967) sowie Coulson und Joseph (1967) folgend, kann man die Faktorisierungsmethode auch mit Hilfe des reellen Operators

$$A_m = \begin{Vmatrix} 0 & H^{m-1,m} \\ H^{m,m-1} & 0 \end{Vmatrix} \tag{1.19}$$

durchführen, wenn man ihn auf die zweikomponentigen Funktionen

$$u_m^{(a)} = \begin{Vmatrix} u_{m-1} \\ 0 \end{Vmatrix} \quad \text{und} \quad u_m^{(b)} = \begin{Vmatrix} 0 \\ u_m \end{Vmatrix}$$

einwirken läßt. Wir erhalten dann nämlich gemäß (1.16) die beiden Beziehungen

$$A_m u_m^{(a)} = \begin{Vmatrix} 0 \\ H^{m,m-1}u_{m-1} \end{Vmatrix} = [\lambda - L(m)]^{1/2}u_m^{(b)}, \tag{1.20a}$$

$$A_m u_m^{(b)} = \begin{Vmatrix} H^{m-1,m}u_m \\ 0 \end{Vmatrix} = [\lambda - L(m)]^{1/2}u_m^{(a)}. \tag{1.20b}$$

Um noch zu zeigen, daß A_m ein reeller Operator ist, muß bewiesen werden daß die Beziehung

$$\int v^* A_m u \, d\tau = \left(\int u^* A_m v \, d\tau \right)^*$$

besteht, wo durch den Stern der konjugiert komplexe Wert angezeigt wird. Mit Rücksicht auf die Tatsache, daß u und v zweikomponentige Funktionen sind, bedeutet dies jedoch wegen (1.19), daß

$$\int \begin{Vmatrix} v_1^* v_2^* \end{Vmatrix} \begin{Vmatrix} 0 & H^{m-1,m} \\ H^{m,m-1} & 0 \end{Vmatrix} \begin{Vmatrix} u_1 \\ u_2 \end{Vmatrix} d\tau =$$

$$= \left(\int \begin{Vmatrix} u_1^* u_2^* \end{Vmatrix} \begin{Vmatrix} 0 & H^{m-1,m} \\ H^{m,m-1} & 0 \end{Vmatrix} \begin{Vmatrix} v_1 \\ v_2 \end{Vmatrix} d\tau \right)^*$$

sein muß. Dies ist jedoch mit dem Bestehen der Relation

$$\int (v_1^* H^{m-1,\,m} u_2 + v_2^* H^{m,\,m-1} u_1)\,d\tau = \left(\int (u_1^* H^{m-1,\,m} v_2 + u_2^* H^{m,\,m-1} v_1)\,d\tau\right)^*$$

äquivalent. Auf Grund von (1.11) ist diese letztere Beziehung erfüllt.

Die Rolle des Operators (1.9a) und zugleich die des Operators (1.9b), wenn hier m durch $m-1$ ersetzt wird, spielt das Quadrat des Operators A_m, das wir mit M_m bezeichnen wollen. Mit Rücksicht auf (1.19) ist

$$M_m = A_m^2 = \left\| \begin{matrix} H^{m-1,\,m} H^{m,\,m-1} & 0 \\ 0 & H^{m,\,m-1} H^{m-1,\,m} \end{matrix} \right\|. \qquad (1.21)$$

Wird dieser Operator auf $u_m^{(a)}$ bzw. $u_m^{(b)}$ angewendet, so erhält man gemäß (1.9a) und (1.9b)

$$M_m u_m^{(a)} = \left\| \begin{matrix} H^{m-1,\,m} H^{m,\,m-1} u_{m-1} \\ 0 \end{matrix} \right\| = [\lambda - L(m)] u_m^{(a)} \qquad (1.22a)$$

bzw.

$$M_m u_m^{(b)} = \left\| \begin{matrix} 0 \\ H^{m,\,m-1} H^{m-1,\,m} u_m \end{matrix} \right\| = [\lambda - L(m)] u_m^{(b)}. \qquad (1.22b)$$

Der Operator M_m tritt hier somit an die Stelle des Operators (1.9a) sowie die des Operators (1.9b), wenn in dem letzteren m durch $m-1$ ersetzt wird.

Die oben angegebenen Relationen (1.20) bzw. (1.22) unterscheiden sich nur in der Schreibweise von den sonst im laufenden Paragraphen benutzten (1.16) bzw. (1.9). So ist die Rekursionsformel (1.20a) bzw. (1.20b) mit der zweiten bzw. ersten Formel in (1.16) identisch. Das Eigenwertproblem (1.22b) bzw. (1.22a) stellt (1.9a) bzw. (1.9b) dar, wenn in dem letzteren m durch $m-1$ ersetzt wird.

Es ist daher klar, daß durch die Einführung der Operatoren A_m (1.19) und M_m (1.21) keine Vorteile bei der Berechnung von Eigenfunktionen sich ergeben.

§ 2. Paare von Rekursionsformeln für beliebige Eigenfunktionen eines gegebenen Satzes von Eigenwertproblemen

Bei faktorisierbaren Eigenwertproblemen bestehen Paare von Rekursionsformeln nicht nur zwischen zwei Eigenfunktionen, die wie im Falle (1.4) zu zwei aufeinander folgenden Parameterwerten m und $m-1$ gehören, sondern auch zwischen zwei Eigenfunktionen

$$u_m = u(v, m, \lambda), \qquad u_{m'} = u(v, m', \lambda), \qquad (2.1)$$

die zwei beliebigen m-Werten, m und m', jedoch gleichen Eigenwerten λ entsprechen. Sie haben die Gestalt

$$H^{m',m}u_m = u_{m'}\Lambda_{m',m},$$

$$H^{m,m'}u_{m'} = u_m\Lambda_{m,m'}. \tag{2.2}$$

Man erhält z.B. im Falle $m > m'$ diese Rekursionsformeln wenn man auf die Eigenfunktion u_m bzw. $u_{m'}$ den Operator

$$H^{m',m} = H^{m',m'+1}H^{m'+1,m'+2} \dots H^{m-1,m}$$

bzw.

$$H^{m,m'} = H^{m,m-1}H^{m-1,m-2} \dots H^{m'+1,m'} \tag{2.3}$$

anwendet. Für die Parameter $\Lambda_{m',m}$ bzw. $\Lambda_{m,m'}$ ergeben sich dabei die Werte

$$\Lambda_{m',m} = \Lambda_{m',m'+1}\Lambda_{m'+1,m'+2} \dots \Lambda_{m-1,m}$$

bzw.

$$\Lambda_{m,m'} = \Lambda_{m,m-1}\Lambda_{m-1,m-2} \dots \Lambda_{m'+1,m'}. \tag{2.4}$$

$H^{m',m}$ und $H^{m,m'}$ sind dann ebenso wie im Falle von $H^{m-1,m}$ und $H^{m,m-1}$ (1.3) Operatoren, die die Differentiation nach v nur in erster Ordnung und zwar linear enthalten, und die daher die Gestalt haben

$$H^{m',m} = k_1 + l_1\frac{d}{dv},$$

$$H^{m,m'} = k_2 + l_2\frac{d}{dv}. \tag{2.5}$$

Die Koeffizienten k_1, k_2, l_1, l_2 sind Funktionen der Veränderlichen v, die überdies von den Parametern m und m' abhängen. Im allgemeinen enthalten sie auch noch die entsprechenden Eigenwertparameter λ. Nur im Falle der Operatoren $H^{m-1,m}$ und $H^{m,m-1}$ sind in (2.5) k_1 und k_2 von λ unabhängig.

Die Richtigkeit von (2.5) kann man mit Hilfe der vollständigen Induktion bestätigen. Da die Funktion $u_{m'}$ eine Lösung der Differentialgleichung (1.2) mit $m = m'$ ist, erhalten wir nämlich auf Grund von (1.2), (1.3), (2.2), (2.3) und (2.5)

$$H^{m+1,m}H^{m,m'}u_{m'} = \left[k(v,m+1) - \frac{d}{dv}\right]\left[k_2 + l_2\frac{d}{dv}\right]u_{m'} =$$

$$= \left\{k(v,m+1)k_2 - \frac{dk_2}{dv} + l_2[r(v,m') + \lambda] + \right.$$

$$\left. + \left[k(v,m+1)l_2 - k_2 - \frac{dl_2}{dv}\right]\frac{d}{dv}\right\}u_{m'}. \tag{2.6}$$

Falls für irgendwelche zwei Funktionen u_m und $u_{m'}$ ein Paar von Rekursionsformeln besteht, in dem nur der erste Differentialquotient nach v und zwar linear auftritt, so läßt es sich stets in der durch (2.2) und (2.5) gegebenen Gestalt mit konstanten $\Lambda_{m',m}$, $\Lambda_{m,m'}$ darstellen. Setzen wir überdies voraus, daß u_m und $u_{m'}$ Eigenfunktionen sind, die Lösungen der Differentialgleichung (1.2) mit $m = m$ bzw. $m = m'$ darstellen, so müssen die Koeffizienten k_1, k_2, l_1, l_2 die sich daraus ergebenden Beziehungen erfüllen. Wie wir uns im nachfolgenden Paragraphen überzeugen werden, treten in den Fällen, in denen das Eigenwertproblem mit Hilfe der Polynommethode lösbar ist, auch Paare von Rekursionsformeln (2.2) mit Operatoren $H^{m',m}$ und $H^{m,m'}$ von der Gestalt (2.5) auf, wo die Eigenfunktionen u_m und $u_{m'}$ zu zwei verschiedenen Eigenwerten λ bzw. λ' gehören. Diese Funktionen werden dann also nicht durch (2.1), sondern durch

$$u_m = u(v, m, \lambda), \qquad u_{m'} = u(v, m', \lambda') \qquad (2.1a)$$

gegeben.[1] Selbstverständlich werden dann in (2.2) die beiden Operatoren $H^{m',m}$ und $H^{m,m'}$ sowie die beiden Konstanten $\Lambda_{m',m}$ und $\Lambda_{m,m'}$ nicht durch (2.3) bzw. (2.4) dargestellt.

Wir nehmen nun an, daß zwischen den beiden Eigenfunktionen (2.1a) ein Paar von Rekursionsformeln von der durch (2.2) und (2.5) gegebenen Gestalt besteht, und wollen die Beziehungen ableiten, die zwischen den Koeffizienten k_1, k_2, l_1, l_2 sich aus der Tatsache ergeben, daß die Funktionen u_m bzw. $u_{m'}$ (2.1a) Lösungen der Differentialgleichung (1.2) mit den Parametern m, λ bzw. m', λ' sind. Wir gehen dabei von der Bemerkung[2] aus, daß aus (2.2) für die durch (2.1a) gegebenen Funktionen u_m und $u_{m'}$ die Differentialgleichungen

$$
\begin{aligned}
H^{m,m'} H^{m',m} u_m &= u_m \Lambda_{m,m'} \Lambda_{m',m}, \\
H^{m',m} H^{m,m'} u_{m'} &= u_{m'} \Lambda_{m',m} \Lambda_{m,m'}
\end{aligned}
\qquad (2.7)
$$

folgen. Mit Rücksicht auf die Gestalt (2.5) der Operatoren $H^{m',m}$ und $H^{m,m'}$ erhalten wir somit aus (2.7) für die beiden Eigenfunktionen u_m und $u_{m'}$ die Differentialgleichungen

$$\frac{d^2 u_m}{dv^2} + \left(\frac{k_1}{l_1} + \frac{k_2}{l_2} + \frac{1}{l_1} \frac{dl_1}{dv} \right) \frac{du_m}{dv} +$$

$$+ \frac{1}{l_1 l_2} \left(k_1 k_2 + l_2 \frac{dk_1}{dv} - \Lambda_{m,m'} \Lambda_{m',m} \right) u_m = 0, \qquad (2.8a)$$

---

[1] In den nachfolgenden Überlegungen sollte man eigentlich statt m und m' konsequent die beiden Indexpaare m, λ bzw. m', λ' verwenden. Wir unterlassen dies jedoch, um die Formeln nicht mit Indizes zu überladen.

[2] Man beachte jedoch, daß dabei nicht vorausgesetzt wird, daß die Operatoren $H^{m',m}$ und $H^{m,m'}$ durch (2.3) definiert werden.

$$\frac{d^2 u_{m'}}{dv^2} + \left(\frac{k_1}{l_1} + \frac{k_2}{l_2} + \frac{1}{l_2}\frac{dl_2}{dv}\right)\frac{du_{m'}}{dv} +$$

$$+ \frac{1}{l_1 l_2}\left(k_1 k_2 + l_1 \frac{dk_2}{dv} - \Lambda_{m',m}\Lambda_{m,m'}\right) u_{m'} = 0. \qquad (2.8b)$$

Vergleichen wir diese beiden Differentialgleichungen mit der Differentialgleichung (1.2) bzw. mit der aus (1.2) für $m = m'$ und $\lambda = \lambda'$ sich ergebenden Differentialgleichung, so erhalten wir

$$\frac{k_1}{l_1} + \frac{k_2}{l_2} + \frac{1}{l_1}\frac{dl_1}{dv} = 0, \qquad \frac{k_1}{l_1} + \frac{k_2}{l_2} + \frac{1}{l_2}\frac{dl_2}{dv} = 0, \qquad (2.9a)$$

$$\frac{1}{l_1 l_2}\left(k_1 k_2 + l_2 \frac{dk_1}{dv} - \Lambda_{m,m'}\Lambda_{m',m}\right) = r(v,m) + \lambda,$$

$$(2.9b)$$

$$\frac{1}{l_1 l_2}\left(k_1 k_2 + l_1 \frac{dk_2}{dv} - \Lambda_{m,m'}\Lambda_{m',m}\right) = r(v,m') + \lambda'.$$

Aus (2.9a) folgt zunächst $l_2/l_1 = $ const. Wird diese Konstante mit $-C$ bezeichnet, so ergibt sich ferner aus (2.9a)

$$\frac{l_2}{C} = -l_1, \qquad \frac{k_2}{C} = k_1 + \frac{dl_1}{dv}. \qquad (2.10)$$

Die beiden Rekursionsformeln (2.2) erhalten somit mit Rücksicht auf (2.5) sowie (2.10) die Gestalt

$$\left(k_1 + l_1 \frac{d}{dv}\right) u_m = u_{m'} \Lambda_{m',m},$$

$$\left(k_1 + \frac{dl_1}{dv} - l_1 \frac{d}{dv}\right) u_{m'} = u_m \frac{1}{C} \Lambda_{m,m'}.$$

Um eine symmetrischere Schreibweise zu erzielen setzen wir

$$l = l_1, \qquad k = k_1 + \frac{1}{2}\frac{dl}{dv}. \qquad (2.10a)$$

Es wird dann

$$\left[k - \left(\frac{1}{2}\frac{dl}{dv} - l\frac{d}{dv}\right)\right] u_m = u_{m'} \Lambda_{m',m},$$

$$\left[k + \left(\frac{1}{2}\frac{dl}{dv} - l\frac{d}{dv}\right)\right] u_{m'} = u_m \frac{1}{C} \Lambda_{m,m'}. \qquad (2.11)$$

Falls ein im Schrödingerschen Sinne faktorisierbares Eigenwertproblem in der Sturm–Liouvilleschen Normalform (1.2) vorgegeben ist, so können die Faktorisierungsoperatoren in der allgemeinen Gestalt (2.5) und daher die Faktorisierungsformeln stets in der Gestalt (2.11) vorausgesetzt werden. Wir können daher (2.11) sozusagen als die Sturm–Liouvillesche Normalform der Paare von Rekursionsformeln von Eigenwertproblemen ansehen, die im Schrödingerschen Sinne faktorisierbar sind.

Damit also das durch (2.2) und (2.5) gegebene Paar von Rekursionsformeln sich auf eine Lösung der Differentialgleichung (1.2) sowie der entsprechenden Differentialgleichung für m' bezieht, muß es sich demnach auf die Gestalt (2.11) bringen lassen.

Mit Rücksicht auf (2.10) und (2.10a) nehmen nun die Beziehungen (2.9b) die Gestalt an

$$-\frac{1}{l^2}\left[k^2-\frac{1}{4}\left(\frac{dl}{dv}\right)^2\right]+\frac{1}{l}\frac{dk}{dv}-\frac{1}{2l}\frac{d^2l}{dv^2}+$$

$$+\frac{1}{l^2}\frac{1}{C}\Lambda_{m,m'}\Lambda_{m',m}=r(v,m)+\lambda, \qquad (2.12a)$$

$$-\frac{1}{l^2}\left[k^2-\frac{1}{4}\left(\frac{dl}{dv}\right)^2\right]-\frac{1}{l}\frac{dk}{dv}+\frac{1}{2l}\frac{d^2l}{dv^2}+$$

$$+\frac{1}{l^2}\frac{1}{C}\Lambda_{m',m}\Lambda_{m,m'}=r(v,m')+\lambda'. \qquad (2.12b)$$

Der Zusammenhang zwischen den in dem Rekursionsformeln-Paar (2.11) auftretenden beiden Koeffizienten k und l sowie den in den Differentialgleichungen von der Gestalt (1.2) auftretenden Funktionen $r(v,m)$ bzw. $r(v,m')$ wird durch (2.12a) bzw. (2.12b) gegeben. Im Spezialfalle $l(v)=1$ gehen die Schrödingerschen Rekursionsformeln (2.11) in die durch (1.3) und (1.4) gegebenen Infeldschen Rekursionsformeln über. Für $l(v)=$ const erhält man im wesentlichen die gleichen Rekursionsformeln, nur mit einer um eine multiplikative Konstante verschiedenen Veränderlichen v. Gleichzeitig geht für $l(v)=$ const die Schrödingersche Beziehung (2.12a) bzw. (2.12b) in (1.7) bzw. in die ihr entsprechende Beziehung für m' über.

Es sei hier noch darauf hingewiesen, daß wir stets voraussetzen können, daß die Koeffizienten $\Lambda_{m,m'}$ und $\Lambda_{m',m}/C$ einander gleich sind. Wir können ja dies erreichen, indem wir die Normierung einer der beiden in (2.11) auftretenden Funktionen u_m oder $u_{m'}$, oder auch beider, entsprechend abändern.

Zum Abschluß dieses Paragraphen wollen wir noch darauf hinweisen, daß es überflüssig ist Verallgemeinerungen der Paare (2.2) von Rekursionsformeln zu betrachten, in denen die Operatoren $H^{m',m}$ und $H^{m,m'}$ Differentialquotienten höherer Ordnungen enthalten

$$H^{m',m}=k_1+\sum_{i=1}^{n}l_{1i}\frac{d^i}{dv^i}, \qquad H^{m,m'}=k_2+\sum_{i=1}^{n'}l_{2i}\frac{d^i}{dv^i},$$

die also eine Verallgemeinerung der Operatoren (2.5) darstellen. Dabei muß allerdings angenommen werden, daß die Funktionen u_m bzw. $u_{m'}$ (2.1a), auf die wir diese Operatoren wirken lassen, Lösungen der Differentialgleichung zweiter Ordnung (1.2) für $m = m$, $\lambda = \lambda$ bzw. $m = m'$, $\lambda = \lambda'$ sind. Die verallgemeinerten Operatoren $H^{m',m}$ und $H^{m,m'}$ lassen sich dann nämlich auf die Gestalt der nur erste Ableitungen enthaltenden Operatoren (2.5) bringen, wobei dann jedoch in den Koeffizienten von (2.5) die Eigenwertparameter λ und λ' auftreten. Differenziert man nämlich die Differentialgleichung (1.2) $(n-2)$-mal nach v, so kann man den n-ten Differentialquotienten von u_m nämlich $d^n u_m/dv^n$ durch niedere Ableitungen von u_m ausdrücken und so in $H^{m',m}u_m$ das Glied mit $d^n u_m/dv^n$ beseitigen. Man kann dieses Verfahren offenbar so lange fortsetzen bis in $H^{m',m}u_m$ nur der erste Differentialquotient du_m/dv übrig bleibt. Wegen der Verwendung der Differentialgleichung (1.2) werden dabei die Koeffizienten der umgeformten Operatoren $H^{m',m}$ und $H^{m,m'}$ von den Eigenwertparametern λ bzw. λ' der Eigenfunktionen u_m bzw. $u_{m'}$ abhängen.

§ 3. Paare von Rekursionsformeln für die hypergeometrischen Funktionen

In den mit Hilfe der Polynommethode lösbaren Eigenwertproblemen (1,1.1) treten stets gewöhnliche oder konfluente Riemannsche P-Funktionen auf, die entsprechende hypergeometrische Funktionen enthalten. Im Falle diskreter Eigenwertspektren ist z.B. in $_2F_1$ der Parameter a oder b und in $_1F_1$ der Parameter a dieser hypergeometrischen Funktionen gleich einer negativen ganzen Zahl, so daß sie in Polynome übergehen. Die genannten Parameterwerte in zwei verschiedenen Eigenfunktionen unterscheiden sich daher um ganze Zahlen.

Man kann aber auch noch weit mehr behaupten! Wie der Augenschein lehrt, unterscheiden sich in allen bisher von uns mit Hilfe der Polynommethode behandelten Fällen ausnahmslos alle Parameter, die in den hypergeometrischen Funktionen in zwei beliebigen Eigenfunktionen eines vorgegebenen Eigenwertproblems enthalten sind, stets nur um ganze Zahlen. Die hypergeometrischen Funktionen, die in den Eigenlösungen der von uns betrachteten Eigenwertprobleme auftreten, sind also sämtlich benachbarte oder verwandte hypergeometrische Funktionen. Man kann dies an den von uns behandelten Beispielen sowohl im Falle der gewöhnlichen als auch dem der konfluenten hypergeometrischen Funktionen (vgl. (2,2.12), (2,2.22), (2,4.7) bzw. (3,3.6a), (3,3.13)) feststellen. In dem Falle, wo wir es nicht mit einem einzigen Eigenwertproblem zu tun haben, sondern mit einem Satz von Eigenwertproblemen,

die sich durch einen ganzzahligen Parameter m voneinander unterscheiden, und die alle zu der gleichen Folge von Eigenwerten λ gehören, läßt
sich der obige Tatbestand in den von uns behandelten Beispielen für
die Gesamtheit aller Eigenfunktionen des ganzen Satzes von Eigenwertproblemen bestätigen. Auch in dieser Gesamtheit von Eigenfunktionen
treten somit nur benachbarte oder nur verwandte hypergeometrische
Funktionen auf. Nicht in allen mittels der Polynommethode lösbaren
Eigenwertproblemen ist dies jedoch der Fall, wie im Anhang C an einem
Beispiel gezeigt wird. Im folgenden wollen wir uns daher auf die
Behandlung von Eigenwertproblemen beschränken, die zwar mit Hilfe
der Polynommethode gelöst werden können, in deren Lösungen jedoch
nur benachbarte oder verwandte hypergeometrische Funktionen auftreten. Der Kürze der Ausdrucksweise wegen sollen im folgenden als
benachbart oder verwandt zwei P-Funktionen oder auch zwei Eigenfunktionen bezeichnet werden, falls sie benachbarte oder verwandte
hypergeometrische Funktionen enthalten.

Zunächst jedoch wollen wir zeigen, wie man Paare von Rekursionsformeln für die oben angegebenen mit Hilfe der Polynommethode herstellbaren, benachbarten oder verwandten Eigenlösungen erhalten kann,
wenn entsprechende Rekursionsformeln für die in ihnen enthaltenen
hypergeometrischen Funktionen bekannt sind.

Zu diesem Zwecke nehmen wir an, daß zwischen zwei gewöhnlichen
oder konfluenten hypergeometrischen Funktionen, die wir mit F_m und
$F_{m'}$ bezeichnen und deren sämtliche Parameter sich höchstens um ganze
Zahlen voneinander unterscheiden, Paare von Rekursionsformeln bestehen, in denen nur der Differentialquotient erster Ordnung und zwar
nur linear auftritt. Wir können sie dann stets in der Gestalt

$$\left[B_{11}(\xi) + B_{12}(\xi)\,\frac{d}{d\xi} \right] F_m = F_{m'},$$

$$\left[B_{21}(\xi) + B_{22}(\xi)\,\frac{d}{d\xi} \right] F_{m'} = F_m \tag{3.1}$$

darstellen. In jeder benachbarten oder verwandten, gewöhnlichen oder
konfluenten P-Funktion ist nun eine entsprechende benachbarte oder
verwandte hypergeometrische Funktion als Faktor enthalten. Bezeichnen wir mit P_m und $P_{m'}$ die P-Funktionen mit den zwei benachbarten
oder verwandten hypergeometrischen Funktionen F_m und $F_{m'}$, so ergeben
sich aus (3.1) für P_m und $P_{m'}$ Paare von Rekursionsformeln von der
gleichen Gestalt wie (3.1), also

$$\left[A_{11}(\xi) + A_{12}(\xi)\,\frac{d}{d\xi} \right] P_m = P_{m'}, \tag{3.2}$$

$$\left[A_{21}(\xi)+A_{22}(\xi)\,\frac{d}{d\xi}\right]P_{m'}=P_m.\qquad(3.2)$$

Da schließlich die Lösung jedes mit Hilfe der Polynommethode zu bewältigenden Eigenwertproblems die Gestalt (2,1.1) besitzt, so folgen aus (3.2) für die Eigenlösungen

$$f_m=p(x)^{-1/2}P_m(\xi)$$

und

$$f_{m'}=p(x)^{-1/2}P_{m'}(\xi)\qquad(3.3)$$

Paare von Rekursionsformeln von der Gestalt

$$\left[k_1(\xi)+l_1(\xi)\,\frac{d}{d\xi}\right]f_m\,(\xi)=f_{m'}(\xi),$$

$$\left[k_2(\xi)+l_2(\xi)\,\frac{d}{d\xi}\right]f_{m'}(\xi)=f_m(\xi),$$

$$(3.4)$$

d.h. von der Gestalt (2.2) mit Operatoren von der Gestalt (2.5). Dies findet statt ohne Rücksicht darauf, ob wir diese Paare für die Eigenfunktionen (3.3) oder die ihnen nach (1.1) entsprechenden Funktionen $u(v,m,\lambda)$ oder ob wir sie in den Veränderlichen ξ, x oder v hinschreiben. Jedes mit Hilfe der Polynommethode lösbare Eigenwertproblem (1,1.1), in dessen Lösungen nur benachbarte oder verwandte hypergeometrische Funktionen auftreten, ist somit im Schrödingerschen Sinne faktorisierbar (vgl. Anm. auf S. 121).

Wie man etwa mit Hilfe der Potenzreihenentwicklungen für die gewöhnlichen hypergeometrischen Funktionen $_2F_1$ verifizieren kann, bestehen Paare von zusammengehörigen Rekursionsformeln von der Gestalt (3.1) zwischen den Funktionen $_2F_1(a,b;c;\xi)$ und $_2F_1(a-1,b;c;\xi)$ sowie zwischen $_2F_1(a,b;c;\xi)$ und $_2F_1(a,b;c-1;\xi)$, nämlich

$$\left[1+\frac{b}{a-c}\,\xi-\frac{1}{a-c}\,\xi(1-\xi)\,\frac{d}{d\xi}\right]{}_2F_1(a,b;c;\xi)=$$

$$={}_2F_1(a-1,b;c;\xi),\qquad(3.5\text{a})$$

$$\left[1+\frac{1}{a-1}\,\xi\,\frac{d}{d\xi}\right]{}_2F_1(a-1,b;c;\xi)={}_2F_1(a,b;c;\xi)\qquad(3.5\text{b})$$

bzw.

$$\left[1+\frac{1}{c-1}\,\xi\,\frac{d}{d\xi}\right]{}_2F_1(a,b;c;\xi)={}_2F_1(a,b;c-1;\xi),\qquad(3.6\text{a})$$

$$\frac{c-1}{(b-c+1)(c-a-1)}\left[a+b-c+1-(1-\xi)\,\frac{d}{d\xi}\right]{}_2F_1(a,b;c-1;\xi)=$$

$$={}_2F_1(a,b;c;\xi).\qquad(3.6\text{b})$$

Durch Vertauschung der beiden Parameter a und b in (3.5a) und (3.5b) erhält man ferner das nachstehende Paar von Rekursionsformeln

$$\left[1 + \frac{a}{b-c}\,\xi - \frac{1}{b-c}\,\xi(1-\xi)\frac{d}{d\xi}\right]\,{}_2F_1(a,b;c;\xi) =$$

$$= {}_2F_1(a, b-1; c; \xi), \qquad (3.7a)$$

$$\left[1 + \frac{1}{b-1}\,\xi\frac{d}{d\xi}\right]\,{}_2F_1(a, b-1; c; \xi) = {}_2F_1(a, b; c; \xi). \qquad (3.7b)$$

Die Formeln (3.5), (3.7) und (3.6) enthalten Paare von Rekursionsformeln, in denen die Parameter a bzw. b bzw. c sich um je eine Einheit ändern. Andere Paare von Rekursionsformeln mit Differentialoperatoren erster Ordnung, in denen sich die Parameter a, b und c um beliebige ganze Zahlen ändern, kann man daher durch wiederholte Anwendung der in den obigen Rekursionsformeln enthaltenen Operatoren angeben, falls man jedesmal mittels der Differentialgleichung (1,3.8) der hypergeometrischen Funktionen ${}_2F_1$ die zweiten Differentialquotienten dieser Funktionen durch die Funktionen selbst und ihre ersten Differentialquotienten ausdrückt. Um z.B. eine Relation zwischen den Funktionen ${}_2F_1(a, b; c; \xi)$ und ${}_2F_1(a-1, b-1; c; \xi)$ zu gewinnen, wende man auf (3.5a) den in (3.7a) auftretenden Operator mit $a-1$ statt a an. Gemäß (3.7a) ergibt sich dann

$$\left[1 + \frac{a-1}{b-c}\,\xi - \frac{1}{b-c}\,\xi(1-\xi)\frac{d}{d\xi}\right] \times$$

$$\times \left[1 + \frac{b}{a-c}\,\xi - \frac{1}{a-c}\,\xi(1-\xi)\frac{d}{d\xi}\right]\,{}_2F_1(a,b;c;\xi) = {}_2F_1(a-1, b-1; c; \xi).$$

Mit Rücksicht auf die Differentialgleichung (1,3.8) der hypergeometrischen Funktionen folgt daraus die Beziehung

$$\left\{1 + \left[1 + \frac{a(a-1)+b(b-1)-c(c-1)}{(a-c)(b-c)}\right]\xi - \frac{a+b-c-1}{(a-c)(b-c)}\,\xi(1-\xi)\frac{d}{d\xi}\right\} \times$$

$$\times {}_2F_1(a, b; c; \xi) = {}_2F_1(a-1, b-1; c; \xi). \qquad (3.8a)$$

In ähnlicher Weise ergibt sich die Rekursionsformel

$$\left\{\frac{1}{1-\xi} + \frac{a+b-c-1}{(a-1)(b-1)}\,\frac{\xi}{1-\xi}\,\frac{d}{d\xi}\right\}\,{}_2F_1(a-1, b-1; c; \xi) =$$

$$= {}_2F_1(a, b; c; \xi), \qquad (3.8b)$$

die zusammen mit (3.8a) ein zusammengehöriges Paar bildet.

Ebenso kann man mit Hilfe von (3.5) und (3.6) das Paar der Rekursionsformeln

$$\left[1+\frac{b}{c-1}\frac{\xi}{1-\xi}+\frac{\xi}{1-\xi}\frac{a+(b-c+1)\xi}{a(c-1)}\frac{d}{d\xi}\right]{_2}F_1(a,b;c;\xi)=$$

$$={_2}F_1(a+1,b;c-1;\xi),$$

$$\frac{1-c}{(a-c+1)(a-c+2)(b-c+1)}\left\{(a+b-c+2)(a-c+1)+\right.$$

$$\left.+(a+1)b+\xi b(b-c+1)-(1-\xi)[a+\xi(b-c+1)]\frac{d}{d\xi}\right\}\times$$

$$\times{_2}F_1(a+1,b;c-1;\xi)={_2}F_1(a,b;c;\xi)$$

herleiten.

Es ist klar, daß man auf diese Weise Paare von Rekursionsformeln mit Differentialquotienten von nur erster Ordnung zwischen benachbarten oder verwandten Funktionen ${_2}F_1(a,b;c;\xi)$ und ${_2}F_1(a-\Delta a,b-\Delta b;c-\Delta c;\xi)$ herstellen kann, wo Δa, Δb, Δc beliebige positive oder negative ganze Zahlen sind. Die in solchen Paaren von Rekursionsformeln auftretenden hypergeometrischen Funktionen kann man stets als die hypergeometrischen Funktionen F_m und $F_{m'}$ ansehen, die in den Rekursionsformeln (3.1) auftreten.

Um den Leser in konkreten Fällen, in denen in den Lösungen der Eigenwertprobleme gewöhnliche hypergeometrische Funktionen auftreten, die Herstellung von Paaren von Rekursionsformeln für die Eigenfunktionen zu erleichtern, wurden in der Tabelle II die Koeffizienten $B_{ij}(\xi)$ von acht Paaren von Rekursionsformeln für die gewöhnlichen hypergeometrischen Funktionen angegeben. In den ersten sieben Fällen kann jedes der beiden Koeffizientenpaare $B_{11}(\xi)$ und $B_{12}(\xi)$ sowie $B_{21}(\xi)$ und $B_{22}(\xi)$ bis auf eine multiplikative Konstante einer Arbeit von Inui (1948a) entnommen werden. Wegen des Fehlens dieser Konstanten mußten jedoch alle Koeffizienten B_{ij} bis auf die durch (3.5) und (3.6) gegebenen neu berechnet werden.[1]

---

[1] Wie sich nachträglich herausstellte, wurden die Rekursionsformeln (3.5), (3.6) und (3.7) bereits von Gauß (1809) angegeben. Gauß hat auch in dem angeführten Fragment einer nicht veröffentlichten Arbeit alle in der Tabelle II verzeichneten Paare abgeleitet, mit Ausnahme der in den Nr. 5, 6 und 8 angeführten. Allerdings muß bemerkt werden, daß in den von Gauß angegebenen Rekursionsformeln stets der Differentialquotient $d{_2}F_1(a,b;c;\xi)/d\xi$ auftritt und Gauß zwei zusammengehörige Rekursionsformeln nicht in ein Paar zusammenfaßt, was wir schon mit Rücksicht auf die Erfordernisse der Schrödingerschen Faktorisierungsmethode zu tun gezwungen waren.

Tabelle II enthält die Koeffizienten B_{ij}, die in den Paaren von Rekursionsformeln (3.1) für die beiden hypergeometrischen Funktionen

$$F_{,m} = {}_2F_1(a, b; c; \xi) \quad \text{und} \quad F_{m\cdot} = {}_2F_1(a-\varDelta a, b-\varDelta b; c-\varDelta c; \xi)$$

auftreten. Ersetzt man in einem solchen Paar die Parameter a, b, c durch $a+\varDelta a, b+\varDelta b, c+\varDelta c$, so erhält man ein Paar von Rekursionsformeln zwischen den hypergeometrischen Funktionen

$$F_m = {}_2F_1(a+\varDelta a, b+\varDelta b; c+\varDelta c; \xi) \quad \text{und} \quad F_{m'} = {}_2F_1(a, b; c; \xi).$$

Um für diese beiden Klassen von Paaren von Rekursionsformeln kurze Bezeichnungen zur Verfügung zu haben, wollen wir sie gegebenenfalls auch als Paare von Rekursionsformeln erster bzw. zweiter Art bezeichnen. Man beachte, daß auf die hypergeometrische Funktion ${}_2F_1(a, b; c; \xi)$ in den Paaren von Rekursionsformeln erster bzw. zweiter Art in (3.1) der Operator mit den Koeffizienten B_{11} und B_{12} bzw. B_{21} und B_{22} einwirkt. Der Übergang von den Paaren von der ersten zu denen von der zweiten Art hat somit nicht nur den Ersatz von a, b, c durch $a+\varDelta a$, $b+\varDelta b, c+\varDelta c$ zur Folge, sondern bewirkt auch eine Vertauschung der Rollen der Koeffizienten B_{11}, B_{12} und B_{21}, B_{22}. Man beachte, daß die Paare von Rekursionsformeln der beiden Arten sich durch die Vorzeichen von $\varDelta a, \varDelta b, \varDelta c$ voneinander unterscheiden.

Falls die in den Eigenlösungen auftretenden hypergeometrischen Funktionen nicht von ξ sondern von $1/\xi$ abhängen, werden die entsprechenden Paare von Rekursionsformeln erhalten, wenn man in den betreffenden Paaren ξ durch $1/\xi$ ersetzt und dabei beachtet, daß $d/d(1/\xi) = -\xi^2 d/d\xi$ ist.

Alle in der Tabelle II angegebenen Paare von Rekursionsformeln gelten für beliebige, also auch komplexe Parameterwerte a, b, c. Diese Tabelle kann daher auch zur Herleitung von Paaren von Rekursionsformeln für Eigenfunktionen verwendet werden, die dem kontinuierlichen Eigenwertspektrum angehören. In den oben angegebenen Rekursionsformeln ändern sich jedoch die Parameter a, b und c um ganze Zahlen. Um diese Formeln anwenden zu können, müßte man demnach die Stammfunktionen für einen kontinuierlichen Bereich der Parameter a, b und c zur Verfügung haben. Ihre Angabe ist jedoch mit der Berechnung der Eigenfunktionen des kontinuierlichen Eigenwertspektrums gleichbedeutend.

Ausgehend von einer hypergeometrischen Funktion ${}_2F_1(a, b; c; \xi)$ kann man jede Funktion ${}_2F_1(a-n, b; c; \xi)$ mit ganzzahligem n herstellen, falls man auf ${}_2F_1(a, b; c; \xi)$ den in (3.5a) auftretenden Operator n-mal mit den entsprechenden a-Werten anwendet. Bemerkenswert ist der Fall $a = 0$, weil ja die Funktion ${}_2F_1(0, b; c; \xi) = 1$, also besonders einfach ist. Für die hypergeometrischen Polynome ${}_2F_1(-n, b; c; \xi)$

Tabel

der Koeffizienten $B_{ij}(\xi)$ von Paaren von Rekursionsformeln (3.1) für die gewöhnlichen
dabei in (3.1) zu setzen $F_m = {}_2F_1(a, b; c; \xi)$, $F_{m'} = {}_2F_1(a - \Delta a, b - \Delta b; c - \Delta c; \xi)$.
hervorgehen, werden in der Tabelle nicht angeführt. Rekursionsformeln, in denen
falls man in den angegebenen Formeln a,

Nr.	Δa	Δb	Δc	$\Delta \alpha$	$\Delta \beta$	$\Delta \gamma$	$B_{11}(\xi)$
1	1	0	0	0	$\frac{1}{2}$	$\frac{1}{2}$	$1 + \xi \dfrac{b}{a-c}$
2	1	1	1	$\frac{1}{2}$	0	$\frac{1}{2}$	$1 - \xi \dfrac{a+b-1}{c-1}$
3	1	0	1	$\frac{1}{2}$	$\frac{1}{2}$	0	$1 - \xi \dfrac{b}{c-1}$
4	0	0	1	$\frac{1}{2}$	0	$-\frac{1}{2}$	1
5	1	1	2	1	0	0	$1 - \xi + \xi \dfrac{(a-c-1)(b-c+1)}{(c-1)(c-2)}$
6	1	-1	0	0	1	0	$1 + \xi \dfrac{b-a+1}{a-c}$
7	1	1	0	0	0	1	$1 + \xi \left[1 + \dfrac{a(a-1)+b(b-1)-c(c-1)}{(a-c)(b-c)} \right]$
8	-1	0	1	$\frac{1}{2}$	$-\frac{1}{2}$	-1	$1 + \dfrac{\xi}{1-\xi} \dfrac{b}{c-1}$

spielt somit die 1 die gleiche Rolle, wie sie die Stammfunktionen in der Faktorisierungsmethode inne haben. Analog kann man durch wiederholte Anwendung von (3.7a), ausgehend von der Stammfunktion 1, die hypergeometrischen Polynome ${}_2F_1(a, -n; c; \xi)$ erhalten.

Um eine Folge von gewöhnlichen hypergeometrischen Funktionen ${}_2F_1(a, b; c; \xi)$ zu erhalten, die so beschaffen ist, daß zwischen je zwei aufeinander folgenden hypergeometrischen Funktionen, z.B. die Rekursionsformeln (3.5a) und (3.5b) bestehen, kann man $a = a_0 + m$ setzen, wo m eine positive oder negative ganze Zahl bedeutet. Falls diese Folge jedoch auch die Stammfunktion ${}_2F_1(0, b; c; \xi) = 1$ enthalten soll, muß überdies auch a_0 eine ganze Zahl sein.

Um analoge Paare von Rekursionsformeln auch für die konfluenten hypergeometrischen Funktionen ${}_1F_1(a; c; \xi)$ herzustellen, kann man

le II

hypergeometrischen Funktionen. In Übereinstimmung mit (3.5), (3.6) und (3.7) ist
Formeln, die aus den angegebenen durch die triviale Vertauschung von a und b
die Vorzeichen von Δa, Δb, Δc alle zugleich verschieden sind, werden erhalten,
b, c durch $a+\Delta a$, $b+\Delta b$, $c+\Delta c$ ersetzt.

$B_{12}(\xi)$	$B_{21}(\xi)$	$B_{22}(\xi)$
$-\dfrac{\xi(1-\xi)}{a-c}$	1	$\xi\dfrac{1}{a-1}$
$\dfrac{\xi(1-\xi)}{c-1}$	0	$\dfrac{c-1}{(a-1)(b-1)}$
$\dfrac{\xi(1-\xi)}{c-1}$	$-\dfrac{c-1}{b-c+1}$	$(1-\xi)\dfrac{c-1}{(b-c+1)(a-1)}$
$\dfrac{\xi}{c-1}$	$\dfrac{(c-1)(a+b-c+1)}{(b-c+1)(c-a-1)}$	$-\dfrac{(1-\xi)(c-1)}{(b-c+1)(c-a-1)}$
$\dfrac{\xi(1-\xi)}{c-1}$	$-\dfrac{1}{\xi}\dfrac{(c-1)(c-2)}{(b-c+1)(c-a-1)}$	$\dfrac{1-\xi}{\xi}\dfrac{(c-1)(c-2)^2}{(b-c+1)(c-a-1)(a-1)(b-1)}$
$\xi(1-\xi)\dfrac{a-b-1}{(a-c)b}$	$1+\xi\dfrac{a-b-1}{b-c+1}$	$-\xi(1-\xi)\dfrac{a-b-1}{(b-c+1)(a-1)}$
$-\xi(1-\xi)\dfrac{a+b-c-1}{(a-c)(b-c)}$	$\dfrac{1}{1-\xi}$	$\dfrac{\xi}{1-\xi}\dfrac{a+b-c-1}{(a-1)(b-1)}$
$\dfrac{\xi}{1-\xi}\dfrac{a+(b-c+1)\xi}{a(c-1)}$	$\dfrac{1-c}{(a-c+1)(a-c+2)(b-c+1)}\times$ $\times[(a+b-c+2)(a-c+1)+$ $+(a+1)b+\xi b(b-c+1)]$	$-\dfrac{(1-\xi)[a+\xi(b-c+1)](1-c)}{(a-c+1)(a-c+2)(b-c+1)}$

in den Rekursionsformeln (3.5) und (3.6) den in 3, § 1 angegebenen
Grenzübergang ausführen, der die gewöhnliche hypergeometrische Funktion $_2F_1(a,b;c;\xi)$ in die konfluente $_1F_1(a;c;\xi)$ überführt. Man hat
dann zu diesem Zwecke zunächst ξ durch ξ/b zu ersetzen und sodann
den Grenzübergang $b \to \infty$ auszuführen. Dabei gehen die Koeffizienten
$B_{11}(\xi)$ und $B_{21}(\xi)$ für die gewöhnliche hypergeometrische Funktion
in die gleichbezeichneten Koeffizienten für die konfluente hypergeometrische Funktion $_1F_1(a;c;\xi)$ über. Um jedoch die Koeffizienten
$B_{12}(\xi)$ und $B_{22}(\xi)$ im Falle der konfluenten hypergeometrischen Funktionen zu erhalten, muß man den Grenzübergang $b \to \infty$ in $bB_{12}(\xi)$
und $bB_{22}(\xi)$ durchführen, wobei $B_{12}(\xi)$ und $B_{22}(\xi)$ die Koeffizienten
im Falle der gewöhnlichen hypergeometrischen Funktionen bezeichnen.
Auf diese Weise erhalten wir die beiden nachstehenden Paare von

Rekursionsformeln

$$\frac{1}{c-a}\left[-\xi-a+c+\xi\,\frac{d}{d\xi}\right]{}_1F_1(a;c;\xi) = {}_1F_1(a-1;c;\xi), \tag{3.9a}$$

$$\left[1+\frac{\xi}{a-1}\,\frac{d}{d\xi}\right]{}_1F_1(a-1;c;\xi) = {}_1F_1(a;c;\xi). \tag{3.9b}$$

bzw.

$$\left[1+\frac{\xi}{c-1}\,\frac{d}{d\xi}\right]{}_1F_1(a;c;\xi) = {}_1F_1(a;c-1;\xi), \tag{3.10a}$$

$$\frac{c-1}{a-c+1}\left[-1+\frac{d}{d\xi}\right]{}_1F_1(a;c-1;\xi) = {}_1F_1(a;c;\xi). \tag{3.10b}$$

Durch ihre wiederholte Anwendung sowie mit Hilfe der Differentialgleichung (1,3.17) der konfluenten hypergeometrischen Funktionen
${}_1F_1$ kann man offenbar Paare von Rekursionsformeln für zwei beliebige
solche Funktionen ${}_1F_1$ herstellen, deren Parameter a und c sich nur um
ganze Zahlen voneinander unterscheiden. Man kann sich aber auch
solche mühsamen Rechnungen ersparen und Paare von Rekursionsformeln für die Funktionen ${}_1F_1(a;c;\xi)$ direkt aus den entsprechenden
Formeln in der Tabelle II für die Funktionen ${}_2F_1(a,b;c;\xi)$ nach dem
oben angegebenen Verfahren herleiten.

Man erhält auf diese Weise aus den in der Tabelle II verzeichneten
Paaren von Rekursionsformeln die in der Tabelle III für die Funktionen
${}_1F_1(a;c;\xi)$ angegebenen Paare. Aus den acht verschiedenen Fällen der
Tabelle II ergeben sich auf diesem Wege nur die in der Tabelle III enthaltenen fünf Fälle. Paare von Rekursionsformeln, die sich wie Nr. 1, 6
und 7 bzw. wie Nr. 2 und 3 in der Tabelle II voneinander nur durch
den Wert von Δb unterscheiden, liefern nämlich bei dem angegebenen
Grenzübergang die gleichen in der Tabelle III unter Nr. 1 bzw. 2 verzeichneten Paare von Rekursionsformeln für die konfluenten hypergeometrischen Funktionen ${}_1F_1(a;c;\xi)$.

Es sei noch bemerkt, daß man die hypergeometrischen Polynome
${}_1F_1(-n;c;\xi)$ aus der Stammfunktion 1 durch eine wiederholte Anwendung der in (3.9a) auftretenden Operatoren gewinnen kann.

Aus den in der Tabelle II angeführten Paaren von Rekursionsformeln
kann man solche Paare auch für die hypergeometrische Funktion
${}_2F(a,b;\xi)$ oder besser gesagt, für die entsprechenden Polynome herstellen. Zu diesem Zwecke hat man in den Formeln der Tabelle II die Veränderliche ξ durch ξc zu ersetzen und sodann den Grenzübergang $c \to \infty$
auszuführen. Die acht Fälle der Tabelle II ergeben auf diese Weise vier

Tabelle III

der Koeffizienten B_{ij} von Paaren von Rekursionsformeln (3.1) für die konfluenten hypergeometrischen Funktionen $_1F_1(a; c; \xi)$. In (3.1) ist dabei zu setzen: $F_m = {}_1F_1(a; c; \xi)$, $F_{m'} = {}_1F_1(a-\Delta a; c-\Delta c; \xi)$.

Nr.	Δa	Δc	$\Delta\alpha$	$B_{11}(\xi)$	$B_{12}(\xi)$	$B_{21}(\xi)$	$B_{22}(\xi)$
1	1	0	0	$1+\dfrac{\xi}{a-c}$	$-\dfrac{\xi}{a-c}$	1	$\dfrac{\xi}{a-1}$
2	1	1	$\dfrac{1}{2}$	$1-\dfrac{\xi}{c-1}$	$\dfrac{\xi}{c-1}$	0	$\dfrac{c-1}{a-1}$
3	0	1	$\dfrac{1}{2}$	1	$\dfrac{\xi}{c-1}$	$\dfrac{c-1}{c-a-1}$	$-\dfrac{c-1}{c-a-1}$
4	1	2	1	$1+\dfrac{\xi(a-c+1)}{(c-1)(c-2)}$	$\dfrac{\xi}{c-1}$	$-\dfrac{1}{\xi}\dfrac{(c-1)(c-2)}{c-a-1}$	$\dfrac{1}{\xi}\dfrac{(c-1)(c-2)^2}{(c-a-1)(a-1)}$
5	-1	1	$\dfrac{1}{2}$	$1+\dfrac{\xi}{c-1}$	$\dfrac{a+\xi}{a(c-1)}$	$-\dfrac{(c-1)(2a-c+2+\xi)}{(a-c+1)(a-c+2)}$	$(a+\xi)\dfrac{c-1}{(a-c+1)(a-c+2)}$

Tabelle IV

der Koeffizienten $B_{ij}(\xi)$ von Paaren von Rekursionsformeln (3.1) für die konfluenten hypergeometrischen Polynome $_2F(a, b; \xi)$. In (3.1) ist dabei zu setzen: $F_m = {}_2F(a, b; \xi)$, $F_{m'} = {}_2F(a-\Delta a, b-\Delta b; \xi)$.

Nr.	Δa	Δb	$B_{11}(\xi)$	$B_{12}(\xi)$	$B_{21}(\xi)$	$B_{22}(\xi)$
1	1	0	$1-\xi b$	$-\xi^2$	1	$\dfrac{\xi}{a-1}$
2	1	1	$1-\xi(a+b-1)$	$-\xi^2$	0	$\dfrac{1}{(a-1)(b-1)}$
3	1	-1	$1+\xi(a-b-1)$	$\xi^2\dfrac{a-b-1}{b}$	$1-\xi(a-b-1)$	$-\xi^2\dfrac{a-b-1}{a-1}$
4	-1	—	1	$\dfrac{\xi}{a}$	$1-\xi b$	$-\xi^2$

nicht triviale Paare von Rekursionsformeln,[1] die in der Tabelle IV angeführt werden. Das Formelnpaar Nr. 4 in dieser Tabelle wird dabei aus
dem Formelnpaar Nr. 1 der gleichen Tabelle erhalten, wenn man in
ihm a durch $a+1$ ersetzt.

Für die hypergeometrische Funktion $F_1(c; \xi)$ erhält man aus den
Paaren von Rekursionsformeln in der Tabelle II nur ein einziges Paar,
nämlich

$$\left[1 + \frac{\xi}{c-1} \frac{d}{d\xi}\right] F_1(c; \xi) = F_1(c-1; \xi),$$

$$(c-1) \frac{d}{d\xi} F_1(c-1; \xi) = F_1(c; \xi).$$

Es ergibt sich etwa aus den in der Tabelle III enthaltenen Formeln im
Grenzfalle $a \to \infty$, wenn man in ihnen ξ durch ξ/a ersetzt.

Für die hypergeometrischen Polynome $_1F(a; \xi)$ kann man Paare von
Rekursionsformeln aus den in den Tabellen III und IV verzeichneten
Paaren für die Funktionen $_1F_1$ und $_2F$ erhalten. In der Tabelle III bzw.
IV hat man zu diesem Zwecke ξ durch ξc bzw. ξ/b zu ersetzen und sodann
den Grenzübergang $c \to \infty$ bzw. $b \to \infty$ auszuführen.

Aus den in diesen Tabellen verzeichneten Paaren von Rekursionsformeln, in denen $\Delta a = +1$ ist, ergibt sich dann stets die eine Rekursionsformel für die konfluente hypergeometrische Funktion $_1F$ in der Gestalt

$$(1-\xi)\,_1F(a; \xi) = \,_1F(a-1; \xi), \tag{3.11}$$

in der keine Ableitung nach ξ auftritt.

Hingegen wird die zweite Rekursionsformel im Falle $\Delta a = +1$ in
einer der nachstehenden Gestalten

$$\left[\frac{1-f(\xi)}{1-\xi} + \frac{f(\xi)}{a-1} \frac{d}{d\xi}\right] \,_1F(a-1; \xi) = \,_1F(a; \xi), \tag{3.12}$$

gegeben, wo $f(\xi)$ durch

$$f(\xi) = \xi^{-1}, 1, \xi, \xi^2$$

dargestellt wird.

Aus Nr. 5 der Tabelle III und Nr. 4 der Tabelle IV, in denen $\Delta a = -1$
ist, erhält man hingegen Paare von Rekursionsformeln, die durch (3.11)
und (3.12) gegeben werden, wenn in ihnen a durch $a+1$ ersetzt wird.

Die Tatsache, daß in der Rekursionsformel (3.11) keine Ableitung

---

[1] Nr. 4 in der Tabelle II entspricht $\Delta a = \Delta b = 0$, d.h. $F_m = \,_2F(a, b; \xi) = F_{m'}$,
und ergibt daher bei dem angegebenen Grenzübergang als ein Paar von Rekursionsformeln nur die beiden Identitäten $F_m = F_{m'}$, $F_{m'} = F_m$.

nach ξ auftritt, erklärt sich daraus, daß das hypergeometrische Polynom $_1F(a;\xi)$ eine Lösung der Differentialgleichung

$$\left[\frac{1}{a-1}\frac{d}{d\xi}\right](1-\xi)\,_1F(a;\xi) = \,_1F(a;\xi) \qquad (3.13)$$

erster Ordnung ist. Ein Paar von Rekursionsformeln von der Gestalt (3.1), in dem in den beiden Rekursionsformeln Ableitungen erster Ordnung auftreten, muß nämlich Funktionen enthalten, die Lösungen einer Differentialgleichung zweiter Ordnung sind.

Es sei noch bemerkt, daß die Rekursionsformel (3.12) mit Rücksicht auf (3.11) sowie die Differentialgleichung (3.13) für jede beliebige Funktion $f(\xi)$ Geltung hat, wie man leicht verifizieren kann.

Man kann die konfluenten Funktionen $_1F(a;\xi)$ auch erhalten, wenn man in den gewöhnlichen hypergeometrischen Funktionen $_2F_1(a,b;c;\xi)$ ohne einen Grenzübergang auszuführen einfach $c = b$ setzt. Man kann daher Paare von Rekursionsformeln für die Funktion $_1F(a;\xi)$ direkt aus der Tabelle II für die Funktionen $_2F_1(a,b;c;\xi)$ entnehmen. Man muß jedoch dabei zwei Bedingungen erfüllen. Es muß $\Delta a = +1$ sein, damit man eine Beziehung zwischen $_1F(a;\xi)$ und $_1F(a-1;\xi)$ erhält, und es muß überdies $\Delta b = \Delta c$ sein, damit auch $_2F_1(a,b-\Delta b;c-\Delta c;\xi)$ in $_1F(a;\xi)$ übergeht. Beide Bedingungen erfüllen in der Tabelle II nur die unter Nr. 1 und Nr. 2 angeführten Paare von Rekursionsformeln. Man erhält auf diese Weise aus der Nr. 1 der Tabelle II das Paar

$$\left[1+\frac{b}{a-b}\xi-\frac{\xi(1-\xi)}{a-b}\frac{d}{d\xi}\right]\,_1F(a;\xi) = \,_1F(a-1;\xi), \quad (3.14a)$$

$$\left[1+\frac{\xi}{a-1}\frac{d}{d\xi}\right]\,_1F(a-1;\xi) = \,_1F(a;\xi) \qquad (3.14b)$$

und aus der Nr. 2 die beiden Rekursionsformeln

$$\left[1-\frac{a+b-1}{a-1}\xi+\frac{\xi(1-\xi)}{b-1}\frac{d}{d\xi}\right]\,_1F(a;\xi) = \,_1F(a-1;\xi),$$
$$(3.15a)$$

$$\frac{1}{a-1}\frac{d}{d\xi}\,_1F(a-1;\xi) = \,_1F(a;\xi). \qquad (3.15b)$$

Die Richtigkeit dieser Rekursionsformeln ist leicht zu bestätigen. Formel (3.14b) ist mit (3.12) identisch, wenn dort $f(\xi) = \xi$ gesetzt wird. Die Relation (3.15b) folgt ebenfalls aus (3.12) jedoch im Falle $f(\xi) = 1$. Sie kann aber auch leicht direkt bewiesen werden. Die beiden Rekursionsformeln (3.14a) und (3.15a) sind dadurch ausgezeichnet, daß sie auch noch den Parameter b enthalten, der in $_1F(a;\xi)$ nicht auftritt und daher willkürlich wählbar ist. Dennoch kann man ihre Richtigkeit mit Hilfe von (3.11) und (3.15b) ohne weiteres bestätigen.

Setzt man $c = b$, läßt aber b ins Unendliche gehen, so erhält man aus allen in der Tabelle II verzeichneten Fällen, in denen $\Delta a = \pm 1$ ist, die bereits oben angeführten Rekursionsformeln, so daß es sich nicht lohnt auf diese Fälle hier einzugehen.

Um Paare von Rekursionsformeln für hypergeometrische Funktionen zu erhalten, die nicht von ξ sondern von $1/\xi$ abhängen, hat man in den obigen Formeln die Transformation $\xi = 1/\eta$ durchzuführen. Man kann dies aber auch vermeiden, wenn man nicht $\xi = \varkappa x^h$ sondern $\xi = \varkappa^{-1} x^{-h}$ setzt.

Wie bereits zu Anfang dieses Paragraphen erwähnt wurde, bilden die Rekursionsformeln, die wir im laufenden Paragraphen für die gewöhnlichen hypergeometrischen Funktionen $_2F_1$ sowie für ihre verschiedenen konfluenten Abarten $_1F_1$, $_2F$, $_1F$, F_1 abgeleitet haben, die Grundlage für die Schrödingersche Faktorisierung von Eigenwertproblemen, die sich mit Hilfe der Polynommethode lösen lassen[1] und deren Lösungen benachbarte oder mindestens verwandte hypergeometrische Funktionen enthalten (vgl. Anhang C). Im allgemeinen hat ja eine mit Hilfe der Polynommethode erhaltene Eigenfunktion, mit Rücksicht auf (2,1.1), die Gestalt

$$f(x) = p(x)^{-1/2} e(x) F(\xi),$$

wo $e(x)$ den Ausdruck bezeichnet, mit dem eine hypergeometrische Funktion $F(\xi)$ multipliziert werden muß, um eine Riemannsche P-Funktion zu ergeben. Setzt man daher

$$F(\xi) = p(x)^{1/2} e(x)^{-1} f(x)$$

in das den betreffenden hypergeometrischen Funktionen $F(\xi)$ entsprechende Paar von Rekursionsformeln (3.1) ein, so ergibt sich automatisch ein Paar von Schrödingerschen Rekursionsformeln (3.4) für die Eigenfunktionen $f(x)$.

Damit man durch Anwendung der im laufenden Paragraphen angegebenen Paare von hypergeometrischen Rekursionsformeln alle Eigenfunktionen erhalten kann, müssen sie sich jedoch in Folgen anordnen lassen, die aufeinanderfolgende, benachbarte oder verwandte hypergeometrische Funktionen enthalten.

Dies kann in verschiedener Weise verwirklicht sein. Es können z.B. die Parameter a, b, c, die in den betreffenden hypergeometrischen Funktionen $_2F_1$ auftreten, die Gestalt haben

$$a = a_0 + \varepsilon_a m, \quad b = b_0 + \varepsilon_b m, \quad c = c_0 + \varepsilon_c m,$$

---

[1] Es mag jedoch bemerkt werden, daß, so weit ich orientiert bin, keine nach Schrödinger faktorisierbaren Eigenwertprobleme bekannt sind, die nicht mit Hilfe der Polynommethode gelöst werden können.

wo ε_a, ε_b und ε_c irgend welche ganze Zahlen, einschließlich der Null[1] sind und m eine positive oder negative ganze Zahl bedeutet. Ist a_0 bzw. b_0 eine ganze Zahl, so wird im allgemeinen der Fall eintreten, daß $a = 0$ bzw. $b = 0$ wird. In einem solchen Falle wird eine gewöhnliche hypergeometrische Funktion $_2F_1$ gleich 1 und die entsprechende Eigenfunktion kann dann als die Stammfunktion angesehen werden.

Einem ähnlichen Sachverhalt wird man in den Fällen begegnen, wo die Eigenfunktionen eine von den verschiedenen Abarten von konfluenten hypergeometrischen Funktionen enthalten.

In den hypergeometrischen Funktionen $_2F_1$ oder $_2F$ zweier aufeinanderfolgender Eigenfunktionen muß man manchmal die Rollen der Koeffizienten a und b miteinander vertauschen um benachbarte oder verwandte Eigenfunktionen zu erhalten. Ein Beispiel dafür findet man anfangs des § 5 (S. 162).

Es treten jedoch auch Fälle auf, wo von drei aufeinanderfolgenden z.B. benachbarten Eigenfunktionen zwischen der ersten und zweiten sowie zweiten und dritten verschiedene Paare von Rekursionsformeln für die in ihnen auftretenden hypergeometrischen Funktionen bestehen (vgl. den Fall der zugeordneten Kugelfunktionen S. 211).

Nun wollen wir noch auf den Zusammenhang zwischen den oben in der Tabelle II angegebenen Rekursionsformeln und deren Verallgemeinerungen sowie den Relationen hinweisen, die zwischen drei benachbarten oder verwandten hypergeometrischen Funktionen $_2F_1$ bestehen.

Aus irgend welchen zwei Beziehungen der Paare von Rekursionsformeln (3.5), (3.6) und (3.7) kann man durch Elimination des Differentialquotienten $d\,_2F_1(a, b; c; \xi)/d\xi$ 15 Relationen zwischen der Funktion $_2F_1(a, b; c; \xi)$ sowie irgend welchen zwei von den sechs benachbarten hypergeometrischen Funktionen $_2F_1(a\pm1, b; c; \xi)$, $_2F_1(a, b\pm1; c; \xi)$ und $_2F_1(a, b; c\pm1; \xi)$ herleiten. Diese aus je drei hypergeometrischen Funktionen $_2F_1$ bestehenden Relationen wurden auf einem anderen Wege bereits von Gauß (1813) angegeben und von ihm als „*relationes inter functiones contiguas*" bezeichnet. Entnimmt man z.B. den Ausdruck für $d\,_2F_1(a, b; c; \xi)/d\xi$ der Beziehung (3.5a) sowie der Beziehung (3.5b), nachdem man in der letzteren $a-1$ durch a ersetzt hat, so erhält man die dreigliedrige Relation

$$[2a-c+(b-a)\xi]\,_2F_1(a, b; c; \xi) =$$
$$= (a-c)\,_2F_1(a-1, b; c; \xi)+a(1-\xi)\,_2F_1(a+1, b; c; \xi). \quad (3.16)$$

Ferner ergibt sich aus der Rekursionsformel (3.5b), in der man $a-1$

---

[1] In allen in den Tabellen II, III und IV verzeichneten Fällen von hypergeometrischen Funktionen ist ε_a, ε_b oder ε_c gleich 0 oder ±1, mit Ausnahme von Nr. 5 in der Tabelle II und Nr. 4 in der Tabelle III.

durch a ersetzt hat, und der Formel (3.6a) die Relation

$$(c-a-1)\,{}_2F_1(a,b;c;\xi) =$$
$$= -a\,{}_2F_1(a+1,b;c;\xi) + (c-1)\,{}_2F_1(a,b;c-1;\xi).$$

Diese Methode zur Herleitung von Relationen zwischen drei benachbarten hypergeometrischen Funktionen kann man auch auf alle in der Tabelle II oder auch noch auf weitere nach dem oben verwendeten Verfahren hergestellten Rekursionsformeln vom Typus (3.1) zwischen zwei beliebigen benachbarten oder verwandten Funktionen ${}_2F_1$ ausdehnen. Aus den beiden Rekursionsformeln von der Gestalt

$$\left[B_1^{(1)}(\xi) + B_2^{(1)}(\xi)\,\frac{d}{d\xi}\right]F = F^{(1)}, \qquad (3.17a)$$

$$\left[B_1^{(2)}(\xi) + B_2^{(2)}(\xi)\,\frac{d}{d\xi}\right]F = F^{(2)}, \qquad (3.17b)$$

wo

$$F = {}_2F_1(a,b;c;\xi), \qquad F^{(1)} = {}_2F_1(a-\varDelta a_1, b-\varDelta b_1; c-\varDelta c_1; \xi),$$

$$F^{(2)} = {}_2F_1(a-\varDelta a_2, b-\varDelta b_2; c-\varDelta c_2; \xi) \qquad (3.17c)$$

ist, erhält man durch Elimination der Ableitung $dF/d\xi$ die nachstehende, aus den drei hypergeometrischen Funktionen F, $F^{(1)}$ und $F^{(2)}$ (3.17c) bestehende Relation

$$\left[\frac{B_1^{(1)}(\xi)}{B_2^{(1)}(\xi)} - \frac{B_1^{(2)}(\xi)}{B_2^{(2)}(\xi)}\right]F = \frac{1}{B_2^{(1)}(\xi)}\,F^{(1)} - \frac{1}{B_2^{(2)}(\xi)}\,F^{(2)}. \qquad (3.18)$$

Für jede der beiden Rekursionsformeln (3.17a) und (3.17b) kann man aus jeder Nummer der Tabelle II entweder die der ersten oder die der zweiten Rekursionsformel in (3.1) entsprechende Beziehung verwenden. Wird jedoch die der zweiten Formel in (3.1) entsprechende Beziehung benützt, so muß man die Parameter der in ihr auftretenden hypergeometrischen Funktionen derart abändern, daß in dem Differentialquotienten $dF/d\xi$ die gleiche hypergeometrische Funktion, z.B. ${}_2F_1(a,b;c;\xi)$ auftritt.[1]

Wird z.B. für (3.17a) die erste Rekursionsformel des unter Nr. 3 in der Tabelle II verzeichneten Paares und für (3.17b) die zweite Formel des Paares Nr. 3 verwendet, so erhält man die dreigliedrige Relation

$$(c-1-\xi b)\,{}_2F_1(a,b;c;\xi) =$$

$$= -\frac{ab}{c}\,\xi\,(1-\xi)\,{}_2F_1(a+1,b+1;c+1;\xi) + (c-1)\,{}_2F_1(a-1,b;c-1,\xi).$$

---

[1] Auch für verschiedene verwandte hypergeometrische Funktionen wurden von Gauß (1813) dreigliedrige Relationen von der Gestalt (3.18) angegeben.

Ebenso ergibt die zweite Rekursionsformel der Nr. 7 und die erste Rekursionsformel der Nr. 6 die Relation

$$[a(a-b-1)-(a-c)(a+b-c+1)+\xi(a-b-1)(b-c+1)]\,_2F_1(a,b;c;\xi) =$$
$$= (1-\xi)^2 a(a-b-1)\,_2F_1(a+1,b+1;c;\xi)-$$
$$-(a-c)(a+b-c+1)\,_2F_1(a-1,b+1;c;\xi).$$

Relationen von der Gestalt (3.18) kann man nicht nur für die gewöhnlichen hypergeometrischen Funktionen $_2F_1(a,b;c;\xi)$, sondern auch für die konfluenten Funktionen bzw. Polynome $_1F_1(a;c;\xi)$ bzw. $_2F(a,b;\xi)$ aus den Paaren von Rekursionsformeln von der Gestalt (3.1) für diese Funktionen ableiten.

Für benachbarte oder verwandte Eigenfunktionen, die mittels der Polynommethode hergestellt werden können, kann man ohne weiteres mit Hilfe der Beziehung (3.18) entsprechende dreigliedrige Relationen angeben. Zu diesem Zwecke eignen sich jedoch nicht alle Relationen zwischen drei beliebigen benachbarten oder verwandten hypergeometrischen Funktionen $_2F_1$, sondern nur solche, die drei Funktionen $_2F_1$ enthalten, die alle in den Eigenlösungen eines gegebenen Eigenwertproblems auftreten. Solche Relationen ergeben sich, wenn man zur Herstellung von (3.18) zwei zusammengehörige, also unter der gleichen Nummer der Tabelle II verzeichnete Rekursionsformeln verwendet. Solche Relationen enthalten nämlich die hypergeometrischen Funktionen

$$F = \,_2F_1(a,b;c;\xi), \quad F^{(1)} = \,_2F_1(a-\Delta a, b-\Delta b; c-\Delta c; \xi),$$
$$F^{(2)} = \,_2F_1(a+\Delta a, b+\Delta b; c+\Delta c; \xi). \tag{3.19}$$

Dies wird dadurch bedingt, daß die zweite Rekursionsformel eines zusammengehörigen Paares von Rekursionsformeln z.B. zwischen den beiden Funktionen F und $F^{(1)}$ (3.19) die Ableitung $dF^{(1)}/d\xi$ von $F^{(1)}$ (3.17c) enthält, in der die Parameter $a-\Delta a, b-\Delta b, c-\Delta c$ durch a, b, c ersetzt werden müssen, damit $dF^{(1)}/d\xi$ in $dF/d\xi$ übergeht.

Als ein Beispiel für eine solche Relation sei (3.16) angeführt. Ein anderes Beispiel erhält man bei Verwendung des unter Nr. 3 in der Tabelle II angeführten Paares von Rekursionsformeln, nämlich

$$c[c-1+\xi(a-b)]\,_2F_1(a,b;c;\xi) = c(c-1)\,_2F_1(a-1,b;c-1;\xi)-$$
$$-a(b-c)\xi\,_2F_1(a+1,b;c+1;\xi). \tag{3.20}$$

Ersetzt man in (3.16) die Parameter a, b, c durch $a+n, b, c$ und in (3.20) durch $a+n, b, c+n$ ($n = 0, \pm1, \pm2, \ldots$), so erhält man in den beiden Fällen eine Folge von Relationen, die alle hypergeometrischen Funktionen $_2F_1(a+n, b; c; \xi)$ bzw. $_2F_1(a+n, b; c+n; \xi)$ zu berechnen gestatten, falls zwei solche Funktionen in irgend einer von diesen Relationen bekannt sind.

Ersetzt man in (3.16) oder (3.20) die hypergeometrischen Funktionen $_2F_1$ durch die Eigenfunktionen, in denen sie auftreten, so ergeben sich dreigliedrige Relationen für die entsprechenden Eigenfunktionen eines gegebenen Eigenwertproblems. Man kann sie in ähnlicher Weise verwenden wie die Rekursionsformeln (3.4) um alle Eigenfunktionen eines gegebenen Eigenwertproblems, ausgehend von der gleichen Stammfunktion auszudrücken, die bei der Anwendung der Rekursionsformeln (3.4) benützt wird. Um sich davon zu überzeugen, muß man nur die entsprechenden dreigliedrigen Relationen für die in den Eigenfunktionen auftretenden hypergeometrischen Funktionen $_2F_1$ angeben.

Wir wollen dies an dem Beispiel der dreigliedrigen Relation (3.20) erläutern. Dabei ist zu beachten, daß bei der Anwendung der Rekursionsformeln (3.1), die in der Tabelle II unter Nr. 3 angeführt sind, wir mit Rücksicht auf $\Delta a = \Delta c = 1$, $\Delta b = 0$ die hypergeometrischen Polynome

$$_2F_1(-n, b; c-n; \xi) \qquad (n = 0, 1, 2, \ldots)$$

erhalten müssen.

Die Substitution $a \to 0$, $c \to c$ in (3.20) ergibt eine Beziehung zwischen den hypergeometrischen Polynomen

$$_2F_1(0, b; c; \xi) = 1 \qquad \text{und} \qquad _2F_1(-1, b; c-1; \xi)$$

sowie der unendlichen Potenzreihe $_2F_1(+1, b; c+1; \xi)$. Die letztere ist jedoch mit $a = 0$ multipliziert und tritt daher in (3.20) in dem betrachteten Falle nicht auf.[1] Diese Relation kann man als einen Ausdruck für das hypergeometrische Binom $_2F_1(-1, b; c-1; \xi)$ durch die durch $_2F_1(0, b; c; \xi) = 1$ gegebene Stammfunktion ansehen.

Ersetzt man in (3.20) a durch -1 und c durch $c-1$, so erhält man eine Relation zwischen den drei hypergeometrischen Polynomen

$$_2F_1(-1, b; c-1; \xi), \qquad _2F_1(-2, b; c-2; \xi) \qquad \text{und} \qquad _2F_1(0, b; c; \xi) = 1.$$

Man kann diese Relation zur Angabe von $_2F_1(-2, b; c-2; \xi)$ verwenden, da die beiden anderen in ihr auftretenden hypergeometrischen Polynome bereits berechnet wurden.

Auf diese Weise kann man mittels (3.20) sukzessive alle Polynome

---

[1] Man beachte, daß im Falle, wo Δa durch eine positive ganze Zahl gegeben wird, in einer jeden dreigliedrigen Relation, die die hypergeometrischen Funktionen (3.19, enthält, die hypergeometrische Funktion $F^{(2)}$ mit dem Faktor a^n $(n > 0)$ auftreten muß, falls diese Relation auf eine Form gebracht wird, in der die Koeffizienten der hypergeometrischen Funktionen (3.19) durch ganze rationale Funktionen in ξ und a gegeben werden. Für $a = 0$ wird nämlich $F = 1$ und $F^{(1)}$ ergibt ein Polynom in ξ vom Grade Δa. Hingegen wird $F^{(2)}$ im allgemeinen durch eine unendliche Potenzreihe der Veränderlichen ξ dargestellt. Sie muß daher im Falle $a = 0$ einen verschwindenden Koeffizienten enthalten, damit sich im ganzen eine sinnvolle Relation ergibt.

von der Gestalt $_2F_1(-n, b; c-n; \xi)$ angeben. Dies sind aber gerade, wie bereits oben erwähnt wurde, die Polynome, die sich bei der Anwendung der Rekursionsformeln Nr. 3 der Tabelle II ergeben.

In ähnlicher Weise kann man die dreigliedrige Relation (3.16) zur Berechnung der hypergeometrischen Polynome $_2F_1(-n, b; c; \xi)$ verwenden.

Selbstverständlich hat das angegebene Verfahren zur sukzessiven Berechnung der hypergeometrischen Polynome keine praktische Bedeutung, da man ja doch' alle hypergeometrischen Polynome durch die bekannten Potenzreihenentwicklungen sofort angeben kann. Die aus den Paaren von Rekursionsformeln (3.1) sich ergebenden dreigliedrigen Relationen für die hypergeometrischen Funktionen sind nur insofern von praktischer Bedeutung als man mit ihrer Hilfe dreigliedrige Relationen zwischen drei Eigenfunktionen eines jeden mit Hilfe der Polynommethode lösbaren Eigenwertproblems angeben kann, das der Schrödingerschen Faktorisierung unterworfen werden kann. Solche dreigliedrigen Relationen können sich nämlich bei der Berechnung von gewissen Rekursionsformeln für Matrixelemente eventuell als nützlich erweisen.

Ist jedoch das Paar von Rekursionsformeln (3.4) für die Eigenfunktionen eines nach dem Schrödingerschen Verfahren faktorisierbaren Eigenwertproblems bekannt, so ist es am einfachsten diese Formeln zu verwenden, um eine Relation zwischen drei benachbarten oder verwandten Eigenfunktionen herzustellen. So erhält man aus dem Paar (5.16) der Rekursionsformeln für die zugeordneten Kugelfunktionen die bekannte Relation

$$(2l+1)xP_l^m(x) = (l-m+1)P_{l+1}^m(x)+(l+m)P_{l-1}^m(x). \qquad (3.21)$$

Will man solche Relationen wie (3.21) zur Berechnung von Matrixelementen verwenden, so ist dazu folgendes zu bemerken: Wendet auf die Relation (3.21) einen Operator O an und multipliziert sie sodann mit einer Kugelfunktion $P_{l'}^{m'}(x)$, so ergibt sich durch eine Integration über das Grundgebiet $(-1, +1)$ (hier ist $\varrho(x) = 1$) eine Beziehung zwischen drei Matrixelementen. Da jedoch in (3.21) die Kugelfunktion $P_l^m(x)$ mit x multipliziert ist, so treten in der auf diese Weise erhaltenen Beziehung im allgemeinen nur zwei zum gegebenen Operator O gehörige Matrixelemente auf. Im allgemeinen erhält man somit aus den dreigliedrigen Relationen keine Beziehungen zwischen drei gleichartigen Matrixelementen. Man kann jedoch die erhaltene dreigliedrige Relation im Falle (3.21) dazu benützen um die Matrixelemente $\int_{-1}^{+1} P_{l'}^{m'}(x)\,OxP_l^m(x)\,dx$ durch die beiden Matrixelemente $\int_{-1}^{+1} P_{l'}^{m'}(x)\,OP_{l\pm1}^m(x)\,dx$ auszudrücken.

§ 4. Ableitung von Rekursionsformeln für Lösungen von Eigenwertproblemen, die sich mit Hilfe der Polynommethode herstellen lassen

Wir stellen uns zunächst die Aufgabe für benachbarte oder verwandte Lösungen der Eigenwertprobleme, die sich mit Hilfe der Polynommethode herstellen lassen, Paare von zusammengehörigen Rekursionsformeln explizite anzugeben. Aus der Lösbarkeit eines Eigenwertproblems mit Hilfe der Polynommethode folgt, daß die Lösungen zufolge (2,1.1) die Gestalt $f(x) = p(x)^{-1/2} P(\xi)$ haben, wo $P(\xi)$ eine gewöhnliche oder eine der konfluenten P-Funktionen ist. Aus (1.1) ergibt sich dann

$$u = N\varepsilon(x)^{1/4} P(\xi), \quad dv/dx = \varepsilon(x)^{1/2},$$

wo

$$\varepsilon(x) = \varrho(x)/p(x) \tag{4.1}$$

von m und λ nicht abhängt. Hier bedeutet N einen Normierungsfaktor, wobei die Normierung gemäß (1,4.1) auf Eins oder in beliebiger anderer Weise vorgenommen werden kann.

Bezeichnen wir die in u_m bzw. $u_{m'}$ auftretende P-Funktion mit P_m bzw. $P_{m'}$ und den entsprechenden Normierungsfaktor mit N_m bzw. $N_{m'}$, so gehen die beiden Beziehungen (2.11) mit Rücksicht auf (4.1) über in

$$\left[k - \frac{1}{2}\frac{dl}{dv} + l\left(\frac{1}{4}\frac{\varepsilon'}{\varepsilon^{3/2}} + \frac{1}{\varepsilon^{1/2}}\frac{d\xi}{dx}\frac{d}{d\xi} \right) \right] N_m P_m = N_{m'} P_{m'} \Lambda_{m',m},$$

$$\tag{4.2}$$

$$\left[k + \frac{1}{2}\frac{dl}{dv} - l\left(\frac{1}{4}\frac{\varepsilon'}{\varepsilon^{3/2}} + \frac{1}{\varepsilon^{1/2}}\frac{d\xi}{dx}\frac{d}{d\xi} \right) \right] N_{m'} P_{m'} = N_m P_m \Lambda_{m,m'} \frac{1}{C},$$

wobei $\varepsilon' = d\varepsilon(x)/dx$ bedeutet.

Diese Beziehungen postulieren das Bestehen von Paaren von zusammengehörigen Rekursionsformeln für benachbarte oder verwandte, gewöhnliche oder konfluente P-Funktionen von der Gestalt (3.2). Ihr Vorhandensein ist in allen Fällen sichergestellt, in denen die entsprechenden Rekursionsformeln (3.1) für die hypergeometrischen Funktionen bekannt sind, also in den Fällen der gewöhnlichen und der in § 3 betrachteten konfluenten hypergeometrischen Funktionen, sobald sie nur benachbart oder verwandt sind.

Im folgenden beschränken wir uns zunächst auf die Fälle, wo P_m und $P_{m'}$ gewöhnliche Riemannsche P-Funktionen sind. Gemäß (2,1.4) nehmen wir daher an, daß

$$P_m = \xi^\alpha (1-\xi)^\gamma F_m, \quad P_{m'} = \xi^{\alpha^-}(1-\xi)^{\gamma^-} F_{m'}. \tag{4.3}$$

Die Verzweigungsexponenten der benachbarten oder verwandten P_m und $P_{m'}$-Funktionen bezeichnen wir mit $\alpha, \beta, \gamma, \alpha', \beta', \gamma'$ bzw. $\alpha^-, \beta^-, \gamma^-, \alpha'^-, \beta'^-, \gamma'^-$. F_m und $F_{m'}$ stellen hier gewöhnliche hypergeometrische Funktionen $_2F_1$ dar. Ihre Parameter sollen im folgenden a, b, c bzw. $a^-, b^-, \overset{\circ}{c}{}^-$ heißen. Für deren Differenzen verwenden wir dabei die Bezeichnungen

$$\Delta a = a - a^-, \quad \Delta b = b - b^-, \quad \Delta c = c - c^-. \tag{4.4}$$

Mit Rücksicht auf

$$\frac{dP_m}{d\xi} = \left(\frac{\alpha}{\xi} - \frac{\gamma}{1-\xi} \right) P_m + \xi^\alpha (1-\xi)^\gamma \frac{dF_m}{d\xi},$$

sowie den entsprechenden Ausdruck für $dP_{m'}/d\xi$, erhalten wir beim Einsetzen von (4.3) in (4.2) die nachstehenden Rekursionsformeln für die hypergeometrischen Funktionen F_m und $F_{m'}$

$$\xi^{\Delta\alpha}(1-\xi)^{\Delta\gamma}\left\{ k - \frac{1}{2}\frac{dl}{dv} + l\left[\frac{1}{4}\frac{\varepsilon'}{\varepsilon^{3/2}} + \right.\right.$$

$$\left.\left. + \frac{1}{\varepsilon^{1/2}}\frac{d\xi}{dx}\left(\frac{\alpha}{\xi} - \frac{\gamma}{1-\xi}\right) + \frac{1}{\varepsilon^{1/2}}\frac{d\xi}{dx}\frac{d}{d\xi} \right] \right\} N_m F_m = N_{m'} F_{m'} \Lambda_{m',m},$$

$$\xi^{-\Delta\alpha}(1-\xi)^{-\Delta\gamma}\left\{ k + \frac{1}{2}\frac{dl}{dv} - l\left[\frac{1}{4}\frac{\varepsilon'}{\varepsilon^{3/2}} + \right.\right.$$

$$\left.\left. + \frac{1}{\varepsilon^{1/2}}\frac{d\xi}{dx}\left(\frac{\alpha^-}{\xi} - \frac{\gamma^-}{1-\xi}\right) + \frac{1}{\varepsilon^{1/2}}\frac{d\xi}{dx}\frac{d}{d\xi} \right] \right\} N_{m'} F_{m'} = N_m F_m \Lambda_{m,m'} \frac{1}{C}.$$
$$\tag{4.5}$$

Dabei bedeutet hier und im folgenden

$$\Delta\alpha = \alpha - \alpha^-, \quad \Delta\beta = \beta - \beta^-, \quad \Delta\gamma = \gamma - \gamma^-. \tag{4.6}$$

Die Rekursionsformeln (4.5) für die hypergeometrischen Funktionen F_m und $F_{m'}$ müssen mit irgendwelchen Rekursionsformeln (3.1) für die gleichen Funktionen identisch sein. Es müssen daher die nachstehenden vier Beziehungen bestehen

$$k - \frac{1}{2}\frac{dl}{dv} = -l\left[\frac{1}{4}\frac{\varepsilon'}{\varepsilon^{3/2}} + \frac{1}{\varepsilon^{1/2}}\frac{d\xi}{dx}\left(\frac{\alpha}{\xi} - \frac{\gamma}{1-\xi}\right) \right] +$$

$$+ \frac{N_{m'}}{N_m}\Lambda_{m',m}\xi^{-\Delta\alpha}(1-\xi)^{-\Delta\gamma}B_{11}, \tag{4.7a}$$

$$k + \frac{1}{2}\frac{dl}{dv} = l\left[\frac{1}{4}\frac{\varepsilon'}{\varepsilon^{3/2}} + \frac{1}{\varepsilon^{1/2}}\frac{d\xi}{dx}\left(\frac{\alpha^-}{\xi} - \frac{\gamma^-}{1-\xi}\right) \right] +$$

$$+ \frac{N_m}{N_{m'}}\Lambda_{m,m'}\frac{1}{C}\xi^{\Delta\alpha}(1-\xi)^{\Delta\gamma}B_{21}, \tag{4.7b}$$

$$l = \frac{N_{m'}}{N_m} \Lambda_{m',m} \xi^{-\Delta\alpha}(1-\xi)^{-\Delta\gamma}\varepsilon^{1/2}\frac{dx}{d\xi} B_{12},\tag{4.7c}$$

$$l = -\frac{N_m}{N_{m'}} \Lambda_{m,m'} \frac{1}{C} \xi^{\Delta\alpha}(1-\xi)^{\Delta\gamma}\varepsilon^{1/2}\frac{dx}{d\xi} B_{22}.\tag{4.7d}$$

Aus (4.7a) und (4.7b) folgen mit Rücksicht auf (4.6)′ die beiden Relationen

$$k = \frac{1}{2}\frac{N_{m'}}{N_m} \Lambda_{m',m}\xi^{-\Delta\alpha}(1-\xi)^{-\Delta\gamma}B_{11} +$$

$$+ \frac{1}{2}\frac{N_m}{N_{m'}} \Lambda_{m,m'} \frac{1}{C}\xi^{\Delta\alpha}(1-\xi)^{\Delta\gamma}B_{21} -$$

$$- \frac{1}{2\varepsilon^{1/2}}\frac{d\xi}{dx}\left(\frac{\Delta\alpha}{\xi} - \frac{\Delta\gamma}{1-\xi}\right),\tag{4.8a}$$

$$\frac{dl}{dv} = -\frac{N_{m'}}{N_m} \Lambda_{m',m}\xi^{-\Delta\alpha}(1-\xi)^{-\Delta\gamma}B_{11} +$$

$$+ \frac{N_m}{N_{m'}} \Lambda_{m,m'} \frac{1}{C}\xi^{\Delta\alpha}(1-\xi)^{\Delta\gamma}B_{21} +$$

$$+ l\left[\frac{1}{2}\frac{\varepsilon'}{\varepsilon^{3/2}} + \frac{1}{\varepsilon^{1/2}}\frac{d\xi}{dx}\left(\frac{2\alpha-\Delta\alpha}{\xi} - \frac{2\gamma-\Delta\gamma}{1-\xi}\right)\right].\tag{4.8b}$$

Die oben angegebenen beiden Ausdrücke (4.7c) und (4.7d) für l können miteinander sowie mit dem Ausdruck (4.8b) für dl/dv nur dann verträglich sein, falls zwischen den Koeffizienten B_{ij} der Rekursionsformeln (3.1) für die hypergeometrischen Funktionen F_m und $F_{m'}$ Beziehungen bestehen. So ergibt die Gleichheit der beiden Ausdrücke (4.7c) und (4.7d) für l, daß

$$\frac{B_{12}}{B_{22}} = -\frac{N_m^2}{N_{m'}^2}\frac{\Lambda_{m,m'}}{\Lambda_{m',m}}\frac{1}{C}\xi^{2\Delta\alpha}(1-\xi)^{2\Delta\gamma}\tag{4.9}$$

ist. Ferner müssen die durch logarithmische Differentiation aus (4.7c) und (4.7d) sich für dl/dv ergebenden Ausdrücke

$$\frac{dl}{dv} = \frac{l}{\varepsilon^{1/2}}\frac{d\xi}{dx}\left[-\frac{\Delta\alpha}{\xi} + \frac{\Delta\gamma}{1-\xi} + \right.$$

$$\left. + \frac{1}{2}\frac{\varepsilon'}{\varepsilon}\frac{dx}{d\xi} + \frac{d^2x}{d\xi^2}\frac{d\xi}{dx} + \frac{1}{B_{12}}\frac{dB_{12}}{d\xi}\right],\tag{4.10a}$$

$$\frac{dl}{dv} = \frac{l}{\varepsilon^{1/2}}\frac{d\xi}{dx}\left[\frac{\Delta\alpha}{\xi} - \frac{\Delta\gamma}{1-\xi} + \right.$$

$$\left. + \frac{1}{2}\frac{\varepsilon'}{\varepsilon}\frac{dx}{d\xi} + \frac{d^2x}{d\xi^2}\frac{d\xi}{dx} + \frac{1}{B_{22}}\frac{dB_{22}}{d\xi}\right]\tag{4.10b}$$

mit dem Ausdrucke (4.8b) übereinstimmen.

Daß solche Beziehungen zwischen den Koeffizienten B_{ij} tatsächlich vorhanden sind, folgt aus der Tatsache, daß aus den Rekursionsformeln (3.1) zwei Differentialgleichungen zweiter Ordnung nämlich für F_m und $F_{m'}$ sich ergeben, die mit den hypergeometrischen Differentialgleichungen (1,3.8) für diese beiden Funktionen identisch sein müssen. Mit Rücksicht darauf, daß wir die Parameter von F_m bzw. $F_{m'}$ mit a, b, c bzw. a^-, b^-, c^- bezeichnen, erhalten wir durch Vergleich der entsprechenden Koeffizienten in den beiden Differentialgleichungen die nachstehenden Beziehungen

$$\frac{B_{11}}{B_{12}} + \frac{B_{21}}{B_{22}} + \frac{1}{B_{12}}\frac{dB_{12}}{d\xi} = \frac{c-(a+b+1)\xi}{\xi(1-\xi)}, \qquad (4.11\text{a})$$

$$\frac{B_{11}}{B_{12}} + \frac{B_{21}}{B_{22}} + \frac{1}{B_{22}}\frac{dB_{22}}{d\xi} = \frac{c^--(a^-+b^-+1)\xi}{\xi(1-\xi)}, \qquad (4.11\text{b})$$

$$\frac{B_{11}B_{21}}{B_{12}B_{22}} + \frac{1}{B_{12}}\frac{dB_{11}}{d\xi} - \frac{1}{B_{12}B_{22}} = -\frac{ab}{\xi(1-\xi)}, \qquad (4.11\text{c})$$

$$\frac{B_{11}B_{21}}{B_{12}B_{22}} + \frac{1}{B_{22}}\frac{dB_{21}}{d\xi} - \frac{1}{B_{12}B_{22}} = -\frac{a^-b^-}{\xi(1-\xi)}. \qquad (4.11\text{d})$$

Bildet man die Differenz von (4.11a) und (4.11b), so erhält man eine Relation aus der durch Integration

$$B_{12}/B_{22} = \xi^{\Delta c}(1-\xi)^{\Delta a+\Delta b-\Delta c}\,\text{const} \qquad (4.12)$$

folgt. Die Beziehung (4.12) stimmt mit (4.9) überein, da mit Rücksicht auf (2,1.4) sowie (2,1.9)

$$a = \alpha+\beta+\gamma, \quad b = \alpha-\beta+\gamma-1/h, \quad c = 1+2\alpha-1/h \qquad (4.13)$$

und daher zufolge (4.4) und (4.6)

$$\Delta a = \Delta\alpha+\Delta\beta+\Delta\gamma, \quad \Delta b = \Delta\alpha-\Delta\beta+\Delta\gamma, \quad \Delta c = 2\Delta\alpha \qquad (4.14)$$

ist. Aus (4.14) ergibt sich: Da die Δa, Δb, Δc ganzzahlig sind, müssen die $\Delta\alpha$, $\Delta\beta$, $\Delta\gamma$ ganz- oder halbzahlig sein.

Um die Gleichheit von (4.10a) und (4.10b) mit (4.8b) zu beweisen, bemerken wir zunächst, daß wenn man mit Hilfe von (4.7c) und (4.7d) die Konstanten $\Lambda_{m',m}$ und $\Lambda_{m,m'}/C$ aus (4.8b) eliminiert, man für dl/dv den Ausdruck

$$\frac{dl}{dv} = \frac{l}{\varepsilon^{1/2}}\frac{dx}{d\xi}\left(-\frac{B_{11}}{B_{12}}-\frac{B_{21}}{B_{22}}+\frac{1}{2}\frac{\varepsilon'}{\varepsilon}\frac{d\xi}{dx}+\right.$$
$$\left.+\frac{2\alpha-\Delta\alpha}{\xi}-\frac{2\gamma-\Delta\gamma}{1-\xi}\right) \qquad (4.15)$$

erhält. Da wegen $\xi = \varkappa x^h$ sich $(d^2x/d\xi^2)\,d\xi/dx = (1-h)/h\xi$ ergibt, bestätigt man mit Hilfe von (4.11a) bzw. (4.11b) die Gleichheit von (4.15) mit (4.10a) bzw. (4.10b).

Wir sehen somit daß die beiden Ausdrücke (4.7c) und (4.7d) für l miteinander und ihre Ableitungen mit (4.8b) identisch gleich sind. Es ist daher vollständig gleichgültig ob wir für l den Ausdruck (4.7c) oder (4.7d) verwenden. Die kompliziertere Beziehung (4.8b) können wir im folgenden ganz außer Betracht lassen.

Für späteren Gebrauch bemerken wir noch, daß falls man $\Lambda_{m',m}$ und $\Lambda_{m,m'}/C$ aus dem Ausdrucke (4.8a) für k mittels (4.7c) und (4.7d) eliminiert und beachtet, daß mit Rücksicht auf (4.1) die Beziehung $dv/d\xi = (dv/dx)(dx/d\xi) = \varepsilon^{1/2} dx/d\xi$ besteht, man für k den nachstehenden Ausdruck erhält:

$$ k = \frac{1}{2}\, l(v)\, \frac{d\xi}{dv} \left(\frac{B_{11}}{B_{12}} - \frac{B_{21}}{B_{22}} - \frac{\Delta\alpha}{\xi} + \frac{\Delta\gamma}{1-\xi} \right). \qquad (4.16) $$

Bei der Anwendung der obigen Überlegungen auf Spezialfälle ist noch nachstehendes zu beachten: Wenn das in $\xi = \varkappa x^h$ ($\varkappa > 0$) auftretende $h = -h'$ negativ ist und das Grundgebiet des Eigenwertproblems sich z.B. von 0 bis $x = \varkappa^{1/h'}$ erstreckt (vgl. S. 162), so hat $1-\xi$ einen negativen Wert. Infolgedessen besitzt eventuell das in P_m bzw. $P_{m'}$ (4.3) auftretende $(1-\xi)^\gamma$ bzw. $(1-\xi)^{\gamma-}$ einen komplexen oder imaginären Wert. In dem Falle, wo alle in der hypergeometrischen Funktion $_2F_1(a, b; c; \xi)$ auftretenden Parameter a, b, c reell sind, würde das bedeuten, daß die Eigenfunktionen u_m bzw. $u_{m'}$ durch reelle Funktionen (4.1) mit einer komplexen multiplikativen Konstanten gegeben werden. Um solche komplexe Koeffizienten zu vermeiden, muß man in den Normierungsfaktor N_m bzw. $N_{m'}$ noch den Phasenfaktor $(-1)^\gamma$ bzw. $(-1)^{\gamma-}$ einbeziehen.

Ebenso kann man den Fall behandeln, wo P etwa die konfluente Riemannsche P-Funktion (1,3.20) darstellt, in der die konfluente hypergeometrische Funktion $_1F_1(a; c; \xi)$ auftritt. Die hierzu erforderlichen Paare von Rekursionsformeln für die hypergeometrischen Funktionen $_1F_1(a; c; \xi)$ kann man für beliebige ganzzahlige $\Delta a, \Delta c$ ausgehend von den beiden Paaren (3.9a) und (3.9b) sowie (3.10a) und (3.10b) erhalten. Eine Auswahl von ihnen, nämlich solche, die sich aus den in der Tabelle II auftretenden durch den oben erwähnten Grenzübergang herstellen lassen, findet man in der Tabelle III (S. 147).

Ausdrücke für die Funktionen $l(v)$ bzw. $k(v, m)$ werden für die jetzt betrachtete Klasse von Eigenfunktionen in (7.10) bzw. in (7.22) angegeben.

Will man die in diesem Paragraphen angegebenen Formeln zugleich mit den Rekursionsformeln der Tabellen II, III und IV verwenden, so muß man der Tatsache Rechnung tragen, daß in den Formeln dieser Tabellen der Index m der in (3.1) auftretenden hypergeometrischen Funktion F_m mit den Parametern a, b, c entspricht, der Index m' hingegen der Funktion $F_{m'}$ mit den Parameterwerten $a-\Delta a$, $b-\Delta b$, $c-\Delta c$ zuzuordnen ist. Denken wir uns nun die Eigenfunktionen eines mit Hilfe der Polynommethode lösbaren Eigenwertproblems gegeben, in denen ein bisher ebenfalls mit m bezeichneter Index auftritt. Er soll nun n heißen, weil wir in den nachfolgenden Überlegungen den Index m für den Fall reservieren wollen, wo wir uns der Rekursionsformeln der Tabellen II, III oder IV bedienen. Dabei wollen wir annehmen, daß $m' = m-1$ ist. Es können dann die beiden Fälle auftreten, wo n mit wachsendem m wächst oder abnimmt. Im Falle, wo n und m sich gleichsinnig ändern, können wir, wie leicht ersichtlich ist, $n = m$ setzen, so daß $k(v, n) = k(v, m)$ wird.

Eine besondere Betrachtung erfordert jedoch der Fall, wo n mit abnehmendem m zunimmt. Schreiben wir in diesem Falle, entsprechend (1.16), das Paar der Rekursionsformeln bei Verwendung des Index n in der Gestalt

$$\left[k(v, n) + \frac{d}{dv} \right] u_n = [\lambda - L(n)]^{1/2} u_{n-1},$$

$$\left[k(v, n) - \frac{d}{dv} \right] u_{n-1} = [\lambda - L(n)]^{1/2} u_n. \tag{4.17}$$

Nehmen wir nun an, daß die Eigenfunktion u_n bzw. u_{n-1} im wesentlichen der Eigenfunktion u_{m-1} bzw. u_m entspricht, so müssen wir

$$u_n = \pm e^{i\alpha} u_{m-1}, \quad u_{n-1} = \mp e^{i\alpha} u_m, \quad k(v, n) = -k(v, m),$$

$$L(n) = L(m) \tag{4.18}$$

setzen, um (1.16) mit (4.17) in Übereinstimmung zu bringen. $e^{i\alpha}$ bedeutet hier einen konstanten Phasenfaktor.

Im Falle wo n und m sich ungleichsinnig ändern, müssen sich somit die Eigenfunktionen u_n von den Funktionen u_m außer durch einen eventuellen Phasenfaktor $e^{i\alpha}$ auch noch durch das sich alternierend ändernde Vorzeichen unterscheiden. Die Funktionen $k(v, m)$ und $k(v, n)$ müssen dabei entgegengesetzte Vorzeichen haben. Es ist unmittelbar einleuchtend, daß dies mit den Überlegungen in § 1 (vgl. insbesondere (1.18)) in Übereinstimmung ist.

Bezüglich der Stammfunktionen bemerken wir, daß man für sie im allgemeinen die „einfachsten" Eigenlösungen wählen wird und sie daher erhalten werden, sobald die in den Eigenfunktionen auftretende gewöhnliche oder konfluente hypergeometrische Funktion gleich 1 wird. Sie ergeben sich also, wenn die Polynomquantenzahl gleich Null gesetzt wird.

§ 5. Faktorisierung des Eigenwertproblems der zugeordneten Kugelfunktionen als Beispiel

Wir wollen nun an einem Beispiel zeigen, wie die praktische Anwendung des in § 1 bis 4 des laufenden Kapitels angegebenen Formelnapparates aussieht. Hierzu wählen wir die zugeordneten Kugelfunktionen, wobei wir uns für ihre Darstellung (2,2.12) entscheiden. Wir vertauschen jedoch hier miteinander die Bezeichnungen der beiden Parameter a und b (um nicht statt (5.3) die Parameterdifferenzen $\varDelta a = 0, \varDelta b = 1$, $\varDelta c = 0$ zu erhalten, für die die Formeln in der Tabelle II nicht enthalten sind) so, daß

$$f_m = P_l^m(x) = \frac{(2l)!}{2^l l! \, (l-m)!} \, x^{l-m}(1-x^2)^{m/2} \times$$

$$\times {}_2F_1\left(-\frac{1}{2}(l-m-1), -\frac{1}{2}(l-m); -l+\frac{1}{2}; 1/x^2\right). \quad (5.1)$$

Da wir zunächst darauf ausgehen die Faktorisierungsformeln des § 1 zu erhalten, setzen wir $m' = m-1$, so daß wir für $f_{m'}$ die Funktion

$$f_{m'} = P_l^{m-1}(x) = \frac{(2l)!}{2^l l! \, (l-m+1)!} \, x^{l-m+1}(1-x^2)^{(m-1)/2} \times$$

$$\times {}_2F_1\left(-\frac{1}{2}(l-m+1), -\frac{1}{2}(l-m); -l+\frac{1}{2}; 1/x^2\right) \quad (5.2)$$

zu verwenden haben. In der in (5.2) auftretenden hypergeometrischen Funktion haben wir dabei gegenüber (5.1) wieder die beiden Parameter a und b miteinander vertauscht, damit alle Parameter a, b und c in den beiden in (5.1) und (5.2) auftretenden hypergeometrischen Funktionen sich höchstens um ganze Zahlen voneinander unterscheiden. Man bestätigt mit Rücksicht auf (4.4), daß in der Tat

$$\varDelta a = 1, \quad \varDelta b = 0, \quad \varDelta c = 0 \quad (5.3)$$

ist.

Setzen wir

$$\xi = 1/x^2, \quad (5.4)$$

so besteht mit Rücksicht auf (5.3) zwischen den beiden in (5.1) und (5.2) auftretenden hypergeometrischen Funktionen ${}_2F_1$ das Paar der Rekursionsformeln (3.5a) und (3.5b), deren Koeffizienten B_{ij} unter Nr. 1 in der Tabelle II (S. 144) verzeichnet sind.

Mit Rücksicht darauf, daß nach (5.4) $h = -2$ ist, hat der in der P-Funktion (4.3) auftretende Faktor $1-\xi = 1-1/x^2$ im Grundgebiet $(-1, +1)$ des Eigenwertproblems der zugeordneten Kugelfunktionen einen negativen Wert. Wir müssen daher um die zugeordneten Kugelfunktionen ohne einen konstanten imaginären Faktor zu erhalten, in den Normierungsfaktor nach § 4 noch den Phasenfaktor $(-1)^\gamma$ aufnehmen. Da nach (4.13) die Relation $2\gamma = a+b-c+1$ besteht, so folgt aus den in (5.1) auftretenden Werten für die Parameter a, b und c für γ der Wert $\gamma = (m+1)/2$. Mit Rücksicht auf

$$\int_{-1}^{+1} [P_l^m(x)]^2 dx = \frac{2}{2l+1} \frac{(l+m)!}{(l-m)!}$$

ergibt sich daher, wenn wir (5.1) beachten, für den in (4.1) auftretenden Normierungsfaktor N_m der Wert

$$N_m = i^{m+1} \frac{(2l)!}{2^l l!} \left[\frac{2l+1}{2} \frac{1}{(l-m)!\,(l+m)!} \right]^{1/2}. \tag{5.5}$$

Nun können wir feststellen, daß wir wegen $m' = m-1$, in Übereinstimmung mit den Überlegungen in § 2, für den Koeffizienten $l(v)$ einen konstanten Wert erhalten. Um $l(v)$ etwa unter Verwendung von (4.7c) anzugeben, bemerken wir, daß zufolge der Differentialgleichung (2,2.1) der zugeordneten Kugelfunktionen sich nach (2,2.2) für $\varepsilon(x) = \varrho(x)/p(x)$ der Wert $\varepsilon(x) = 1/(1-x^2)$ ergibt. In Übereinstimmung damit setzen wir

$$\varepsilon(x)^{1/2} = -1/(1-x^2)^{1/2}, \tag{5.6}$$

um mit Hilfe von $dv/dx = \varepsilon(x)^{1/2}$ (4.1) die Beziehung

$$x = \cos v \tag{5.7}$$

zu erhalten, damit v die Bedeutung des gewöhnlich mit ϑ bezeichneten Winkels besitzt. Ferner ergibt (5.3) mit Rücksicht auf (4.14) die Werte

$$\Delta\alpha = 0, \qquad \Delta\beta = \frac{1}{2}, \qquad \Delta\gamma = \frac{1}{2}. \tag{5.8}$$

Wir erhalten somit aus (4.7c) wegen $m' = m-1$ in Hinblick auf (5.4), (5.5), (5.6), (5.8) sowie die in der Tabelle II (S. 144) unter der Nr. 1 angegebene Funktion $B_{12}(\xi)$ für den Koeffizienten $l(v)$ in der Tat einen konstanten Ausdruck

$$l(v) = \frac{\Lambda_{m-1,m}}{(l-m+1)^{1/2}(l+m)^{1/2}}. \tag{5.9}$$

Auf Grund der in der Tabelle II unter Nr. 1 angegebenen Koeffizienten $B_{ij}(\xi)$ ergibt ferner die Relation (4.16) mit Rücksicht auf (5.7) und (5.8) für die Funktion $k(v, m)$ den Ausdruck

$$k(v, m) = l(v)\left(m - \frac{1}{2}\right) \operatorname{ctg} v. \tag{5.10}$$

Zur Angabe der Rekursionsformeln (2.11) ist nun nur noch die Kenntnis des Zusammenhanges zwischen $\Lambda_{m-1,m}$ und $\Lambda_{m,m-1}/C$ notwendig. Dieser ergibt sich im Falle $m' = m-1$ aus (4.9) bei Berücksichtigung von Nr. 1 in der Tabelle II sowie von (5.4), (5.5) und (5.8) zu

$$\Lambda_{m-1,m} = \Lambda_{m,m-1}/C. \tag{5.11}$$

Mit Hilfe von (5.9), (5.10) und (5.11) erhalten wir schließlich im Falle der zugeordneten Kugelfunktionen das Paar der Rekursionsformeln (2.11) in der Gestalt

$$\left[\left(m - \frac{1}{2}\right)\operatorname{ctg}v + \frac{d}{dv}\right]u_m = [l(l+1) - m(m-1)]^{1/2}u_{m-1},$$

$$\left[\left(m - \frac{1}{2}\right)\operatorname{ctg}v - \frac{d}{dv}\right]u_{m-1} = [l(l+1) - m(m-1)]^{1/2}u_m. \tag{5.12}$$

Dieses Ergebnis stimmt vollständig überein mit dem aus der Faktorisierungsmethode (vgl. Infeld–Hull 1951, Formel (4,1.4b) und (4,1.4c)) sich ergebenden.

Das Formelnpaar (5.12) läßt sich unmittelbar in ein Paar von Rekursionsformeln für die auf 1 normierten, zugeordneten Kugelfunktionen umschreiben. Bezeichnen wir sie mit $\mathscr{P}_l^m(x) = \mathscr{P}_l^m(\cos\vartheta)$, so ist

$$\mathscr{P}_l^m(x) = \left[\frac{2l+1}{2}\frac{(l-m)!}{(l+m)!}\right]^{1/2}P_l^m(x), \tag{5.13}$$

wie aus (5.1), sowie dem oben für die zugeordneten Kugelfunktionen $P_l^m(x)$ angegebenen Normierungsintegral folgt.

Um nun aus (5.12) ein Paar von Rekursionsformeln für die normierten Kugelfunktionen $\mathscr{P}_l^m(x)$ zu erhalten, bemerken wir, daß wir den Normierungsfaktor (5.5) der Funktionen $u_m(v)$ so gewählt haben, daß diese Eigenfunktionen auf 1 normiert sind. Wie aus § 1 bekannt ist, ist jedoch zugleich mit $u_m(v)$ auch die mit ihr durch die in (1.1) enthaltene Beziehung $u_m(v) = (p\varrho)^{1/4}f_m(x)$ zusammenhängende Funktion $f_m(x)$ ebenfalls auf 1 normiert. Mit Rücksicht auf $p(x) = 1 - x^2$, $\varrho(x) = 1$, sowie (5.7) und die Tatsache, daß das auf 1 normierte $f_m(x)$ gleich $f_m(x) = \mathscr{P}_l^m(x)$ ist, ist daher gemäß (1.1) $u_m(v) = \sin^{1/2}\vartheta\,\mathscr{P}_l^m(x)$. Aus (5.12) ergeben sich demnach mit Rücksicht auf (5.7) für die normierten Kugelfunktionen $\mathscr{P}_l^m(\cos\vartheta)$ und $\mathscr{P}_l^{m-1}(\cos\vartheta)$ die bekannten Rekursionsformeln (vgl. etwa Bethe 1933, S. 558):

$$\left[m\operatorname{ctg}\vartheta + \frac{d}{d\vartheta}\right]\mathscr{P}_l^m(\cos\vartheta) =$$

$$= [(l+m)(l-m+1)]^{1/2}\mathscr{P}_l^{m-1}(\cos\vartheta), \tag{5.14}$$

$$\left[(m-1)\operatorname{ctg}\vartheta - \frac{d}{d\vartheta}\right]\mathscr{P}_l^{m-1}(\cos\vartheta) =$$

$$= [(l+m)(l-m+1)]^{1/2}\mathscr{P}_l^m(\cos\vartheta). \qquad (5.14)$$

Der einfachste und empfehlenswerteste Weg zur Ableitung der Rekursionsformeln (5.12) und (5.14) ist der zu Ende des § 3 angegebene. Man drücke die in $\mathscr{P}_l^m(\cos\vartheta)$ und $\mathscr{P}_l^{m-1}(\cos\vartheta)$ auftretenden hypergeometrischen Funktionen durch diese beiden Kugelfunktionen aus und setze diese hypergeometrischen Funktionen in die Rekursionsformeln Nr 1 der Tabelle II, d.h. in (3.5a) und (3.5b) ein. Dabei ist die Umrechnung von der Variablen ξ in (3.5a) und (3.5b) auf die Veränderliche x bzw. $v = \vartheta$ mittels (5.4) bzw. (5.7) durchzuführen.

Um ein Beispiel für ein derartiges Vorgehen zu haben, wollen wir das zwischen den zugeordneten Kugelfunktionen $P_l^m(x)$ und $P_{l+1}^m(x)$ bestehende Paar von Rekursionsformeln herleiten.[1] Dabei wollen wir voraussetzen, daß diese beiden Funktionen gemäß (5.1) normiert sind und x als die unabhängige Veränderliche angesehen wird. Wie aus (5.1) folgt, wird $P_{l+1}^m(x)$ durch

$$P_{l+1}^m(x) = \frac{(2l+2)!}{2^{l+1}(l+1)!(l-m+1)!}\,x^{l-m+1}(1-x^2)^{m/2}\times$$

$$\times {}_2F_1\left(-\frac{1}{2}(l-m+1),\ -\frac{1}{2}(l-m);\ -l-\frac{1}{2};\ 1/x^2\right) \qquad (5.15)$$

gegeben. Wenn wir nun in der in (5.1) auftretenden hypergeometrischen Funktion die beiden ersten Parameter miteinander vertauschen, so können wir die hypergeometrische Funktion in (5.1) bzw. in (5.15) als ${}_2F_1(a, b; c; 1/x^2)$ bzw. ${}_2F_1(a-1, b; c-1; 1/x^2)$ ansehen und auf diese beiden Funktionen daher das in der Tabelle II unter Nr. 3 angegebene Paar von Rekursionsformeln anwenden. Wir erhalten so die bekannten Rekursionsformeln (vgl. z.B. Kratzer–Franz 1960, S. 175)

$$\left[(l+1)x-(1-x^2)\frac{d}{dx}\right]P_l^m(x) = (l-m+1)P_{l+1}^m(x),$$

$$\left[(l+1)x+(1-x^2)\frac{d}{dx}\right]P_{l+1}^m(x) = (l+m+1)P_l^m(x).$$

Mittels (5.13) kann man daraus ein Paar von Rekursionsformeln für die auf 1 normierten zugeordneten Kugelfunktionen $\mathscr{P}_l^m(x)$ ableiten.

---

[1] Dieses Paar von Rekursionsformeln ergibt sich unmittelbar, wenn man das umgeordnete Eigenwertproblem (4,3.3) der zugeordneten Kugelfunktionen der Faktorisierung unterwirft (vgl. auch Infeld–Hull 1951, S. 66).

§ 6. Mit Hilfe der Polynommethode lösbare und zugleich auch faktorisierbare Eigenwertprobleme. Eigenlösungen mit gewöhnlichen hypergeometrischen Funktionen

Nehmen wir an, daß wir es mit einem Satz von Eigenwertproblemen zu tun haben, die sich mittels der Polynommethode lösen lassen und einer Schrödingerschen Faktorisierung unterworfen werden können. Aus den Überlegungen, die wir in diesem Kapitel angestellt haben, folgt, daß zwischen zwei beliebigen Eigenfunktionen dieses Satzes Paare von Rekursionsformeln von der Gestalt (2.11) bestehen, sobald wir gemäß (1.1) diese Funktionen u_m und $u_{m'}$ als Funktionen der unabhängigen Veränderlichen v ansehen. Damit eine Faktorisierbarkeit dieses Eigenwertproblems im Infeldschen Sinne besteht, d.h. damit diese Formeln die Gestalt (1.4) haben, muß die in (2.11) auftretende Funktion $l(v)$ den konstanten Wert 1 annehmen wenn es sich um zwei Eigenfunktionen u_m und $u_{m'}$ handelt, deren Parameter m und m' sich um 1 unterscheiden. Wir werden sehen, daß die Forderung, daß ein mit Hilfe der Polynommethode lösbarer Satz von Eigenwertproblemen auch im Infeldschen Sinne faktorisierbar sei, weitergehende Einschränkungen der Gestalt, der in dem Eigenwertproblem (1,1.1) auftretenden Koeffizienten p, q und ϱ zur Folge hat, als es die Einschränkungen sind, die die Polynommethode für eine Schrödingersche Faktorisierung erfordert. Es gibt demnach Eigenwertprobleme, die zwar mit Hilfe der Polynommethode lösbar sind und nur im Schrödingerschen, nicht aber im Infeldschen Sinne faktorisiert werden können.

Die einzelnen Eigenwertproblem-Klassen, zu deren Lösung konfluente Riemannsche P-Funktionen erforderlich sind, lassen sich, wie wir wissen, durch einen Grenzübergang aus dem Fall herleiten, wo eine gewöhnliche Riemannsche P-Funktion auftritt. Wir wollen uns daher zuerst mit diesem letzteren Fall befassen. Es muß dann die Funktion

$$S(x) = x^2 \left[\left(\frac{p'}{2p} \right)^2 - \frac{p''}{2p} - \frac{q - \lambda \varrho}{p} \right] \tag{1,2.11}$$

gleich sein der Funktion

$$\Sigma(\xi) = s_0 + \frac{s_1}{1-\xi} + \frac{s_2}{(1-\xi)^2}. \tag{2,1.10}$$

Da die in dem Eigenwertproblem (1,1.1) auftretenden Koeffizienten p, q und ϱ von λ nicht abhängen dürfen, müssen im allgemeinen die Koeffizienten s_i der Funktion $\Sigma(\xi)$ lineare Funktionen des Eigenwertparameters λ sein:

$$s_i = \lambda a_i + b_i \quad (i = 0, 1, 2). \tag{6.1}$$

Es müssen daher die beiden Beziehungen

$$\frac{\varrho}{p} = \frac{A(\xi)}{x^2(1-\xi)^2},$$

$$-\frac{q}{p} + \left(\frac{p'}{2p}\right)^2 - \frac{p''}{2p} = \frac{B(\xi)}{x^2(1-\xi)^2} \qquad (6.2a)$$

bestehen, wo

$$A(\xi) = a_0(1-\xi)^2 + a_1(1-\xi) + a_2,$$

$$B(\xi) = b_0(1-\xi)^2 + b_1(1-\xi) + b_2. \qquad (6.2b)$$

Während die Darstellbarkeit der Funktion $S(x)$ in der Gestalt $\Sigma(\xi)$ (2,1.10) genügt, um die Anwendbarkeit der Polynommethode zu sichern, erfordert die Verwendung der Infeldschen Faktorisierungsmethode[1] überdies noch das Bestehen von Beziehungen zwischen den Koeffizienten a_i.

Um dies sicherzustellen, müssen wir uns über die Gestalt der in den Paaren von Rekursionsformeln (3.1) für die gewöhnlichen hypergeometrischen Funktionen auftretenden Koeffizienten B_{ij} Klarheit verschaffen. Da, wie wir in § 3 gesehen haben, wir alle diese Paare von Rekursionsformeln durch fortgesetzte Anwendung der drei speziellen Paare (3.5), (3.6) und (3.7) herstellen können, wollen wir ermitteln, wie die Übereinanderlagerung zweier Paare von Rekursionsformeln (3.1) die Gestalt der Koeffizienten B_{ij} ändert. Ziehen wir neben dem Paar (3.1) zwischen den hypergeometrischen Funktionen F_m und $F_{m'}$ noch das Paar

$$\left[B_{11}^*(\xi) + B_{12}^*(\xi)\frac{d}{d\xi}\right]F_{m'} = F_{m''},$$

$$\left[B_{21}^*(\xi) + B_{22}^*(\xi)\frac{d}{d\xi}\right]F_{m''} = F_{m'} \qquad (6.3)$$

zwischen den Funktionen $F_{m'}$ und $F_{m''}$ in Betracht. Bezeichnen wir dabei mit a, b, c bzw. a'', b'', c'' die Parameter der hypergeometrischen Funktion F_m bzw. $F_{m''}$, so erhalten wir aus (3.1) und (6.3) mit Rücksicht auf die hypergeometrische Differentialgleichung (1,3.8) das nachstehende Paar von Rekursionsformeln für die hypergeometrischen Funktionen F_m und $F_{m''}$.

---

[1] Wir erinnern hier an unser in der Anmerkung auf S. 121 getroffenes Übereinkommen, wonach, wenn von einer Faktorisierung oder Faktorisierungsmethode die Rede ist, damit stets eine Infeldsche gemeint ist, wenn nicht das Gegenteil ausdrücklich hervorgehoben wird.

$$\left[B_{11}B_{11}^* + \frac{dB_{11}}{d\xi}B_{12}^* + \frac{ab}{\xi(1-\xi)}B_{12}B_{12}^* + \right.$$

$$+ \left(B_{12}B_{11}^* + B_{11}B_{12}^* + \frac{dB_{12}}{d\xi}B_{12}^* - \right.$$

$$\left. \left. - \frac{c-(a+b+1)\xi}{\xi(1-\xi)}B_{12}B_{12}^* \right) \frac{d}{d\xi} \right] F_m = F_{m''},$$

$$\left[B_{21}B_{21}^* + B_{22}\frac{dB_{21}^*}{d\xi} + \frac{a''b''}{\xi(1-\xi)}B_{22}B_{22}^* + \right.$$

$$+ \left(B_{21}B_{22}^* + B_{22}B_{21}^* + B_{22}\frac{dB_{22}^*}{d\xi} - \right.$$

$$\left. \left. - \frac{c''-(a''+b''+1)\xi}{\xi(1-\xi)}B_{22}B_{22}^* \right) \frac{d}{d\xi} \right] F_{m''} = F_m. \qquad (6.4)$$

Man erkennt unmittelbar, daß wenn die Koeffizienten B_{ij} und B_{ij}^* die Gestalt

$$\frac{\sum_{i=0}^{N} c_i \xi^i}{\xi^s(1-\xi)^t} \qquad \left(c_0, c_N, \sum_{i=0}^{N} c_i \neq 0; N, s, t = \text{ganze Zahlen} \geqslant 0 \right) \qquad (6.5)$$

haben, durch ihre Zusammensetzung nach (6.4) wieder Koeffizienten von der gleichen Gestalt entstehen. Eine Differentiation ändert nämlich nicht eine solche Gestalt und die Multiplikation oder Addition zweier solcher Koeffizienten ergibt wieder Ausdrücke von der gleichen Gestalt. Ebenso bewirkt die Multiplikation mit $1/\xi(1-\xi)$ keine Gestaltsänderung von (6.5). Da die Koeffizienten der Rekursionsformeln (3.5), (3.6) und (3.7) von denen wir ausgehen, Polynome ersten oder zweiten Grades in ξ sind, also die Gestalt (6.5) mit $s = t = 0$ haben, ist unsere Behauptung bezüglich der Form (6.5) der Koeffizienten B_{ij} und B_{ij}^* bewiesen.

Die Bedingung $c_N \neq 0$ ist dabei in (6.5) notwendig damit das hier im Zähler auftretende Polynom in der Tat vom N-ten Grade ist. Die Bedingung $c_0 \neq 0$ bzw. $\sum\limits_{=0}^{N} c_i \neq 0$ ist hingegen erforderlich damit $\xi = 0$ bzw. $\xi = 1$ keine Nullstelle dieses Polynoms ist. Dies würde nämlich s bzw. t mindestens um eine Einheit erniedrigen.

Es soll nun gezeigt werden, daß falls ein mit Hilfe der Polynommethode lösbares Eigenwertproblem (1,1.1) nach dem Infeldschen Verfahren faktorisierbar sein soll, die Koeffizienten B_{12} und B_{22} die spezielle Gestalt

$$B_{12}(\xi) = \frac{1}{G}\xi^\sigma(1-\xi)^\tau,$$

$$B_{22}(\xi) = \frac{1}{G'}\xi^{\sigma'}(1-\xi)^{\tau'} \qquad (G, G' = \text{const} \neq 0) \qquad (6.6)$$

haben müssen. Dies ergibt sich aus der oben erwähnten Tatsache (vgl. S. 137), daß im Falle dieser Faktorisierbarkeit der in den beiden Rekursionsformeln (2.11) auftretende Koeffizient $l(v) = 1$ sein muß. Die beiden Koeffizienten B_{12} und B_{22} treten nämlich in den beiden Ausdrücken (4.7c) und (4.7d) für den Koeffizient $l(v)$ auf. Wir müssen nur beachten, daß $\varepsilon = \varrho/p$ (4.1) und $\xi = \varkappa x^h$ ist, so daß mit Rücksicht auf (6.2a)

$$\varepsilon^{1/2} \frac{d\xi}{dx} = \frac{A(\xi)^{1/2}}{h\xi(1-\xi)} \qquad (6.7)$$

ist. Setzen wir dies in (4.7c) ein, so erhalten wir im Falle $l(v) = 1$

$$B_{12}(\xi) = \frac{N_m}{N_{m'}} \frac{h}{\varLambda_{m',m}} \frac{\xi^{1+\varDelta\alpha}(1-\xi)^{1+\varDelta\gamma}}{A(\xi)^{1/2}}. \qquad (6.8)$$

Nun hat aber der Koeffizient $A(\xi)$ (6.2b) im Falle $a_0 \neq 0$ die Gestalt $a_0(\xi-\xi_1)(\xi-\xi_2)$, im Falle $a_0 = 0$, $a_1 \neq 0$ die Gestalt $-a_1(\xi-\xi_1)$ und im Falle $a_0 = a_1 = 0$ die Gestalt a_2. Mit (6.5) ist daher (6.8) nur dann vereinbar, falls ξ_1 und ξ_2 die Werte 0 oder 1 haben. Die quadratische Form $A(\xi)$ (6.2b) muß sich somit in der Gestalt

$$A(\xi) = A_0 \xi^o(1-\xi)^p \qquad (o, p = 0, 1, 2; \; 0 \leqslant o+p \leqslant 2) \qquad (6.9)$$

darstellen lassen. Dies bedeutet aber, daß, wie wir es oben (S. 167) angekündigt haben, zwischen den Koeffizienten a_i der quadratischen Form $A(\xi)$ (6.2b) in der Tat Beziehungen bestehen müssen, falls ein mittels der Polynommethode lösbares Eigenwertproblem auch nach der Infeldschen Methode faktorisierbar sein soll.

Aus (6.8) und (6.9) folgt aber auch, daß B_{12} die Gestalt (6.6) haben muß, wobei

$$\sigma = 1+\varDelta\alpha - \frac{1}{2}o, \quad \tau = 1+\varDelta\gamma - \frac{1}{2}p. \qquad (6.10a)$$

Ebenso zeigt man, daß B_{22} durch (6.6) gegeben wird, falls

$$\sigma' = 1-\varDelta\alpha - \frac{1}{2}o, \quad \tau' = 1-\varDelta\gamma - \frac{1}{2}p. \qquad (6.10b)$$

Da die σ, σ', τ, τ' mit Rücksicht auf (6.5) ganzzahlig sein müssen, muß $\varDelta\alpha$ bzw. $\varDelta\gamma$ ganz- oder halbzahlig sein, je nachdem o bzw. p eine gerade oder ungerade Zahl ist.

Nun wollen wir zum Nachweis übergehen, daß, sobald die Gestalt (6.6) der Koeffizienten B_{12} und B_{22} bekannt ist, wir mit Hilfe der Beziehungen (4.11) zwischen den B_{ij} alle diese Koeffizienten bis auf ein und dieselbe multiplikative Konstante bzw. ihren Reziprokwert (vgl. (6.40)) angeben können. Aus (4.11a) und (4.11c) folgt zunächst für den Quotienten B_{11}/B_{12} die Differentialgleichung

$$\frac{d}{d\xi}\frac{B_{11}}{B_{12}} + \frac{c-(a+b+1)\,\xi}{\xi\,(1-\xi)}\,\frac{B_{11}}{B_{12}} - \left(\frac{B_{11}}{B_{12}}\right)^2 + \frac{ab}{\xi\,(1-\xi)} - \frac{1}{B_{12}\,B_{22}} = 0.$$

$$(6.11)$$

Diese Riccatische Differentialgleichung können wir elementar lösen.[1] Uns interessieren nämlich nicht ihre allgemeinen Lösungen, sondern nur solche, in denen B_{11}/B_{12} nach (6.5) und (6.6) durch den nachstehenden Ansatz gegeben wird:

$$\frac{B_{11}}{B_{12}} = \xi^n(1-\xi)^m \sum_{i=0}^{N} c_i\,\xi^i$$

$$\left(c_0,\,c_N,\,\sum_{i=0}^{N} c_i \neq 0;\quad N,\,m \text{ und } n = \pm \text{ ganzzahlig}\right).\qquad (6.12)$$

Einsetzen von (6.12) in (6.11) ergibt dann mit Rücksicht auf (6.6) und (6.10) die Beziehung

$$\xi^n(1-\xi)^m \sum_{i=0}^{N-1} (i+1)\,c_{i+1}\,\xi^i +$$

$$+ \, [c+n-(a+b+n+m+1)\,\xi]\,\xi^{n-1}(1-\xi)^{m-1} \sum_{i=0}^{N} c_i\,\xi^i -$$

$$- \, \xi^{2n}(1-\xi)^{2m} \sum_{i=0}^{N}\sum_{j=0}^{N} c_i c_j\,\xi^{i+j} +$$

$$+ \, \frac{ab}{\xi\,(1-\xi)} - \frac{GG'}{\xi^{2-o}(1-\xi)^{2-p}} \equiv 0.\qquad (6.13)$$

Da N, o und p positive ganze Zahlen einschließlich der Null sind, läßt sich diese Gleichung im allgemeinen nach Multiplikation mit einer entsprechenden Potenz von ξ sowie einer solchen von $1-\xi$ ohne Rücksicht auf die Vorzeichen von n und m durch ein Polynom darstellen, dessen Koeffizienten verschwinden müssen. Auf diese Weise erhält man Beziehungen zwischen GG' und den Koeffizienten c_i, die nur in den drei Fällen

$$n = -1, \quad m = -1, \qquad (6.14a)$$

$$n = -1, \quad m = 0, \qquad (6.14b)$$

$$n = 0, \quad m = -1, \qquad (6.14c)$$

nach diesen Größen auflösbar sind. Um dies zu zeigen, wollen wir die Gleichung (6.13) in den nachstehenden vier Fällen

(I) $n \geqslant 0, \quad m \geqslant 0,$

(II) $n < 0, \quad m > 0,$

[1] Die Exakte Lösung dieser Differentialgleichung wird im Anhang F (S. 263) angegeben.

(III) $n > 0, \quad m < 0,$

(IV) $n \leqslant 0, \quad m \leqslant 0$

diskutieren, die nur mit Ausnahme des Falles $n = m = 0$ nicht übereinandergreifen.

Da alle Fälle (6.14) dem Falle (IV) angehören, wollen wir zunächst zeigen, daß die Beziehung (6.13) in den Fällen (I), (II) und (III) nicht erfüllt werden kann.

Betrachten wir demgemäß zuerst den Fall (I). Um (6.13) in ein Polynom überzuführen, multiplizieren wir es mit $\xi^2(1-\xi)^2$. Die in der Summe der beiden ersten Glieder bzw. die in dem dritten, vierten und fünften Gliede auftretenden höchsten ξ-Potenzen werden dann gegeben durch

$$(-1)^m c_N (a+b+N+n+m+1)\xi^{N+n+m+3}, \tag{6.15a}$$

$$-c_N^2 \xi^{2N+2n+2m+4}, \tag{6.15b}$$

$$-ab\xi^2, \tag{6.15c}$$

$$-(-1)^p GG'\xi^{o+p}. \tag{6.15d}$$

Kein Koeffizient in (6.15) kann für sich allein verschwinden. Insbesondere ist nach (6.5) $c_N \neq 0$. Ferner kann weder a noch b gleich Null sein, da ja in diesen Fällen $_2F_1 = 1$ sein würde, so daß man die Polynommethode nicht anwenden könnte. Schließlich muß $GG' \neq 0$ sein, weil ja sonst nach (6.6) wenigstens einer der beiden Koeffizienten B_{12} und B_{22} unendlich werden würde. Es müssen daher Summen von Ausdrücken (6.15) mit gleichen ξ-Potenzen verschwinden, so daß in (6.15) wenigstens irgendwelche zwei von den hier auftretenden ξ-Potenzen einander gleich sein müssen, während die übrigen nicht größer sein dürfen.

Aus der Gleichheit von irgendwelchen zwei Potenzexponenten in (6.15) folgen die vier Beziehungen

$$N+n+m+1 = 0, \tag{6.16a}$$

$$N+n+m+3-o-p = 0, \tag{6.16b}$$

$$N+n+m+2-\frac{1}{2}(o+p) = 0, \tag{6.16c}$$

$$o+p = 2. \tag{6.16d}$$

Im Falle (I) sind N, n und m wegen (6.5) und (6.12) positive ganze Zahlen (einschließlich der Null). Es kann daher (6.16a) und mit Rücksicht auf $0 \leqslant o+p \leqslant 2$ (6.9) können auch die Beziehungen (6.16b) und (6.16c) nicht zurecht bestehen. Damit im Falle (6.16d) die Potenzexponenten in den Gliedern (6.15a) und (6.15b) kleiner sind als $o+p = 2$, muß die Ungleichung $N+n+m+1 \leqslant 0$ erfüllt sein, die für positive ganzzahlige (eventuelle verschwindende) N, n und m-Werte nicht befriedigt werden kann. Damit ist die Unmöglichkeit der Auflösung von (6.13) im Falle (I) bewiesen.

Um zu zeigen, daß (6.13) auch im Falle (II) nicht auflösbar ist, setzen wir $n = -\nu$ ($\nu > 0$) und multiplizieren (6.13) mit $\xi^{2\nu}(1-\xi)^2$. Wir erhalten dann das identisch verschwindende Polynom

$$\xi^\nu(1-\xi)^{m+2} \sum_{i=0}^{N-1} (i+1)c_{i+1}\,\xi^i +$$

$$+ [c-\nu-(a+b-\nu+m+1)\,\xi]\xi^{\nu-1}(1-\xi)^{m+1} \sum_{i=0}^{N} c_i\xi^i -$$

$$- (1-\xi)^{2m+2} \sum_{i=0}^{N}\sum_{j=0}^{N} c_i c_j \xi^{i+j} + \xi^{2\nu-1}(1-\xi)ab -$$

$$- \xi^{2(\nu-1)+o}(1-\xi)^p GG' \equiv 0. \tag{6.17}$$

Die niedrigsten in den einzelnen Gliedern in (6.17) auftretenden Potenzexponenten von ξ werden der Reihe nach durch

$$\nu, \quad \nu-1, \quad 0, \quad 2\nu-1, \quad 2\nu-2+o$$

gegeben. Dabei enthält das Glied mit der niedrigsten, d.h. mit der nullten ξ-Potenz den Koeffiziénten $-c_0^2$, kann also gemäß (6.5) nicht verschwinden. Es muß daher wenigstens durch ein anderes Glied kompensiert werden. Da wegen (II) $\nu > 0$ ist und durch eine ganze Zahl gegeben wird, muß man $\nu = 1$ setzen um das mit der nullten ξ-Potenz auftretende Glied in der Weise zu kompensieren, daß keine niedrigeren ξ-Potenzen auftreten.

Für die höchsten ξ-Potenzen, die in der Summe der beiden ersten Gliedern in (6.17) sowie in dem dritten, vierten und fünften Gliede auftreten, erhält man dann wegen $\nu = 1$ die nachstehenden Ausdrücke:

$$(-1)^m(a+b+N+m)c_N\xi^{N+m+2},$$

$$-c_N^2\,\xi^{2N+2m+2},$$

$$-ab\xi^2,$$

$$-(-1)^p GG'\xi^{o+p}. \tag{6.18}$$

Da diese ξ-Potenzen mit Koeffizienten behaftet sind, die einzeln nicht verschwinden können, müssen wenigstens zwei von diesen Exponenten einander gleich sein, während die übrigen nicht größer sein dürfen. Gleichsetzen von irgendwelchen zwei Potenzexponenten ergibt die vier Beziehungen

$$N+m = 0, \quad N+m+2 = o+p, \quad 2N+2m+2 = o+p, \quad o+p = 2.$$

Mit Rücksicht auf $0 \leqslant o+p \leqslant 2$ (6.9) sind die ersten drei von diesen Beziehungen nur für $m = 0$ erfüllbar, während im Falle (II) $m \neq 0$

sein muß. In der letzten der obigen vier Beziehungen nämlich $o+p = 2$ kann die Bedingung, daß die Potenzexponenten in (6.18) nicht größer sind als $o+p = 2$ nur im Falle der Ungleichung $N+m \leqslant 0$ erfüllt werden, die ebenfalls nur für $m = 0$ befriedigt werden kann. Daher ist auch im Falle (II) keine Lösung der Gleichung (6.13) vorhanden.

Auch im Falle (III) läßt sich (6.13) nicht auflösen. Setzen wir nämlich $m = -\mu$ und multiplizieren wir (6.13) mit dem Produkt $\xi^2(1-\xi)^{2\mu}$, so erhalten wir

$$\xi^{n+2}(1-\xi)^\mu \sum_{i=0}^{N-1} (i+1)c_{i+1}\,\xi^i +$$

$$+ [c+n-(a+b+n-\mu+1)\xi]\xi^{n+1}(1-\xi)^{\mu-1}\sum_{i=0}^{N} c_i\xi^i -$$

$$- \xi^{2n+2}\sum_{i=0}^{N}\sum_{j=0}^{N} c_ic_j\xi^{i+j} + \xi(1-\xi)^{2\mu-1}ab -$$

$$- \xi^o(1-\xi)^{2\mu-2+p}GG' \equiv 0. \tag{6.19}$$

Um das Verhalten dieses Polynoms in der Nähe des Punktes $\xi = 1$ zu untersuchen, ersetzen wir in (6.19) die Veränderliche ξ durch $\xi = 1-\eta$ und daher $1-\xi$ durch $1-\xi = \eta$. Es ergibt sich so ein Polynom in η, in dem die niedrigsten Potenzexponenten von η durch

$$\mu, \quad \mu-1, \quad 0, \quad 2\mu-1, \quad 2\mu-2+p$$

gegeben werden. Da das η-freie Glied hier durch $-\left(\sum\limits_{i=0}^{N} c_i\right)^2$ dargestellt wird und gemäß (III) $\mu > 0$ ist, so kann man hier ebenso wie im Falle (II) schließen, daß $\mu = 1$ sein muß.

Unter dieser Voraussetzung haben die in (6.19) auftretenden höchsten η-Potenzen der Reihe nach die Exponenten

$$N+n+2, \quad N+n+2, \quad 2N+2n+2, \quad 2, \quad o+p.$$

Alle diese Potenzen treten mit nicht verschwindenden Koeffizienten auf. Die Glieder mit den höchsten Potenzen von η können sich also nur dann wegheben, wenn wenigstens irgendwelche zwei von diesen Exponenten einander gleich und die übrigen nicht größer sind als diese. Analog wie im Falle (II) folgt daraus mit Rücksicht auf $0 \leqslant o+p \leqslant 2$, daß die Zahl n höchstens gleich der Null sein kann. Dies ist jedoch mit den Voraussetzungen des Falles (III) nicht vereinbar.

Wir gehen nun zur Betrachtung des Falles (IV) über, der die drei lösbaren Fälle (6.14) umfaßt. Wir setzen $n = -\nu$, $m = -\mu$, wo ν und μ positiv und ganzzahlig sind, die Null eingeschlossen. Multiplikation von (6.13) mit $\xi^{2\nu+2}(1-\xi)^{2\mu+2}$ ergibt in diesem Falle das Polynom

$$\xi^{\nu+2}(1-\xi)^{\mu+2}\sum_{i=0}^{N-1}(i+1)c_{i+1}\xi^i+$$

$$+[c-\nu-(a+b-\nu-\mu+1)\xi]\xi^{\nu+1}(1-\xi)^{\mu+1}\sum_{i=0}^{N}c_i\xi^i-$$

$$-\xi^2(1-\xi)^2\sum_{i=0}^{N}\sum_{j=0}^{N}c_ic_j\xi^{i+j}+\xi^{2\nu+1}(1-\xi)^{2\mu+1}ab-$$

$$-\xi^{2\nu+o}(1-\xi)^{2\mu+p}GG'\equiv0. \tag{6.20}$$

Betrachten wir zuerst die Glieder mit den höchsten Potenzen von ξ. Die Summe der beiden ersten Glieder bzw. das dritte, vierte und fünfte Glied lautet dann

$$(-1)^{\mu}(a+b-\nu-\mu+N+1)c_N\xi^{N+\nu+\mu+3}, \tag{6.21a}$$

$$-c_N^2\xi^{2N+4}, \tag{6.21b}$$

$$-ab\xi^{2\nu+2\mu+2}, \tag{6.21c}$$

$$-(-1)^pGG'\xi^{2\nu+2\mu+o+p}. \tag{6.21d}$$

Keiner von den in (6.21) auftretenden Koeffizienten kann für sich allein verschwinden. Deshalb müssen mindestens zwei von den Exponenten in (6.21) einander gleich und die übrigen nicht größer sein. Setzt man irgendwelche zwei von den vier Exponenten in (6.21) einander gleich, so erhält man die nachstehenden vier Beziehungen

$$N=\nu+\mu-1, \tag{6.22}$$

$$N=\nu+\mu+o+p-3, \tag{6.22a}$$

$$N=\nu+\mu+\frac{1}{2}(o+p)-2, \tag{6.22b}$$

$$o+p=2. \tag{6.22c}$$

(6.22a) und (6.22b) gehen nur dann in (6.22) über, wenn $o+p$ seinem Maximalwert $o+p=2$ gleich ist.

Beachtet man, daß die identische Relation

$$\xi^o(1-\xi)^p=\delta_{0o}+[\delta_{1o}-p\delta_{0o}(\delta_{2p}+\delta_{1p})]\xi+(-1)^p\delta_{2,o+p}\xi^2 \tag{6.23}$$

gilt, so ergeben die Glieder mit den höchsten ξ-Potenzen in (6.20) gemäß (6.21) die Beziehung

$$(-1)^{\mu}(a+b)c_N-c_N^2-ab-(-1)^p\delta_{2,o+p}GG'=0, \tag{6.24}$$

falls in Übereinstimmung mit (6.22) $N=\nu+\mu-1$ ist.

Im Falle, wo N durch (6.22a) gegeben wird, werden die in (6.21) auftretenden Potenzexponenten der Reihe nach durch

$$2(\nu+\mu)+o+p,\quad 2(\nu+\mu)+2(o+p)-2,\quad 2(\nu+\mu)+2,$$

$$2(\nu+\mu)+o+p$$

dargestellt. Falls $o+p$ nicht gleich seinem Maximalwert 2 ist, hat der Potenzexponent $2(\nu+\mu)+2$ unter den angegebenen Exponenten den größten Wert. Das Glied (6.21c), in dem er auftritt, kann daher nicht durch ein anderes kompensiert werden. Wird aber $o+p=2$ gesetzt, so wird der Ausdruck (6.22a) für N mit dem Ausdruck (6.22) identisch. Im Falle (6.22a) können wir uns daher auf den Ausdruck (6.22) für N beschränken.

Auch im Falle wo N durch (6.22b) dargestellt wird, kann man feststellen, daß das Glied (6.21c) nicht wegkompensiert werden kann, wenn nicht $o+p=2$ gesetzt wird. In diesem Falle wird das durch (6.22b) gegebene N dem durch (6.22) dargestellten gleich, so daß die weiteren Überlegungen ebenso wie in dem Falle verlaufen, wo N durch (6.22) gegeben wird.

Im Falle (6.22c), wo $o+p=2$ ist, wird der Potenzexponent in (6.21d) gleich dem in dem Gliede (6.21c). Damit der Potenzexponent in dem Gliede (6.21a) oder (6.21b) nicht größer ist als in (6.21c) und (6.21d), muß dann $\nu+\mu-1 \geqslant N \geqslant 0$ sein. Die Glieder mit den höchsten ξ-Potenzen ergeben dann die Beziehung

$$[(-1)^{\mu}(a+b)c_N-c_n^2]\delta_{N,\,\nu+\mu-1}-ab-(-1)^p GG' = 0, \qquad (6.24a)$$

die im Falle $N=\nu+\mu-1$ in die Beziehung (6.24) übergeht, wenn in der letzteren $o+p=2$ gesetzt wird.

Nun wollen wir die Glieder mit den niedrigsten Potenzexponenten in (6.20) in Betracht ziehen. Die betreffenden Exponenten werden durch

$$\nu+2, \quad \nu+1, \quad 2, \quad 2\nu+1, \quad 2\nu+o$$

gegeben. Damit das Glied $-c_0^2\xi^2$ mit dem Potenzexponenten 2 wegkompensiert werden kann, muß man $\nu=0$ oder $\nu=1$ setzen. Höhere ν-Werte sind ausgeschlossen, da sonst eine Kompensation des Gliedes $-c_0^2\xi^2$ nicht bewerkstelligt werden kann.

Denkt man sich in (6.20) die Veränderliche ξ durch $1-\eta$ ersetzt, so erhält man, wie leicht ersichtlich ist, ein Polynom in η, in dem formell, bis auf für unsere Betrachtungen unwesentliche Änderungen, die Rollen von ν und μ miteinander vertauscht sind. Eine analoge Betrachtung, wie die soeben oben durchgeführte, führt daher zum Ergebnis, daß nur die beiden Fälle $\mu=0$ und $\mu=1$ zulässig sind.

Da, wie wir bei der Betrachtung des Falles (I) gesehen haben, im Falle $\nu=\mu=0$ keine Lösung von (6.13) vorhanden ist, so müssen wir uns nur noch mit den in (6.14) angegebenen drei Fällen beschäftigen. Es ist dann unseren Überlegungen die Beziehung (6.20) zugrunde zu legen.

Behandeln wir zuerst den Fall (6.14a), wo $\nu=\mu=1$ ist. Setzen wir zuerst voraus, daß die Beziehung (6.22) erfüllt ist, so ist dann auch $N=1$. Geht man mit den Werten $\nu=\mu=N=1$ in die Gleichung (6.20) ein, so bekommt man nach Division durch $\xi^2(1-\xi)^2$ einen identisch verschwindenden quadratischen Ausdruck in ξ, der mit Rücksicht auf (6.23) die nachstehenden drei Relationen zwischen GG' und den Koeffizienten c_0 und c_1 liefert:

$$(c-1)c_0-c_0^2-\delta_{00}GG' = 0, \qquad (6.25\text{a})$$

$$cc_1-(a+b-1)c_0-2c_0c_1+ab-[\delta_{1o}-p\delta_{00}(\delta_{2p}+\delta_{1p})]GG' = 0, \qquad (6.25\text{b})$$

$$-(a+b)c_1-c_1^2-ab-(-1)^p\delta_{2,o+p},GG' = 0. \qquad (6.25\text{c})$$

Die letzte dieser drei Gleichungen ist mit der Gleichung (6.24) im Falle $N = 1$ identisch.

Wie oben bemerkt wurde, ist in N in den beiden Fällen (6.22a) und (6.22b) $o+p = 2$ anzunehmen, so daß sie in den oben betrachteten Fall (6.22) übergehen, wenn wir in ihm $o+p = 2$ annehmen. Es gelten somit auch in diesem Falle die Beziehungen (6.25).

Im Falle (6.22c) ist $o+p = 2$ und $\nu+\mu-1 \geqslant N$, wobei $\nu = \mu = 1$ ist. Wenn das Gleichheitszeichen gilt, ist ebenso wie in (6.22) auch im Falle (6.22c) $N = \nu+\mu-1 = 1$ und (6.24a) geht in die Beziehung (6.24) über, in der $o+p = 2$ gesetzt wurde. Im Falle der Ungleichung $\nu+\mu-1 > N$ muß $N = 0$ angenommen werden. Aus der Gleichung (6.20) ergeben sich dann Beziehungen, die aus (6.25) erhalten werden, wenn man in ihnen $c_1 = 0$ und $o+p = 2$ setzt.

Wir gehen nun zur Betrachtung des Falles (6.14b) über, wo $\nu = 1$, $\mu = 0$ ist. Gemäß (6.22) ist dann $N = 0$. Die Beziehung (6.20) geht daher nach Division durch ξ^2 in einen identisch verschwindenden quadratischen Ausdruck über, dessen Koeffizienten mit Rücksicht auf (6.23) die nachstehenden drei Relationen zwischen den beiden Größen c_0 und GG' ergeben:

$$(c-1)c_0-c_2^0-\delta_{00}GG' = 0, \qquad (6.26\text{a})$$

$$-(a+b+c-1)c_0+2c_0^2+ab-[\delta_{1o}-p\delta_{00}(\delta_{2p}+\delta_{1p})]GG' = 0, \qquad (6.26\text{b})$$

$$(a+b)c_0-c_0^2-ab-(-1)^p\delta_{2,o+p}GG' = 0. \qquad (6.26\text{c})$$

In dem noch zu betrachtenden Falle (6.14c) ist hingegen $\nu = 0$, $\mu = 1$ und daher gemäß (6.22) wieder $N = 0$. Der identisch verschwindende quadratische Ausdruck in ξ, in den die Beziehung (6.20) nach Division durch $(1-\xi)^2$ übergeht, liefert dann bei Berücksichtigung von (6.23) die nachstehenden drei Gleichungen für c_0 und GG':

$$-\delta_{00}GG' = 0, \qquad (6.27\text{a})$$

$$cc_0+ab-[\delta_{1o}-p\delta_{00}(\delta_{2p}+\delta_{1p})]GG' = 0, \qquad (6.27\text{b})$$

$$-(a+b)c_0-c_0^2-ab-(-1)^p\delta_{2,o+p}GG' = 0. \qquad (6.27\text{c})$$

Bezüglich der Herleitung der beiden Rekursionsformeln (3.1), die den faktorisierbaren Eigenwertproblemen (1,1.1) zugrunde liegen, bemerken wir: Aus den in den einzelnen Fällen (6.25), (6.26) und (6.27) angegebenen v-, μ- und N-Werten haben die Ausdrücke B_{11}/B_{12} in den obigen drei Spezialfällen mit Rücksicht auf (6.12) die Gestalt

$$\frac{B_{11}}{B_{12}} = \frac{c_0+c_1\xi}{\xi(1-\xi)} \quad \text{bzw.} \quad \frac{B_{11}}{B_{12}} = \frac{c_0}{\xi} \quad \text{bzw.} \quad \frac{B_{11}}{B_{12}} = \frac{c_0}{1-\xi}.$$

$$(6.28)$$

Die Werte von c_0 und c_1 ergeben sich dabei zusammen mit den Werten von GG' aus den betreffenden Gleichungen (6.25), (6.26) und (6.27). Die Koeffizienten B_{ij} selbst kann man dann mit Hilfe von (6.6) sowie (6.10) aus (4.11) bestimmen, jedoch nur bis auf eine multiplikative Konstante, die dem Verhältnis der Normierungskoeffizienten der beiden in (3.1) auftretenden hypergeometrischen Funktionen F_m und $F_{m'}$ gleich ist. Die Normierung dieser beiden hypergeometrischen Funktionen kann nämlich sowohl in (3.1) als auch in den hypergeometrischen Differentialgleichungen, die bei der Herleitung von (4.11) verwendet werden, noch eine beliebige sein.

Wie aus (6.28) ersichtlich ist, ergibt sich das Koeffizientenverhältnis B_{11}/B_{12} im Falle (6.26) bzw. (6.27) aus dem des Falles (6.25), wenn hier $c_0+c_1 = 0$ bzw. $c_0 = 0$ gesetzt und sodann c_1 durch c_0 ersetzt wird. Trotz der in (6.12) gemachten Voraussetzung, daß $c_0 \neq 0$ und $\sum_{i=0}^{N} c_i \neq 0$ ist, kann man mit Hilfe der Formeln (6.25) auch die den Ausdrücken (6.26) und (6.27) entsprechenden Fälle behandeln. Die Voraussetzungen über die c_i wurden in (6.12) nur zu dem Zwecke gemacht, um eine nicht übereinandergreifende Klassifikation aller Fälle nach ihren n, m-Werten zu gewährleisten.

Alle die Formeln (4.11), (6.6) und (6.10), die zur Ermittlung der Koeffizienten B_{ij} der Rekursionsformeln (3.1) verwendet werden, enthalten keine Angaben, die die Wahl der Vorzeichen von Δa, Δb, Δc und daher gemäß (4.14) auch die von $\Delta\alpha$, $\Delta\beta$, $\Delta\gamma$ beschränken. Dies hat zur Folge, daß wir in dem Falle (6.25) sowohl die Rekursionsformeln (3.1) von der ersten als auch die von der zweiten Art erhalten. Dies ist jedoch im allgemeinen nicht mehr in den den Gleichungen (6.26) und (6.27) entsprechenden Fällen zu erwarten. Gehört nämlich ein Paar von Rekursionsformeln (3.1) von der einen Art zur Problemklasse (6.26) oder (6.27), so gehört das entsprechende Paar von Rekursionsformeln der anderen Art im allgemeinen nicht zur gleichen Problemklasse, wie die in der Tabelle II (S. 144) angeführten Spezialfälle beweisen. Die Gestalt von B_{11}/B_{12}, die in den Fällen (6.26) und (6.27) auftritt, bewirkt demnach eine Beschränkung in der Vorzeichenwahl von Δa, Δb, Δc.

Die in (6.25), (6.26) und (6.27) auftretenden Kroneckerschen Deltasymbole bewirken, daß jedes dieser Gleichungssysteme für verschiedene o- und p-Werte ein verschiedenes Aussehen hat und daher auch gesondert behandelt werden muß.

Bezüglich der Gleichungssysteme (6.26) und (6.27) ist noch nachstehendes zu bemerken: Sie enthalten für die beiden Unbekannten c_0 und GG' je drei Gleichungen, die demnach nicht unabhängig voneinander sind. Dies hat zur Folge, daß diese beiden Gleichungssysteme nur für gewisse o- und p-Werte, d.h. nur für gewisse quadratische Formen $A(\xi)$ (6.9) gelöst werden können. Addiert man nämlich die drei Gleichungen (6.26), so ergibt sich

$$[\delta_{00}+\delta_{1o}-p\delta_{0o}(\delta_{2p}+\delta_{1p})+(-1)^p\delta_{2,o+p}]GG' = 0.$$

Da GG', wie wir wissen (vgl. (6.6)), nicht verschwinden kann, so bedeutet dies, daß die Koeffizientensumme in der quadratischen Form (6.23) verschwinden muß, damit das Gleichungssystem (6.26) lösbar ist. Diese Forderung ist jedoch nur dann erfüllt, wenn $p \neq 0$ ist, da ja dann die linke Seite von (6.23) für $\xi = 1$ verschwindet.

Das Gleichungssystem (6.27) kann hingegen nur dann gelöst werden, wenn $o \neq 0$ ist. Für $o = 0$ müßte nämlich GG' gemäß (6.27a) verschwinden, was ja wegen (6.6) unzulässig ist.

Um an einem Beispiel zu zeigen, wie die Paare von Rekursionsformeln (3.1) für faktorisierbare Eigenwertprobleme ermittelt werden können, beschäftigen wir uns mit dem Spezialfalle $o = p = 1$. Dabei nehmen wir zunächst an, daß $\nu = \mu = 1$ und $N = 1$ ist und wir daher zur Angabe der Lösungen B_{11}/B_{12} der Riccatischen Differentialgleichung (6.11) das Gleichungssystem (6.25) zu verwenden haben. Setzen wir zunächst in Übereinstimmung mit dem Ansatz (6.12) für B_{11}/B_{12} voraus, daß $c_0 \neq 0$, so folgt aus (6.25a) für c_0 der Wert

$$c_0 = c-1. \tag{6.29}$$

Sobald wir diesen Wert in (6.25b) und (6.25c) einsetzen, erhalten wir mit Rücksicht auf $o = p = 1$

$$(2-c)c_1-(a+b-1)(c-1)+ab-GG' = 0,$$
$$-(a+b)c_1-c_1^2-ab+GG' = 0. \tag{6.30}$$

Durch Elimination von GG' folgt daraus für c_1 eine quadratische Gleichung, die für diesen Koeffizienten die beiden Werte

$$c_1 = \begin{cases} -(a+b-1), & \tag{6.31\alpha} \\ -(c-1) & \tag{6.31\beta} \end{cases}$$

ergibt.

Die beiden Fälle (6.31α) und (6.31β) müssen gesondert behandelt werden. Zunächst beschäftigen wir uns mit dem Falle (6.31α). Einsetzen des Wertes für c_1 in die erste oder zweite Gleichung (6.30) ergibt für GG' den Wert

$$GG' = (a-1)(b-1). \tag{6.32}$$

Mit Rücksicht auf $o = p = 1$ erhalten wir nun aus (6.6), (6.10), (6.12), (6.29) und (6.31 α)

$$B_{12}(\xi) = \frac{1}{G} \cdot \xi^{\Delta\alpha + 1/2} (1-\xi)^{\Delta\gamma + 1/2},$$

$$B_{22}(\xi) = \frac{1}{G'} \cdot \xi^{-\Delta\alpha + 1/2} (1-\xi)^{-\Delta\gamma + 1/2},$$

$$\frac{B_{11}(\xi)}{B_{12}(\xi)} = \frac{c - 1 - (a+b-1)\xi}{\xi(1-\xi)}. \tag{6.33}$$

Setzen wir dies in (4.11a) ein, so wird

$$\frac{B_{21}(\xi)}{B_{22}(\xi)} = -\frac{\Delta\alpha - 1/2}{\xi} + \frac{\Delta\gamma - 1/2}{1-\xi}. \tag{6.34}$$

Falls wir nun mit (6.33) und (6.34) in (4.11b) eingehen, so erhalten wir nichts Neues, nämlich nur die Beziehungen $\Delta a + \Delta b = 2\Delta\alpha + 2\Delta\gamma$ und $\Delta c = 2\Delta\alpha$, die eine unmittelbare Folge der Relationen (4.14) sind. Ein nicht triviales Resultat ergibt sich dagegen, falls man auf Grund von (4.11c) und (4.11d) für B_{21}/B_{22} die Riccatische Differentialgleichung

$$\frac{d}{d\xi} \frac{B_{21}}{B_{22}} + \frac{c^- - (a^- + b^- + 1)\xi}{\xi(1-\xi)} \frac{B_{21}}{B_{22}} - \left(\frac{B_{21}}{B_{22}}\right)^2 +$$

$$+ \frac{a^- b^-}{\xi(1-\xi)} - \frac{1}{B_{12} B_{22}} = 0 \tag{6.35}$$

bildet und hier die Funktionen (6.33) und (6.34) einsetzt. Beachtet man, daß GG' durch (6.32) gegeben wird, ferner die Parameter a^-, b^-, c^- durch (4.4) bestimmt werden und schließlich zwischen Δa, Δb, Δc und $\Delta\alpha$, $\Delta\beta$, $\Delta\gamma$ die Beziehungen (4.14) bestehen, so erhält man eine Gleichung, aus der

$$\Delta\alpha = \frac{1}{2}, \quad \Delta\beta = 0, \quad \Delta\gamma = \frac{1}{2} \tag{6.36}$$

folgt.

Zusammenfassend können wir feststellen, daß auf Grund von (6.32), (6.33), (6.34) und (6.36)

$$\frac{B_{11}}{B_{12}} = \frac{c - 1 - (a+b-1)\xi}{\xi(1-\xi)}, \quad \frac{B_{21}}{B_{22}} = 0,$$

$$B_{12} B_{22} = \frac{\xi(1-\xi)}{(a-1)(b-1)} \tag{6.37}$$

ist.

Trotzdem die Gestalt der Koeffizienten B_{12}, B_{22} gemäß (6.33) und (6.36) bestimmt ist, nämlich durch

$$B_{12} = \frac{1}{G} \xi(1-\xi), \quad B_{22} = \frac{1}{G'} \tag{6.38}$$

gegeben wird, können wir mit Hilfe von (6.37) und (6.38) die Koeffizienten B_{ij} einzeln nur bis auf eine multiplikative Konstante bzw. ihren Reziprokwert angeben. Um dies zu zeigen und es aufzuklären, setzen wir

$$\frac{B_{11}}{B_{12}} = H_1(\xi), \quad \frac{B_{21}}{B_{22}} = H_2(\xi), \quad B_{12}B_{22} = H_3(\xi), \quad (6.39\text{a})$$

wobei die Funktionen $H_1(\xi)$, $H_2(\xi)$, $H_3(\xi)$ gemäß (6.37) als bekannt anzusehen sind. Mit Rücksicht darauf, daß durch (6.38) die Gestalt von $B_{12}(\xi)$ und $B_{22}(\xi)$ gegeben ist, setzen wir ferner

$$\frac{B_{12}}{B_{22}} = \varepsilon^2 H_4(\xi), \quad (6.39\text{b})$$

wo $H_4(\xi)$ bis auf einen Proportionalitätsfaktor ε^2 als bekannt angesehen werden kann (im betrachteten Falle ist $H_4(\xi)$ proportional zu $\xi(1-\xi)$). Aus (6.39) ergibt sich dann

$$B_{11} = \varepsilon H_1 \sqrt{H_3 H_4}, \quad B_{12} = \varepsilon \sqrt{H_3 H_4}, \quad B_{21} = \frac{1}{\varepsilon} H_2 \sqrt{\frac{H_3}{H_4}},$$

$$B_{22} = \frac{1}{\varepsilon} \sqrt{\frac{H_3}{H_4}}. \quad (6.40)$$

Die Koeffizienten B_{11} und B_{12} der ersten Formel der beiden Rekursionsformeln (3.1) sind somit bis auf eine multiplikative Konstante ε und die Koeffizienten B_{21} und B_{22} der zweiten Formel in (3.1) bis auf ihren Reziprokwert $1/\varepsilon$ eindeutig festgelegt.

Um diesen Tatbestand zu verstehen, bemerken wir, daß wir die B_{ij} auf Grund der Relationen (4.11) bestimmt haben, die ihren Ursprung in der homogenen linearen hypergeometrischen Differentialgleichung (1,3.8) für die hypergeometrischen Funktionen F_m und $F_{m'}$ haben. Die aus (4.11) sich ergebenden Paare von Rekursionsformeln müssen daher für beliebig normierte hypergeometrische Funktionen Geltung haben, müssen somit eine willkürliche Konstante ε enthalten, die das Verhältnis der Normierungskoeffizienten der beiden in einer Rekursionsformel ins Spiel tretenden hypergeometrischen Funktionen festlegt. Will man, daß das Paar von Rekursionsformeln für die in der üblichen Weise normierten hypergeometrischen Funktionen $({}_2F_1(a, b; c; 0) = 1)$ gilt, so genügt es die nach (6.40) berechneten B_{ij} in eine der beiden Rekursionsformeln (3.1) einzusetzen und in der so erhaltenen Beziehung ξ einen bestimmten Wert zu erteilen. Im betrachteten Falle kann z.B. $\xi = 0$ gesetzt werden. Für die B_{ij} ergeben sich dann die unter Nr. 2 in der Tabelle II (S. 144) angegebenen Ausdrücke. Daß das behandelte Beispiel diesem Fall entspricht, folgt übrigens eindeutig bereits aus den durch (6.36) gegebenen Werten für $\Delta\alpha$, $\Delta\beta$, $\Delta\gamma$.

Wird angenommen, daß c_0 den Wert (6.29) und c_1 den Wert (6.31β) hat, so ist $c_0+c_1 = 0$ und daher die in (6.12) angegebene Bedingung $\sum\limits_{i=0}^{N} c_i \neq 0$ nicht erfüllt. Wie bereits oben bemerkt wurde, erniedrigt dies den Wert von μ um eine Einheit, so daß wir es nun nicht mit dem $\nu = \mu = 1$ entsprechenden Fall der Gleichungen (6.25), sondern mit den $\nu - 1$, $\mu = 0$ entsprechenden Gleichungen (6.26) zu tun haben. Trotzdem können wir auf Grund des so erhaltenen Ausdruckes $B_{11}/B_{12} = = (c-1)/\xi$ und des Ansatzes (6.6) und (6.10) für B_{12} und B_{22} mit Hilfe von (4.11) alle B_{ij} bis auf eine multiplikative Konstante bzw. ihren Reziprokwert wie in (6.40) bestimmen. Diese Beziehungen sind ja für alle Paare (3.1) von Rekursionsformeln für irgendwelche zwei hypergeometrische Funktionen gültig. Auf diese Weise stellt man fest, daß der in Rede stehende Fall dem Falle Nr. 4 der Tabelle II entspricht.

Wir müssen uns noch mit dem Falle $c_0 = 0$ beschäftigen, den wir oben mit Rücksicht auf die Beziehung (6.12) ausgeschlossen haben, da er ja den Wert von ν um eine Einheit erniedrigt. Wie im oben betrachteten Falle $\sum\limits_{i=0}^{N} c_i = 0$, können wir auch im Falle $c_0 = 0$ die Gleichungen (6.25) zur Bestimmung von B_{11}/B_{12} und GG' verwenden. Setzt man nämlich $c_0 = 0$ in (6.25b) und (6.25c) ein, so erhält man in dem betrachteten Falle $o = p = 1$ die beiden Gleichungen

$$cc_1+ab-GG' = 0,$$
$$-(a+b)c_1-c_1^2-ab+GG' = 0, \qquad (6.41)$$

aus denen

$$c_1 = \begin{cases} 0 \\ -(a+b-c) \end{cases}$$

folgt.

Im Falle $c_0 = 0$, $c_1 = 0$ ergibt sich mit Rücksicht auf (6.41) und (6.28)

$$\frac{B_{11}}{B_{12}} = 0, \quad GG' = ab. \qquad (6.42)$$

Dieser Fall entspricht einem Paar von Rekursionsformeln zweiter Art, der aus dem Paar Nr. 2 in der Tabelle II nach der in § 3 auf S. 143 angegebenen Anweisung herzuleiten ist. In Nr. 2 ist $\varDelta a = \varDelta b = \varDelta c = 1$, so daß wir (6.42) mit den Nr. 2 entsprechenden Ausdrücken

$$\frac{B_{21}}{B_{22}} = 0, \quad GG' = (a-1)(b-1)$$

zu vergleichen haben, in denen wir a, b, c durch $a+1, b+1, c+1$ ersetzt haben.

13*

In dem noch zu betrachteten Falle $c_0 = 0$, $c_1 = -(a+b-c)$ erhält man hingegen mit Hilfe von (6.41) sowie (6.28)

$$\frac{B_{11}}{B_{12}} = -\frac{a+b-c}{1-\xi}, \qquad GG' = (a-c)(b-c).$$

Dies entspricht dem Paar von Rekursionsformeln zweiter Art, das aus dem Paar erster Art Nr. 4 der Tabelle II sich ergibt.

Tabelle V

der Paare von Rekursionsformeln für die gewöhnlichen hypergeometrischen Funktionen $_2F_1$, die faktorisierbaren Eigenwertproblemen (1,1.1) entsprechen und sich aus den Gleichungen (6.25), (6.26) und (6.27) ergeben.

Die Ziffern geben die Nummern der in der Tabelle II verzeichneten Fälle an. Eine Ziffer mit dem oberen Index „—" bzw. „+" bedeutet, daß es sich um ein Paar von Rekursionsformeln erster bzw. zweiter Art handelt und zwar für zwei hypergeometrische Funktionen $_2F_1$ mit den Parametern a, b, c und $a-\Delta a$, $b-\Delta b$, $c-\Delta c$ bzw. $a+\Delta a$, $b+$ $+\Delta b$, $c+\Delta c$. Ziffern ohne obere Indizes bedeuten, daß beide Arten von Rekursionsformeln-Paaren zugleich auftreten.

Die letzte Kolonne enthält den Ausdruck $A(\xi)$ (6.2b), der den in der zweiten bzw. dritten Kolonne angegebenen o- und p-Werten entspricht.

| Nr. | o | p | Entspricht in der Tabelle II der Nr. | | | $A(\xi) = a_0(1-\xi)^2 + a_1(1-\xi) + a_2$ |
			$\nu=1$ $\mu=1$	$\nu=1$ $\mu=0$	$\nu=0$ $\mu=1$	
1	2	0	5	—	5^+	$a_0(1-\xi)^2 - 2a_0(1-\xi) + a_0$
2	1	1	2, 4	$2^+, 4^-$	$2^+, 4^+$	$a_0(1-\xi)^2 - a_0(1-\xi)$
3	0	2	7	7^+	—	$a_0(1-\xi)^2$
4	1	0	3	—	3^+	$-a_0(1-\xi) + a_0$
5	0	1	1	1^+	—	$a_1(1-\xi)$
6	0	0	6	—	—	a_0

Eine Übersicht über alle Paare von Rekursionsformeln, die nach Infeld faktorisierbaren Eigenwertproblemen entsprechen und die sich aus unseren Beziehungen ergeben, enthält die Tabelle V. Die hier angegebenen Zahlen bezeichnen die Nummern der in der Tabelle II auf S. 144 angeführten Paare von Rekursionsformeln. Eine Zahl ohne einen oberen Index bedeutet, daß ausgehend von dem Gleichungssystem (6.25) sowohl Paare von Rekursionsformeln er ersten als auch der zweiten Art erhalten werden. Ein oberer Index „—" bzw. „+" deutet auf ein Paar erster bzw. zweiter Art hin. Alle Paare von Rekursionsformeln sind nach den o- und p-Exponenten geordnet, wobei die den verschiedenen v- und μ-Werten entsprechenden Fälle gesondert angegeben werden. Es sei hier betont, daß außer den in der Tabelle II unter Nr. 1 bis 7 enthaltenen Fällen keine weiteren Paare von Rekursionsformeln sich auf Grund unserer Gleichungen (6.25), (6.26) und (6.27) herleiten lassen.

Die Angaben der Tabelle V wurden alle durch Rechnungen, wie wir sie oben im Falle $o = p = 1$ durchgeführt haben, kontrolliert. Man kann aber den in der Tabelle II unter Nr. 1 bis 7 verzeichneten Fällen ihre Plätze in der Tabelle V auch mit Hilfe der in der Tabelle II angegebenen Ausdrücke für die B_{ij} zuweisen. Die o- und p-Werte ergeben sich aus dem Ausdruck für $B_{12}B_{22}$, der nach (6.6) und (6.10) $B_{12}B_{22} =$ $= \xi^{2-o}(1-\xi)^{2-p}/GG'$ lautet. Die v- und μ-Werte kann man für die Paare von Rekursionsformeln erster bzw. zweiter Art aus den Ausdrücken für B_{11}/B_{12} (vgl. (6.46)) bzw. B_{21}/B_{22} unmittelbar ablesen. Der Fall Nr. 8 in der Tabelle II gehört, wie schon oben erwähnt wurde, nicht zu den Paaren von Rekursionsformeln, die den nach Infeld faktorisierbaren Eigenwertproblemen (1,1.1) entsprechen.

Zu den gleichen o- und p-Werten gehören auch zwei Paare von Rekursionsformeln (3.1), die auseinander bei der Vertauschung der beiden Parameter a und b hervorgehen. Alle Gleichungen, die wir zur Berechnung von Paaren von Rekursionsformeln zu verwenden haben, insbesondere die Gleichungssysteme (6.25), (6.26), (6.27) und (4.11), ändern nämlich bei einer Vertauschung von a und b nicht ihre Gestalt. Bei einer Behandlung eines speziellen Falles mit gegebenen o- und p-Werten muß man daher beide in Rede stehenden Paare von Rekursionsformeln erhalten. Beachtet man, daß zugleich mit a und b auch die Zahlenwerte von Δa und Δb eine Vertauschung erfahren, so erkennt man, daß in den ersten sieben in der Tabelle II angeführten Fällen in Nr. 2, 4, 5, 7 wir $\Delta a = \Delta b$ haben und daher die entsprechenden Paare von Rekursionsformeln (3.1) sich bei einer Vertauschung von a und b nicht ändern. In Nr. 6 ist $\Delta b = -\Delta a$ und daher bewirkt die Vertauschung von a und b nur den Übergang eines Paares von Rekursionsformeln der einen Art in das der anderen Art. Nur in den beiden Fällen Nr. 1 und Nr. 3 erhält man bei einer Vertauschung von a und b neue Paare von Rekursionsformeln (3.1). Da in diesen Fällen auch die Paare von Rekursionsformeln erster und zweiter Art verschieden sind, treten in jedem dieser beiden Fälle je vier Paare von Rekursionsformeln auf. Die aus Nr. 1 und Nr. 3 in der Tabelle II durch Vertauschung von a und b entstehenden Paare wurden in dieser Tabelle nicht besonders angeführt, da sie ja doch sehr einfach herstellbar sind. Ebenso wurden sie in der Tabelle V nicht vermerkt.

Die in der Tabelle II angegebenen ersten sieben Paare von Rekursionsformeln für die hypergeometrischen Funktionen umfassen, wie oben bewiesen wurde, alle faktorisierbaren Eigenwertprobleme (1,1.1), die mit Hilfe der Polynommethode lösbar sind und in deren Lösungen eine gewöhnliche Riemannsche P-Funktion auftritt. Diese Fälle stimmen genau mit den Fällen überein, für die Z. Królikowska[1] (1959) die Faktorisierbarkeit nachgewiesen hat. In ihrer Arbeit hat sie dabei vorausgesetzt, daß die Paare von Rekursionsformeln (3.1), die den faktorisierbaren Eigenwertproblemen entsprechen, die Gestalt

$$b_{11}\frac{d}{d\xi}(b_{12}F_m) = F_{m'}, \qquad b_{21}\frac{d}{d\xi}(b_{22}F_{m'}) = F_m \qquad (6.43)$$

haben, wobei die Koeffizienten b_{ij} in der Form

$$b_{ij} = C_{ij}\xi^{c_{ij}}(1-\xi)^{d_{ij}} \qquad (6.44)$$

darstellbar sind.

Um zu zeigen, daß die von uns angegebenen Paare von Rekursionsformeln, Nr. 1–7 in der Tabelle II, mit den von Z. Królikowska benutzten übereinstimmen, wollen wir uns überzeugen, daß unsere Paare in der durch (6.43) und (6.44) gegebenen Gestalt darstellbar sind. Zu diesem Zwecke bemerken wir, daß wir durch Vergleich von (6.43) mit (3.1)

$$B_{11} = b_{11}b'_{12}, \qquad B_{12} = b_{11}b_{12},$$
$$B_{21} = b_{21}b'_{22}, \qquad B_{22} = b_{21}b_{22} \qquad (6.45)$$

erhalten. Beachten wir nun, daß in allen den Gleichungen (6.25), (6.26) und (6.27) entsprechenden Fällen B_{11}/B_{12} gemäß (6.28) die Gestalt

$$\frac{B_{11}}{B_{12}} = \delta_{1\nu}\frac{k_1}{\xi} + \delta_{1\mu}\frac{k_2}{1-\xi} \qquad (\nu, \mu = 0, 1; \; \nu+\mu \neq 0) \qquad (6.46)$$

besitzt. Mit Rücksicht darauf, daß nach (6.45) die Beziehung $B_{11}/B_{12} = = b'_{12}/b_{12}$ besteht, erhalten wir für b_{12} die Differentialgleichung

$$\frac{b'_{12}}{b_{12}} = \delta_{1\nu}\frac{k_1}{\xi} + \delta_{1\mu}\frac{k_2}{1-\xi}.$$

Durch ihre Integration ergibt sich b_{12} in der Gestalt

$$b_{12} = C_{12}\xi^{\delta_{1\nu}k_1}(1-\xi)^{-\delta_{1\mu}k_2},$$

die mit (6.44) übereinstimmt.

Ebenso, wie wir auf Grund der Riccatischen Differentialgleichung (6.11) gezeigt haben, daß B_{11}/B_{12} die Gestalt (6.46) hat, ganz ebenso können wir auf Grund der Gleichung (6.35) beweisen, daß auch B_{21}/B_{22} von der gleichen Gestalt ist. Da nach (6.45) die Beziehung $B_{21}/B_{22} =$

---

[1] In der erwähnten Arbeit von Z. Królikowska werden 9 Rekursionsformeln-Paare angeführt, da sie, ebenso wie T. Inui (1948a), auch die aus Nr. 1 und Nr. 3 der Tabelle II durch Vertauschung von a und b hervorgehenden Paare gesondert anführt. Ferner sei noch bemerkt, daß Z. Królikowska die Rekursionsformeln-Paare der zweiten Art benützt, während die Tabelle II die erster Art enthält.

$= b'_{22}/b_{22}$ besteht, können wir ganz analog wie oben zeigen, daß auch b_{22} die Gestalt (6.44) hat. Schließlich folgt auf Grund von (6.45) aus der Gestalt (6.6) der Koeffizienten B_{12} und B_{22}, daß auch b_{11} und b_{21} in der gleichen Gestalt (6.44) darstellbar sind.

Damit ist ganz allgemein bewiesen, daß es im Falle, wo die Lösungen von Eigenwertproblemen mit Hilfe einer gewöhnlichen Riemannschen P-Funktion darstellbar sind, außer den von Z. Królikowska (1959) ermittelten faktorisierbaren Fällen keine solche weiteren Fälle gibt.

Es mag jedoch bemerkt werden, daß die von Z. Królikowska behandelten Eigenwertprobleme nur zu den beiden Problemklassen A und E gehören (vgl. Tabelle IX). Mit den faktorisierbaren Lösungen von Eigenwertproblemen der restlichen Problemklassen B, C, D und F, in deren nach der Polynommethode erhaltenen Lösungen die konfluenten hypergeometrischen Funktionen $_1F_1$ auftreten (vgl. Tabelle XI), hat sich Z. Królikowska nicht beschäftigt.

§ 7. Mit Hilfe der Polynommethode lösbare und zugleich auch faktorisierbare Eigenwertprobleme. Eigenlösungen mit konfluenten hypergeometrischen Funktionen

Im folgenden setzen wir voraus, daß wir es mit einem Satz von Eigenwertproblemen zu tun haben, die mit Hilfe der Polynommethode lösbar sind und in deren Lösungen die konfluenten hypergeometrischen Funktionen $_1F_1(a; c; \xi)$ auftreten. Ebenso, wie in § 6 nehmen wir weiter an, daß die Eigenfunktionen u_m als Funktionen der durch die Transformation (1.1) definierten Variablen v gegeben sind. Wir fragen uns, welche einschränkenden Voraussetzungen das Eigenwertproblem erfüllen muß, damit es durch Paare von Rekursionsformeln von der durch (1.3) und (1.4) gegebenen Gestalt faktorisierbar ist. Um diese Frage zu beantworten müssen wir Überlegungen anstellen, die vollkommen analog sind den in § 6 durchgeführten, wo die Eigenfunktionen die gewöhnlichen hypergeometrischen Funktionen $_2F_1(a, b; c; \xi)$ enthalten. Nur ist der jetzt behandelte Fall einfacher als der des § 6. Auch können die meisten Beziehungen aus den in dem vorigen Paragraphen angegebenen Gleichungen durch den gleichen Grenzübergang (vgl. (2,2.6))

$$\xi \to \frac{\xi}{\varrho} \qquad \begin{aligned} \alpha = \text{const}, \qquad & \beta = \beta_0 - \frac{1}{2}\varrho, \qquad \gamma = \gamma_0 + \frac{1}{2}\varrho, \\ \alpha' = \text{const}, \qquad & \beta' = \beta'_0 + \frac{1}{2}\varrho, \qquad \gamma' = \gamma'_0 - \frac{1}{2}\varrho \end{aligned} \qquad (7.1)$$

gewonnen werden, der die gewöhnliche Riemannsche P-Funktion

$$_2P_1(\xi) = \xi^\alpha(1-\xi)^\gamma {}_2F_1(a, b; c; \xi)$$

in die konfluente P-Funktion

$$_1P_1(\xi) = \xi^\alpha \exp(-\xi/2)\,_1F_1(a; c; \xi)$$

überführt.

Um den Gang der nachfolgenden Überlegungen nicht unterbrechen zu müssen, wollen wir uns zunächst mit den Eigenschaften der Koeffizienten $B_{ij}(\xi)$ der Rekursionsformeln-Paare (3.1) im Falle der konfluenten hypergeometrischen Funktion $_1F_1(a; c; \xi)$ beschäftigen. In diesem Falle bestehen zwischen den Koeffizienten B_{ij} mit Rücksicht darauf, daß die Funktionen $_1F_1(a; c; \xi)$ die Differententialgleichung (1,3.17) erfüllen, die zu (4.11) analogen Beziehungen

$$\frac{B_{11}}{B_{12}} + \frac{B_{21}}{B_{22}} + \frac{1}{B_{12}}\frac{dB_{12}}{d\xi} = \frac{c-\xi}{\xi},$$

$$\frac{B_{11}}{B_{12}} + \frac{B_{21}}{B_{22}} + \frac{1}{B_{22}}\frac{dB_{22}}{d\xi} = \frac{c^-\xi}{\xi},$$

$$\frac{B_{11}B_{21}}{B_{12}B_{22}} + \frac{1}{B_{12}}\frac{dB_{11}}{d\xi} - \frac{1}{B_{12}B_{22}} = -\frac{a}{\xi},$$

$$\frac{B_{11}B_{21}}{B_{12}B_{22}} + \frac{1}{B_{22}}\frac{dB_{21}}{d\xi} - \frac{1}{B_{12}B_{22}} = -\frac{a^-}{\xi}. \tag{7.2}$$

Ebenfalls auf Grund der konfluenten hypergeometrischen Differentialgleichung (1,3.17) folgt die Tatsache, daß die Übereinanderlagerung der beiden Rekursionsformeln-Paare (3.1) und (6.3) im Falle konfluenter hypergeometrischer Funktionen F_m und $F_{m'}$ bzw. $F_{m'}$ und $F_{m''}$ das Rekursionsformeln-Paar

$$\left[B_{11}B_{11}^* + \frac{dB_{11}}{d\xi}B_{12}^* + \frac{a}{\xi}B_{12}B_{12}^* + \left(B_{12}B_{11}^* + B_{11}B_{12}^* + \right.\right.$$

$$\left.\left. + \frac{dB_{12}}{d\xi}B_{12}^* - \frac{c-\xi}{\xi}B_{12}B_{12}^*\right)\frac{d}{d\xi}\right]F_m = F_{m''},$$

$$\left[B_{21}B_{21}^* + B_{22}\frac{dB_{21}^*}{d\xi} + \frac{a''}{\xi}B_{22}B_{22}^* + \left(B_{21}B_{22}^* + B_{22}B_{21}^* + \right.\right.$$

$$\left.\left. + B_{22}\frac{dB_{22}^*}{d\xi} - \frac{c''-\xi}{\xi}B_{22}B_{22}^*\right)\frac{d}{d\xi}\right]F_{m''} = F_m \tag{7.3}$$

zwischen F_m und $F_{m''}$ ergibt.

Die Beziehungen (7.2) bzw. (7.3) sind auch aus (4.11) bzw. (6.4) zu erhalten, wenn hier ξ durch ξ/b ersetzt und sodann der Grenzübergang $b \to \infty$ vollzogen wird. Dabei ist jedoch das in § 3 (S. 145) angegebene Verhalten der in (4.11) und (6.4) auftretenden Koeffizienten $B_{ij}(\xi)$ im Grenzfalle $b \to \infty$ zu beachten.

Mit Rücksicht darauf, daß

(1) alle Paare von Rekursionsformeln für konfluente hypergeometrische Funktionen durch fortgesetzte Anwendung der beiden speziellen Paare von Rekursionsformeln (3.9) und (3.10) erhalten werden können,

(2) die Koeffizienten $B_{ij}(\xi)$ in diesen beiden Paaren von Rekursionsformeln die Gestalt

$$\frac{1}{\xi^s} \sum_{i=0}^{N} c_i \xi^i \quad (c_0, c_N \neq 0, \; s = \text{ganze Zahl}) \qquad (7.4)$$

aufweisen,

(3) die Übereinanderlagerung zweier Paare von Rekursionsformeln, deren Koeffizienten $B_{ij}(\xi)$ diese Gestalt haben, nach (7.3) wieder ein solches Paar von der gleichen Gestalt ergibt,

folgt, daß die Koeffizienten $B_{ij}(\xi)$ aller Paare von Rekursionsformeln für konfluente hypergeometrische Funktionen die Gestalt (7.4) haben müssen.

Da wir uns mit Eigenwertproblemen beschäftigen, die mit Hilfe der Polynommethode lösbar sind und deren Eigenlösungen eine konfluente hypergeometrische Funktion $_1F_1(a; c; \xi)$ enthalten, muß gemäß 3, § 2 (vgl. (3,2.18)) die Funktion $S(x)$ (1,2.11) gleich sein der Funktion

$$\Sigma(\xi) = s_0 + s_1 \xi + s_2 \xi^2 .$$

Da $p(x)$, $q(x)$ und $\varrho(x)$ von λ nicht abhängen dürfen, muß (vgl. (6.1))

$$s_i = \lambda a_i + b_i \quad (i = 0, 1, 2)$$

sein, so daß

$$\Sigma(\xi) = \lambda A(\xi) + B(\xi), \qquad (7.5)$$

wo

$$A(\xi) = a_0 + a_1 \xi + a_2 \xi^2 , \quad B(\xi) = b_0 + b_1 \xi + b_2 \xi^2 . \qquad (7.6)$$

Setzen wir $S(x)$ (1,2.11) gleich (7.5), so erhalten wir die beiden Beziehungen

$$\frac{\varrho(x)}{p(x)} = \frac{A(\xi)}{x^2}, \quad \left(\frac{p'}{2p}\right)^2 - \frac{p''}{2p} - \frac{q}{p} - \frac{B(\xi)}{x^2} . \qquad (7.7)$$

Der erste Schritt zur Festlegung der Gestalt der Koeffizienten $B_{ij}(\xi)$ der faktorisierbaren Fälle ergibt sich aus der Forderung, daß im Falle der Faktorisierbarkeit die Koeffizienten $B_{12}(\xi)$ und $B_{22}(\xi)$ die speziellere Gestalt

$$B_{12}(\xi) = \frac{1}{G}\,\xi^{\sigma}, \qquad B_{22}(\xi) = \frac{1}{G'}\,\xi^{\sigma'} \qquad (G,\, G' = \text{const}) \qquad (7.8)$$

haben müssen. Analog wie in § 6 folgt dieser Tatbestand aus der Forderung, daß im Falle der Faktorisierbarkeit im Infeldschen Sinne der im Paar der Rekursionsformeln (2.11) auftretende Koeffizient $l(v) = 1$ sein muß. Um den dem behandelten Falle entsprechenden Ausdruck für $l(v)$ zu erhalten, könnten wir in (4.1) statt der gewöhnlichen Riemannschen P-Funktion $_2P_1$ die konfluente $_1P_1$ einsetzen. Ohne die entsprechenden Rechnungen durchzuführen, kann man das Endergebnis der Rechnung erhalten, falls man in den Formeln des § 4 zunächst die Substitution (7.1) und sodann den Grenzübergang $\varrho \to \infty$ durchführt. Im Grenzfalle ist dann

$$\frac{d\xi}{dx}\left(\frac{\alpha}{\xi} - \frac{\gamma}{1-\xi}\right) \quad \text{bzw.} \quad \frac{dx}{d\xi}\,B_{12} \quad \text{bzw.} \quad \frac{dx}{d\xi}\,B_{22} \quad \text{bzw.} \quad (1-\xi)^{\pm\Delta\gamma}$$

durch   (7.9)

$$\frac{d}{d\xi}\left(\frac{\alpha}{\xi} - \frac{1}{2}\right) \quad \text{bzw.} \quad \frac{dx}{d\xi}\,B_{12} \quad \text{bzw.} \quad \frac{dx}{d\xi}\,B_{22} \quad \text{bzw.} \quad 1$$

zu ersetzen, während die übrigen Ausdrücke unverändert bleiben. Insbesondere gilt das für $\xi^{\pm\Delta\alpha}$ mit Rücksicht auf das Auftreten des Faktors $\xi^{-\Delta\alpha}$ in $P_{m'}$. Auf diese Weise erhält man im Falle, wo die Eigenlösungen die konfluente hypergeometrische Funktion $_1F_1$ enthalten, insbesondere für $l(v)$ statt (4.7c) und (4.7d) die beiden Ausdrücke

$$l(v) = \frac{N_{m'}}{N_m}\,\Lambda_{m',\,m}\,\xi^{-\Delta\alpha}\varepsilon^{1/2}\,\frac{dx}{d\xi}\,B_{12},$$

$$l(v) = -\frac{N_m}{N_{m'}}\,\Lambda_{m,\,m'}\,\frac{1}{C}\,\xi^{\Delta\alpha}\varepsilon^{1/2}\,\frac{dx}{d\xi}\,B_{22}. \qquad (7.10)$$

Mit Rücksicht auf $\xi = \varkappa x^h$, (4.1), (7.10) und (7.7) müssen daher die beiden Koeffizienten $B_{12}(\xi)$ und $B_{22}(\xi)$ in der Gestalt

$$B_{12}(\xi) = \frac{N_m}{N_{m'}}\,\frac{h\,l(v)}{\Lambda_{m',\,m}}\,\frac{\xi^{1+\Delta\alpha}}{A^{1/2}},$$

$$B_{22}(\xi) = -\frac{N_{m'}}{N_m}\,\frac{C\,h\,l(v)}{\Lambda_{m,\,m'}}\,\frac{\xi^{1-\Delta\alpha}}{A^{1/2}} \qquad (7.11)$$

darstellbar sein. Dies ist im Falle $l(v) = 1$ mit (7.4) nur dann vereinbar, wenn die quadratische Form $A(\xi)$ (7.6) die Gestalt

$$A(\xi) = a_o\,\xi^o \qquad (o = 0,\, 1,\, 2) \qquad (7.12)$$

hat. In diesem Falle folgt aus (7.11), daß die Koeffizienten $B_{12}(\xi)$ und $B_{22}(\xi)$ tatsächlich die Gestalt (7.8) haben, wobei die Exponenten σ und σ' durch

$$\sigma = 1 + \Delta\alpha - \frac{1}{2}\,o, \quad \sigma' = 1 - \Delta\alpha - \frac{1}{2}\,o \qquad (7.13)$$

gegeben werden.

Auf Grund von (7.8) und (7.13) können wir nun aber mit Hilfe von (7.2) alle Koeffizienten $B_{ij}(\xi)$ bis auf eine multiplikative Konstante oder ihren Reziprokwert angeben. Zunächst erhalten wir aus der ersten und dritten Gleichung (7.2) die Riccatische Differentialgleichung

$$\frac{d}{d\xi}\frac{B_{11}}{B_{12}} + \frac{c-\xi}{\xi}\frac{B_{11}}{B_{12}} - \left(\frac{B_{11}}{B_{12}}\right)^2 + \frac{a}{\xi} - \frac{1}{B_{12}B_{22}} = 0. \qquad (7.14)$$

Um sie zu lösen bemerken wir, daß gemäß (7.4) und (7.8) der Quotient B_{11}/B_{12} die Gestalt

$$B_{11}/B_{12} = \xi^n \sum_{i=0}^{N} c_i \xi^i \qquad (c_0, c_N \neq 0;\ n = \pm\text{ganzzahlig}) \quad (7.15)$$

haben muß. Einsetzen von (7.15) in (7.14) ergibt dann wegen (7.8) und (7.13) die Beziehung

$$\xi^n \sum_{i=0}^{N-1}(i+1)c_{i+1}\xi^i + (c+n-\xi)\xi^{n-1}\sum_{i=0}^{N}c_i\xi^i -$$

$$-\xi^{2n}\sum_{i=0}^{N}\sum_{j=0}^{N}c_i c_j \xi^{i+j} + \frac{a}{\xi} + \frac{GG'}{\xi^{2-o}} \equiv 0, \qquad (7.16)$$

die wir in den beiden Fällen

$$\text{(I)} \quad n > 0 \quad \text{und} \quad \text{(II)} \quad n \leqslant 0$$

diskutieren wollen.

Um zu zeigen, daß im Falle (I) keine Lösung der Riccatischen Differentialgleichung (7.14) vorhanden ist, die unseren Bedingungen genügt, multiplizieren wir (7.16) mit ξ^2 um ein Polynom zu erhalten. Die höchsten ξ-Potenzen, die in der Summe der beiden ersten bzw. im dritten, vierten und fünften Gliede des so erhaltenen Polynoms auftreten, werden dann durch

$$-c_N \xi^{n+N+2}, \quad -c_N^2 \xi^{2n+2N+2}, \quad a\xi, \quad GG'\xi^o \qquad (7.17)$$

gegeben. Da die Koeffizienten, mit denen diese ξ-Potenzen multipliziert werden, nicht verschwinden, erfordert das identische Nullwerden des Polynoms, daß mindestens zwei Potenzexponenten einander gleich und die übrigen nicht größer sind als diese. Die Gleichheit zweier Potenzexponenten ergibt die Relationen

$$n+N = 0, \quad n+N+1 = 0, \quad n+N+2-o = 0, \quad 2n+2N+1 = 0,$$
$$2n+2N+2-o = 0, \quad 1 = o. \tag{7.18}$$

Da $N \geqslant 0$ und im Falle (I) die Ungleichung $n > 0$ besteht, so scheiden die ersten fünf Fälle (7.18) gleich von vornherein aus. Im sechsten Falle $1 = o$ sind zwar die Exponenten in den beiden letzten Gliedern in (7.17) einander gleich, die Potenzen in den beiden ersten Gliedern sind dann jedoch größer als 1. Im Falle (I) kann somit die Beziehung (7.16) nicht erfüllt werden.

Um den Fall (II) zu untersuchen, setzen wir in (7.16) $n = -\nu$ und multiplizieren die erhaltene Gleichung mit $\xi^{2\nu+2}$. Auf diese Weise ergibt sich

$$\xi^{\nu+2} \sum_{i=0}^{N-1} (i+1)c_{i+1}\xi^i + (c-\nu-\xi)\xi^{\nu+1} \sum_{i=0}^{N} c_i\xi^i -$$
$$-\xi^2 \sum_{i=0}^{N} \sum_{j=0}^{N} c_i c_j \xi^{i+j} + \xi^{2\nu+1}a + \xi^{2\nu+o}GG' \equiv 0. \tag{7.19}$$

Die höchsten ξ-Potenzen, die in der Summe der beiden ersten sowie in den weiteren Gliedern von (7.19) auftreten, werden durch

$$-c_N\xi^{N+\nu+2}, \quad -c_N^2\xi^{2N+2}, \quad a\xi^{2\nu+1}, \quad GG'\xi^{2\nu+o} \tag{7.20}$$

gegeben. Durch Gleichsetzen von Potenzen von je zwei Gliedern in (7.20) erhält man die Beziehungen

$$N = \nu, \quad N+1 = \nu, \quad N+2 = \nu+o, \quad 2N+1 = 2\nu,$$
$$2N+2 = 2\nu+o, \quad 1 = o. \tag{7.21}$$

Von allen diesen Beziehungen kommen jedoch nur die mit $\nu = 0$ und $\nu = 1$ in Betracht. Für größere $\nu \geqslant 2$ ist nämlich die Relation (7.19) unerfüllbar, da unter den Gliedern mit den niedrigsten ξ-Potenzex-ponenten, nämlich

$$\nu+2, \quad \nu+1, \quad 2, \quad 2\nu+1, \quad 2\nu+o$$

nur ein einzelnes Glied mit ξ^2 (nämlich das von der Doppelsumme herrührende $-c_0^2\xi^2$) auftreten würde, neben Gliedern mit durchwegs höheren Potenzen von ξ. Mit Rücksicht auf $o = 0, 1, 2$ (7.12) und $N \geqslant 0$ sind aber mit $\nu = 0$ oder $\nu = 1$ von allen in (7.21) verzeichneten Fällen nur die nachstehenden drei Fälle

$$\nu = 0, N = 0 \quad \text{und} \quad \nu = 1, N = 0 \quad \text{oder} \quad N = 1$$

vereinbar.

Um alle Lösungen der Gleichung (7.19) zu erhalten, muß man sie demnach in den drei oben angegebenen Fällen hinschreiben und ihre Lösungen für $o = 0, 1, 2$ angeben. Man erhält auf diese Weise in den einzelnen Spezialfällen die Quotienten B_{11}/B_{12} mit Rücksicht auf (7.8) in der Gestalt (7.15) sowie die Werte für GG'. Mit Hilfe von (7.2) kann man sodann bei Berücksichtigung von (7.8) und (7.13) alle Koeffizienten $B_{ij}(\xi)$ in den einzelnen Spezialfällen bis auf einen konstanten, multiplikativen Faktor oder seinen Reziprokwert ermitteln. Die Rechnungen verlaufen ebenso elementar wie in § 6 und wir geben daher in der Tabelle VI nur die Resultate an. Die den beiden Fällen $v = N = o = 0$ und $v = 1$, $N = 0$, $o = 2$ entsprechenden Gleichungen ergeben keine Lösungen und sind daher in der Tabelle VI nicht angeführt.

Tabelle VI

der Paare von Rekursionsformeln für die konfluenten hypergeometrischen Funktionen $_1F_1(a; c; \xi)$, die faktorisierbaren Eigenwertproblemen (1,1.1) entsprechen und sich aus den Lösungen der Gleichung (7.19) ergeben.

Die Ziffern in der letzten Zeile geben die Nummern der in der Tabelle III (S. 147) verzeichneten Fälle. Die oberen Indizes „—" und „+" bezeichnen dabei Paare von Rekursionsformeln erster bzw. zweiter Art.

Nr.	1	2	3	4	5	6	7
v	0	0	1	1	1	1	1
N	0	0	0	0	1	1	1
o	1	2	0	1	0	1	2
Tabelle III	$2^+, 3^+$	4^+	1^+	$2^+, 3^-$	1	2, 3	4

Auf dem Wege, auf dem wir in dem gegenwärtigen Paragraphen gegangen sind, müssen sich alle Paare von Rekursionsformeln ergeben, die mit Hilfe der Infeldschen Methode faktorisierbaren Eigenwertproblemen (1,1.1) entsprechen und deren Eigenlösungen die konfluente hypergeometrische Funktion $_1F_1$ enthalten. Da wir auf diesem Wege, außer den in der Tabelle III (S. 147) unter Nr. 1 bis 4 verzeichneten Paaren von Rekursionsformeln keine weiteren Paare gefunden haben, so sind auch keine solchen vorhanden.

Mit dem Problem, welche von den in der Tabelle IV (S. 147) angegebenen Paaren von Rekursionsformeln für das hypergeometrische Polynom $_2F(-n, b; \xi)$ zu den nach dem Infeldschen Verfahren faktorisierbaren Eigenwertproblemen (1,1.1) gehören, müssen wir uns nicht besonders beschäftigen, da jedes solche Polynom mittels der Beziehung (3,2.29) durch ein hypergeometrisches Polynom $_1F_1(-n; c; -1/\xi)$ mit der gleichen Polynomquantenzahl n ausgedrückt werden kann und daher auf ein Eigenwertproblem zurückführbar ist, in dessen Lösung das hypergeometrische Polynom $_1F_1(-n; c; -1/\xi)$ auftritt.

Es ist auch nicht notwendig, daß wir uns mit der Frage beschäftigen, welche Eigenwertprobleme nach der Infeldschen Methode faktorisierbar sind, in deren Eigenlösungen die konfluenten hypergeometrischen Funktionen F_1 auftreten. Mit Hilfe der Beziehung (3,5.4) lassen sich nämlich auch diese Funktionen durch die Funktion $_1F_1$ ausdrücken.

Eigenwertprobleme, deren Eigenfunktionen die konfluente hypergeometrische Funktion $_1F$ enthalten, können dagegen mit Hilfe der Infeldschen Faktorisierungsmethode nicht behandelt werden. Diese Methode beschäftigt sich nämlich ausschließlich nur mit Eigenwertproblemen, die durch eine Differentialgleichung zweiter Ordnung gegeben werden. Die hypergeometrischen Funktionen $_1F$ sind hingegen Lösungen der Differentialgleichung (3.13), die von der ersten Ordnung ist. Deshalb sind auch die Eigenfunktionen mit den hypergeometrischen Funktionen $_1F$ Lösungen einer Differentialgleichung erster Ordnung.

Mit den obigen Überlegungen ist die Tatsache in Übereinstimmung daß, wie sich weiter unten herausstellen wird (vgl. Tabelle X bzw. XI, S. 206-207 bzw. 208), die Eigenfunktionen aller nach dem Infeldschen Verfahren faktorisierbaren Eigenwertprobleme in einer Gestalt darstellbar sind, in der entweder die gewöhnliche hypergeometrische Funktion $_2F_1$ oder die spezielle konfluente Funktion $_1F_1$ auftritt.

Um eine einfache Schrödingersche Faktorisierung aller Eigenwertprobleme zu ermöglichen, deren Eigenfunktionen die konfluente hypergeometrische Funktion $_2F$ enthalten, haben wir dennoch in der Tabelle IV (S. 147) Paare von Rekursionsformeln für die Funktionen $_2F$ angegeben. Zur Schrödingerschen Faktorisierung der betreffenden Eigenwertprobleme ist es daher nicht notwendig die in den Eigenfunktionen auftretenden Funktionen $_2F$ mittels der Umrechnungsformel (3,2.29) durch die Funktionen $_1F_1$ zu ersetzen.

Ebenso können die in § 3 angegebenen Paare von Rekursionsformeln für die konfluenten hypergeometrischen Funktionen F_1 und $_1F$ (S. 148 f.) benützt werden, um eine Schrödingersche Faktorisierung aller Eigenwertprobleme durchzuführen, in deren Lösungen diese hypergeometrischen Funktionen vorhanden sind. Allerdings muß bemerkt werden, daß Eigenwertprobleme mit Eigenfunktionen, die die konfluente hypergeometrische Funktion $_1F$ enthalten, nicht mit Hilfe der Polynommethode behandelt werden können. Solche Probleme werden ja, wie bereits oben bemerkt wurde, durch Differentialgleichungen erster Ordnung gegeben, während die Polynommethode voraussetzt, daß sie durch Differentialgleichungen zweiter Ordnung (1,1.1) definiert sind. Mit Rücksicht auf die Tatsache daß man für die beiden konfluenten hypergeometrischen Funktionen $_1F(a-1; \xi)$ und $_1F(a; \xi)$ verschiedene jedoch äquivalente Paare von Rekursionsformeln (vgl. § 3) angeben kann, sind auch verschiedene Rekursionsformeln für die entsprechenden Eigenfunktionen vorhanden.

Es sei hier noch bemerkt, daß mit Rücksicht auf (7.9) der Ausdruck (4.16) für die Funktion k nun in

$$k = \frac{1}{2} l \frac{d\xi}{dv} \left(\frac{B_{11}}{B_{12}} - \frac{B_{21}}{B_{22}} \frac{\Delta\alpha}{\xi} \right) \qquad (7.22)$$

übergeht.

§ 8. Typen von faktorisierbaren Eigenwertproblemen

In Ihrem Bericht über die Faktorisierungsmethode unterscheiden Infeld und Hull (1951) sechs Typen von faktorisierbaren Eigenwertproblemen, die sie mit den Buchstaben A bis F bezeichnen. Wir wollen uns nun überzeugen, daß die von uns ermittelten faktorisierbaren Eigenwertprobleme restlos alle sechs Typen dieser Klassifikation umfassen. Zu diesem Zwecke wollen wir für die in der Tabelle II (S. 144) unter Nr. 1 bis 7 sowie in der Tabelle III (S. 147) unter Nr. 1 bis 4 verzeichneten Paare von Rekursionsformeln die Funktionen $k(v, m)$ sowie die Ausdrücke für $\lambda - L(m)$ angeben. Um zunächst zur Angabe von $k(v, m)$ die Formeln (4.16) bzw. (7.22) benützen zu können, müssen wir vor allem die bisherige Variable ξ durch die in der Faktorisierungsmethode verwendete Veränderliche v ausdrücken. Bemerken wir, daß mit Rücksicht auf $\xi = \varkappa x^h$ und (4.1)

$$\frac{dv}{d\xi} = \frac{dv}{dx} \frac{dx}{d\xi} = \left[\frac{\varrho(x)}{p(x)} \right]^{1/2} \frac{1}{h} \frac{x}{\xi}$$

ist. Mit Hilfe von (6.7) und (6.9) bzw. (7.7) und (7.12) erhalten wir daher im Falle, wo in den Lösungen die gewöhnliche hypergeometrische Funktion $_2F_1(a, b; c; \xi)$ bzw. die konfluente $_1F_1(a; c; \xi)$ auftritt, für $dv/d\xi$ den Ausdruck

$$\frac{dv}{d\xi} = \frac{\sqrt{A_0}}{h} \frac{1}{\xi^{1-o/2}(1-\xi)^{1-p/2}} \qquad (o, p = 0, 1, 2; \; 0 \leqslant o+p \leqslant 2)$$

$$(8.1)$$

bzw. den Ausdruck

$$\frac{dv}{d\xi} = \frac{\sqrt{a_o}}{h} \xi^{-1+o/2} \qquad (o = 0, 1, 2).$$

$$(8.2)$$

Die der Formel (8.1) bzw. (8.2) entsprechenden Beziehungen zwischen den beiden Veränderlichen ξ und v sind in der Tabelle VII bzw. VIII zusammengestellt. In den beiden Fällen $A_0 > 0$ und $A_0 < 0$ bzw. $a_o > 0$ und $a_o < 0$ ergeben sich verschiedene Beziehungen $\xi = \xi(v)$, die in dem Falle $A_0 < 0$ und in den Fällen $a_o < 0$ zum Teile durch nicht reelle Funktionen $\xi = \xi(v)$ gegeben werden. In der Tabelle VII wurden

Tabelle VII

der Funktionen $\xi = \xi(v)$ im Falle, wo die Eigenlösungen die hypergeometrischen Funktionen $_2F_1(a, b; c; \xi)$ enthalten.

o	p	$\xi = \xi(v)$		Entspricht in Tabelle II der Nr.
		$A_0 > 0 \quad (\mu = \sqrt{A_0}/h)$	$A_0 < 0 \quad (\mu^* = \sqrt{-A_0}/h)$	
0	0	$\xi = \dfrac{1}{2}[1+\mathrm{tgh}(v/2\mu)]$	$\xi = \dfrac{1}{2}[1-i\,\mathrm{tg}(v/2\mu^*)]$	6
0	1	$\sqrt{1-\xi} = -\mathrm{ctgh}(v/2\mu)$	$\sqrt{1-\xi} = -i\,\mathrm{ctg}(v/2\mu^*)$	1
0	2	$\xi = e^{v/\mu}; \quad \dfrac{\xi}{1-\xi} =$ $= -\dfrac{1}{2}(1+\mathrm{ctgh}(v/2\mu))$	$\xi = e^{-iv/\mu^*}; \quad \dfrac{\xi}{1-\xi} =$ $= -\dfrac{1}{2}(1+i\,\mathrm{ctg}(v/2\mu^*))$	7
1	0	$\xi^{1/2} = \mathrm{tgh}(v/2\mu)$	$\xi^{1/2} = -i\,\mathrm{tg}(v/2\mu^*)$	3
1	1	$\xi = \sin^2(v/2\mu)$	$\xi = -\sinh^2(v/2\mu^*)$	2, 4
2	0	$\xi = 1-e^{-v/\mu}$	$\xi = 1-e^{iv/\mu^*}$	5

Tabelle VIII

der Funktionen $\xi = \xi(v)$ im Falle, wo in den Eigenlösungen die konfluenten hypergeometrischen Funktionen $_1F_1(a; c; \xi)$ auftreten.

o	$\xi = \xi(v)$		Entspricht in Tabelle III der Nr.
	$a_o > 0 \quad (\mu_o = \sqrt{a_o}/h)$	$a_o < 0 \quad (\mu_o^* = \sqrt{-a_o}/h)$	
0	$\xi = e^{v/\mu_0}$	$\xi = e^{-iv/\mu_0^*}$	1
1	$\xi^{1/2} = v/2\mu_1$	$\xi^{1/2} = -iv/2\mu_1^*$	2, 3
2	$\xi = v/\mu_2$	$\xi = -iv/\mu_2^*$	4

im Falle $A_0 > 0$ bzw. $A_0 < 0$ zur Abkürzung die Bezeichnungen $\mu = \sqrt{A_0}/h$ bzw. $\mu^* = \sqrt{-A_0}/h$ verwendet und in der Tabelle VIII die Bezeichnungen $\mu_o = \sqrt{a_o}/h$ bzw. $\mu_o^* = \sqrt{-a_o}/h$ in den Fällen $a_o > 0$ bzw. $a_o < 0$ ($o = 0, 1, 2$). Man beachte, daß das Vorzeichen von μ, μ^*, μ_o, μ_o^* sowohl positiv als auch negativ sein kann, je nachdem welches Vorzeichen man der in der Definition dieser Größen auftretenden Quadratwurzel erteilt. Die Vorzeichen dieser Größen können somit in allen Beziehungen und Tabellen abgeändert werden.

Um in Spezialfällen das Vorzeichen von A_0 oder a_o zu bestimmen, ist $\varrho(x)/p(x)$ als Funktion von ξ anzugeben. Im Falle, wo in den Eigenlösungen die gewöhnliche hypergeometrische Funktion $_2F_1(a, b; c; \xi)$ auftritt, muß man $\varrho(x)/p(x)$ gemäß (6.2a) und (6.9) in der Gestalt

$$\frac{\varrho(x)}{p(x)} = A_0 \frac{\xi^o(1-\xi)^{p-2}}{x^2} \tag{8.3}$$

darstellen. Im Falle jedoch, wo die Eigenlösung die konfluente hypergeometrische Funktion $_1F_1(a; c; \xi)$ enthält, wird hingegen infolge (7.7) und (7.12) der Ausdruck $\varrho(x)/p(x)$ als Funktion von ξ betrachtet durch

$$\frac{\varrho(x)}{p(x)} = a_o \frac{\xi^o}{x^2}. \tag{8.4}$$

gegeben.

Im Falle der zugeordneten Kugelfunktionen ist z.B. gemäß (2,2.2) $p(x) = 1-x^2$, $\varrho(x) = 1$, so daß

$$\frac{\varrho(x)}{p(x)} = \frac{1}{1-x^2}.$$

Verwenden wir nun für die Kugelfunktionen $P_l^m(x)$ die Darstellung (2,2.8), so ist $\xi = x^2$ und daher

$$\frac{\varrho(x)}{p(x)} = \frac{\xi}{x^2(1-\xi)},$$

also $A_0 = 1 > 0$. Wird jedoch für sie die Darstellung (2,2.12) benutzt, so ist $\xi = 1/x^2$ und daher mit Rücksicht auf (8.3)

$$\frac{\varrho(x)}{p(x)} = -\frac{1}{x^2(1-\xi)}.$$

In diesem Falle haben wir daher $A_0 = -1 < 0$ anzunehmen.

Wird schließlich in der Differentialgleichung (2,2.1) der zugeordneten Kugelfunktionen für den Eigenwertparameter λ sein Wert $\lambda = l(l+1)$ eingesetzt und $-m^2$, wie bei Infeld–Hull (1951), als der Eigenwertparameter angesehen, so ist nun $p(x) = 1-x^2$ und $\varrho(x) = 1/(1-x^2)$. Daher wird $\varrho(x)/p(x) = 1/(1-x^2)^2$ und wir haben somit $A_0 = 1 > 0$ ohne Rücksicht darauf, ob wir für die Kugelfunktionen die Darstellung (2,2.8) oder (2,2.12) benützen.

Man bemerkt jedoch, daß eine Vorzeichenänderung des Eigenwertparameters λ im Eigenwertproblem (1,1.1) eine solche von $\varrho(x)$ bewirkt und daher nach (8.3) oder (8.4) eine solche von A_0 bzw. a_o zur Folge hat. Würden wir also $\lambda = m^2$ setzen, so hätten wir es daher mit dem Falle $A_0 < 0$ zu tun. Gewöhnlich wird jedoch das Vorzeichen von λ so gewählt, daß im Grundgebiet $\varrho(x) > 0$ ist, damit man für das Normierungsintegral $\int_{x_1}^{x_2} f^* f \varrho \, dx$ einen positiven Wert erhält.

Tabelle IX

der Funktionen $k(v, m)$ im Falle, wo die Eigenlösungen die hypergeometrische Funktion $_2F_1(a, b; c; \xi)$ enthalten.

Nr. in der Tabelle II	Δa Δb Δc	$k(v, m)$		Typus
		im Falle $A_0 > 0$ $\quad (\mu = \sqrt{A_0/h})$	im Falle $A_0 < 0$ $\quad (\mu^* = \sqrt{-A_0/h})$	
1	1 0 0	$\frac{1}{2\mu}\left[\left(a+b-c-\frac{1}{2}\right)\operatorname{tgh}\frac{v}{2\mu} + \left(a-b-\frac{1}{2}\right)\operatorname{ctgh}\frac{v}{2\mu}\right]$	$\frac{1}{2\mu^*}\left[-\left(a+b-c-\frac{1}{2}\right)\operatorname{tg}\frac{v}{2\mu^*} + \left(a-b-\frac{1}{2}\right)\operatorname{ctg}\frac{v}{2\mu^*}\right]$	A
2	1 1 1	$\frac{1}{2\mu}\left[\left(c-\frac{3}{2}\right)\operatorname{ctg}\frac{v}{2\mu} - \left(a+b-c-\frac{1}{2}\right)\operatorname{tg}\frac{v}{2\mu}\right]$	$\frac{1}{2\mu^*}\left[\left(c-\frac{3}{2}\right)\operatorname{ctgh}\frac{v}{2\mu^*} + \left(a+b-c-\frac{1}{2}\right)\operatorname{tgh}\frac{v}{2\mu^*}\right]$	A
3	1 0 1	$\frac{1}{2\mu}\left[\left(c-\frac{3}{2}\right)\operatorname{ctgh}\frac{v}{2\mu} + \left(a-b-\frac{1}{2}\right)\operatorname{tgh}\frac{v}{2\mu}\right]$	$\frac{1}{2\mu^*}\left[\left(c-\frac{3}{2}\right)\operatorname{ctg}\frac{v}{2\mu^*} - \left(a-b-\frac{1}{2}\right)\operatorname{tg}\frac{v}{2\mu^*}\right]$	A
4	0 0 1	$\frac{1}{2\mu}\left[\left(c-\frac{3}{2}\right)\operatorname{ctg}\frac{v}{2\mu} + \left(a+b-c+\frac{1}{2}\right)\operatorname{tg}\frac{v}{2\mu}\right]$	$\frac{1}{2\mu^*}\left[\left(c-\frac{3}{2}\right)\operatorname{ctgh}\frac{v}{2\mu^*} - \left(a+b-c+\frac{1}{2}\right)\operatorname{tgh}\frac{v}{2\mu^*}\right]$	A
5	1 1 2	$\frac{1}{4\mu}\left[(c-2)\operatorname{ctgh}\frac{v}{2\mu} + \frac{(2a-c)(2b-c)}{c-2}\right]$	$\frac{1}{4\mu^*}\left[(c-2)\operatorname{ctg}\frac{v}{2\mu^*} - i\frac{(2a-c)(2b-c)}{c-2}\right]$	E
6	1 -1 0	$\frac{1}{4\mu}\left[\frac{(a+b-1)(a+b-2c+1)}{b-a+1} + (b-a+1)\operatorname{tgh}\frac{v}{2\mu}\right]$	$\frac{1}{4\mu^*}\left[-(b-a+1)\operatorname{tg}\frac{v}{2\mu^*} - i\frac{(a+b-1)(a+b-2c+1)}{b-a+1}\right]$	E
7	1 1 0	$\frac{1}{4\mu}\left[(a+b-c+1)\operatorname{ctgh}\frac{v}{2\mu} - \frac{(b-a+c-1)(a-b+c-1)}{a+b-c+1}\right]$	$\frac{1}{4\mu^*}\left[(a+b-c+1)\operatorname{ctg}\frac{v}{2\mu^*} + i\frac{(b-a+c-1)(a-b+c-1)}{a+b-c+1}\right]$	E

Im Falle, wo die Lösungen des Eigenwertproblems (1,1.1) gewöhnliche hypergeometrische Funktionen $_2F_1$ enthalten, wurden die Koeffizienten $k(v, m)$ in der Tabelle IX angegeben. Sie wurden auf Grund des
in diesem Falle für $k(v, m)$ geltenden Ausdruckes (4.16) ermittelt. Die
hier für B_{11}/B_{12} und B_{21}/B_{22} auftretenden Ausdrücke wurden der Tabelle
II (S. 144) entnommen und für $d\xi/dv$ der Ausdruck (8.1) benützt. Die
Umrechnung von der Veränderlichen ξ auf die Variable v wurde auf
Grund der Tabelle VII ausgeführt. Die Numerierung in der Tabelle IX
stimmt vollkommen mit der in der Tabelle II überein. Der im Infeldschen
Sinne nicht faktorisierbare Fall Nr. 8 der Tabelle II ist in der Tabelle
IX selbstverständlich nicht enthalten.

Die Funktionen $k(v, m)$ der Tabelle IX für den Fall $A_0 < 0$ erhält
man aus denen für den Fall $A_0 > 0$, wenn man in ihnen μ durch $i\mu^*$
ersetzt und beachtet, daß

$$\operatorname{tg} \frac{v}{2i\mu^*} = -i\operatorname{tgh}\frac{v}{2\mu^*}, \qquad \operatorname{tgh}\frac{v}{2i\mu^*} = -i\operatorname{tg}\frac{v}{2\mu^*},$$

$$\operatorname{ctg}\frac{v}{2i\mu^*} = i\operatorname{ctgh}\frac{v}{2\mu^*}, \qquad \operatorname{ctgh}\frac{v}{2i\mu^*} = i\operatorname{ctg}\frac{v}{2\mu^*}$$

ist.

Für die Anwendungen und für den Vergleich mit der Faktorisierungstabelle bei Infeld–Hull (1951) ist es notwendig zu bemerken, daß die
in der Tabelle IX verzeichneten Ausdrücke für die Funktionen $k(v, m)$
sich alle auch in einer anderen Form darstellen lassen, in der statt der
Variablen $v/2\mu$ oder $v/2\mu^*$ ihre doppelten Werte, d.h. v/μ bzw. v/μ^*
auftreten. Es gelten nämlich die trigonometrischen Relationen

$$\operatorname{tg}\alpha = \frac{1}{\sin 2\alpha} - \operatorname{ctg} 2\alpha, \qquad \operatorname{tgh}\alpha = \operatorname{ctgh} 2\alpha - \frac{1}{\sinh 2\alpha},$$

$$\operatorname{ctg}\alpha = \frac{1}{\sin 2\alpha} + \operatorname{ctg} 2\alpha, \qquad \operatorname{ctgh}\alpha = \operatorname{ctgh} 2\alpha + \frac{1}{\sinh 2\alpha}. \qquad (8.5)$$

Sie ergeben für die Funktionen $k(v, m)$ der Tabelle IX Ausdrücke, in
denen z.B. statt $\operatorname{tg}(v/2\mu)$ und $\operatorname{ctg}(v/2\mu)$ nun $\operatorname{ctg}(v/\mu)$ und $1/\sin(v/\mu)$
auftritt.

Die Funktion $k(v, m)$, die unter der Nr. 1 im Falle $A_0 > 0$ in der
Tabelle IX verzeichnet ist, erhält z.B. bei Anwendung der Umrech-
nungsformeln (8.5) die Gestalt

$$k(v, m) = \frac{1}{2\mu}\left[(2a - c - 1)\operatorname{ctgh}\frac{v}{\mu} - (2b - c)/\sinh\frac{v}{\mu}\right].$$

In welcher Weise die in der Tabelle IX bzw. XI (S. 196 und S. 208) angegebenen Funktionen $k(v, m)$ von m abhängen, darüber entscheiden die
in diesen Tabellen angeführten Δa-, Δb-, Δc- bzw. Δa-, Δc-Werte.

Wenn man annehmen kann, daß $a = a_0 + m\Delta a$, $b = b_0 + m\Delta b$, $c = c_0 + m\Delta c$, so haben die unter Nr. 1 bis 4 in der Tabelle IX angegebenen Funktionen $k(v, m)$ die Gestalt

$$k(v, m) = \frac{1}{2\mu}\left[(m+c_1)\,\mathrm{tg}\,\frac{v}{2\mu} + (-m+c_2)\,\mathrm{ctg}\,\frac{v}{2\mu}\right]$$

oder

$$k(v, m) = \frac{1}{2\mu}\left[(-m+c_1)\,\mathrm{tgh}\,\frac{v}{2\mu} + (-m+c_2)\,\mathrm{ctgh}\,\frac{v}{2\mu}\right]. \quad (8.6)$$

Nach Umformung mittels (8.5) erhält man daraus die Funktion $k(v, m)$ in der Gestalt

$$k(v, m) = \frac{1}{2\mu}\left[(-2m-c_1+c_2)\,\mathrm{ctg}\,\frac{v}{\mu} + (c_1+c_2)/\sin\frac{v}{\mu}\right]$$

bzw.

$$k(v, m) = \frac{1}{2\mu}\left[(-2m+c_1+c_2)\,\mathrm{ctgh}\,\frac{v}{\mu} + (-c_1+c_2)/\sinh\frac{v}{\mu}\right]. \quad (8.7)$$

Der in (8.7) an erster Stelle angegebene Ausdruck stimmt mit dem bei Infeld–Hull (1951) als allgemeiner Typus A (vgl. dort die Faktorisierungstabelle auf S. 66) angeführten Ausdruck

$$k(v, m) = (m+c)\,a\,\mathrm{ctg}\,a(v+p^*) + d/\sin a(v+p^*)$$

bis auf das Vorzeichen von m überein, wenn $a = 1/\mu$ und $p^* = 0$ ist. Die Voraussetzung $p^* = 0$ ist bedeutungslos, da die Veränderliche v durch (8.1) oder (8.2) ohnehin nur bis auf eine additive Konstante festgelegt wird. Wir haben sie nur deshalb fortgelassen um unsere Formeln nicht unnötigerweise mit ihr zu beschweren. Die Verschiedenheit im Vorzeichen von m rührt jedoch davon her, daß wir Paare von Rekursionsformeln erster Art, Infeld–Hull aber die zweiter Art den Betrachtungen zu Grunde legen.

In der Gestalt (8.6) treten zahlreiche Spezialfälle des Typus A auf. Die Fälle Nr. 1–4 der Tabelle IX entsprechen direkt den von Infeld–Hull (1951) für die hypergeometrischen Funktionen angegebenen Faktorisierungen und zwar Nr. 2, 3, 4 den dort unter (4.9.3) bzw. (4.9.6) und (4.9.4) angegebenen Fällen. Nr. 1 stimmt mit dem Falle (4.9.4) bei Infeld–Hull überein, wenn $\mathrm{tgh}(v/2\mu)$ mit $\mathrm{ctgh}(v/2\mu)$ vertauscht wird. Das bedeutet aber nur einen Ersatz der Variablen $v/2\mu$ durch $v/2\mu + i\frac{1}{2}\pi$.

Die unter Nr. 1–4 angegebenen Fälle umfassen aber auch alle übrigen Fälle, die bei Infeld–Hull in der Faktorisierungstabelle als zum Typus A gehörig angegeben sind. Um dies zu beweisen, muß man sich davon in jedem einzelnen Spezialfalle gesondert überzeugen. Oft muß man dabei, wie in § 5, bei einer der beiden zu zwei aufeinander folgenden Werten von m gehörigen Eigenfunktionen die Rollen der Parameter a und b in der hypergeometrischen Funktion $_2F_1(a, b; c; \xi)$ miteinander vertauschen.

Die Änderung der Parameter a, b, c in der hypergeometrischen Funktion kann aber nicht nur durch das in a, b, c explizite auftretende m, sondern auch dadurch zustande kommen, daß bei zwei, zu den beiden aufeinanderfolgenden m-Werten gehörigen Eigenfunktionen, wir für die Verzweigungsexponenten α oder β oder γ zwei verschiedene Wurzeln der quadratischen Gleichungen zu verwenden haben, denen diese Verzweigungsexponenten genügen.

Um uns davon zu überzeugen, wählen wir als Beispiel wieder das Eigenwertproblem der zugeordneten Kugelfunktionen. Zunächst nehmen wir an, daß die Rolle des Parameters m der mit diesem Buchstaben im Falle der zugeordneten Kugelfunktionen bezeichnete Parameter spielt. Zu den Parameterwerten m bzw. $m-1$ gehören dann die beiden Funktionen $f_m = P_l^m(x)$ (5.1) und $f_{m-1} = P_l^{m-1}(x)$ (5.2). Es treten also in der Funktion f_m die Parameterwerte

$$a = -\frac{1}{2}(l-m-1), \quad b = -\frac{1}{2}(l-m), \quad c = -l+\frac{1}{2} \quad (8.8)$$

und in der Funktion f_{m-1} die Parameterwerte

$$a' = -\frac{1}{2}(l-m+1), \quad b' = -\frac{1}{2}(l-m), \quad c' = -l+\frac{1}{2}$$

auf. Da die Paare von Rekursionsformeln in der Tabelle IX hypergeometrischen Funktionen $_2F_1(a, b; c; \xi)$ mit abnehmenden Parameterwerten a, b, c entsprechen, fassen wir f_m als Ausgangseigenfunktion auf. Mit Rücksicht auf $a' = a-1$, $b' = b$, $c' = c$ wird dann $\Delta a - 1$, $\Delta b = \Delta c = 0$ und wir haben es daher hier mit dem Fall Nr. 1 in der Tabelle IX zu tun. Da zufolge (8.8) wir $a+b-c-\frac{1}{2} = m-\frac{1}{2}$ und $a-b-\frac{1}{2} = 0$ erhalten und mit Rücksicht auf $\xi = 1/x^2$ nun $A_0 = -1$ ist, so geht die unter Nr. 1 in der Tabelle IX für den Fall $A_0 < 0$ angeführte Funktion $k(v, m)$ in

$$k(v, m) = -\frac{1}{2\mu^*}\left(m-\frac{1}{2}\right)\operatorname{tg}\frac{v}{2\mu^*} \quad (8.9)$$

über. Sie stimmt mit dem bei Infeld–Hull angegebenen Ausdruck $k(v, m) = \left(m-\frac{1}{2}\right)\operatorname{ctg}\vartheta$ vollkommen überein. Mit Rücksicht auf $A_0 = -1$ und $h = -2$ haben wir nämlich $\mu^* = -\frac{1}{2}$ anzunehmen und können ferner v durch $\vartheta + \pi/2$ ersetzen. Die Übereinstimmung zwischen den beiden Funktionen $k(v, m)$ ist zufolge § 4 selbstverständlich, weil ja der in den Kugelfunktionen auftretende Parameter m sich gleichsinnig mit dem gleichbezeichneten Parameter der obigen Formeln ändert.

Ebenso einfach können wir die Funktion $k(v, m)$ erhalten, wenn wir in den zugeordneten Kugelfunktionen dem Parameter l die Rolle des Parameters m aus unseren allgemeinen Betrachtungen zuweisen, wobei wir $\lambda = -m^2$ annehmen wollen. Wir wollen demnach das Eigenwertproblem (4,3.3) faktorisieren, das sich durch eine Umordnung des Eigenwertproblems (vgl. (2,2.1)) der zugeordneten Kugelfunktionen ergibt. Ersetzen wir in der Funktion $f_m = P_l^m(x)$ (5.1) den Parameter l durch $l-1$, so wird die hypergeometrische Funktion, die in der so erhaltenen Eigenfunktion $P_{l-1}^m(x)$ auftritt, durch

$$_2F_1\left(-\frac{1}{2}(l-m)+1, \; -\frac{1}{2}(l-m-1); \; -l+\frac{1}{2}+1; \; 1/x^2\right) \quad (8.10)$$

gegeben. Teilen wir nun der zugeordneten Kugelfunktion $P_{l-1}^m(x)$ die Rolle der Funktion f_m und der Kugelfunktion $P_l^m(x)$ (5.1) die von f_{m-1} zu, so ist $\Delta a = 1$, $\Delta b = 0$, $\Delta c = 1$ und wir haben es daher mit einem Fall zu tun, der der Nr. 3 in der Tabelle IX entspricht. Gemäß (8.10) ist dann

$$a = -\frac{1}{2}(l-m)+1, \quad b = -\frac{1}{2}(l-m-1), \quad c = -l+\frac{3}{2}$$

und daher geht das unter Nr. 3 für $A_0 > 0$ in der Tabelle IX verzeichnete $k(v, m)$ über in

$$k(v, m) = -\frac{l}{2\mu} \operatorname{ctgh} \frac{v}{2\mu}. \quad (8.10a)$$

Da mit Rücksicht auf $A_0 = 1$ und $h = -2$ hier $\mu = -\frac{1}{2}$ ist, und $v = $

$= z + i\frac{1}{2}\pi$ angenommen werden kann, so erhält man bis auf das Vorzeichen den in der Faktorisierungstabelle bei Infeld–Hull auftretenden Ausdruck $k(v, m) = l\operatorname{tgh} z$ (4.2.2). Dieser Tatbestand war gemäß (4.17) und (4.18) zu erwarten, da Parameter m sich ungleichsinnig mit dem in den Kugelfunktionen $P_l^m(x)$ auftretenden Parameter l ändert.

Es lohnt sich das Eigenwertproblem der zugeordneten Kugelfunktionen auch noch in dem Falle in Betracht zu ziehen, wo der Index m die Rolle des gleichbezeichneten Index der Faktorisierungsmethode spielt, wenn man zur Berechnung der Funktion $k(v, m)$ die Darstellung (2,2.8) der Kugelfunktionen benützt. Die nachfolgenden Überlegungen werden nämlich aus mehreren Gründen lehrreich sein. Es wird sich herausstellen, daß zur Angabe von $k(v, m)$ nun die Formeln zweier Nummern der Tabelle IX, nämlich der Nr. 2 und 4 zu verwenden sind, während wir vorher (vgl. S. 198) zu dem gleichen Zweck nur die Formeln einer einzigen und zwar einer anderen Nummer, nämlich der Nr. 1 gebraucht haben. Für $k(v, m)$ werden sich dabei zwei verschiedene Ausdrücke ergeben, nämlich außer (8.9) auch noch der Ausdruck, der sich von ihm durch das Vorzeichen unterscheidet. Schließlich wird es sich erweisen, daß der Parameter c oszilliert, während man mit Rücksicht darauf, daß sowohl in Nr. 2 als auch in Nr. 4 die Parameterdifferenz $\Delta c = 1$ ist, vielleicht erwartet, daß c sich monoton mit m ändert.

Setzt man etwa den Fall voraus, daß $l-m$ gerade ist, so ergibt eine Anwendung der Umrechnungsformel (2,2.13) auf die Definitionsformel (2,2.12) für die Kugelfunktionen $P_l^{m-1}(x)$, $P_l^m(x)$, $P_l^{m+1}(x)$ in Übereinstimmung mit (2,2.8) die Darstellung

$$P_l^{m-1}(x) = x(1-x^2)^{(m-1)/2} \,_2F_1\left(-\frac{1}{2}(l-m), \frac{1}{2}(l+m)+\frac{1}{2}; \frac{3}{2}; x^2\right),$$

$$P_l^m(x) \;\;= (1-x)^{m/2} \,_2F_1\left(-\frac{1}{2}(l-m), \frac{1}{2}(l+m)+\frac{1}{2}; \frac{1}{2}; x^2\right),$$

$$P_l^{m+1}(x) = x(1-x^2)^{(m+1)/2} \,_2F_1\left(-\frac{1}{2}(l-m)+1, \frac{1}{2}(l+m)+\frac{3}{2}; \frac{3}{2}; x^2\right).$$

Dabei wurden die für uns unwesentlichen multiplikativen Konstanten fortgelassen.

Will man zunächst die Kugelfunktionen $P_l^{m-1}(x)$ und $P_l^m(x)$ zur Angabe von $k(v, m)$ verwenden, so ist $P_l^{m-1}(x)$ als die Ausgangseigenfunktion zu betrachten, weil wir dann die in Nr. 4 der Tabelle IX verzeichneten Parameterdifferenzen $\Delta a = \Delta b = 0$ und $\Delta c = 1$ erhalten. Da demgemäß

$$a = -\frac{1}{2}(l-m), \quad b = \frac{1}{2}(l+m+1), \quad c = \frac{3}{2}$$

ist, so ergibt Nr. 4 der Tabelle IX im Falle $A_0 > 0$ für die Funktion $k(v, m)$ den Ausdruck: $k(v, m) = \frac{1}{2\mu}\left(m - \frac{1}{2}\right)\mathrm{tg}(v/2\mu)$. Mit Rücksicht auf $A_0 = 1$ und $h = -2$ ist nun $\mu = -\frac{1}{2}$, so daß bei Ersatz von v durch $v+\pi/2$ sich schließlich

$$k(v, m) = -\left(m - \frac{1}{2}\right)\mathrm{ctg}\,v$$

ergibt. Dieser Ausdruck stimmt mit dem bei Infeld–Hull (1951, S. 30) angegebenen abgesehen vom Vorzeichen überein, im Einklang mit (4.17) und (4.18).

Zu diesem Ergebnis ist noch nachstehendes zu bemerken: Beim Übergang von $P_l^{m-1}(x)$ zu $P_l^m(x)$ ändern die Parameter a und b nicht ihre Werte, trotzdem sie von m abhängen. Die Anwendbarkeit der Formel Nr. 4 der Tabelle IX zur Angabe von $k(v, m)$ wird nur dadurch ermöglicht, daß der Wert des Parameters c beim Übergang von $P_l^{m-1}(x)$ zu $P_l^m(x)$ von 3/2 auf 1/2 abnimmt. Diese Änderung kommt aber nicht durch eine Änderung von m, sondern nur dadurch zustande, daß in den in den beiden Kugelfunktionen auftretenden hypergeometrischen Funktionen der Verzweigungsexponent α verschiedene Werte hat. Trotzdem ergibt sich aber im ganzen eine richtige m-Abhängigkeit von $k(v, m)$.

Benutzen wir als Grundlage unserer Betrachtungen jedoch das Paar der Kugelfunktionen $P_l^{m+1}(x)$ und $P_l^m(x)$, so müssen wir nun $P_l^{m+1}(x)$ als die Ausgangseigenfunktion ansehen, da ja dann $\Delta a = \Delta b = \Delta c = 1$ ist. Wir haben es daher mit dem Fall Nr. 2 in der Tabelle IX zu tun. Es wird dann

$$a = -\frac{1}{2}(l-m)+1, \quad b = \frac{1}{2}(l+m)+\frac{3}{2}, \quad c = \frac{3}{2}.$$

Im Falle $A_0 > 0$ ergibt dann Nr. 2 der Tabelle IX $k(v, m+1) =$
$= -\left(m+\frac{1}{2}\right)\frac{1}{2\mu}\,\mathrm{tg}(v/2\mu)$, was für $\mu = \frac{1}{2}$ bei Ersatz von v durch $v+$
$+\pi/2$ für $k(v, m)$ den Ausdruck $k(v, m) = \left(m-\frac{1}{2}\right)\mathrm{ctg}\,v$ in Übereinstimmung mit Infeld–Hull (1951, S. 30) liefert.

Die Funktionen $k(v, m)$ der dem Typus A bei Infeld–Hull angehörenden Fälle Nr. 1–4 der Tabelle IX enthalten sowohl für $A_0 > 0$ als auch für $A_0 < 0$ keine explizite auftretende imaginäre Einheit i. Ferner können in diesen Fällen, wie aus der Tabelle II ersichtlich ist, die $\Delta\alpha$, $\Delta\beta$, $\Delta\gamma$ nur die Werte 0, $\pm 1/2$ haben. Auch in den Fällen Nr. 5–7 tritt in den Funktionen $k(v, m)$ für $A_0 > 0$ zwar keine imaginäre Einheit auf, sie ist aber stets in den $A_0 < 0$ entsprechenden Fällen vorhanden. In diesen drei Fällen können ferner $\Delta\alpha$, $\Delta\beta$, $\Delta\gamma$ nur die Werte 0, ± 1 annehmen.

Wie der Vergleich mit der Faktorisierungstabelle bei Infeld–Hull (1951) zeigt, gehören diese letzteren Fälle Nr. 5–7 dem Typus E an. Die Tatsache, daß bei Infeld–Hull keine Funktion $k(v, m)$ verzeichnet ist, die die imaginäre Einheit i enthält, erklärt sich daraus, daß sobald $A_0 < 0$ ist, in der hypergeometrischen Funktion $_2F_1(a, b; c; \xi)$, die in der Eigenlösung auftritt, die Parameter a, b, c zum Teil komplexe Werte haben, so daß sich im ganzen reelle Ausdrücke für die Funktionen $k(v, m)$ ergeben.

Wir wollen uns davon an dem Beispiel, des in 2, § 6 behandelten Kepler-Problems in einem hypersphärischen Raum überzeugen. Wie aus (2,6.15) folgt, ist in diesem Falle

$$a = l+1-n, \quad b = l+1+i\,\frac{v}{n}, \quad c = 2l+2.$$

Lassen wir l um eine Einheit abnehmen, so wird $\Delta a = \Delta b = 1$, $\Delta c = 2$. Wir haben es daher mit dem Fall Nr. 5 der Tabelle IX zu tun. Es wird dann

$$c-2 = 2l, \quad 2a-c = -2n, \quad 2b-c = 2i\,\frac{v}{n}.$$

Schon mit Rücksicht auf die Tatsache, daß $2b-c$ einen imaginären Wert hat, müssen wir den Ausdruck für $k(v,m)$ für den Fall $A_0 < 0$ verwenden. Da, wie leicht feststellbar, $\mu^* = 1/2$ ist, so erhalten wir schließlich in Übereinstimmung mit Infeld–Hull für die Funktion $k(v,l)$ den Ausdruck $k(v,l) = l\,\mathrm{ctg}\,v - v/l$. Man bemerke, daß im obigen Beispiel eine lineare Abhängigkeit der Parameter a, b, c von l, d.h. von m mit ganzzahligen Parameterdifferenzen $\Delta a, \Delta b, \Delta c$ auftritt, wie wir dies in (8.6) und (8.7) vorausgesetzt haben. Ferner ändern sich hier l und m gleichsinnig.

Um für normierte Eigenfunktionen die Faktorisierungsformeln eines mit Hilfe der Polynommethode lösbaren Eigenwertproblems anzugeben, muß man gemäß (1.16) außer $k(v,m)$ auch noch den Ausdruck $L(m) - \lambda$ zur Verfügung haben. Er kann zunächst in dem Falle, wo die Eigenlösungen die gewöhnlichen hypergeometrischen Funktionen $_2F_1(a, b; c; \xi)$ enthalten, aus den in den Formeln (6.6) für $B_{12}(\xi)$ und $B_{22}(\xi)$ auftretenden Koeffizienten G und G' in der nachstehenden Weise sehr leicht erhalten werden. Beachtet man, daß im Falle $A_0 > 0$ wir $\mu^2 = A_0/h^2$ zu verwenden haben, so folgt aus (6.6), (6.8), (6.9) und (6.10a) für G der Ausdruck

$$G = \mu\,\frac{N_{m'}}{N_m}\,\Lambda_{m',\,m}$$

und wegen $l(v) = 1$ aus (4.7d), (6.6), (6.7), (6.9) und (6.10b) für G' der Ausdruck

$$G' = -\mu\,\frac{N_m}{N_{m'}}\,\frac{1}{C}\,\Lambda_{m,\,m'}.$$

Es ist demnach

$$\frac{1}{C}\,\Lambda_{m,\,m'}\,\Lambda_{m',\,m} = -\frac{1}{\mu^2}\,GG'. \tag{8.11}$$

In dem von uns betrachteten Falle $l(v) = 1$ geht das Paar der Rekursionsformeln (2.11) in das Paar (1.4) über, wobei die Operatoren $H^{m-1,\,m}$

und $H^{m,\,m-1}$ durch (1.3) definiert werden. Es entsprechen somit den Parametern m und m' in (2.11) die Parameter m bzw. $m-1$ in (1.4). Gleichzeitig müssen aber die in (2.11) auftretenden Koeffizienten $\Lambda_{m',\,m}$ bzw. $\Lambda_{m,\,m'}/C$ den Koeffizienten $\Lambda_{m-1,\,m}$ bzw. $\Lambda_{m,\,m-1}$ gleich werden, Es entspricht daher dem Produkt $\Lambda_{m,\,m-1}\Lambda_{m-1,\,m}$ aus § 1 der Ausdruck auf der linken Seite in (8.11). Er muß also gemäß (1.8) gleich sein $\lambda - L(m)$. Wir erhalten somit die gesuchte Beziehung

$$GG'/\mu^2 = L(m) - \lambda. \tag{8.12}$$

Zur Berechnung des Produktes GG' hat man die in der Tabelle II (S. 144) angegebenen Funktionen $B_{12}(\xi)$ und $B_{22}(\xi)$ miteinander zu multiplizieren und erhält so nach (6.6) und (6.10a) sowie (6.10b) den Ausdruck

$$B_{12}(\xi)\,B_{22}(\xi) = \frac{1}{GG'}\,\xi^{2-o}(1-\xi)^{2-p}. \tag{8.13}$$

Auf diesem Wege ergeben sich z.B. in dem in der Tabelle II unter Nr. 1 bzw. Nr. 5 angegebenen Fall für GG' die Werte:

$$GG' = -(a-c)\,(a-1)$$

bzw.

$$GG' = (b-c+1)\,(c-a-1)\,(a-1)\,(b-1)/(c-2)^2.$$

Um diese beiden Ausdrücke auf die Form (8.12) zu transformieren, hat man ein- bzw. zweimal die Identität

$$\mu v = \frac{1}{4}\,[(\mu+v)^2 - (\mu-v)^2]$$

anzuwenden und erhält so

$$GG' = \frac{1}{4}\,(c-1)^2 - \frac{1}{4}\,(2a-c-1)^2$$

im Falle Nr. 1 und

$$GG' = -\frac{1}{16}\,\frac{1}{(c-2)^2}\,[(2a-c)^2 - (c-2)^2]\,[(2b-c)^2 - (c-2)^2]$$

im Falle Nr. 5.

Im Falle Nr. 1 ist $\Delta a = 1$, $\Delta b = \Delta c = 0$, so daß beim Übergang von den Parameterwerten a, b, c zu den Parameterwerten $a-\Delta a, b-\Delta b$, $c-\Delta c$ das Glied $\frac{1}{4}\,(c-1)^2$ konstant bleibt, während das Glied $\frac{1}{4}\,(2a-c-1)^2$ sich ändert. Wie aus dem Vergleich mit (8.12) folgt, können wir daher im Falle Nr. 1

$$\lambda = -\frac{1}{4\mu^2}\,(c-1)^2 \quad \text{und} \quad L(m) = -\frac{1}{4\mu^2}\,(2a-c-1)^2$$

setzen.

Im Falle Nr. 5 ist $\Delta a = \Delta b = 1$, $\Delta c = 2$. Beim Übergang von den Parameterwerten a, b, c zu den Parameterwerten $a-\Delta a, b-\Delta b, c-\Delta c$ bleiben daher $2a-c$ und $2b-c$ konstant, so daß sich nur $c-2$ ändert. Wir ordnen daher den Ausdruck für GG' in der nachstehenden Weise

$$GG' = \frac{1}{16}\left[-(c-2)^2 - \frac{(2a-c)^2(2b-c)^2}{(c-2)^2} + (2a-c)^2 + (2b-c)^2\right].$$

Der Vergleich mit (8.12) ergibt daher, daß wir im Falle Nr. 5

$$\lambda = -\frac{1}{16\mu^2}[(2a-c)^2 + (2b-c)^2]$$

und

$$L(m) = -\frac{1}{16\mu^2}\left[\frac{(2a-c)^2(2b-c)^2}{(c-2)^2} + (c-2)^2\right]$$

annehmen können.

Es muß aber darauf aufmerksam gemacht werden, daß die so erhaltenen Ausdrücke für λ und $L(m)$ bei gegebenem $k(v, m)$ noch nicht eindeutig bestimmt sind. Man kann ja gemäß (8.12) zu λ und zu $L(m)$ stets noch ein und dieselbe wilkürliche Konstante α hinzufügen, die nur dann festgelegt ist, wenn wir auch noch den Ausdruck für $r(v, m)$ (1.10a) angeben. Bezüglich λ folgt dies aus der Tatsache, daß das Eigenwertproblem (1.2) in der Sturm–Liouvilleschen Normalform

$$\frac{d^2u}{dv^2} + r(v, m)u + \lambda u = 0 \tag{1.2}$$

auch noch in der Gestalt

$$\frac{d^2u}{dv^2} + [r(v, m)-\alpha]u + (\lambda+\alpha)u = 0$$

dargestellt werden kann. Ändert man also ein gegebenes Eigenwertproblem (1.2) in der Weise ab, daß man von dem Koeffizienten $r(v, m)$ die Konstante α subtrahiert, so gehen dabei die Eigenwerte λ des gegebenen Eigenwertproblems in die Eigenwerte $\lambda+\alpha$ über. Aus (8.12) folgt dann, daß auch $L(m)$ in $L(m)+\alpha$ abzuändern ist. Dies ergibt sich auch unmittelbar aus der Beziehung

$$r(v, m) = -k^2(v, m) + dk(v, m)/dv - L(m), \tag{1.10a}$$

aus der ersichtlich ist, daß der Ersatz von $r(v, m)$ durch $r(v, m)-\alpha$ den Koeffizienten $L(m)$ in $L(m)+\alpha$ überführt. Zur Festlegung der Konstanten α bei bekanntem $r(v, m)$ ist stets die Beziehung (1.10a) zu verwenden.

Auf diese Weise erhalten wir auch in allen übrigen Fällen der Tabelle IX die Ausdrücke für den Eigenwertparameter λ und den Koeffizien-

Tabel

der λ- und L(m)-Werte, die zu den in der Tabelle IX angegebenen Funktionen k(v, m)
ersetzen. Man beachte, daß bei gegebenem k(v, m) die in der Tabelle für λ und L(m)
Konstante

Nr.	1	2	3
$\Delta a, \Delta b, \Delta c$	$1, 0, 0$	$1, 1, 1$	$1, 0, 1$
λ	$-\dfrac{1}{4\mu^2}(c-1)^2$	$\dfrac{1}{4\mu^2}(a-b)^2$	$-\dfrac{1}{4\mu^2}(a+b-c)^2$
$L(m)$	$-\dfrac{1}{4\mu^2}(2a-c-1)^2$	$\dfrac{1}{4\mu^2}(a+b-2)^2$	$-\dfrac{1}{4\mu^2}(a-b+c-2)^2$
GG'	$-(a-c)(a-1)$	$(a-1)(b-1)$	$(b-c+1)(a-1)$

Nr.	6
$\Delta a, \Delta b, \Delta c$	$1, -1, 0$
λ	$\dfrac{1}{8\mu^2}[(a+b-c)^2+(c-1)^2]$
$L(m)$	$-\dfrac{1}{16\mu^2}\left[(a-b-1)^2+\dfrac{(a+b-1)^2(a+b-2c+1)^2}{(a-b-1)^2}\right]$
GG'	$-\dfrac{(b-c+1)(a-c)(a-1)b}{(a-b-1)^2}$

ten $L(m)$ bis auf eine additive Konstante α. Sie sind in der Tabelle X für
den Fall $A_0 > 0$ zusammengestellt. Im Falle $A_0 < 0$ ist $\mu^2 = A_0/h^2$
durch $\mu^{*2} = -A_0/h^2$ zu ersetzen (vgl. S. 194). Dies bewirkt nur eine
Vorzeichenänderung der Ausdrücke für λ und $L(m)$. In welchen Fällen
$L(m)$ gleich dem Eigenwertparameter λ wird (vgl. (1.12)), kann am
einfachsten aus dem Ausdruck für GG' abgelesen werden, der nach
(8.13) durch das Produkt aus $B_{12}(\xi)$ und $B_{22}(\xi)$ bestimmt wird. In einem
solchen Falle muß nämlich GG' wegen (8.12) verschwinden. Aus (8.12)
folgt z.B., daß dies im Falle Nr. 1 für $a = 1$ oder $a = c$ stattfindet,
und im Falle Nr. 5 für $c = a+1$ oder $c = b+1$.

Die Tatsache, daß die $L(m)$ durch die Koeffizienten $k(v, m)$ nur bis
auf eine additive Konstante bestimmt sind, muß selbstverständlich bei
einem Vergleich der in der Tabelle X für $L(m)$ angegebenen Ausdrücke
mit denen in der Faktorisierungstabelle bei Infeld–Hull (1951) angegebenen berücksichtigt werden.

le X

im Falle $A_0 > 0$ gehören. Falls $A_0 < 0$, ist $\mu^2 = A_0/h^2$ durch $\mu^{*2} = -A_0/h^2$ zu angeführten Ausdrücke in jedem Spezialfalle nur bis auf ein und dieselbe additive bestimmt sind.

4	5
$0, 0, 1$	$1, 1, 2$
$\dfrac{1}{4\mu^2}(a-b)^2$	$-\dfrac{1}{16\mu^2}[(2a-c)^2+(2b-c)^2]$
$\dfrac{1}{4\mu^2}(a+b-2c+2)^2$	$-\dfrac{1}{16\mu^2}\left[\dfrac{(2a-c)^2(2b-c)^2}{(c-2)^2}+(c-2)^2\right]$
$(a-c+1)\,(b-c+1)$	$-\dfrac{(a-c+1)\,(b-c+1)\,(a-1)\,(b-1)}{(c-2)^2}$

7
$1, 1, 0$
$-\dfrac{1}{8\mu^2}[(a-b)^2+(c-1)^2]$
$\dfrac{1}{16\mu^2}\left[(a\mid b \quad c \quad 1)^2\mid \dfrac{(a-b-c+1)^2(a-b+c-1)^2}{(a+b-c-1)^2}\right]$
$-\dfrac{(a-c)\,(b-c)\,(a-1)\,(b-1)}{(a+b-c-1)^2}$

In der Tabelle XI sind die Koeffizienten $k(v, m)$ für den Fall angegeben, wo die mittels der Polynommethode ermittelten Eigenlösungen die konfluente hypergeometrische Funktion $_1F_1(a; c; \xi)$ enthalten. Sie sind mit Hilfe des in diesen Fällen zu verwendenden Ausdruckes (7.22) für $k(v, m)$ ermittelt worden. Die Ausdrücke für $B_{11}(\xi)/B_{12}(\xi)$ sowie für $B_{21}(\xi)/B_{22}(\xi)$ wurden der Tabelle III (S. 147) entnommen. Für $d\xi/dv$ wurde der Ausdruck (8.2) verwendet. Zur Umrechnung auf die Variable v wurde die Tabelle VIII (S. 194) benützt.

Von den beiden Eigenwert-Problem-Typen A und E, deren Lösungen eine gewöhnliche hypergeometrische Funktion $_2F_1(a, b; c; \xi)$ enthalten, treten im Falle des Typus A bzw. E vier bzw. drei verschiedene durch Δa-, Δb-, Δc-Werte sich unterscheidende Fälle auf. In den Fällen, wo in den Eigenlösungen die konfluenten hypergeometrischen Funktionen $_1F_1(a; c; \xi)$ enthalten sind, enstpricht hingegen von den vier Fällen der Tabelle XI die Nr. 1 dem Typus B und

Tabelle XI

der Funktionen $k(v, m)$ im Falle, wo in den Eigenlösungen die konfluente hypergeometrische Funktion $_1F_1(a; c; \xi)$ auftritt. Die in der Tabelle für λ und (Lm) angegebenen Ausdrücke sind bei gegebenem $k(v, m)$ nur bis auf eine und dieselbe additive Konstante festgelegt. Sie entsprechen den Fällen $a_0 > 0$. Falls $a_0 < 0$ ist, sind die Vorzeichen von λ und $L(m)$ zu ändern.

Nr. in der Tabelle III	Δa	Δc	$k(v, m)$ $a_0 > 0 \left(\mu_0 = \sqrt{a_0/h}\right)$	$a_0 < 0 \left(\mu_0^* = \sqrt{-a_0/h}\right)$	Typus	GG'	λ	$L(m)$
1	1	0	$\dfrac{1}{2\mu_0}(c-2a+1-e^{v/\mu_0})$	$-\dfrac{i}{2\mu_0^*}(c-2a+1-e^{-iv/\mu_0^*})$	B	$-(a-c)(a-1)$	$-\dfrac{1}{4\mu_0^2}(c-1)^2$	$-\dfrac{1}{4\mu_0^2}(2a-c-1)^2$
2	1	1	$\dfrac{c-\dfrac{3}{2}}{v}-\dfrac{1}{4\mu_1^2}\,v$	$\dfrac{c-\dfrac{3}{2}}{v}+\dfrac{1}{4\mu_1^{*2}}\,v$	C+D	$a-1$	$\dfrac{1}{\mu_1^2}$	$\dfrac{1}{\mu_1^2}\,a$
3	0	1	$\dfrac{c-\dfrac{3}{2}}{v}+\dfrac{1}{4\mu_1^2}\,v$	$\dfrac{c-\dfrac{3}{2}}{v}-\dfrac{1}{4\mu_1^{*2}}\,v$	C+D	$a-c+1$	$-\dfrac{1}{\mu_1^2}(a+1)$	$-\dfrac{1}{\mu_1^2}\,c$
4	1	2	$\dfrac{c-2}{v}+\dfrac{1}{2\mu_2}\dfrac{2a-c}{c-2}$	$\dfrac{c-2}{v}-\dfrac{i}{2\mu_2^*}\dfrac{2a-c}{c-2}$	F	$\dfrac{(c-a-1)(a-1)}{(c-2)^2}$	$\dfrac{1}{4\mu_2^2}$	$\dfrac{1}{4\mu_2^2}\dfrac{(2a-c)^2}{(c-2)^2}$

die Nr. 4 dem Typus F. Vom Standpunkte der Polynommethode aus
gesehen, fließen jedoch die beiden Typen C und D in einen einheitlichen
Typus zusammen, dem die beiden Fälle Nr. 2 und Nr. 3 in der Tabelle XI
entsprechen. Im ganzen können somit alle sechs bei Infeld–Hull (1951)
auftretenden Typen auch ausgehend von der Polynommethode erhalten
werden.

Zu den einzelnen Spezialfällen ist nachstehendes zu bemerken. Das
unter Nr. 1 in der Tabelle XI angeführte $k(v, m)$ entspricht, wenn nur
a sich linear mit m ändert, dem allgemeinen Falle (5.0.1) des Typus B
bei Infeld–Hull, nämlich

$$k(v, m) = d \exp(a^*v) - m - c, \qquad (8.14)$$

jedoch mit $d = \dfrac{1}{2} a^*$. Für die von Infeld–Hull angegebenen Anwendungen ist dies jedoch belanglos, da in ihnen diese Bedingung stets
erfüllt ist. Die Gestalt des in der Tabelle XI unter Nr. 4 auftretenden
$k(v, m)$ stellt hingegen, falls a und c von m linear abhängen, vollkommen
den allgemeinen Fall des Typus F dar.

Aber nicht nur die Gestalt, sondern auch die Abhängigkeit vom m ist
bei der Funktion $k(v, m)$ in den beiden besprochenen Fällen die gleiche,
wie bei Infeld–Hull. Im Falle Nr. 1 ist $\Delta a = 1$, $\Delta c = 0$ und daher
zeigt das $k(v, m)$ der Tabelle XI die gleiche m-Abhängigkeit, wie das
oben angeführte $k(v, m)$ (8.14), d.h. (5.0.1) bei Infeld–Hull. Im
Falle Nr. 4 ist $\Delta a = 1$, $\Delta c = 2$, so daß hier die m-Abhängigkeit des
$k(v, m)$ der Tabelle XI mit dem des $k(v, m)$ (8.0.1) bei Infeld–Hull,
nämlich mit

$$k(v, m) = \frac{m}{v} + \frac{q}{m}$$

im Einklange ist.

Auch die für Nr. 1 und Nr. 4 in Frage kommenden und in der Tabelle XI angeführten Werte für $L(m)$ stimmen mit den bei Infeld–Hull
angegebenen vollkommen überein. Sie werden im Falle des Typus B
durch $L(m) = -c^2(m+c)^2$ und in dem des Typus F durch $L(m) =
= -q^2/m^2$ dargestellt.

Auch in den Fällen, wo die Eigenlösungen die konfluente hypergeometrische Funktion ${}_1F_1(a; c; \xi)$ enthalten, wird nämlich $L(m) - \lambda$
durch (8.12) gegeben und der Wert für GG' durch das Produkt $B_{12}(\xi) \times
\times B_{22}(\xi)$ bestimmt, wobei allerdings die Gestalt dieser Funktionen
durch (7.8) dargestellt wird.

Einige Überlegungen erfordert die Frage, ob die in der Tabelle XI
unter Nr. 2 und Nr. 3 verzeichneten Fälle den noch verfügbaren Typen
C und D entsprechen und wie sie gegebenenfalls ihnen zuzuordnen
sind. Beide Fälle sind nämlich so ähnlich, daß jeder von ihnen vom

Typus C oder D sein kann. Ihre in der Tabelle XI angegebenen Funktionen $k(v, m)$ sind bis auf das Vorzeichen eines Gliedes einander gleich und sie unterscheiden sich nur durch die verschiedenen Δa- und Δc-Werte und den Ausdruck für GG'. Sowohl das unter Nr. 2 als auch unter Nr. 3 angegebene $k(v, m)$ besitzt die Gestalt $k(v, m) = (m+c)/v + \frac{1}{2} bv$ (5.0.2), die von Infeld–Hull als charakteristisch für den allgemeinen Typus C angesehen wird. Man kann aber auch annehmen, daß in dem Falle, wo $c = 3/2$ ist, und daher der erste Summand in den Ausdrücken Nr. 2 und Nr. 3 für $k(v, m)$ verschwindet, diese beiden in der Tabelle XI enthaltenen Funktionen der bei Infeld–Hull als allgemeiner Typus D bezeichneten Funktion $k(v, m) = bv+d$ (6.0.2) entsprechen. Auch die $L(m)$-Werte jedes dieser beiden Fälle können mit den $L(m)$-Werten der Typen C und D, nämlich $-2bm + \frac{1}{2} b$ bzw. $-2bm$, in Einklang gebracht werden. Bei der Zuordnung zum Typus D scheint eine Schwierigkeit die Tatsache zu bilden, daß sowohl in Nr. 2 als auch in Nr. 3 der Koeffizient $c - \frac{3}{2}$ als von m unabhängig anzusehen ist, so daß das Glied $\left(c - \frac{3}{2}\right)\Big/v$ in den beiden Fällen Nr. 2 und Nr. 3 scheinbar nicht verschwinden kann. Der gleichen Schwierigkeit sind wir jedoch bereits beim Eigenwertproblem der zugeordneten Kugelfunktionen auf S. 202 begegnet. Sie löst sich hier ebenso wie dort.

Wir wollen dies am Beispiel des Eigenwertproblems des harmonischen Oszillators zeigen, das nach Infeld–Hull dem Typus D angehört. Wir setzen das Eigenwertproblem in der Gestalt

$$\frac{d^2 u}{dv^2} - v^2 u + \lambda u = 0, \quad \text{d.h.} \quad r(v, m) = -v^2 \qquad (8.15)$$

voraus. Falls wir die in 3, § 3 erhaltene Lösung (3,3.6a) der nunmehrigen Gestalt (8.15) des Eigenwertproblems des harmonischen Oszillators anpassen, so lautet sie

$$f_n = (2v)^n e^{-v^2/2} \, {}_2F\left(-\frac{1}{2}\, n, \; -\frac{1}{2}\, n + \frac{1}{2}; \; -1/v^2\right), \qquad (8.16)$$

wobei $v^2 = \varkappa x^2$ gesetzt wurde. Um mit Hilfe der Tabelle XI die Funktion $k(v, m)$ angeben zu können, müssen wir mit Hilfe der Beziehung (3,2.29) die Eigenfunktion (8.16) mittels der konfluenten hypergeometrischen Funktion ${}_1F_1(a; c; \xi)$ ausdrücken. Setzen wir voraus, daß n etwa gerade ist, so erhalten wir für drei aufeinanderfolgende Eigenfunktionen bis auf eine multiplikative Konstante die Ausdrücke

$$f_{n-1} = e^{-v^2/2} {}_1F_1\left(-\frac{1}{2}n+1; \frac{3}{2}; v^2\right),$$

$$f_n = e^{-v^2/2} {}_1F_1\left(-\frac{1}{2}n; \frac{1}{2}; v^2\right),$$

$$f_{n+1} = e^{-v^2/2} {}_1F_1\left(-\frac{1}{2}n; \frac{3}{2}; v^2\right). \tag{8.17}$$

Will man nun die Eigenfunktionen f_{n-1} und f_n benützen, um mit Hilfe der Tabelle XI das entsprechende $k(v, m)$ anzugeben, so muß man f_{n-1} als die Ausgangseigenfunktion ansehen, da sie größere Parameterwerte a und c enthält und daher $\Delta a = 1, \Delta c = 1$ ergibt. Wir haben es daher mit dem Fall Nr. 2 der Tabelle XI zu tun und zwar für $a_o > 0$, da ja in unserem Falle $\lambda \varrho/p > 0$ (vgl. (8.4)) und λ positiv ist.

Setzt man $\mu_1 = 1/2$, so erhält man mit Rücksicht auf $a = -\frac{1}{2}n+1$ und

$c = \frac{3}{2}$ für $k(v, m)$ den Ausdruck $k(v, m) = -v$, während bei Infeld–Hull $k(v, m) = v$ angegeben wird. Auf Grund von (4.17) und (4.18) ist dieser Tatbestand nicht überraschend, da wir ja f_{n-1} und nicht f_n als Ausgangsfunktion gewählt haben.

Verwenden wir jedoch die beiden Eigenfunktionen f_n und f_{n+1} zur Angabe von $k(v, m)$, so ist f_{n+1} als die Ausgangseigenfunktion zu betrachten, da wir dann $\Delta a = 0, \Delta c = 1$ erhalten. Wir haben daher den Ausdruck Nr. 3 der Tabelle XI für $k(v, m)$ zu verwenden. Da hier $\mu_1 = \frac{1}{2}$,

so ist mit Rücksicht auf $a = -\frac{1}{2}n$, $c = \frac{3}{2}$ nun $k(v, m+1) = v = k(v, m)$.

Dieses Ergebnis stimmt mit den Überlegungen in § 4 überein, da sich ja hier m und n gleichsinnig ändern.

Das Beispiel des harmonischen Oszillators zeigt, daß zur Angabe von $k(v, m)$ im Falle dieses Eigenwertproblems sowohl die unter Nr. 2 als auch die unter Nr. 3 in der Tabelle XI angeführten Formeln verwendet werden können, wobei sich für $k(v, m)$ allerdings die beiden durch das Vorzeichen voneinander unterscheidenden Ausdrücke $\pm v$ ergeben.

Bei den Eigenwertproblemen, deren Eigenlösungen die konfluente hypergeometrische Funktion ${}_1F_1(a; c; \xi)$ enthalten, ist nicht nur die Grenze zwischen den beiden Typen C und D verwischt, sondern auch die zwischen den übrigen Typen. Dies zeigt sich am Beispiel des Eigenwertproblems der Besselschen Funktionen. Infeld–Hull sehen dieses Problem als zum Typus C gehörig an, während vom Standpunkt der Polynommethode es dem Typus F unterzuordnen ist. Will man die $k(v, m)$-Funktion dieses Eigenwertproblems mit Hilfe der Tabelle XI ermitteln, so muß man die Besselsche Funktion $J_n(x)$ durch die konfluente hypergeometrische Funktion $_1F_1(a; c; \xi)$ ausdrücken und nicht durch die Funktion $_1F(a; \xi)$, wie wir es in (3,5.3) getan haben. Die gewünschte Darstellung der Besselschen Funktionen $J_n(x)$ erhält man, wenn man auf (3,5.3) die Umrechnungsformel (3,5.4) anwendet. Es ergibt sich dann

$$J_n(x) = e^{-ix} \left(\frac{x}{2}\right)^n {}_1F_1 \left(n + \frac{1}{2}; 2n+1; 2ix\right). \qquad (8.18)$$

Geht man von $J_n(x)$ zu $J_{n-1}(x)$ über, so wird $\Delta a = 1$, $\Delta c = 2$, so daß die Formeln Nr. 4 der Tabelle XI anzuwenden sind und daher das Eigenwertproblem als zum Typus F gehörig angesehen werden muß.

Es muß jedoch betont werden, daß keine Verwaschung der Grenze vorhanden ist, einerseits zwischen den Typen A und E, die Eigenlösungen mit gewöhnlichen hypergeometrischen Funktionen enthalten, und andererseits zwischen den übrigen Typen B, C, D, F, in deren Eigenlösungen die konfluente hypergeometrische Funktion $_1F_1(a; c; \xi)$ auftritt.

Um $k(v, m)$, $L(m)$ und λ in einem Falle anzugeben, wo die Eigenlösungen die hypergeometrischen Polynome $_2F(-n; b; \xi)$ enthalten, ist es selbstverständlich ungleich einfacher eine zu IX oder XI analoge Tabelle zu verwenden, als die Polynome $_2F(-n, b; \xi)$ mittels (3,2.29) durch $_1F_1(-n; c; \xi)$ auszudrücken. Eine solche Tabelle kann man verhältnismäßig einfach herstellen, wenn man sich darauf beschränkt nur diejenigen Funktionen $k(v, m)$ anzugeben, die den in der Tabelle IV (S. 147) enthaltenen Rekursionsformeln entsprechen, d.h. wenn man nicht darauf ausgeht, wie wir es in § 6 und § 7 getan haben, alle faktorisierbaren Fälle zu finden, in deren Lösungen die hypergeometrischen Polynome $_2F(-n, b; \xi)$ auftreten. Man muß nur die Beziehungen benützen, die sich durch einen Grenzübergang aus den entsprechenden Beziehungen in den Fällen ergeben, wo in den Eigenlösungen gewöhnliche hypergeometrische Funktionen $_2F_1(a, b; c; \xi)$ enthalten sind. Um diesen Grenzübergang auszuführen, hat man zunächst die Transformation

$$\xi \to \varrho\xi \qquad \begin{aligned} \alpha &= \alpha_0 + \frac{1}{2}\varrho, & \beta &= \text{const}, & \gamma &= \gamma_0 - \frac{1}{2}\varrho, \\[2mm] \alpha' &= \alpha_0' - \frac{1}{2}\varrho, & \beta' &= \text{const}, & \gamma' &= \gamma_0' + \frac{1}{2}\varrho \end{aligned}$$

anzuwenden und sodann zum Grenzfalle $\varrho \to \infty$ überzugehen. Da die Rechnungen ganz nach dem Muster der oben durchgeführten verlaufen, wollen wir sie hier nicht reproduzieren, sondern uns auf die Angabe des Endergebnisses beschränken. Die sich auf diesem Wege ergebenden $k(v, m)$-Funktionen können aus denen in der Tabelle XI erhalten werden, wenn man hier c durch $a-b+1$ ersetzt und die so bestimmte

$k(v, m)$-Funktion demgemäß als zu den Parameterdifferenzen $\Delta a = \Delta a$, $\Delta b = \Delta a - \Delta c$ gehörig betrachtet. Dabei treten nur solche Unterschiede in der Gestalt der $k(v, m)$-Funktionen auf, die durch die Abänderung des Vorzeichens von μ_o oder von μ_o^* oder durch den Ersatz von v durch v+const ausgeglichen werden können. Den Ersatz von c durch $a-b+1$ kann man sich mit Hilfe der Beziehung (3,2.29) zwischen den Polynomen $_1F_1(-n; c; \xi)$ und $_2F(-n, -n-c+1; -1/\xi)$ plausibel machen. In $_1F_1(-n; c; \xi)$ ist $a = -n$ und demgemäß ist in $_2F(-n, -n-c+1; -1/\xi)$ $a = -n$ und $b = a-c+1$. Aus der letzten Beziehung folgt aber $\Delta b = \Delta a - \Delta c$. Man beachte daß $_2F(a, b; -1/\xi)$ als Funktion von $-1/\xi$ aufzufassen ist und dementsprechend der Wert von h festgelegt werden muß.

Als Beispiel zur Berechnung von $k(v, m)$ im Falle von Eigenlösungen mit den hypergeometrischen Polynomen $_2F(a, b; -1/\xi)$ wählen wir wieder das Eigenwertproblem des harmonischen Oszillators. Wir wollen nämlich eine Vergleichsmöglichkeit haben mit der oben auf Grund von Eigenlösungen mit den hypergeometrischen Polynomen $_1F_1(a; c; \xi)$ durchgeführten Berechnung von $k(v, m)$. Setzen wir $\xi = \varkappa x^2$, so können wir die Eigenlösung (3,3.6a) in der Gestalt

$$f_n = 2^n \xi^{n/2} e^{-\xi/2} {}_2F\left(-\frac{1}{2}n, -\frac{1}{2}n+\frac{1}{2}; -1/\xi\right)$$

annehmen. Es wird dann bei Vertauschung von a und b

$$f_{n-1} = 2^{n-1} \xi^{(n-1)/2} e^{-\xi/2} {}_2F\left(-\frac{1}{2}n+1, -\frac{1}{2}n+\frac{1}{2}; -1/\xi\right).$$

Sehen wir f_{n-1} als die Ausgangseigenfunktion an, so ist $a = -\frac{1}{2}n+1$, $b = -\frac{1}{2}n+\frac{1}{2}$ und ferner $\Delta a = 1, \Delta b = 0$. Da $\Delta c = \Delta a - \Delta b = 1$ ist, haben wir es mit Rücksicht auf $\Delta a = 1$ mit dem Fall Nr. 2 der Tabelle XI zu tun. Mit Rücksicht auf $c = a-b+1 = 3/2$ wird

$$k(v, m) = -\frac{1}{4\mu_1^2} v.$$

Gemäß (8.15) ist $\varrho = p = 1$ und somit $\varrho/p = 1$. Daher ist $a_o = 1$ zufolge (8.4). Wegen $h = -2$ wird $\mu_1 = \sqrt{a_o}/h = -1/2$ und wir erhalten folglich $k(v, m) = -v$, in Übereinstimmung mit unseren Erwartungen gemäß (4.17) und (4.18).

Wie schon auf S. 143 bemerkt wurde, läßt der oben angegebene Zusammenhang zwischen der Faktorisierungs- und der Polynommethode auch den Ursprung der in der Faktorisierungsmethode im Falle diskreter Eigenwerte auftretenden Stammfunktionen (vgl. § 1) erkennen. Es sind dies die einfachsten Eigenlösungen des betrachteten Eigenwertproblems. Sie werden erhalten, wenn das in der Eigenlösung auftretende hypergeometrische Polynom gleich 1 wird, also z.B. im Falle $_2F_1(0, b; c; \xi) = 1$ oder $_1F_1(0; c; \xi) = 1$.

§ 9. Faktorisierungsmethode und umgeordnete Eigenwertprobleme

Wir haben bereits oben erwähnt (5, § 1, S. 123), daß vom mathematischen Gesichtspunkte aus der bei der Faktorisierung auftretende Parameter m als die Eigenwertquantenzahl eines Eigenwertproblems anzusehen ist, das durch eine Umordnung des gegebenen Eigenwertproblems entsteht. Wie eine Durchsicht der Faktorisierungstabelle bei Infeld–Hull (1951, S. 66) zeigt, kann die Umordnung eines faktorisierbaren Eigenwertproblems entweder ein lineares oder ein quadratisches Eigenwertproblem[1] ergeben. Der Zusammenhang des gegebenen Eigenwertproblems mit dem umgeordneten tritt bei der Faktorisierungsmethode aus mehreren Gründen nicht klar hervor:

(1) Der Parameter m ist bei den meisten faktorisierbaren Eigenwertproblemen, die in der Quantentheorie auftreten, schon von vornherein vorhanden. Entsteht das gegebene Eigenwertproblem durch Separation der Variablen aus einem durch eine partielle Differentialgleichung gegebenen Eigenwertproblem, so hat m gewöhnlich die Bedeutung der Eigenwertquantenzahl eines schon vorher gelösten Eigenwertproblems.

(2) Die Tatsache, daß das gegebene und das umgeordnete Eigenwertproblem durch die gleichen Eigenfunktionen gelöst werden, falls nur die Zahlenwerte der beiden Eigenwertparameter in den beiden Problemen übereinstimmen, wird bei der Faktorisierungsmethode dadurch verschleiert, daß in den beiden Eigenwertproblemen die Gewichtsfunktionen verschieden sein müssen (vgl. 4, § 3). Daher treten bei dem mittels der Transformation (1.1) durchgeführten Übergang zur Sturm–Liouvilleschen Normalform beim gegebenen und beim umgeordneten Eigenwertproblem stets verschiedene Variable v und daher die gleichen Eigenfunktionen u_m in verschiedener Gestalt auf.

(3) Der Infeldschen Faktorisierung können nur lineare, nicht aber quadratische Eigenwertprobleme unterworfen werden. Wir müssen daher immer voraussetzen, daß ein faktorisierbares Eigenwertproblem linear ist. Ist das umgeordnete Eigenwertproblem ebenfalls linear, so kann man für die Eigenfunktionen des gegebenen Eigenwertproblems

---

[1] Quadratische Eigenwertprobleme werden bei der Umordnung einiger bei Infeld–Hull zum Typus A und C gehöriger Eigenwertprobleme erhalten.

zwei verschiedene Faktorisierungen angeben, die dem gegebenen bzw. umgeordneten Eigenwertproblem entsprechen. Ist jedoch das umgeordnete Eigenwertproblem quadratisch, so ist nur die zum gegebenen Eigenwertproblem gehörige Faktorisierung vorhanden. Die Symmetrie zwischen dem gegebenen und dem umgeordneten Eigenwertproblem ist dann nicht erkennbar[1].

(4) Das umgeordnete Eigenwertproblem ist in allen bekannten und daraufhin untersuchten Fällen nicht von unmittelbarer physikalischer Bedeutung und tritt daher nicht in den Vordergrund, wenn das ursprünglich gegebene Eigenwertproblem nach der Faktorisierungsmethode behandelt wird.

(5) Das umgeordnete Eigenwertproblem ergibt, wenigstens in vielen Fällen, entweder kein vollständiges System von Eigenfunktionen, weil es z.B. nur aus einer endlichen Anzahl von solchen Funktionen besteht, oder es entspricht einer Belegungsfunktion $\varrho(x)$, bei der nicht alle Integrale in der Orthogonalitäts- und Normierungsbedingung (1,4.1) konvergieren (vgl. 4,3.6b). Ein solches umgeordnetes Eigenwertproblem ist daher meist auch vom mathematischen Standpunkte nicht interessant.

Wie wir bereits in § 1 erwähnt haben, postuliert sowohl die Schrödingersche als auch die Infeldsche Faktorisierungsmethode, daß die Eigenwerte des gegebenen Eigenwertproblems stets durch eine Teilfolge der gleichen Folge von Eigenwerten gegeben werden — unabhängig vom Zahlenwert des ganzzahligen Parameters m. Physikalisch ist dieser Tatbestand im allgemeinen in allen Fällen plausibel, in denen der Parameter m physikalischen Ursprungs und daher ganzzahlig ist. Beim Eigenwertproblem der zugeordneten Kugelfunktionen bestimmen z.B. die Eigenwerte $\lambda = l(l+1)$, wenn man sie mit $\hbar^2$ multipliziert, die Quadrate des gesamten Impulsmomentes. Die Tatsache, daß ohne Rücksicht auf den Wert von m die Eigenwerte λ stets ein und derselben Folge von Zahlen zu entnehmen sind, ist physikalisch verständlich, da sie ja nichts anderes bedeutet, als daß bei gegebener Projektion $m\hbar$ des Bahnimpulsmomentes das Quadrat des gesamten Bahnimpulsmomentes durch jeden Wert $l(l+1)\hbar^2$ gegeben sein kann, falls nur l der Bedingung $|m| \leqslant l$ entspricht.

Im Falle des Eigenwertproblems (3,3.8) der Radialfunktionen eines Ein-Elektronen-Atoms bestimmen die Eigenwerte (3,3.12) die Energieniveaus eines solchen Atoms. Die ganzzahlige Quantenzahl l legt hingegen das gesamte Bahnimpulsmoment fest. Daß die Folge der Eigenwerte

---

[1] Aus der obigen Deutung des Parameters m folgt: Da auch die Eigenwertquantenzahl des ursprünglich gegebenen Eigenwertproblems zur Faktorisierung des umgeordneten Eigenwertproblems verwendet werden kann, so kann man ein Eigenwertproblem höchstens auf $d+1$ verschiedene Arten faktorisieren, falls man es in d verschiedene lineare Eigenwertprobleme umordnen kann.

unabhängig vom Werte l stets der gleichen Zahlenfolge (3,3.12) zu entnehmen ist, erscheint physikalisch plausibel, wenn man beachtet, daß die Energie der Bahn nur von der von l unabhängigen großen Achse, nicht aber von der Exzentrizität der Bahnellipse abhängt, die durch l mitbestimmt wird.

Bisher ist es leider noch nicht gelungen, ausgehend von der Polynommethode die notwendige Bedingung für den sehr frappanten Tatbestand der Unabhängigkeit der Folge der Eigenwerte von dem ganzzahligen Parameter m anzugeben. Die in der vorliegenden Monographie mit Hilfe dieser Methode behandelten speziellen Eigenwertprobleme der Quantentheorie lassen jedoch erkennen, in welcher Richtung wenigstens eine hinreichende Bedingung für diese Erscheinung zu suchen ist. Bei allen diesen Problemen besteht nämlich ein homogener oder auch inhomogener linearer, nur rationale Koeffizienten enthaltender Zusammenhang zwischen der ganzzahligen Polynomquantenzahl n und der Eigenwertquantenzahl l des ursprünglich gegebenen sowie den Eigenwertquantenzahlen m_1 und m_2 der umgeordneten Eigenwertprobleme (wenn zwei solche vorhanden sind). Die Eigenwertquantenzahlen l, m_1 und m_2 hängen nämlich in diesen Spezialfällen linear von der ganzzahligen Polynomquantenzahl n ab und werden daher bis auf eine eventuelle additive Konstante durch eine Folge von positiven ganzen Zahlen dargestellt. Dieser Zusammenhang legt nämlich die Eigenfunktionen und die Eigenwerte des ursprünglich gegebenen und auch der beiden umgeordneten Eigenwertprobleme bei der Anwendung der Polynommethode fest. Es gilt somit die Beziehung

$$n = \alpha l + \beta_1 m_1 + \beta_2 m_2 + c, \qquad (9.1)$$

wo c eine Konstante ist, während α, β_1 und β_2 durch rationale Zahlen gegeben werden, in vielen Fällen einfach durch ± 1. Die Richtigkeit unserer Behauptung ist in den von uns behandelten Spezialfällen der nachstehenden Tabelle XII zu entnehmen.[1]

In den ersten vier Fällen der Tabelle XII ist nur ein einziges umgeordnetes Eigenwertproblem vorhanden und die Beziehung (9.1) hat hier die einfache Gestalt

$$n = l - m + c, \qquad (9.2)$$

wo die Konstante c gleich 0 oder 1 ist.

---

[1] Das Eigenwertproblem des harmonischen Oszillators in 3, § 3 sowie das der Besselschen Funktionen in 3, § 5 wurde in die Tabelle XII nicht aufgenommen, da ja diese beiden Probleme bei ihrer Lösung mit Hilfe der Faktorisierungsmethode unter Verwendung der Eigenwertquantenzahlen des gegebenen Eigenwertproblems, also ohne Mithilfe der Eigenwertquantenzahl eines umgeordneten Eigenwertproblems behandelt werden.

Tabelle XII

Zusammenhang zwischen der Polynomquantenzahl und den Eigenwertquantenzahlen des gegebenen und des umgeordneten Eigenwertproblems.

Nr.	Eigenwertproblem	Polynom-quanten-zahl	Eigenwertquantenzahl des		Zusammenhang zwischen allen Quantenzahlen
			gegebenen	umgeordne-ten	
			Eigenwertproblems		
1	Zugeordnete Kugel-funktionen (2,2.1)	n	l	m	$l = m+n$
2	Symmetrischer Kreisel (2,2.15)	n	j	τ^*	$j = \tau^*+n$
3	Keplerproblem in der Hypersphäre (2,6.2)	n'	n	l	$n = n'+l+1$
4	Radialfunktionen des Ein-Elektronen-Atoms (3,3.8)	n_r	n	l	$n = n_r+l+1$
5	Von Kuipers und Meu-lenbeld verallgemeiner-te zugeordnete Kugel-funktionen (2,5.1)	n'	l	m oder n	$l = n' + \dfrac{1}{2}(m+n)$

Im Falle Nr. 5 der Tabelle XII sind zwei umgeordnete Eigenwert-probleme vorhanden und wir haben hier zwischen der Polynomquan-tenzahl n' und den Eigenwertquantenzahlen l bzw. m und n des ursprüng-lich gegebenen, bzw. der beiden umgeordneten Eigenwertprobleme, die nachstehende Beziehung

$$n' = l - \frac{1}{2}(m+n). \tag{9.3}$$

Beide Relationen (9.2) und (9.3) sind Spezialfälle der allgemeinen Beziehung (9.1). Nehmen wir an, daß entsprechend den Forderungen der Quantentheorie die Eigenwertquantenzahlen l, m und n in allen fünf Fällen der Tabelle XII durch positive oder negative ganze Zahlen dargestellt werden. Die Polynomquantenzahlen n, n' oder n_r werden in allen fünf Fällen durch positive ganze Zahlen $0, 1, 2, \ldots$ gegeben. Der Eigenwertparameter des ursprünglichen Eigenwertproblems, bzw. der umgeordneten Eigenwertprobleme, ist im Falle (9.2) eine Funktion von l bzw. von m und im Falle (9.3) eine Funktion von l bzw. von m oder n.

Betrachten wir zunächst die ersten vier Fälle der Tabelle XII. In diesen Fällen ist wegen (9.2)

$$l = n+m-c. \tag{9.4}$$

Ausgehend von gegebenen Werten von l, m und c, die die Beziehung (9.4) erfüllen, erhält man eine Folge von l-Quantenzahlen, die bis auf eine, für alle l gleiche, additive Konstante, gleich der Folge der ganzen Zahlen $0, 1, 2, \dots$ ist, unabhängig davon ob die Änderungen von l durch n oder m bewerkstelligt werden. Die Folge der Eigenwertquantenzahlen l des ursprünglich gegebenen Eigenwertproblems ist somit eindeutig bestimmt. Da der Eigenwertparameter dieses Problems nur von der Quantenzahl l abhängt, so ist damit die Folge der Eigenwerte λ eindeutig festgelegt, wie oben angekündigt wurde.

Im Falle Nr. 5 der Tabelle XII ist gemäß (9.3)

$$l = n' + \frac{1}{2}(m+n). \tag{9.5}$$

Ausgehend von den Werten der in (9.5) auftretenden Quantenzahlen, die diese Bedingungen erfüllen, erhält man eine eindeutig bestimmte Folge der Eigenwertquantenzahlen l, wenn man für die Quantenzahlen m und n Folgen von Zahlen verwendet, die bis auf additive Konstanten durch Folgen von geraden ganzen Zahlen definiert sind. Dies findet statt unabhängig davon, durch welche Quantenzahlen n', m und n die Änderung von l zustande kommt. Da der Eigenwertparameter λ des ursprünglich gegebenen Eigenwertproblems (2,5.1) nur eine Funktion von l ist, so ist damit auch die Folge der Eigenwerte λ eindeutig festgelegt.

Wir wollen uns noch mit der Frage beschäftigen, ob die durch Umordnung von mittels der Polynommethode lösbaren und zugleich auch faktorisierbaren Eigenwertprobleme entstehenden Probleme ebenfalls faktorisierbar sind. Um den Komplikationen zu entgehen, die durch die Unterscheidung von einzelnen Spezialfällen entstehen, wollen wir uns im folgenden nur mit zwei Beispielen begnügen.

Zunächst betrachten wir das Eigenwertproblem (2,4.1) der zugeordneten Kugelfunktionen. Hier wird der Eigenwertparameter $\lambda = l(l+1)$ durch die Eigenwertquantenzahl l gegeben. Wie aus der Darstellung (2,4.7) der Eigenfunktionen zu entnehmen ist, werden bei einer Erniedrigung der Quantenzahl l um eine Einheit die Parameterdifferenzen der in den Eigenfunktionen auftretenden hypergeometrischen Funktionen

$${}_2F_1\left(a, b; c; \frac{1}{2}(1-x)\right) \text{ durch}$$

$$\Delta a = -1, \quad \Delta b = 1, \quad \Delta c = 0$$

gegeben. Dies entspricht dem Paar von Rekursionsformeln für die zugeordneten Kugelfunktionen $P_l^m(x)$, das durch die Rekursionsformeln der hypergeometrischen Funktionen bedingt wird, die in Nr. 6 der Tabelle II (S. 144) verzeichnet sind.

Im Falle des Eigenwertproblems, das durch die Umordnung des Kugelfunktionenproblems (2,2.1) entsteht, ist hingegen gemäß (2,4.7)

$$\Delta a = \Delta b = 1, \quad \Delta c = 2$$

entsprechend dem Paar von Rekursionsformeln für die hypergeometrischen Funktionen, das in Nr. 5 in der Tabelle II verzeichnet ist.

Im Falle des Eigenwertproblems der von Kuipers und Meulenbeld verallgemeinerten zugeordneten Kugelfunktionen werden die Eigenfunktionen durch (2,5.9) definiert. Im Falle der Eigenwertquantenzahl l des durch (2,5.1) gegebenen ursprünglichen Eigenwertproblems ist

$$\Delta a = 1, \quad \Delta b = -1, \quad \Delta c = 0,$$

was auf das durch die Nr. 6 in der Tabelle II angegebene Paar von Rekursionsformeln für die hypergeometrischen Funktionen hindeutet.

In dem Falle der durch Umordnung des Eigenwertproblems (2,5.1) entstehenden Eigenwertprobleme mit den Eigenwertquantenzahlen m und n muß man für diese Quantenzahlen Änderungen um zwei Einheiten zulassen, um, in Übereinstimmung mit der Darstellung (2,5.9) der Eigenfunktionen, hypergeometrische Funktionen zu erhalten mit Parameterdifferenzen Δa, Δb und Δc, die in der Tabelle II auftreten. Es ergeben sich dann im Falle der Quantenzahlen m bzw. n die Parameterdifferenzen

$$\Delta a = \Delta b = 1, \quad \Delta c = 2$$

bzw.

$$\Delta a = \Delta b = 1, \quad \Delta c = 0.$$

Ihnen entsprechen Paare von Rekursionsformeln für die hypergeometrischen Funktionen $_2F_1\left(a, b, c; \frac{1}{2}(1-x)\right)$, die in der Tabelle II unter der Nr. 5 bzw. Nr. 7 angegeben sind. Allerdings erhält man auf diese Weise nur Paare von Rekursionsformeln für zwei Eigenfunktionen, in denen sich die Eigenwertquantenzahl m oder n um zwei Einheiten ändert. Weitere Paare von Rekursionsformeln ergeben sich gemäß (2,5.9), wenn man $m+n$ um eine gerade Zahl und m um irgend eine ganze Zahl ändert, um für die Parameterdifferenzen ganze Zahlen zu erhalten.

Aus den angegebenen beiden Beispielen ist zu entnehmen, daß die umgeordneten Eigenwertprobleme im allgemeinen einer anderen Faktorisierung unterliegen als das ursprünglich gegebene. Ferner ist die größte Anzahl der Faktorisierungen, die man für ein mit Hilfe der Polynommethode lösbares Eigenwertproblem angeben kann, höchstens um eine Einheit größer als die Anzahl der Umordnungen, denen das ursprüngliche Eigenwertproblem unterworfen werden kann.

Zur Frage, ob alle Eigenwertprobleme, die durch Umordnung der mit Hilfe der Polynommethode lösbaren, aber auch faktorisierbaren Eigenwertprobleme entstehen, ebenfalls faktorisiert werden können, wenigstens mit Hilfe der Schrödingerschen Faktorisierung, ist zu beachten, daß dies nur in den Fällen möglich ist, in denen das umgeordnete Eigenwertproblem die allgemeinen Bedingungen für faktorisierbare Eigenwertprobleme erfüllt. In den Parametern der hypergeometrischen Funktionen, die in den Eigenfunktionen auftreten, müssen die Eigenwertquantenzahlen der umgeordneten Eigenwertprobleme linear mit rationalen Koeffizienten enthalten sein (vgl. Anhang C).

§ 10. Zusammenhang zwischen der Faktorisierungsmethode und den Lie Algebren

Einige Autoren, wie Weisner (1955), Miller (1964) und Kaufman (1966), sehen die Begründung für das Bestehen der Schrödingerschen als auch der Infeldschen Faktorisierungsmethode in deren Zusammenhang mit verschiedenen Lie Algebren. Bekanntlich bildet eine Gesamtheit von n Operatoren O_i eine Lie Algebra (vgl. z.B. Jacobson (1962) oder Lipkin (1965)), wenn die Kommutatoren irgend welcher zwei Operatoren O_i und O_j sich linear durch die Operatoren dieser Gesamtheit ausdrücken lassen:

$$[O_i, O_j] = O_i O_j - O_j O_i = \sum_{k=1}^{n} c_k O_k,$$

wo die c_k gewisse Konstanten bedeuten.

Ein Beispiel einer solchen Lie Algebra, die schon von selbst in der Quantentheorie auftritt (vgl. Dirac (1930) und Weyl (1931)), bildet die Gesamtheit der Operatoren, die durch die Komponenten J_x, J_y, J_z des Impulsmomentes gegeben wird. Bis auf die für unsere Zwecke unwesentliche multiplikative Konstante $\hbar$ werden diese Operatoren durch

$$J_x = \frac{1}{i}\left(y\frac{\partial}{\partial z} - z\frac{\partial}{\partial y}\right), \quad J_y = \frac{1}{i}\left(z\frac{\partial}{\partial x} - x\frac{\partial}{\partial z}\right),$$

$$J_z = \frac{1}{i}\left(x\frac{\partial}{\partial y} - y\frac{\partial}{\partial x}\right)$$

definiert. Ihre Lie Algebra wird durch die bekannten Vertauschungsrelationen

$$[J_x, J_y] = iJ_z, \qquad [J_y, J_z] = iJ_x, \qquad [J_z, J_x] = iJ_y \qquad (10.1)$$

dargestellt.

Die Operatoren J_x, J_y, J_z sind zwar nicht miteinander, wohl aber mit dem Operator des Quadrates des Impulsmomentes $J^2 = (J_x)^2 + (J_y)^2 + (J_z)^2$ vertauschbar. Es sind daher gemeinsame Eigenfunktionen von J^2 nur mit einem von diesen drei Operatoren, z.B. mit J_z vorhanden. Mit Hilfe von J_x und J_y kann man dann die beiden Operatoren

$$J^+ = J_x + iJ_y \quad \text{und} \quad J^- = J_x - iJ_y$$

definieren, die im wesentlichen die Rolle der Operatoren $H^{m+1,m}$ und $H^{m-1,m}$ inne haben. Um dies zu beweisen bemerken wir: zwischen den Operatoren J^+, J^- und J_z bestehen auf Grund von (10.1) die nachstehenden Vertauschungsrelationen[1]

$$[J_z, J^+] = J^+, \qquad [J_z, J^-] = -J^-, \qquad [J^+, J^-] = 2J_z. \qquad (10.2)$$

Bezeichnen wir mit m den Eigenwert des Operators J_z, so daß

$$J_z u_m = m u_m \qquad (10.3)$$

ist. Aus der ersten Vertauschungsrelation in (10.2) ergibt sich dann unmittelbar die Beziehung

$$J_z(J^+ u_m) - J^+(J_z u_m) - J^+ u_m,$$

so daß man mit Rücksicht auf (10.3) die Relation

$$J_z(J^+ u_m) = (m+1)J^+ u_m$$

erhält. Ebenso folgt aus der zweiten Vertauschungsrelation in (10.2) die Beziehung

$$J_z(J^- u_m) = (m-1)J^- u_m.$$

Wenn somit u_m eine zum Eigenwert m des Operators J_z gehörige Eigenfunktion bezeichnet, so ist $J^+ u_m$ bzw. $J^- u_m$ eine zum Eigenwert $m+1$ bzw. $m-1$ gehörige Eigenfunktion des Operators J_z.

Die Operatoren J^+ und J^- spielen somit die Rollen der Operatoren $H^{m+1,m}$ und $H^{m-1,m}$, wie oben behauptet wurde. Jedoch mit einem ganz wesentlichen Unterschied! Während man nämlich in der Faktorisierungsmethode Operatoren verwendet, die von der ganzzahligen Polynomquantenzahl m abhängen und nur auf eine einzige Veränderliche einwirken, so hängen die Operatoren J^+, J^- und J_z von m nicht ab, greifen jedoch an Funktionen zweier Veränderlichen an. Verwenden wir räumliche Polarkoordinaten, so haben nämlich diese Operatoren die Gestalt

---

[1] Die durch (10.1) oder (10.2) gegebene Lie Algebra entspricht der dreidimensionalen Rotationsgruppe O_3 (vgl. z.B. Hamermesh 1962, S. 307).

(vgl. z.B. Weyl 1931)

$$\left.\begin{array}{c} J^+ \\ J^- \end{array}\right\} = e^{\pm i\varphi}\left(i\operatorname{ctg}\vartheta\,\frac{\partial}{\partial\varphi} \pm \frac{\partial}{\partial\vartheta}\right), \quad J_z = \frac{1}{i}\,\frac{\partial}{\partial\varphi}. \qquad (10.4)$$

Die dazugehörigen Eigenfunktionen werden durch die gemeinsamen Eigenfunktionen der beiden Operatoren J^2 und J_z, d.h. durch die Kugelflächenfunktionen $Y_{l,m}(\vartheta, \varphi) = e^{imp}P_l^m(\cos\vartheta)$ dargestellt.

Wie sich später herausgestellt hat (vgl. insbesondere Miller 1964), sind die Faktorisierungsoperatoren aller faktorisierbaren Eigenwertprobleme Lie Algebren unterworfen und die Operatoren der Impulsmomentkomponenten bilden nur eine ganz spezielle Lie Algebra. Es ist daher nicht verwunderlich, daß Coish (1956) eine Arbeit unter dem Titel „Infeld Factorization and Angular Momenta" veröffentlichen konnte. Ohne ausdrücklich auf Lie Algebren Bezug zu nehmen, zeigt er nämlich in dieser Arbeit an Beispielen, daß man zur Auflösung gewisser faktorisierbarer Eigenwertprobleme Operatoren verwenden kann, die als verallgemeinerte Operatoren von Impulsmomentkomponenten gedeutet werden können. Er glaubt auf diese Weise gezeigt zu haben, daß hinter der Faktorisierungsmethode etwas mehr dahinter steckt als ein mathematischer Trick.

Die erste bewußte Anwendung von Lie Algebren im Verein mit einfachen Annahmen über die Operatoren, die in diesen Algebren auftreten, ist Weisner (1955) zu verdanken. Er hat sich dabei allerdings nur mit Spezialfällen von gewöhnlichen und konfluenten hypergeometrischen Funktionen sowie mit den ultrasphärischen Polynomen beschäftigt. Die von ihm ohne nähere Begründung angegebenen Operatoren der in seinem Spezialfall der gewöhnlichen hypergeometrischen Funktionen ins Spiel tretenden Lie Algebra erhält man, wenn man von den Rekursionsformeln (3.5a) und (3.5b) ausgeht, die Beziehungen zwischen den Funktionen

$$_2F_1(a, b; c; x) \quad \text{und} \quad {}_2F_1(a-1, b; c; x) \qquad (10.5)$$

herstellen. Die in (3.5a) und (3.5b) auftretenden Operatoren sind jedoch für die Zwecke einer Lie Algebra nicht verwendbar. Ersetzen wir nämlich in ihnen den Parameter a durch die negative Polynomquantenzahl $-m$, um die hypergeometrischen Funktionen (10.5) in Polynome überzuführen, so hängen die in (3.5a) und (3.5b) auftretenden Operatoren von der Polynomquantenzahl m ($m = 0, 1, 2, ...$) ab. In Lie Algebren kann man aber nur Operatoren verwenden, die auf alle Eigenfunktionen einwirken können, ohne Rücksicht darauf, von welchem Wert der Polynomquantenzahl m sie abhängen. Diese Operatoren müssen somit von m unabhängig sein. Um solche Operatoren zu erhalten, multiplizieren wir die Rekursionsformel (3.5a) bzw. (3.5b), nachdem in beiden

a durch $-m$ ersetzt wurde, mit $-(m+c)$ bzw. $-(m+1)$, damit m in diesen Formeln linear auftritt. Um m auf den linken Seiten der so erhaltenen Formeln los zu werden, ersetzen wir es hier durch den Weisnerschen Operator

$$A = y\frac{\partial}{\partial y}. \tag{10.6}$$

Wir können dies tun, wenn wir die hypergeometrischen Funktionen (10.5) nach Ersatz von a durch $-m$ mit y^m bzw. y^{m+1} multiplizieren, so daß wir schließlich aus (3.5a) und (3.5b) die nachstehenden beiden Rekursionsformeln erhalten

$$H^+ y^m {}_2F_1(-m, b; c; x) = (m+c)y^{m+1} {}_2F_1(-(m+1), b; c; x),$$

$$H^- y^{m+1} {}_2F_1(-(m+1), b; c; x) = -(m+1)y^m {}_2F_1(-m, b; c; x). \tag{10.7}$$

Hier ist

$$H^+ = y\left[y\frac{\partial}{\partial y} + c - bx + x(1-x)\frac{\partial}{\partial x}\right], \quad H^- = \frac{x}{y}\frac{\partial}{\partial x} - \frac{\partial}{\partial y}. \tag{10.8}$$

Man überzeugt sich unmittelbar durch Ausführung der Differentiationen nach y in den Formeln (10.7), daß sie in die Rekursionsformeln (3.5a) und (3.5b) übergehen.

Mit Hilfe der Operatoren A (10.6), H^+ und H^- (10.8) kann man noch den Operator

$$D = H^+ H^- + A^2 + (c-1)A \tag{10.9}$$

definieren. Mit Hilfe der Operatoren A, H^+ und H^- kann man feststellen, daß der Operator D (10.9) durch

$$D = x\left[x(1-x)\frac{\partial^2}{\partial x^2} + xy\frac{\partial^2}{\partial x\partial y} + (c-(b+1)x)\frac{\partial}{\partial x} + by\frac{\partial}{\partial y}\right] \tag{10.10}$$

gegeben wird. Der Ausdruck (10.10) für den Operator D wird dabei erhalten, wenn man in der mit x multiplizierten Differentialgleichung (1,3.8) der gewöhnlichen hypergeometrischen Funktionen ${}_2F_1(a, b; c; x)$ den Parameter a durch $-m$ und m durch den Operator A (10.6) ersetzt.

Auf Grund der oben gegebenen Definitionen der Operatoren A, H^+ und H^- ergeben sich die nachstehenden Vertauschungsrelationen

$$[A, H^+] = H^+, \quad [A, H^-] = -H^-, \quad [H^+, H^-] = 2A + cE. \tag{10.11}$$

Dabei bedeutet hier E den Einheitsoperator. Damit ist in der Tat der Zusammenhang zwischen der Schrödingerschen Faktorisierungsmethode in einem speziellen Falle der gewöhnlichen hypergeometrischen Funktionen ${}_2F_1(a, b; c; x)$ und einer bestimmten Lie Algebra gegeben.

Selbstverständlich kann man von der durch (10.11) gegebenen Lie Algebra mit Hilfe der durch (10.6), (10.8) und (10.10) definierten Operatoren A, H^+ und H^- von den Vertauschungsrelationen (10.11) zu den Faktorisierungsformeln und der Differentialgleichung für die betrachtete hypergeometrische Funktion $_2F_1$ zurückgelangen, wie dies Weisner (1955) getan hat.

Ebenso kann man die Fälle behandeln, wo die Parameter b und c der hypergeometrischen Funktion $_2F_1(a, b; c; x)$ von der Polynomquantenzahl m linear abhängen.

Dieses Verfahren kann verallgemeinert werden. Miller (1964) hat nämlich gezeigt, daß man verschiedene Lie Algebren für entsprechend definierte Operatoren angeben kann, ausgehend von denen man alle sechs Faktorisierungsfälle A bis F erhalten kann. Man kann selbstverständlich auf dem entgegengesetzten Wege ausgehend von den Faktorisierungsformeln die entsprechenden Lie Algebren erhalten, wie wir dies an dem Eigenwertproblem der gewöhnlichen hypergeometrischen Funktionen gesehen haben. In Anlehnung an das oben durchgeführte Vorgehen muß man dabei die in der Faktorisierungsmethode verwendeten, an den Eigenfunktionen u_m angreifenden Operatoren

$$H^{m+1,m} = k(v, m+1) - \frac{d}{dv}$$

bzw.

$$H^{m-1,m} = k(v, m) + \frac{d}{dv} \tag{10.12}$$

durch Operatoren H^+ bzw. H^- ersetzen, die von der Polynomquantenzahl m nicht abhängen. Zu diesem Zwecke führen wir im Anschluß an Miller (1964) eine Hilfsvariable w und einen Operator

$$A = \frac{1}{i} \frac{\partial}{\partial w} \tag{10.13}$$

ein, der der z-Komponente J_z (10.4) des Impulsmomentoperators entspricht.[1] Er besitzt die Eigenfunktionen $\exp(imw)$ und die Eigenwerte m. Läßt man ihn auf die Eigenfunktionen

$$U_m(v, w) = e^{imw} u(v, m) = e^{imw} u_m(v) \tag{10.14}$$

---

[1] Selbstverständlich kann man auch in dem jetzt betrachteten Falle statt des Millerschen Operators A (10.13) auch den Weisnerschen Operator A (10.6) verwenden, wenn man die Eigenfunktionen u_m statt mit dem Faktor $\exp(imw)$ nun mit y^m versieht. Die Operatoren (10.6) und (10.13) sind nämlich identisch und werden nur mit Hilfe verschiedener unabhängiger Veränderlicher y und w dargestellt, zwischen denen der Zusammenhang $y = \exp(iw)$ besteht. Mit Rücksicht auf $\partial y / \partial w = iy$ ist nämlich

$$\frac{1}{i} \frac{\partial}{\partial w} = \frac{1}{i} \frac{\partial}{\partial y} \frac{\partial y}{\partial w} = y \frac{\partial}{\partial y}.$$

einwirken, so erhält man das Eigenwertproblem

$$AU_m(v, w) = mU_m(v, w). \tag{10.15}$$

Sehr einfach kann man die Operatoren der Lie Algebren im Falle der Faktorisierungsproblemklassen A bis D herstellen, da die hier auftretenden Funktionen $k(v, m)$ nur linear von m abhängen, also die Gestalt (Infeld Hull, 1951, S. 28)

$$k(v, m) = k_1(v) + m\, k_2(v) \tag{10.16}$$

haben. Man kann daher die Rekursionsformeln (1.16) mit Rücksicht auf (10.16) in der Gestalt

$$\left[k_1(v) + (m+1)k_2(v) - \frac{d}{dv}\right] u_m(v) = [\lambda - L(m+1)]^{1/2} u_{m+1}(v),$$

$$\left[k_1(v) + mk_2(v) + \frac{d}{dv}\right] u_m(v) = [\lambda - L(m)]^{1/2} u_{m-1}(v) \tag{10.17}$$

darstellen. Wenn somit auf den linken Seiten der Beziehungen (10.17) m durch den Operator A (10.13) ersetzt wird, so gelangt man mit Rücksicht auf (10.14) zu dem Paar der Rekursionsformeln

$$H^+ U_m(v, w) = [\lambda - L(m+1)]^{1/2} U_{m+1}(v, w),$$

$$H^- U_m(v, w) = [\lambda - L(m)]^{1/2} U_{m-1}(v, w). \tag{10.18}$$

Dabei werden die Operatoren H^+ und H^- gemäß (10.15), (10.16) und (10.17) durch

$$H^+ = \left[k_1(v) + \frac{1}{i} k_2(v) \frac{\partial}{\partial w} - \frac{\partial}{\partial v}\right] e^{iw},$$

$$H^- = e^{-iw} \left[k_1(v) + \frac{1}{i} k_2(v) \frac{\partial}{\partial w} + \frac{\partial}{\partial v}\right] \tag{10.19}$$

gegeben. Die Faktoren $\exp(iw)$ bzw. $\exp(-iw)$ in den Operatoren H^+ bzw. H^- haben die Aufgabe auf der linken Seite der ersten bzw. zweiten Gleichung in (10.18) die gleichen Faktoren $\exp(i(m+1)w)$ bzw. $\exp(i(m-1)w)$ zu erzeugen, die auf den rechten Seiten dieser Gleichungen auftreten, so daß sich diese Faktoren wegheben und diese Gleichungen in die Gleichungen (10.17) übergehen können. Man muß dabei den Faktor $\exp(iw)$ bzw. $\exp(-iw)$ in dem Ausdrucke (10.19) für H^+ bzw. H^- hinter bzw. vor die eckige Klammer setzen, damit sich in den Formeln (10.17) in den eckigen Klammern der Faktor $m+1$ bzw. m ergibt.

Die Differentialgleichung für $U_m(v, w)$ erhält man aus (10.18) in der Gestalt

$$H^+ H^- U_m(v, w) = [\lambda - L(m)] U_m(v, w),$$

wobei sich für H^+H^- mit Rücksicht auf (10.19) der Operator

$$H^+H^- = -\left[\frac{\partial^2}{\partial v^2} - k_1^2 + k_2^2 \frac{\partial^2}{\partial w^2} - \frac{2}{i} k_1 k_2 \frac{\partial}{\partial w} + \frac{\partial k_1}{\partial v} + \frac{1}{i} \frac{\partial k_2}{\partial v} \frac{\partial}{\partial w}\right]$$

(10.20)

ergibt.

Aus (1.2) und (1.10a) folgt für die Eigenfunktionen $u_m(v)$ das Eigenwertproblem

$$\left[\frac{d^2}{dv^2} - k^2(v, m) + \frac{dk(v, m)}{dv}\right] u_m(v) = [\lambda - L(m)] u_m(v). \quad (10.21)$$

Der in der eckigen Klammer auf der rechten Seite von (10.20) stehende Operator ergibt sich demnach, wenn man zunächst in dem Operator auf der linken Seite von (10.21) $k(v, m)$ durch (10.16) ausdrückt und ferner hier m durch den Operator A (10.13) ersetzt.

Um die Vertauschungsrelationen für die Operatoren A, H^+ und H^- anzugeben, bemerken wir, daß zwischen den in $k(v, m)$ (10.16) auftretenden Funktionen $k_1(v)$ und $k_2(v)$ die Beziehungen [vgl. Infeld–Hull Gl. (3.1.5a) und Gl. (3.1.5b)]

$$\frac{dk_2}{dv} + k_2^2 = -a^2 \quad \text{und} \quad \frac{dk_1}{dv} + k_1 k_2 = d \quad (10.22a)$$

bestehen, wo

$$d = \begin{cases} -ca & \text{wenn} \quad a \neq 0, \\ b & \text{wenn} \quad a = 0 \end{cases} \quad (10.22b)$$

ist. Die Konstanten a, b und c bestimmen dabei den Ausdruck für

$$L(m) = \begin{cases} a^2 m^2 + 2ca^2 m & \text{wenn} \quad a \neq 0, \\ -2bm & \text{wenn} \quad a = 0 \end{cases}$$

ist.

Für die Operatoren A, H^+ und H^- gelten dann die Vertauschungsrelationen

$$[H^+, H^-] = (-a^2 + 2d) E - 2a^2 A,$$

$$[A, H^+] = H^+, \quad [A, H^-] = -H^-, \quad (10.23)$$

wie man dies durch Rechnung mit Hilfe des Ausdruckes (10.13) für A sowie der Ausdrücke (10.19) für H^+ und H^- verifizieren kann. Selbstverständlich sind alle drei Operatoren A, H^+ und H^- mit dem Einheitsoperator E vertauschbar. Je nach den Werten der Konstanten a, b und c stellen die Vertauschungsrelationen (10.23) Lie Algebren dar, die den verschiedenen Faktorisierungsfällen A bis D entsprechen (vgl. Miller 1964).

Mehr Aufwand an Rechnungsarbeit erfordert der Nachweis, daß auch die Faktorisierungsfälle E und F gewissen Lie Algebren zugeordnet werden können. Wir wollen uns daher mit den oben durchgeführten Überlegungen begnügen.

Die Operatoren der Lie Algebren, die aus den Operatoren der Faktorisierungsmethoden hervorgehen, können zur Ableitung von Beziehungen zwischen den Eigenfunktionen, insbesondere aber zur Angabe von erzeugenden Funktionen verwendet werden, indem man den Übergang von den Lie Algebren zu den kontinuierlichen Lie Gruppen vollzieht. Um uns davon an einem sogleich unten anzugebenden Beispiel zu überzeugen, wollen wir zunächst daran erinnern, daß der Operator $\exp(\gamma 0)$ durch

$$\exp(\gamma 0) = 1 + \frac{\gamma}{1!} 0 + \frac{\gamma^2}{2!} 0^2 + \ldots \qquad (10.24)$$

definiert wird. Eine spezielle Eigenschaft besitzt der aus $0 = \partial/\partial x$ hervorgehende Operator

$$\exp(\gamma 0) = \exp\left(\gamma \frac{\partial}{\partial x}\right). \qquad (10.25)$$

Es gilt nämlich für beliebige $f(x)$ die Beziehung

$$\exp\left(\gamma \frac{\partial}{\partial x}\right) f(x) = f\left(\exp\left(\gamma \frac{\partial}{\partial x}\right) x\right). \qquad (10.26)$$

Der Operator (10.25) ist somit mit dem Funktionszeichen f vertauschbar. Mit Rücksicht auf die aus (10.24) folgende Beziehung

$$\exp\left(\gamma \frac{\partial}{\partial x}\right) x = x + \gamma \qquad (10.27)$$

sowie auf (10.24) bedeutet nämlich die Relation (10.26) nichts anderes als die Taylorsche Potenzreihenentwicklung

$$f(x+\gamma) = f(x) + \frac{\gamma}{1!} f'(x) + \frac{\gamma^2}{2!} f''(x) + \ldots \qquad (10.28)$$

Um ein Beispiel für die oben angekündigte Anwendbarkeit der Operatoren der Lie Algebren anzugeben, die aus den Faktorisierungsoperatoren $H^{m-1,m}$ und $H^{m,m-1}$ (1.3) hervorgehen, beschäftigen wir uns im folgenden mit den Gegenbauer Polynomen $C_l^\alpha(z)$. Sie werden gewöhnlich durch die erzeugenden Funktionen

$$\frac{1}{(1-2\gamma z + \gamma^2)^\alpha} = \sum_{l=0}^{\infty} \gamma^l C_l^\alpha(z) \qquad (10.29)$$

für die einzelnen Werte des Exponenten α definiert. Aus (10.29) folgt unmittelbar, daß für $\alpha = 1/2$ die Polynome $C_l^\alpha(z)$ in die gewöhnlichen Kugelfunktionen $P_l(z)$ übergehen.

Aus der erzeugenden Funktion (10.29) kann man folgern, daß die Polynome $C_l^\alpha(z)$ so normiert sind, daß

$$C_l^\alpha(1) = \frac{\Gamma(2\alpha+l)}{\Gamma(2\alpha)l!} \qquad (10.30)$$

ist.

Setzt man ferner $l = 2k$ bzw. $l = 2k+1$, für gerade bzw. ungerade l, so folgt aus (10.29) daß

$$C_{2k}^\alpha(0) = (-1)^k \frac{\Gamma(\alpha+k)}{\Gamma(\alpha)k!},$$

$$C_{2k+1}^\alpha(0) = 0 \qquad (k = 0, 1, 2, ...) \qquad (10.31)$$

ist.

Die durch die erzeugende Funktion (10.29) definierten Gegenbauer Polynome kann man auch als die Eigenlösungen des im Grundgebiet $(0, \pi)$ der Variablen ϑ definierten Eigenwertproblems (vgl. Kratzer–Franz 1960, S. 200)

$$\frac{d^2f}{d\vartheta^2} + 2\alpha \operatorname{ctg}\vartheta\, \frac{df}{d\vartheta} + \lambda f = 0 \qquad (10.32)$$

ansehen. Setzt man nämlich $z = \cos\vartheta$, so erhält man aus (10.32) ein Eigenwertproblem, das in selbstadjungierter Form die Gestalt

$$\frac{d}{dz}\left[(1-z^2)^{\alpha+1/2}\frac{df}{dz}\right] + \lambda(1-z^2)^{\alpha-1/2}f = 0$$

hat und im Grundgebiet $(-1, +1)$ definiert ist. Es kann mit Hilfe der Polynommethode gelöst werden und man erhält für die Eigenwerte den Ausdruck

$$\lambda = l(l+2\alpha).$$

Die Eigenfunktionen werden durch die gewöhnlichen hypergeometrischen Funktionen gegeben, nämlich durch

$$C_l^\alpha(z) = \frac{\Gamma(2\alpha+l)}{\Gamma(2\alpha)l!}\, {}_2F_1\left(-l, 2\alpha+l;\, \alpha+\frac{1}{2};\, \frac{1-z}{2}\right),$$

wenn sie gemäß (10.30) normiert werden. Die Polynomquantenzahl wird durch l gegeben, so daß l stets eine positive, ganze Zahl sein muß. Für nicht ganzzahlige l-Werte werden durch die Differentialgleichung (10.32) mit $\lambda = l(l+2\alpha)$ die Gegenbauer Funktionen definiert.

Faßt man die Gegenbauer Polynome als Lösungen des Eigenwertproblems (10.32) auf, so kann man sie auch im Falle $\alpha = 0$ definieren, während ihre Definition durch die erzeugende Funktion (10.29) in diesem Falle versagt. Für $\alpha = 0$ werden nämlich die Eigenlösungen von (10.32) durch die Funktionen

$$\cos l\vartheta = T_l(\cos\vartheta) \quad \text{und} \quad \sin l\vartheta = \sin\vartheta\, U_{l-1}(\cos\vartheta)$$

gegeben, wobei $T_l(\cos\vartheta)$ und $U_l(\cos\vartheta)$ als die Tschebyscheff-Polynome erster bzw. zweiter Art bezeichnet werden.

Das Eigenwertproblem (10.32) läßt sich in ein Paar von Schrödingerschen Rekursionsformeln aufspalten, die durch

$$\left[-(l+2\alpha)\cos\vartheta - \sin\vartheta\,\frac{d}{d\vartheta}\right] C_l^\alpha(\cos\vartheta) = -(l+1)\, C_{l+1}^\alpha(\cos\vartheta),$$

$$(10.33)$$

$$\left[-l\cos\vartheta + \sin\vartheta\,\frac{d}{d\vartheta}\right] C_l^\alpha(\cos\vartheta) = -(l+2\alpha-1)\, C_{l-1}^\alpha(\cos\vartheta)$$

gegeben werden (Kaufman 1966).

Um aus diesen Rekursionsformeln eine Lie Algebra zu erhalten, definieren wir im Anschluß an Kaufman (1966) mit Hilfe einer Hilfsvariablen t die beiden Operatoren

$$H^+ = e^t \left[-\cos\vartheta\,\frac{\partial}{\partial t} - \sin\vartheta\,\frac{\partial}{\partial\vartheta}\right],$$

$$H^- = e^{-t} \left[-\cos\vartheta\,\frac{\partial}{\partial t} + \sin\vartheta\,\frac{\partial}{\partial\vartheta}\right], \qquad (10.34)$$

die wir auf die Funktionen

$$F_l^\alpha(\vartheta, t) = e^{(l+\alpha)t} \sin^\alpha\vartheta\, C_l^\alpha(\cos\vartheta) \qquad (10.35)$$

einwirken lassen. Auf Grund von (10.33), (10.34) und (10.35) erhalten wir dann die beiden Rekursionsformeln

$$H^+ F_l^\alpha(\vartheta, t) = -(l+1) F_{l+1}^\alpha(\vartheta, t),$$

$$H^- F_l^\alpha(\vartheta, t) = -(l+2\alpha-1) F_{l-1}^\alpha(\vartheta, t). \qquad (10.36)$$

Wir können nun die Lie Algebra angeben, die durch die beiden Operatoren (10.34) erzeugt wird. Durch Rechnung kann man leicht bestätigen, daß der Operator

$$M = [H^+, H^-] = -2\,\frac{\partial}{\partial t} \qquad (10.37)$$

ist. Ferner ergeben die beiden Operatoren H^+ und H^- (10.34) mit dem Operator M (10.37) die Vertauschungsrelationen

$$[M, H^+] = -2H^+, \quad [M, H^-] = 2H^-. \qquad (10.38)$$

Wie der Vergleich mit (10.2) lehrt, ist die durch (10.37) und (10.38) gegebene Lie Algebra mit der Lie Algebra O_3 der dreidimensionalen Rotationsgruppe isomorph.

Um das Ergebnis der Einwirkung der durch die Operatoren H^+ und H^- (10.34) gegebenen Operatoren $\exp(\gamma H^+)$ und $\exp(\gamma H^-)$ auf die Variablen ϑ und t und ihre Funktionen zu erhalten, ist es zweckmäßig den Operator H^+ bzw. H^- (10.34) mittels der Veränderlichen

$$u_1 = e^{-t}\cos\vartheta, \qquad v_1 = e^{-t}\sin\vartheta$$

bzw.

$$u_2 = e^{t}\cos\vartheta, \qquad v_2 = e^{t}\sin\vartheta \qquad (10.39)$$

auszudrücken. Es wird dann

$$H^+ = \frac{\partial}{\partial u_1} \qquad \text{bzw.} \qquad H^- = -\frac{\partial}{\partial u_2}. \qquad (10.40)$$

Die Operatoren $\exp(\gamma H^+)$ und $\exp(\gamma H^-)$ werden daher durch

$$\exp(\gamma H^+) = \exp\left(\gamma \frac{\partial}{\partial u_1}\right) \qquad \text{bzw.} \qquad \exp(\gamma H^-) = \exp\left(-\gamma \frac{\partial}{\partial u_2}\right) \qquad (10.41)$$

gegeben. Diese beiden, nur auf Funktionen der Veränderlichen u_1, v_1 bzw. u_2, v_2 anwendbaren Operatoren haben die Gestalt des Operators (10.25), sind somit mit dem Funktionszeichen vertauschbar.

Um gewisse Relationen für die Gegenbauer Polynome zu erhalten, wollen wir im folgenden zunächst den Operator $\exp(\gamma H^+)$ (10.41) einmal auf die Argumente einer gegebenen Funktion der Veränderlichen u_1 und v_1 einwirken lassen und das andere Mal auf $f(u_1, v_1)$ die (10.24) entsprechende Entwicklung dieses Operators (10.41) anwenden.

Zunächst wollen wir, ausgehend von dem oben angegebenen Standpunkte, die erzeugende Funktion (10.29) für die Gegenbauer Polynome $C_l^\alpha(\cos\vartheta)$ ableiten. Zu diesem Zwecke wählen wir als Funktion f die Funktion $F_l^\alpha(\vartheta, t)$ (10.35) mit dem Index $l = 0$ d.h.

$$F_0^\alpha(\vartheta, t) = e^{\alpha t}\sin^\alpha\vartheta, \qquad (10.42)$$

da ja für $\gamma = 0$ aus der erzeugenden Funktion (10.29) $C_0^\alpha(\cos\vartheta) = 1$ folgt. Auf die Funktion (10.42) lassen wir den Operator $\exp(\gamma H^+) =$

$$= \exp\left(\gamma \frac{\partial}{\partial u_1}\right)$$ (10.41) einwirken. Da gemäß der Definition (10.24) des Operators $\exp(\gamma \partial/\partial u_1)$ die Beziehungen

$$\exp\left(\gamma \frac{\partial}{\partial u_1}\right) u_1 = u_1 + \gamma, \qquad \exp\left(\gamma \frac{\partial}{\partial u_1}\right) v_1 = v_1 \qquad (10.43)$$

gelten, so erhalten wir als Resultat der Einwirkung von $\exp(\gamma\partial/\partial u_1)$ auf e^{-t}, $\cos\vartheta$, $\sin\vartheta$ die nachstehenden Ausdrücke.

Zunächst ist mit Rücksicht auf (10.39) und (10.43)

$$\exp(\gamma H^+)e^{-t} = \exp\left(\gamma\frac{\partial}{\partial u_1}\right)(u_1^2+v_1^2)^{1/2} = [(u_1+\gamma)^2+v_1^2]^{1/2} =$$

$$= [e^{-2t}+2\gamma e^{-t}\cos\vartheta+\gamma^2]^{1/2} = e^{-t}R_1(\cos\vartheta), \quad (10.44)$$

wo

$$R_1^2(\cos\vartheta) = 1+2\gamma e^t\cos\vartheta+\gamma^2 e^{2t} \quad (10.45)$$

bedeutet. Ebenso erhält man auf Grund von (10.39), (10.43) und (10.44)

$$\exp(\gamma H^+)\cos\vartheta = \exp\left(\gamma\frac{\partial}{\partial u_1}\right)u_1(u_1^2+v_1^2)^{-1/2} =$$

$$= (u_1+\gamma)[(u_1+\gamma)^2+v_1^2]^{-1/2} = (e^{-t}\cos\vartheta+\gamma)e^t R_1^{-1}(\cos\vartheta) =$$

$$= (\cos\vartheta+\gamma e^t)R_1^{-1}(\cos\vartheta),$$

$$\exp(\gamma H^+)\sin\vartheta = \sin\vartheta\, R_1^{-1}(\cos\vartheta). \quad (10.46)$$

Für $\exp(\gamma H^+)F_0^\alpha(\vartheta, t)$ ergibt sich auf diese Weise wegen (10.44) und (10.46) der Ausdruck

$$\exp(\gamma H^+)F_0^\alpha(\vartheta, t) = e^{\alpha t}\sin^\alpha\vartheta R_1^{-2\alpha}(\cos\vartheta). \quad (10.47)$$

Wie aus (10.42) und (10.36) zu entnehmen ist, ist nun

$$(H^+)^n F_0^\alpha(\vartheta, t) = e^{\alpha t}\sin^\alpha\vartheta(-1)^n n!\, e^{nt}C_n^\alpha(\cos\vartheta).$$

Daher gilt gemäß der Definition (10.24) des Operators $\exp(\gamma H^+)$ die Relation

$$\exp(\gamma H^+)F_0^\alpha(\vartheta, t) = \sum_{n=0}^\infty \frac{\gamma^n}{n!}(H^+)^n F_0^\alpha(\vartheta, t) =$$

$$= e^{\alpha t}\sin^\alpha\vartheta \sum_{n=0}^\infty (-1)^n\gamma^n e^{nt}C_n^\alpha(\cos\vartheta). \quad (10.48)$$

Gleichsetzen der beiden Ausdrücke (10.47) und (10.48) ergibt schließlich mit Rücksicht auf (10.45)

$$\frac{1}{R_1^{2\alpha}} = \frac{1}{(1+2\gamma e^t\cos\vartheta+\gamma^2 e^{2t})^\alpha} = \sum_{n=0}^\infty (-1)^n(\gamma e^t)^n C_n^\alpha(\cos\vartheta).$$

$$(10.49)$$

Wird in dieser Beziehung $-\gamma e^t$ durch γ ersetzt, so wird sie mit der erzeugenden Funktion (10.29) identisch.

Man kann nun die erzeugende Funktion (10.29) leicht verallgemeinern, wenn man den Operator $\exp(\gamma H^+)$ (10.41) auf die zwei verschiedenen, oben auf $F_0^\alpha(\vartheta, t)$ angewendeten Arten auf die Funktion $F_l^\alpha(\vartheta, t)(l \neq 0)$ anwendet und im Endresultat γe^t durch γ ersetzt. Man erhält so mit Rücksicht auf (10.44), (10.45) und (10.46) die von Kaufman (1966) nicht angeführte Beziehung

$$\frac{C_l^\alpha[(\cos\vartheta+\gamma)R_1^{-1}]}{R^{l+2\alpha}} = \sum_{n=0}^{\infty} (-1)^n \frac{(l+n)!}{l!n!} \gamma^n C_{l+n}^\alpha(\cos\vartheta). \quad (10.50)$$

Es ist nämlich

$$(H^+)^n F_l^\alpha(\vartheta, t) = (-1)^n \frac{(l+n)!}{l!} F_{l+n}^\alpha(\vartheta, t).$$

Für $l = 0$ geht (10.50) in die erzeugende Funktion (10.29) über. Wird $\vartheta = 0$, d.h. $\cos\vartheta = 1$ gesetzt, so erhält man aus (10.50) mit Rücksicht auf (10.30) nur eine triviale Beziehung, nämlich im wesentlichen

$$\frac{1}{(1+\gamma)^{l+2\alpha}} = \sum_{n=0}^{\infty} (-1)^n \gamma^n \frac{\Gamma(2\alpha+l+n)}{\Gamma(2\alpha+l)n!}.$$

Für $\vartheta = \pi/2$, d.h. $\cos\vartheta = 0$ geht die Entwicklung (10.50) wegen (10.31) über in

$$\frac{1}{(1+\gamma^2)^{(l+2\alpha)/2}} C_l^\alpha\left(\frac{\gamma}{(1+\gamma^2)^{1/2}}\right) =$$

$$= \sum_{k=[l/2]}^{\infty} (-1)^{k-l} \frac{(2k)!}{l!(2k-l)!} \frac{\Gamma(\alpha+k)}{\Gamma(\alpha)k!} \gamma^{2k-l},$$

stellt somit eine Potenzreihenentwicklung der Funktion $C_l^\alpha[\gamma/(1+\gamma^2)^{1/2}]$ dar.

Wird in der letzten Relation

$$\gamma/(1+\gamma^2)^{1/2} = \cos\vartheta$$

gesetzt, so daß

$$\gamma = \operatorname{ctg}\vartheta$$

wird, so erhält man die nachstehende Darstellung der Gegenbauer Polynome

$$C_l^\alpha(\cos\vartheta) = \frac{1}{\sin^{l+2\alpha}\vartheta} \sum_{k=[l/2]}^{\infty} (-1)^{k-l} \frac{(2k)!}{l!(2k-l)!} \frac{\Gamma(\alpha+k)}{\Gamma(\alpha)k!} \operatorname{ctg}^{2k-l}\vartheta.$$

Selbstverständlich kann man die Beziehung (10.50) auch noch auf andere Arten spezialisieren.

Auch den Operator $\exp(\gamma H^-)$ (10.41) kann man auf zwei verschiedene Arten auf die Funktion $F_l^\alpha(\vartheta, t)$ ($l \neq 0$) einwirken lassen. Einmal indem man von der Tatsache Gebrauch macht, daß dieser Operator mit dem Funktionszeichen vertauschbar ist, das andere Mal indem man diesen Operator gemäß (10.24) entwickelt. Mit Rücksicht auf (10.39) und

(10.41) ergibt sich dann nach Ersatz von γe^{-t} durch γ die von Kaufman (1966) angegebene Beziehung

$$R_2^l(\cos\vartheta)\, C_l^\alpha[(\cos\vartheta-\gamma)R_2^{-1}] =$$

$$= \sum_{n-0}^{l} (-1)^n \gamma^n \, \frac{\Gamma(l+2\alpha)}{n!\,\Gamma(l+2\alpha-n)} \, C_{l-n}^\alpha(\cos\vartheta).$$

Hier wird $R_2(\cos\vartheta)$ durch den Ausdruck

$$R_2^2(\cos\vartheta) = 1-2\gamma\cos\vartheta+\gamma^2$$

dargestellt.

Will man die in § 1 definierten Operatoren A_m (1.19) sowie M_m (1.21) zur Herstellung von Lie Algebren benutzen, so kann man sie unter Verwendung einer Hilfsvariablen durch Operatoren von der Gestalt

$$H = \begin{Vmatrix} 0 & H^- \\ H^+ & 0 \end{Vmatrix} \quad \text{und} \quad M = \begin{Vmatrix} H^-H^+ & 0 \\ 0 & H^+H^- \end{Vmatrix} \qquad (10.51)$$

ersetzen, ähnlich wie dies Joseph (1967) sowie Coulson und Joseph (1967) getan haben. Da nun $M = H^2$ ist, so sind die beiden Operatoren M und H (10.51) miteinander vertauschbar. Ist daher der Operator A, durch den die Polynomquantenzahl m bei der Herstellung von H^+ und H^- aus $H^{m,m-1}$ bzw. $H^{m-1,m}$ ersetzt wird, mit H (10.51) und daher auch mit $M = H^2$ vertauschbar, so erhalten wir in dem betrachteten Falle eine Abelsche Lie Algebra, unabhängig von den sonstigen Eigenschaften der Operatoren $H^{m-1,m}$ und $H^{m,m-1}$.

Vertauschungsrelationen zwischen zwei verschiedenen Operatoren begegnet man sehr oft in der Quantentheorie. Es ist daher nicht verwunderlich, daß Lie Algebren und Lie Gruppen nicht nur für die Faktorisierungsmethoden sondern auch sonst in der Quantentheorie von Bedeutung sind. Die betreffenden Überlegungen gehören jedoch nicht in den Rahmen der vorliegenden Darstellung der Polynommethode, so daß wir den Leser auf die diesbezüglichen, diesem Gegenstand gewidmeten Monographien (Hamermesh 1962, Lipkin 1965, Simms 1968) verweisen müssen.

§ 11. Vergleich der Faktorisierungs- und der Polynommethode

Der hauptsächlichste Vorteil der Polynommethode in der in der vorliegenden Monographie dargestellten Form besteht darin, daß sie sehr schnell und überaus einfach festzustellen gestattet, ob ein unter Verwendung einer bestimmten Veränderlichen x formuliertes Eigenwertproblem mit Hilfe dieser Methode lösbar ist (vgl. 4, § 1). Sie liefert auch ganz mühelos, auf algebraischem Wege die Ausdrücke für die Eigenwerte und Eigenfunktionen. Die in den Eigenfunktionen des diskreten Eigenwertspektrums auftretenden Polynome kann man dabei, je nach Wunsch, nach steigenden oder fallenden Potenzen von ξ geordnet angeben oder auch als Funktionen von z.B. $1-\xi$ oder $\xi/(1-\xi)$ ausdrücken. Für die Einfachheit der Darstellung der Eigenfunktionen ist dies von entscheidender Bedeutung. Die Polynommethode ist schließlich in der vorliegenden, als auch in der ursprünglichen Fassung ohne weiteres auch im Falle kontinuierlicher Eigenwertspektren verwendbar, sei es daß sie gesondert oder zugleich mit diskreten Eigenwerten auftreten.

Da die Polynommethode die Lösungen in geschlossener Form angibt, kann man leicht entscheiden, welche durch gewöhnliche oder konfluente hypergeometrische Funktionen darstellbaren Polynome (andere können ja nicht vorkommen!) in den Eigenfunktionen auftreten. Man kann daher bei der Berechnung von Matrixelementen eventuell die bekannten Rekursionsformeln und erzeugenden Funktionen dieser Polynome benützen.

Die Polynommethode ist ferner allgemeiner als die Schrödingersche und daher auch als die Infeldsche Fassung der Faktorisierungsmethode. Sie kann daher in der ursprünglichen oder in der hier dargestellten allgemeineren Fassung auch in gewissen Fällen verwendet werden, in denen die Eigenlösungen nicht mit Hilfe der Faktorisierungsmethode erhalten werden können. Von der Existenz solcher, mit Hilfe der Polynommethode zu gewinnenden, jedoch nicht mit Hilfe der Faktorisierungsmethode herstellbaren Eigenlösungen kann man sich an Beispielen überzeugen, wie im Anhange C gezeigt wird. Ausschließlich in den Fällen, wo die Eigenlösungen Polynome enthalten, die durch verwandte, gewöhnliche oder konfluente hypergeometrische Funktionen gegeben werden, können die entsprechenden Eigenwertprobleme nach dem Schrödingerschen Verfahren faktorisiert werden. Die Faktorisierungsformeln ergeben sich unmittelbar aus den für die entsprechenden benachbarten oder verwandten hypergeometrischen Funktionen geltenden Paaren von Rekursionsformeln (vgl. § 3). Die Stammfunktionen können ohne weiteres aus den mit Hilfe der Polynommethode erhaltenen Lösungen abgelesen werden. Man kann ausnahmslos alle mit Hilfe der Faktorisierungsmethode in der Schrödingerschen oder Infeldschen Fassung faktorisierbaren Eigenwertprobleme auch mit Hilfe der Polynommethode lösen.

Für die Eigenwerte erhält man mit Hilfe der Polynommethode stets einen geschlossenen Ausdruck. Er ergibt sich ja aus den algebraischen Formeln für die Verzweigungsexponenten (also z.B. aus (1,1.9) und (1,1.12) im Falle, wo die Eigenlösungen gewöhnliche hypergeometrische Funktionen enthalten) und dem Zusammenhang dieser Exponenten mit den Parametern a oder b der hypergeometrischen Funktionen, die in den Eigenlösungen auftreten.

Mit Hilfe der Polynommethode kann man nicht nur lineare sondern auch quadratische Eigenwertprobleme lösen. Man kann sich davon am Beispiel des umgeordneten Eigenwertproblems (2,2.16) überzeugen, das beim symmetrischen Kreisel auftritt (vgl. 4, § 3, S. 107). Auch zur Lösung von mehrparametrigen Eigenwertproblemen kann die Polynommethode verwendet werden (vgl. 4, § 4).

Der schwerwiegendste Nachteil der Polynommethode ergibt sich aus dem Umstande, daß das Eigenwertproblem zur Behandlung mit Hilfe dieser Methode unter Verwendung einer im wesentlichen eindeutig bestimmten unabhängigen Veränderlichen x formuliert sein muß. Die Lösung des Eigenwertproblems muß sich ja in der Form $f(x) = p(x)^{-1/2}P(\xi)$ (2,1.1) darstellen lassen, wo $P(\xi)$ eine gewöhnliche oder konfluente Riemannsche P-Funktion der Variablen $\xi = \varkappa x^h$ (2,1.7) bedeutet. Ein einfacher systematischer Weg zur Auffindung solcher Variablen x scheint nicht bekannt zu sein. Glücklicherweise enthalten gewöhnlich die in der Quantentheorie auftretenden Probleme schon von selbst die für die Anwendung der Polynommethode erforderliche Veränderliche oder lassen sich leicht auf eine solche Veränderliche transformieren. Die Polynommethode liefert ferner nicht normierte Eigenfunktionen, so daß die oft zeitraubende Normierung, etwa mittels einer geeigneten Rekursionsformel oder einer erzeugenden Funktion der betreffenden Polynome durchgeführt werden muß.

Der wichtigste Vorteil der Faktorisierungsmethode besteht darin, daß sie unmittelbar auf- und absteigende Rekursionsformeln für die Eigenfunktionen liefert und zwar in einer Gestalt, die normierte Eigenfunktionen wieder in normierte überführt. Dadurch wird die Berechnung von allerdings nur ganz speziellen Matrixelementen sehr erleichtert. Zur Angabe aller Eigenfunktionen, die zu einem diskreten Eigenwertspektrum gehören, ist nur die Kenntnis einer normierten Stammfunktion für jeden einzelnen Wert des Eigenwertparameters λ notwendig. Eine solche Stammfunktion kann stets durch eine elementar durchführbare Integration ermittelt werden. Ihre Normierung bietet gewöhnlich keine Schwierigkeiten. Die unabhängige Veränderliche, die wir mit v bezeichnen und die das Eigenwertproblem in die bei der Faktorisierung zu verwendende Sturm–Liouvillesche Normalform überführt, ist bis auf eine unwesentliche additive Konstante eindeutig festgelegt und leicht zu ermitteln. Die zum Ausgangspunkt der Faktorisierung dienende Normalform des Eigenwertproblems kann somit stets als bekannt angesehen werden. Für die Eigenwerte ergibt sich immer ein geschlossener Ausdruck. Die von Infeld–Hull (1951) angegebene tabellarische Übersicht der mit Hilfe ihrer Methode gelösten speziellen Eigenwertprobleme ermöglicht

praktisch in allen Fällen sehr einfach die Lösung des betreffenden Eigenwertproblems zu finden, falls sie überhaupt mit Hilfe der Faktorisierungsmethode erhalten werden kann.

Der größte Nachteil der Infeldschen Faktorisierungsmethode ist die
Tatsache, daß sie nicht alle mit Hilfe der Polynommethode lösbaren
Eigenwertprobleme umfaßt. Im Falle der Eigenwertprobleme, in deren
Eigenfunktionen eine gewöhnliche Riemannsche P-Funktion auftritt,
haben wir ja in § 6 festgestellt, daß die im Ausdruck (6.2a) für ϱ/p

$$\frac{\varrho}{p} = \frac{A(\xi)}{x^2(1-\xi)^2}$$

auftretende quadratische Form $A(\xi)$ nicht die in der Polynommethode
zulässige allgemeine Gestalt (6.2b)

$$A(\xi) = a_0(1-\xi)^2 + a_1(1-\xi) + a_2$$

haben kann, sondern von der speziellen Gestalt (6.9)

$$A(\xi) = A_0 \xi^o (1-\xi)^p \qquad (o, p = 0, 1, 2; \; 0 \leqslant o+p \leqslant 2)$$

sein muß. Ferner darf in den Eigenfunktionen der faktorisierbaren
Eigenwertprobleme eine Änderung des Parameters m um eine Einheit
nur die in den ersten sieben Nummern der Tabelle II angeführten Para-
meteränderungen $\varDelta a$, $\varDelta b$, $\varDelta c$ oder $\varDelta \alpha$, $\varDelta \beta$, $\varDelta \gamma$ zur Folge haben. Treten
andere Änderungen dieser Parameterwerte ein, so sind zwar Paare von
Rekursionsformeln vorhanden, jedoch nur von der Gestalt (2.11),
die allgemeiner ist, als die bei den faktorisierbaren Eigenwertproblemen
auftretende, durch (1.3) und (1.4) gegebene Gestalt. Der zur Herstellung
der Eigenfunktionen dienende Formalismus der Infeldschen Faktorisierungsmethode kann daher nicht angewendet werden, wohl aber der
der Schrödingerschen.

Weiters ist es nicht immer leicht mit Hilfe der Faktorisierungsmethode
die Eigenfunktionen in geschlossener Form darzustellen, da sie ja doch
diese Funktionen mit Hilfe von Rekursionsformeln angibt. Für gewisse
Zwecke z.B. zur Angabe der Dichte der Auffindungswahrscheinlichkeit
und ihrer Ströme ist jedoch eine Darstellung der Eigenfunktionen in
geschlossener Form in vielen Fällen von Bedeutung.

Für die Anwendung im Falle eines kontinuierlichen Eigenwertspektrums besitzen ferner die vom Standpunkte der Schrödingerschen oder
Infeldschen Faktorisierungsmethode angebbaren Paare von Rekursionsformeln den schweren Nachteil, daß sie die in den hypergeometrischen
Funktionen auftretenden Parameter nur um ganzzahlige Werte ändern.
Um mit Hilfe solcher Rekursionsformeln die Eigenfunktionen des
ganzen Bereiches der kontinuierlichen Eigenwerte angeben zu können,

müßte man die Stammfunktionen für einen allerdings begrenzten Bereich des kontinuierlichen Eigenwertspektrums zur Verfügung haben, was im allgemeinen nicht der Fall ist.

Besitzen die Eigenfunktionen für alle m-Werte, zu denen auf Eins normierte Eigenfunktionen gehören, eine physikalische Bedeutung, so enthält die Gesamtheit der betrachteten Eigenfunktionen keine physikalisch bedeutungslosen. Dies findet jedoch statt, sobald die Eigenfunktionen nur für gewisse m-Werte, z.B. nur für einen einzigen m-Wert eine physikalische Bedeutung haben. Dies kann vor allem im Falle der sogenannten künstlichen Faktorisierung eintreten, wo die Definition des Koeffizienten $r(v, m)$ des gegebenen Eigenwertproblems (1.2) derart verallgemeinert wird, daß er einen ganzzahligen Parameter m enthält und man daher ein faktorisierbares Eigenwertproblem erhält. In einem solchen Falle bilden die eventuell physikalisch nicht verwendbaren Eigenfunktionen einen Balast, der den Rechnungsgang unnötigerweise beschwert.

Ein Nachteil der Faktorisierungsmethode ergibt sich auch aus dem Umstande, daß die Veränderliche v, die in der Sturm–Liouvilleschen Normalform verwendet werden muß, im allgemeinen keine unmittelbare physikalische oder geometrische Bedeutung hat. Dies tritt z.B. bei der Faktorisierung des umgeordneten Eigenwertproblems der zugeordneten Kugelfunktionen in Erscheinung, d.h. falls $-m^2$ als Eigenwert angesehen wird (vgl. § 8).

Während bei der Verwendung der Polynommethode im allgemeinen kein Zwang besteht, die Definition der aus den physikalischen Betrachtungen sich ergebenden Eigenfunktionen zu ändern, muß dies bei der Faktorisierungsmethode mit Rücksicht auf die Verwendung spezieller abhängiger und unabhängiger Variablen in der Regel geschehen. Die Eigenfunktionen u_m der Faktorisierungsmethode unterscheiden sich ja gemäß (1.1) von den gewöhnlich aus den physikalischen Betrachtungen erhaltenen Eigenfunktionen $f_m(x)$ stets um den Faktor $(p\varrho)^{1/4}$ und die neue unabhängige Variable v wird aus der alten x mittels der Beziehung $dv/dx = (\varrho/p)^{1/2}$ erhalten.

Die Faktorisierungsmethode ist ferner nur auf die Auflösung von Eigenwertproblemen zugeschnitten. Für einen beliebigen, von allen Eigenwerten verschiedenen Wert des Eigenwertparameters kann man nämlich mit ihrer Hilfe nicht die Differentialgleichung lösen, die das gegebene Eigenwertproblem definiert. Die Rekursionsformeln der Faktorisierungsmethode sind für diesen Zweck nicht verwendbar, da man ja dann im allgemeinen keine einfache Stammfunktion zur Verfügung hat. Bei der Anwendung der Polynommethode ergibt sich hingegen die Lösung einer solchen Differentialgleichung ganz von selbst. Sie bildet nämlich eine Vorstufe zur Auflösung des Eigenwertproblems, die durch eine Umbildung der in der Riemannschen P-Funktion auftretenden gewöhnlichen oder konfluenten hypergeometrischen Funktion in ein Polynom vollzogen wird.

Der Infeldschen Faktorisierung können schließlich nur lineare, jedoch nicht quadratische Eigenwertprobleme unterworfen werden. Sie setzt nämlich ausdrücklich voraus, daß der Eigenwertparameter λ in dem Eigenwertproblem nur linear auftritt.

Zum Abschluß der obigen Überlegungen sei noch erwähnt, daß erst die Polynommethode die Begründung für die heuristischen Annahmen der Faktorisierungsmethode ergeben hat.

Versuch einer Verallgemeinerung des in der Polynommethode zur Lösung von Eigenwertproblemen verwendeten Ansatzes $f(x) = p(x)^{-1/2} P(\xi)$

In den vorangehenden Überlegungen wurde stets angenommen, daß die Lösung des Eigenwertproblems (1,1.1) in der Gestalt

$$f(x) = p(x)^{-1/2} P(\xi) \tag{A.1}$$

darstellbar ist, wo $\xi = \varkappa x^h$ und $P(\xi)$ eine gewöhnliche oder konfluente Riemannsche P-Funktion bedeutet. Im nachstehenden wollen wir versuchen den Ansatz (A.1) in der Weise zu verallgemeinern, daß wir in ihm den Faktor $p(x)^{-1/2}$ durch eine beliebige Funktion $\pi(x)$ ersetzen, also annehmen, daß die Lösung des Eigenwertproblems durch

$$f(x) = \pi(x) P(\xi) \tag{A.2}$$

gegeben wird. Es soll gezeigt werden, daß in dem Spezialfalle, wo die Riemannsche P-Funktion die hypergeometrische Funktion $_2F_1(a, b; c; \xi)$ enthält, also etwa durch (2,1.4) gegeben wird, sich im wesentlichen $\pi(x) = p(x)^{-1/2}$ ergibt, und man daher zu dem ursprünglichen Ansatz (A.1) zurückgelangt.

Einsetzen von (A.2) in das Eigenwertproblem (1,1.1) ergibt die Differentialgleichung für die P-Funktion

$$p\pi \frac{d^2 P}{dx^2} + \left(\frac{dp}{dx}\pi + 2p\frac{d\pi}{dx} \right) \frac{dP}{dx} - \left[\pi(q - \lambda\varrho) - \frac{dp}{dx}\frac{d\pi}{dx} - p\frac{d^2\pi}{dx^2} \right] P = 0. \tag{A.3}$$

Beachtet man, daß mit Rücksicht auf $\xi = \varkappa x^h$ (2,1.7)

$$\frac{dP}{dx} = h\frac{\xi}{x}\frac{dP}{d\xi}, \qquad \frac{d^2 P}{dx^2} = h^2\frac{\xi^2}{x^2}\frac{d^2 P}{d\xi^2} + h(h-1)\frac{\xi}{x^2}\frac{dP}{d\xi}$$

ist, so erhält man die Differentialgleichung (A.3) in der nachstehenden Gestalt

$$p\pi h^2 \frac{\xi^2}{x^2}\frac{dP^2}{d\xi^2} + \left[h(h-1)p\pi\frac{\xi}{x^2} + \left(\frac{dp}{dx}\pi + 2p\frac{d\pi}{dx}\right)h\frac{\xi}{x}\right]\frac{dP}{d\xi} -$$

$$- \left[\pi(q-\lambda\varrho) - \frac{dp}{dx}\frac{d\pi}{dx} - p\frac{d^2\pi}{dx^2}\right]P = 0. \qquad (A.4)$$

Dividiert man diese Differentialgleichung durch $p\pi h^2 \xi^2/x^2$ und vergleicht sodann den in ihr auftretenden Koeffizienten von $dP/d\xi$ mit dem Koeffizienten des gleichen Differentialquotienten in der Differentialgleichung (2,1.2) für die gewöhnliche Riemannsche P-Funktion, so erhält man mit Rücksicht darauf, daß $d\xi/dx = h\xi/x$ ist, die Beziehung

$$\left(\frac{1}{p}\frac{dp}{dx} + \frac{2}{\pi}\frac{d\pi}{dx}\right)\frac{dx}{d\xi} = \frac{1/h - \alpha - \alpha'}{\xi} - \frac{1-\gamma-\gamma'}{1-\xi}.$$

Durch ihre Integration ergibt sich schließlich die Relation

$$p(x)\pi^2(x) = C\xi^{1/h-\alpha-\alpha'}(1-\xi)^{1-\gamma-\gamma'}. \qquad (A.5)$$

Wird das aus dieser Relation sich ergebende $\pi(x)$ in (A.2) eingesetzt, so erhält man, falls man $P(\xi)$ in der Gestalt (2,1.4) voraussetzt, für die Eigenfunktion $f(x)$ den nachstehenden Ausdruck

$$f(x) = C^{1/2}p(x)^{-1/2}\xi^{\alpha+\delta}(1-\xi)^{\gamma+\varepsilon}{}_2F_1(\alpha+\beta+\gamma,\ \alpha+\beta'+\gamma;\ 1+\alpha-\alpha';\ \xi),$$

$$\qquad (A.6)$$

wo

$$\delta = \frac{1}{2}(1/h-\alpha-\alpha'), \qquad \varepsilon = \frac{1}{2}(1-\gamma-\gamma') \qquad (A.7)$$

ist.

    Wie man sich mit Hilfe der Relation (2,1.6) überzeugen kann, stellt der in (A.6) mit $C^{1/2}p(x)^{-1/2}$ multiplizierte Ausdruck eine gewöhnliche Riemannsche P-Funktion (2,1.4) dar, in der α, β, γ, α', β', γ' durch die Verzweigungsexponenten

$$\alpha^* = \alpha+\delta, \qquad \beta^* = \beta-\delta-\varepsilon, \qquad \gamma^* = \gamma+\varepsilon,$$

$$\alpha'^* = \alpha'+\delta, \qquad \beta'^* = \beta'-\delta-\varepsilon, \qquad \gamma'^* = \gamma'+\varepsilon$$

ersetzt wurden. Damit wurde der Ansatz (A.2) mit der willkürlichen Funktion $\pi(x)$, bis auf die unwesentliche multiplikative Konstante $C^{1/2}$ auf den in 2, § 1 verwendeten Ansatz (A.1) mit der gewöhnlichen Riemannschen P-Funktion (2,1.4) zurückgeführt. Man kann daher das Eigenwertproblem in der auf diesem Wege erhaltenen Gestalt der Lösung mit Hilfe der in 2, § 1 angegebenen Methode erledigen. Unser Versuch durch (A.2) eine Verallgemeinerung des Ansatzes (A.1) in der Polynommethode zu erzielen, muß man somit als gescheitert ansehen.

Analoge Überlegungen kann man auch in dem Falle durchführen, wo die P-Funktion in dem Ansatz (A.2) durch irgend eine konfluente Abart der gewöhnlichen Riemannschen P-Funktion gegeben wird. Auch in diesem Falle läßt sich durch die Verwendung des Ansatzes (A.2) nicht der Anwendungsbereich der Polynommethode erweitern.

Versuch einer Vereinfachung der Polynommethode

Im folgenden soll gezeigt werden, daß man zu derselben Lösung eines mit Hilfe der Polynommethode lösbaren Eigenwertproblems

$$\frac{d}{dx}\left(p\,\frac{df}{dx}\right)-(q-\lambda\varrho)f=0 \tag{1,1.1}$$

gelangt, wenn man dem Rechnungsgang nicht die Funktion $f=f(x)$ sondern die durch die Beziehung

$$f(x)=\varphi(x)f_1(x) \tag{B.1}$$

definierte Funktion $f_1=f_1(x)$ zu Grunde legt, wo $\varphi=\varphi(x)$ eine willkürliche Funktion bedeutet.

Die Funktion f_1 stellt nämlich (vgl. die Anmerkung auf S. 1) eine Lösung des Eigenwertproblems

$$\frac{d}{dx}\left(p_1\,\frac{df_1}{dx}\right)-(q_1-\lambda\varrho_1)f_1=0 \tag{B.2}$$

dar, dessen Koeffizienten durch die Beziehungen

$$p_1=\varphi^2 p,\quad \varrho_1=\varphi^2\varrho,\quad q_1=q\varphi^2-\varphi\,\frac{d}{dx}\left(p\,\frac{d\varphi}{dx}\right) \tag{B.3}$$

gegeben werden. Bildet man nun mit den Koeffizienten (B.3) die Funktion

$$S_1(x)=x^2\left[\left(\frac{p_1'}{2p_1}\right)^2-\frac{p_1''}{2p_1}-\frac{q_1-\lambda\varrho_1}{p_1}\right], \tag{B.4}$$

so kann man sich durch Einsetzen von (B.3) in (B.4) überzeugen, daß

$$S_1(x)=S(x) \tag{B.5}$$

ist, wo $S(x)$ die mit den Koeffizienten des ursprünglichen Eigenwertproblems (1,1.1) gebildete Funktion $S(x)$ (1,2.11) bedeutet. Um nun in der Lösung

$$f_1(x)=p_1(x)^{-1/2}P(\xi) \tag{B.6}$$

des Eigenwertproblems (B.2) die Riemannsche P-Funktion zu bestimmen, hat man nun $S_1(x)$ (B.4) gleich einer zu einer gewöhnlichen oder konfluenten P-Funktion gehörigen Funktion $\Sigma(\xi)$ zu·setzen. Aus der Gleichung

$$S_1(x) = \Sigma(\xi) \tag{B.7}$$

folgen jedoch mit Rücksicht auf (B.5) für die Koeffizienten und Verzweigungsexponenten, die die P-Funktion in (B.6) bestimmen, die gleichen Werte wie aus der Beziehung

$$S(x) = \Sigma(\xi)$$

bei der Lösung

$$f(x) = p(x)^{-1/2} P(\xi) \tag{B.8}$$

des ursprünglichen Eigenwertproblems (1,1.1). Es tritt daher in den beiden Funktionen $f_1(x)$ (B.6) und $f(x)$ (B.8) die gleiche Funktion $P(\xi)$ auf. Mit Rücksicht auf (B.1), (B.3), (B.6) und (B.8) ergibt sich dann

$$f(x) = \varphi(x) f_1(x) = p(x)^{-1/2} P(\xi),$$

also die Lösung (B.8) des ursprünglichen Eigenwertproblems (1,1.1), wie sie auf direktem Wege erhalten wird.

Die obigen Überlegungen gelten in dem Falle, wo $P(\xi)$ irgend eine gewöhnliche oder konfluente Riemannsche P-Funktion bekeutet.

Anhang C

Mit Hilfe der Polynommethode lösbare, jedoch nicht faktorisierbare Eigenwertprobleme

Es soll nun die Frage untersucht werden, in welchem Falle ein mit Hilfe der Polynommethode lösbares Eigenwertproblem wenigstens mit Hilfe des Schrödingerschen Verfahrens faktorisierbar ist. Damit dies der Fall ist, müssen die Parameter der in den Eigenlösungen auftretenden gewöhnlichen oder konfluenten hypergeometrischen Funktionen linear von der Polynomquantenzahl abhängen, da ja doch nur in diesem Falle die in § 3 für die gewöhnlichen und verschiedenen konfluenten hypergeometrischen Funktionen angegebenen Paare von Rekursionsformeln gelten.

Es genügt uns unsere Überlegungen in dem Spezialfalle durchzuführen, wo in der Lösung (2,1.1) des Eigenwertproblems (1,1.1) die Riemannsche P-Funktion (2,1.4) auftritt, in der die gewöhnliche hypergeometrische Funktion

$$_2F_1 = {}_2F_1(a, b; c; \xi),$$
$$a = \alpha+\beta+\gamma, \quad b = \alpha+\beta'+\gamma, \quad c = 1+\alpha-\alpha' \qquad (2,1.4)$$

enthalten ist. Die Verzweigungsexponenten $\alpha, \beta, \gamma, \alpha', \beta', \gamma'$ können angegeben werden, wenn die dem Eigenwertproblem (1,1.1) entsprechende Funktion $S(x)$ (2,2.11) der Funktion

$$\Sigma(\xi) = \frac{s_2}{(1-\xi)^2} + \frac{s_1}{1-\xi} + s_0 \qquad (2,1.10)$$

gleichgesetzt wird. Die Verzweigungsexponenten $\alpha, \beta, \gamma, \alpha', \beta', \gamma'$ sind dabei aus den Koeffizienten s_0, s_1, s_2 der Funktion $\Sigma(\xi)$ (2,1.10) mit Hilfe der Gleichungen

$$\alpha(\alpha-1/h) = -s/h^2, \quad \beta(\beta+1/h) = -s_0/h^2,$$
$$\gamma(\gamma-1) = -s_2/h^2 \qquad (2,1.12)$$

sowie der Beziehungen

$$\alpha+\alpha' = 1/h, \quad \beta+\beta' = -1/h, \quad \gamma+\gamma' = 1 \qquad (2,1.9)$$

zu berechnen. Dabei ist

$$s = s_0 + s_1 + s_2. \tag{C.1}$$

Die Koeffizienten s_i der Funktion $\Sigma(\xi)$ (2,1.10) sind lineare Funktionen des Eigenwertparameters λ:

$$s_i = c_i + \lambda d_i \quad \text{(vgl. 4, § 2).} \tag{C.2}$$

Im folgenden wollen wir zeigen, daß die Faktorisierbarkeit eines mit Hilfe der Polynommethode lösbaren Eigenwertproblems davon abhängt, in welchen Koeffizienten s_i der Funktion $\Sigma(\xi)$ (2,1.10) der Eigenwertparameter λ gemäß (C.2) wirklich auftritt.

Nehmen wir zuerst an, daß λ nur in dem Koeffizienten s_1 enthalten ist. Von den drei in (2,1.12) auftretenden Koeffizienten s, s_0, s_2 ist dann gemäß (C.1) nur der Koeffizient s von λ linear abhängig. Infolge dessen hängen wegen (2,1.12) die Verzweigungsexponenten β und γ von λ und daher auch von der Polynomquantenzahl n nicht ab. Nehmen wir nun an, daß wir den Parameter $a = -n$ setzen, damit die hypergeometrische Funktion $_2F_1(a, b; c; \xi)$ (2,1.4) in ein Polynom übergeht, so erhalten wir aus den Ausdrücken (2,1.4) sowie aus den Relationen (2,1.9) zwischen den Verzweigungsexponenten für die Parameter a, b, c die nachstehenden Werte

$$a = \alpha + \beta + \gamma = -n, \quad b = \alpha - \beta + \gamma - 1/h,$$

$$c = 2\alpha + 1 - 1/h \tag{C.3}$$

Der Verzweigungsexponent α wird nun wegen (C.3) durch $\alpha = a - \beta - \gamma$ gegeben. Mit Rücksicht auf unsere Voraussetzung, daß nun s_0 und s_2 und somit auch β und γ konstant sind, hängt daher α wegen $a = -n$ von der Polynomquantenzahl n linear ab. Es ergibt sich daher gemäß (C.3) auch eine lineare Abhängigkeit der Parameter b und c der hypergeometrischen Funktion $_2F_1(a, b; c; \xi)$ von der Polynomquantenzahl n. Das Eigenwertproblem (1,1.1) ist somit unter der Voraussetzung, daß nur der Koeffizient s_1 linear von dem Eigenwertparameter λ abhängt, nach dem Schrödingerschen Verfahren faktorisierbar.

Um zu zeigen, daß nicht sämtliche mit Hilfe der Polynommethode lösbaren Eigenwertprobleme mit Hilfe des Schrödingerschen Verfahrens faktorisierbar sind, genügt es ein einziges Beispiel für ein solches Eigenwertproblem anzugeben. Als solches wählen wir ein Eigenwertproblem in dem s_0 und daher gemäß (C.1) auch s von dem Eigenwertparameter λ linear abhängt. Aus (2,1.12), (C.1) und (C.3) ergibt sich dann

$$-\frac{s_1 + s_2}{h^2} = -\frac{s}{h^2} + \frac{s_0}{h^2} = \alpha(\alpha - 1/h) - \beta(\beta + 1/h) =$$

$$= (\alpha - 1/2h)^2 - (\beta + 1/2h)^2 = (\alpha + \beta)(\alpha - \beta - 1/h) = (a - \gamma)(b - \gamma).$$

17*

Daher gilt

$$b = -\frac{s_1+s_2}{h^2(a-\gamma)} + \gamma. \qquad (C.4)$$

Ferner folgt aus (C.3)

$$\alpha = \frac{1}{2}(a+b)-\gamma+1/2h$$

und daher neuerdings aus (C.3)

$$c = a+b-2\gamma+1. \qquad (C.5)$$

Da s_2 und daher wegen (2,1.12) auch γ von dem Eigenwertparameter λ nicht abhängt und wir $a = -n$ setzen können, so folgt aus (C.4) und (C.5), daß keiner von diesen beiden Parametern b und c eine lineare Abhängigkeit von der Polynomquantenzahl n aufweist. Ein Eigenwertproblem kann somit weder nach der Schrödingerschen noch nach der Infeldschen Methode faktorisiert werden, wenn die Summe der Koeffizienten s_1 und s_2 nicht verschwindet und von dem Eigenwertparameter λ nicht abhängt, was ja unseren Voraussetzungen widersprechen würde.

Eine Faktorisierung kann jedoch in gewissen speziellen Fällen eintreten, wenn s_1+s_2 nicht verschwindet, jedoch in geeigneter Weise von dem Eigenwertparameter λ abhängt. Da λ eine Funktion der Polynomquantenzahl n ist, kann nämlich der im Nenner des ersten Gliedes in (C.4) auftretende Faktor $a-\gamma = -n-\gamma$ in der Summe s_1+s_2 enthalten sein, so daß eventuell im ganzen eine lineare Abhängigkeit auch der Parameter b und c von der Polynomquantenzahl n sich ergibt. Allerdings muß dann nicht nur s_0 sondern auch s_1 oder s_2 von λ abhängen.

Ein Beispiel für einen solchen Fall bietet das in 2, § 2 behandelte Eigenwertproblem des symmetrischen Kreisels. Hier ist nämlich

$$s_1+s_2 = \frac{1}{4}[1-(\tau+\tau')^2]+\lambda,$$

so daß wir wegen (2, 2.21) erhalten

$$s_1+s_2 = (\tau^*+n)(\tau^*+n+1)+\frac{1}{4}-\frac{1}{4}(\tau+\tau')^2 =$$

$$= \left(\tau^*+n+\frac{1}{2}\right)^2 - \frac{1}{4}(\tau+\tau')^2 = \left(\tau^*+n+\frac{1}{2}-\frac{1}{2}|\tau+\tau'|\right) \times$$

$$\times \left(\tau^*+n+\frac{1}{2}+\frac{1}{2}|\tau+\tau'|\right).$$

Da gemäß (2,2.21)

$$\tau^*+n+\frac{1}{2}-\frac{1}{2}|\tau+\tau'| = \frac{1}{2}|\tau-\tau'|+n+\frac{1}{2}$$

ist und mit Rücksicht auf (2,2.19) $a-\gamma$ durch

$$a-\gamma = -n-\gamma = -n-\frac{1}{2}-\frac{1}{2}\,|\tau-\tau'|$$

gegeben wird, so ist im Falle des Eigenwertproblems des symmetrischen Kreisels s_1+s_2 durch $a-\gamma$ in der Tat teilbar.

Wir weisen noch darauf hin, daß die Tatsache, welcher von den Koeffizienten s_i linear von dem Eigenwertparameter λ abhängt, die Gestalt der Gewichtsfunktion $\varrho(x)$ bestimmt. Es ist nämlich nach (4,2.5)

$$\varrho(x) = \frac{p}{x^2}\,\Sigma(d_i,\,x), \qquad (4,2.5)$$

wo $\Sigma(d_i,\,x)$ gemäß (4,2.4) durch

$$\Sigma(d_i,\,x) = \frac{d_2}{(1-\xi)^2} + \frac{d_1}{1-\xi} + d_0 \qquad (C.6)$$

gegeben wird. Da x^2 im Nenner des Ausdruckes für $\varrho(x)$ auftritt und $\Sigma(d_i,\,x)$ im Punkte $\xi = 1$ unendlich wird (ausgenommen den Fall wo $d_2 = d_1 = 0$ ist), muß die Funktion $p(x)$ entsprechend gewählt werden, damit $\varrho(x)$ im Grundgebiet hinreichend regulär ist, um eine Normierung der Eigenfunktionen und ein Bestehen der Orthogonalitätsrelationen zu ermöglichen.

Es mag noch erwähnt werden, daß die in dem Eigenwertproblem (1,1.1) auftretende „Potentialfunktion" $q(x)$, wie aus (4,2.5) zu entnehmen ist, durch

$$q(x) = \frac{p'^2}{4p} - \frac{1}{2}\,p'' - \frac{p}{x^2}\,\Sigma(c_i,\,x) \qquad (4,2.5)$$

dargestellt wird, wo entsprechend (4,2.4)

$$\Sigma(c_i,\,x) = \frac{c_2}{(1-\xi)^2} + \frac{c_1}{1-\xi} + c_0 \qquad (C.7)$$

ist. Die Koeffizienten c_i und d_i können dabei unabhängig voneinander gewählt werden.

In dem von uns betrachteten Beispiel eines nicht faktorisierbaren, jedoch mittels der Polynommethode lösbaren Eigenwertproblems ist $d_1 = d_2 = 0$, so daß wegen (C.6) $\Sigma(d_i,\,x) = d_0$ ist. Infolgedessen wird hier gemäß (4,2.5) $\varrho(x) = d_0 p(x)/x^2$. Es genügt daher hier z.B. $p(x) = x^2$ zu setzen, um die Orthogonalität der Eigenfunktionen und ihre Normierbarkeit zu sichern, wenn sie im Punkte $x = 0$ regulär sind. Dabei kann angenommen werden, daß keiner von den Koeffizienten c_i in (C.7) verschwindet. Zur Berechnung der Eigenwerte λ kann die quadratische Gleichung (2,1.7) verwendet werden, wenn dort σ_i durch d_i und τ_i durch c_i ersetzt wird, wie der Vergleich von (2,1.15) mit (C.2) lehrt.

Anhang D

Polynommethode mit auf eine andere Art hergestellten konfluenten P-Funktionen

Bisher haben wir zur Lösung der Eigenwertprobleme der Quantentheorie konfluente P-Funktionen verwendet, die durch einen besonderen, durch die Nebenbedingungen (2,1.9) charakterisierten Grenzübergang aus den gewöhnlichen Riemannschen P-Funktionen gewonnen wurden. Im folgenden wollen wir erstens zeigen, daß außer den bisher betrachteten es noch weitere konfluente P-Funktionen[1] gibt und zweitens den Weg angeben, auf dem man beweisen kann, daß die Verwendung dieser Funktionen nicht die Lösbarkeit von neuen Eigenwertproblemen mit Hilfe der Polynommethode ermöglicht.

Um nachzuweisen, daß außer den konfluenten P-Funktionen, die wir bisher betrachtet haben, es noch weitere gibt, genügt es eine einzige solche herzustellen. Wir wollen uns daher nur darauf beschränken, den Grenzübergang zu untersuchen, der von den P-Funktionen ausgeht, die gewöhnliche hypergeometrischen Funktionen $_2F_1$ enthalten, und zu konfluenten P-Funktionen führt, in denen die konfluente hypergeometrische Funktion $_1F_1$ auftritt.

Das Fundamentalsystem der Lösungen der Differentialgleichung der gewöhnlichen P-Funktionen

$$\frac{d^2P}{d\xi^2} + \left(\frac{1-\alpha-\alpha'}{\xi} - \frac{1-\gamma-\gamma'}{1-\xi} \right) \frac{dP}{d\xi} +$$

$$+ \left(\frac{\alpha\alpha'}{\xi} + \frac{\gamma\gamma'}{1-\xi} - \beta\beta' \right) \frac{1}{\xi(1-\xi)} P = 0, \quad (2,1.2)$$

---

[1] Unter einer konfluenten P-Funktion soll dabei im allgemeinen eine Funktion verstanden werden, die aus einer gewöhnlichen P-Funktion, also z.B. aus (D.1α) oder (D.1α'), durch ein Zusammenrücken zweier außerwesentlich singulären Stellen der Differentialgleichung (2,1.2) dieser Funktion entsteht. Dabei sollen jedoch gewisse Verzweigungsexponenten unendlich werden, aber im allgemeinen nur derart, daß bei dem Grenzübergang nur die allgemeine Riemannschen Beziehung (2,1.3), nicht aber die spezielleren Beziehungen (2,1.9) erfüllt bleiben.

das im Einheitskreis um den Nullpunkt der komplexen ξ-Ebene konvergiert, wird gemäß (2,1.4) durch

$$P(\xi) = \xi^\alpha (1-\xi)^\gamma {}_2F_1(\alpha+\beta+\gamma, \; \alpha+\beta'+\gamma; \; 1+\alpha-\alpha'; \; \xi), \qquad \text{(D.1\alpha)}$$

$$P(\xi) = \xi^{\alpha'} (1-\xi)^\gamma {}_2F_1(\alpha'+\beta+\gamma, \; \alpha'+\beta'+\gamma; \; 1+\alpha'-\alpha; \; \xi) \qquad \text{(D.1\alpha')}$$

gegeben. Die Verzweigungsexponenten der in der Polynommethode verwendeten gewöhnlichen *P*-Funktionen genügen dabei den Nebenbedingungen

$$\alpha+\alpha' = 1/h, \quad \beta+\beta' = -1/h, \quad \gamma+\gamma' = 1, \qquad \text{(2,1.9)}$$

so daß die Riemannsche Beziehung

$$\alpha+\beta+\gamma+\alpha'+\beta'+\gamma' = 1 \qquad \text{(2,1.3)}$$

automatisch erfüllt ist.

Um zu den konfluenten *P*-Funktionen mit den konfluenten hypergeometrischen Funktionen ${}_1F_1$ zu gelangen, haben wir die Substitution

$$\xi = \zeta/\varrho \qquad \begin{aligned} \alpha &= \text{const}, \quad \beta = \beta_0 - \frac{1}{2}\varrho, \quad \gamma = \gamma_0 + \frac{1}{2}\varrho, \\[2mm] \alpha' &= \text{const}, \quad \beta' = \beta_0' + \frac{1}{2}\varrho, \quad \gamma' = \gamma_0' - \frac{1}{2}\varrho \end{aligned} \qquad \text{(3,2.6)}$$

mit nachfolgendem Grenzübergang $\varrho \to \infty$ angewendet, der die Differentialgleichung (2,1.2) der gewöhnlichen *P*-Funktionen sowie die beiden gewöhnlichen *P*-Funktionen (D.1α) (vgl. (3,2.7) im Falle $\xi_1 = 0$) und (D.1α') in

$$\frac{d^2P}{d\xi^2} + \frac{1-\alpha-\alpha'}{\xi} \frac{dP}{d\xi} + \left[\frac{\alpha\alpha'}{\xi^2} + \frac{C_\alpha}{\xi} - \frac{1}{4}\right] P = 0, \qquad \text{(3,2.13)}$$

$$C_\alpha = \alpha - a + \frac{1}{2} - \frac{1}{2h}, \qquad \text{(3,2.22)}$$

$$P(\xi) = \xi^\alpha e^{-\xi/2} {}_1F_1(\alpha+\beta_0+\gamma_0; \; 1+\alpha-\alpha'; \; \xi), \qquad \text{(D.2\alpha)}$$

$$P(\xi) = \xi^{\alpha'} e^{-\xi/2} {}_1F_1(\alpha'+\beta_0+\gamma_0; \; 1+\alpha'-\alpha; \; \xi) \qquad \text{(D.2\alpha')}$$

überführt, wenn wir für die unabhängige Veränderliche ζ nun wieder die Bezeichnung ξ verwenden.

Charakteristisch für den Grenzübergang (3,2.6) war die Tatsache, daß bei seiner Durchführung stets die Nebenbedingungen (2,1.9) in der Gestalt

$$\alpha+\alpha' = 1/h, \quad \beta_0+\beta_0' = -1/h, \quad \gamma_0+\gamma_0' = 1$$

erfüllt waren. Die Riemannsche Nebenbedingung (2,1.3) hat demnach die Gestalt

$$\alpha+\beta_0+\gamma_0+\alpha'+\beta_0'+\gamma_0' = 1$$

erhalten.

Nun wollen wir an die Beantwortung der Frage herantreten, ob man zu neuen konfluenten P-Funktionen mit den hypergeometrischen Funktionen $_1F_1$ gelangt, wenn man in den gewöhnlichen P-Funktionen (D.1α) und (D.1α') die Verzweigungsexponenten derart anwachsen läßt, daß bei dem Grenzübergang $\varrho \to \infty$ zwar die Riemannsche Beziehung (2,1.3) erfüllt bleibt, jedoch nicht die weitergehenden Beziehungen (2,1.9). In den gewöhnlichen P-Funktionen (D.1α) und (D.1α') kann man die Verzweigungsexponenten α und α' bei Verwendung des Ansatzes $\xi = \zeta/\varrho$ mit ϱ nicht unendlich werden lassen, da ja doch diese Funktionen ξ^α und $\xi^{\alpha'}$ als Faktor enthalten. Damit eine gewöhnliche hypergeometrische Funktion $_2F_1$ in eine konfluente $_1F_1$ übergeht muß man ferner in (D.1α) oder (D.1α') zugleich mit ϱ etwa den Parameter b unendlich werden lassen. Um sodann während des Grenzüberganges $\varrho \to \infty$ einen endlichen Wert des Parameters $a = \alpha + \beta + \gamma$ in (D.1α) oder $a' = \alpha' + \beta + \gamma$ in (D.1α') zu sichern, muß man entweder β und γ zugleich unendlich werden lassen, jedoch so, daß ihre Summe endlich bleibt, oder man muß diese beiden Verzweigungsexponenten konstant halten.

Im ersten Falle kann man $\beta = \beta_0 - \varrho$, $\gamma = \gamma_0 + \varrho$ setzen. Damit erreicht man, daß in (D.1α) $a = \alpha + \beta + \gamma = \alpha + \beta_0 + \gamma_0$, $b = \alpha + \beta' + \gamma = \alpha + \beta' + \gamma_0 + \varrho$ und in (D.1α') $a' = \alpha' + \beta + \gamma = \alpha' + \beta_0 + \gamma_0$, $b' = \alpha' + \beta' + \gamma = \alpha' + \beta' + \gamma_0 + \varrho$ wird. Die Verzweigungsexponenten α, α', β', γ' müssen dabei endlich oder konstant bleiben.

Im Falle der zweiten Möglichkeit, wo β und γ beim Grenzübergang $\varrho \to \infty$ endliche Werte behalten, muß man $\beta' = \beta_0' + \varrho$ setzen, damit a und a' endlich bleiben, während b und b' wie $+\varrho$ unendlich werden.[1] Um jedoch die Erfüllung der Riemannschen Beziehung (2,1.3) während des Grenzüberganges zu sichern, muß man noch einen zweiten Verzweigungsexponenten, jedoch wie $-\varrho$ unendlich werden lassen. Da α, β, γ, α' endlich bleiben müssen, muß man $\gamma' = \gamma_0' - \varrho$ setzen. Um auf den angegebenen beiden Wegen konfluente P-Funktionen zu erhalten, muß man daher zunächst entweder die Transformation[2]

$$\xi = \zeta/\varrho, \quad \beta = \beta_0 - \varrho, \quad \gamma = \gamma_0 + \varrho; \quad \alpha, \alpha', \beta', \gamma = \text{endlich} \quad \text{(D.3a)}$$

oder

$$\xi = \zeta/\varrho, \quad \beta' = \beta_0' + \varrho, \quad \gamma' = \gamma_0' - \varrho; \quad \alpha, \alpha'; \beta, \gamma = \text{endlich} \quad \text{(D.3b)}$$

---

[1] Das positive Vorzeichen von ϱ in $\gamma = \gamma_0 + \varrho$ und $\beta' = \beta_0' + \varrho$ ist dafür entscheidend, daß beim Grenzübergang $\varrho \to \infty$ der Ausdruck b/ϱ gleich $+1$ wird. Anderenfalls würde man statt $_1F_1(a, c; \xi)$ die konfluente hypergeometrische Funktion $_1F_1(a; c; -\xi)$ erhalten.

[2] Man beachte, daß die beiden Transformationen (D.3a) und (D.3b) bei einer Vertauschung der Rollen der gestrichenen und ungestrichenen Verzweigungsexponenten ineinander übergehen, obgleich sie offenbar auf zwei nicht symmetrischen Wegen erhalten werden.

ausführen um sodann den Grenzübergang $\varrho \to \infty$ zu vollziehen. Auf diese Weise erhält man im Falle der Transformation (D.3a) die beiden konfluenten P-Funktionen

$$P(\xi) = \xi^{\alpha} e^{-\xi} {}_1F_1(\alpha+\beta_0+\gamma_0; 1+\alpha-\alpha'; \xi), \qquad \text{(D.4a}\alpha\text{)}$$

$$P(\xi) = \xi^{\alpha'} e^{-\xi} {}_1F_1(\alpha'+\beta_0+\gamma_0; 1+\alpha'-\alpha; \xi) \qquad \text{(D.4a}\alpha'\text{)}$$

und im Falle (D.3b) die beiden konfluenten P-Funktionen

$$P(\xi) = \xi^{\alpha} {}_1F_1(\alpha+\beta+\gamma; 1+\alpha-\alpha'; \xi), \qquad \text{(D.4b}\alpha\text{)}$$

$$P(\xi) = \xi^{\alpha'} {}_1F_1(\alpha'+\beta+\gamma; 1+\alpha'-\alpha; \xi). \qquad \text{(D.4b}\alpha'\text{)}$$

Die konfluenten P-Funktionen (D.4aα) und (D.4aα') erfüllen dabei die Differentialgleichung

$$\frac{d^2P}{d\xi^2} - \left(\frac{1-\alpha-\alpha'}{\xi} + 1\right)\frac{dP}{d\xi} + \left(\frac{\alpha\alpha'}{\xi^2} + \frac{\beta'+\gamma'}{\xi}\right)P = 0 \quad \text{(D.5a)}$$

und die konfluenten P-Funktionen (D.4bα) und (D.4bα') die Differentialgleichung

$$\frac{d^2P}{d\xi^2} + \left(\frac{1-\alpha-\alpha'}{\xi} - 1\right)\frac{dP}{d\xi} + \left(\frac{\alpha\alpha'}{\xi^2} - \frac{\beta+\gamma}{\xi}\right)P = 0. \quad \text{(D.5b)}$$

Man kann sich davon überzeugen, wenn man in der Differentialgleichung (2,1.2) die Transformation (D.3a) bzw. (D.3b) durchführt und sodann den Grenzübergang $\varrho \to \infty$ vollzieht.

Daß die Funktionen $P(\xi)$ (D.4aα) und (D.4aα') der Differentialgleichung (D.5a) und die Funktionen $P(\xi)$ (D.4bα) und (D.4bα') der Differentialgleichung (D.5b) genügen, kann man auch in der Weise bestätigen, daß man (D.4aα) und (D.4aα') in die Differentialgleichung (D.5a) und ferner (D.4bα) und (D.4bα') in (D.5b) einsetzt. Man erhält auf diese Weise für die Funktionen ${}_1F_1$, die in diesen konfluenten P-Funktionen auftreten, die Differentialgleichung

$$\frac{d^2}{d\xi^2} {}_1F_1 + \left(\frac{c}{\xi} - 1\right)\frac{d}{d\xi} {}_1F_1 - \frac{a}{\xi} {}_1F_1 = 0, \qquad \text{(D.6)}$$

die die konfluenten hypergeometrischen Funktionen ${}_1F_1$ zu erfüllen haben.

Bezüglich der Frage, ob die oben angegebenen konfluenten P-Funktionen in der Polynommethode anwendbar sind, ist folgendes zu bemerken: Die neuen Funktionen (D.4aα), (D.4aα'), (D.4bα) und (D.4bα') können nicht in dem bisher zur Lösung des Eigenwertproblems (1,1.1) benutzten Ansatz

$$f(x) = p(x)^{-1/2} P(\xi) \qquad \text{(2,1.1)}$$

verwendet werden. In diesem Falle müßten nämlich, wie in 2, § 1 gezeigt wurde, die Differentialgleichungen (D.5a) und (D.5b) die Gestalt

$$\frac{d^2P}{d\xi^2} + \frac{h-1}{h}\frac{1}{\xi}\frac{dP}{d\xi} + \frac{x^2}{h^2\xi^2}\left[\left(\frac{p'}{2p}\right)^2 - \frac{p''}{2p} - \frac{q-\lambda\varrho}{p}\right]P = 0 \qquad (2,1.8)$$

haben. Dies ist jedoch nicht der Fall, wie schon der Vergleich des Koeffizienten von $dP/d\xi$ in (2,1.8) mit den entsprechenden Koeffizienten in den Differentialgleichungen (D.5a) und (D.5b) zeigt.

Es ist jedoch möglich die neuen konfluenten P-Funktionen in dem allgemeineren Ansatz

$$f(x) = \pi(x)P(\xi)$$

zu verwenden, wo $\pi(x)$ eine willkürliche Funktion bedeutet. In diesem Falle hat man die Koeffizienten von $dP/d\xi$ in (D.5a) und (D.5b) dem in der Differentialgleichung

$$\frac{d^2P}{d\xi^2} + \left[\frac{h-1}{h}\frac{1}{\xi} + \left(\frac{1}{p}\frac{dp}{dx} + \frac{2}{\pi}\frac{d\pi}{dx}\right)\frac{dx}{d\xi}\right]\frac{dP}{d\xi} -$$
$$- \left[\frac{q-\lambda\varrho}{p} - \frac{1}{p\pi}\frac{dp}{dx}\frac{d\pi}{dx} - \frac{1}{\pi}\frac{d^2\pi}{dx^2}\right]\left(\frac{dx}{d\xi}\right)^2 P = 0 \qquad (A.4)$$

gleichzusetzen, die man erhält, wenn man in der Differentialgleichung (1,1.1) für $f(x)$ den Ausdruck (A.2) verwendet und dabei beachtet, daß $\xi = \varkappa x^h$ ist. Im Falle (D.5a) erhält man auf diese Weise die Relation

$$\left(\frac{1}{p}\frac{dp}{dx} + \frac{2}{\pi}\frac{d\pi}{dx}\right)\frac{dx}{d\xi} = \frac{1/h-\alpha-\alpha'}{\xi} + 1,$$

deren Integration

$$p\pi^2 = C\xi^\delta e^\xi, \qquad \delta = \frac{1}{h} - \alpha - \alpha' \qquad (D.7)$$

ergibt.

Auf Grund von (D.4aα), (A.2) und (D.7) erhält man für die Lösung $f(x)$ der Differentialgleichung des Eigenwertproblems (1,1.1) den Ausdruck

$$f(x) = C^{1/2}p(x)^{-1/2}\xi^{\alpha+\delta/2}e^{-\xi/2}{}_1F_1(\alpha+\beta_0+\gamma_0; 1+\alpha-\alpha'; \xi). \qquad (D.8)$$

Führt man nun in der Funktion (D.8) statt α, $\beta_0+\gamma_0$, α', $\beta_0'+\gamma_0'$ die Verzweigungsexponenten

$$\alpha^* = \alpha+\delta/2, \qquad \beta_0^*+\gamma_0^* = \beta_0+\gamma_0-\delta/2,$$
$$\alpha'^* = \alpha'+\delta/2, \qquad \beta_0'^*+\gamma_0'^* = \beta_0'+\gamma_0'-\delta/2$$

ein, so geht (D.8), abgesehen von der belanglosen Konstanten $C^{1/2}$ in die durch (2,1.1) mit der P-Funktion (D.2α) gegebene Funktion $f(x)$

über, in der jedoch α, $\beta_0+\gamma_0$, α', $\beta_0'+\gamma_0'$ durch die entsprechenden mit einem Stern versehenen Verzweigungsexponenten ersetzt wurden. Man erhält auf diese Weise für die Lösung der Differentialgleichung des Eigenwertproblems den Ansatz (2,1.1) mit der schon früher (vgl. 3,2.7) benutzten konfluenten P-Funktion (D.2α). Man kann daher nun das in 3, § 2 angegebene Verfahren zur Lösung des Eigenwertproblems mit der P-Funktion (D.2α) verwenden. Die Benutzung der neuen konfluenten P-Funktion (D.4aα) gestattet somit nur die gleichen Eigenwertprobleme zu lösen, die nach 3, § 2 mit der konfluenten P-Funktion (D.2α) d.h. (3,2.7) lösbar sind. Zur Lösung von neuen Eigenwertproblemen gelangt man auch nicht ausgehend von den im laufenden Anhang angegebenen konfluenten P-Funktionen (D.4aα'), (D.4bα) und (D.4bα').

Es soll nun ein anderer Weg angegeben werden, auf dem ohne Verwendung neuer konfluenter P-Funktionen gezeigt werden kann, daß man mit Hilfe der Polynommethode keine anderen Eigenwertprobleme lösen kann als bei Verwendung der bisher benutzten, die Bedingung (2,1.9) erfüllenden P-Funktionen. Zu diesem Zwecke ist es hinreichend zu beweisen, daß wenn man in der Polynommethode zur Lösung eines Eigenwertproblems den Ansatz (A.2) verwendet, daß dann für die Gestalt der Eigenfunktion die in der P-Funktion enthaltene, gewöhnliche oder konfluente hypergeometrische Funktion maßgebend ist. Verwendet man daher im Falle des Ansatzes (A.2) zwei verschiedene P-Funktionen mit der gleichen hypergeometrischen Funktion, so muß man gleiche Eigenfunktionen und gleiche Eigenwerte erhalten.

Um dies zu zeigen gehen wir von dem Ansatz

$$f(x) = \sigma(x)F(\xi) \qquad\qquad (D.9)$$

aus, wo $F(\xi)$ irgend eine hypergeometrische Funktion $_2F_1$, $_1F_1$, $_2F$ oder F_1 bedeutet.[1] Setzt man den Ansatz (D.9) in die Differentialgleichung (1,1.1) des Eigenwertproblems ein, so erhält man auf dem gleichen Wege, der von dem Ansatz (A.2) und der Differentialgleichung (1,1.1) zur Gleichung (A.4) (siehe oben) führt, für die hypergeometrische Funktion F eine Differentialgleichung von der Gestalt (A.4), in der P und π durch F und σ ersetzt sind. Die oben angeführten hypergeometrischen Funktionen genügen nun einer Differentialgleichung zweiter Ordnung von der Gestalt

$$\frac{d^2F}{d\xi^2} + A(\xi)\frac{dF}{d\xi} + B(\xi)F = 0. \qquad\qquad (D.10)$$

---

[1] Eigenfunktionen mit der konfluenten hypergeometrischen Funktion $_1F(a;\xi)$ müssen in den folgenden Überlegungen außer Betracht bleiben, da ja $_1F$ nicht einer Differentialgleichung zweiter Ordnung (D.10) sondern nur einer solchen erster Ordnung (vgl. S. 149) genügt, also nicht die Voraussetzungen der nachfolgenden Überlegungen erfüllt.

Der Vergleich der Koeffizienten von $dF/d\xi$ und F in der oben erwähnten Differentialgleichung für diese Funktion und in (D.10) ergibt dann die beiden Beziehungen

$$\frac{1}{p}\frac{dp}{d\xi} + \frac{2}{\sigma}\frac{d\sigma}{d\xi} = A(\xi) - \frac{h-1}{h}\frac{1}{\xi} \qquad (D.11)$$

und

$$\left[-\frac{q-\lambda\varrho}{p} + \frac{1}{p\sigma}\frac{dp}{dx}\frac{d\sigma}{dx} + \frac{1}{\sigma}\frac{d^2\sigma}{dx^2}\right]\left(\frac{dx}{d\xi}\right)^2 = B(\xi). \qquad (D.12)$$

Setzt man

$$\int A(\xi)\,d\xi = T(\xi), \qquad (D.13)$$

so erhält man durch Integration aus (D.11) mit Rücksicht auf (D.13) für $\sigma(x)$ den Ausdruck

$$\sigma(x) = p(x)^{-1/2}\xi^{(1-h)/2h}e^{T(\xi)/2}. \qquad (D.14)$$

Beachtet man, daß

$$S(x) = x^2\left[\frac{1}{4p^2}\left(\frac{dp}{dx}\right)^2 - \frac{1}{2p}\frac{d^2p}{dx^2} - \frac{q-\lambda\varrho}{p}\right] \qquad (1,2.11)$$

ist, so geht die Relation (D.12) über in

$$\left[\frac{1}{x^2}S(x) + \frac{1}{2p}\frac{d^2p}{dx^2} + \frac{1}{\sigma}\frac{d^2\sigma}{dx^2} - \frac{1}{4p^2}\left(\frac{dp}{dx}\right)^2 + \right.$$
$$\left. + \frac{1}{p\sigma}\frac{dp}{dx}\frac{d\sigma}{dx}\right]\left(\frac{dx}{d\xi}\right)^2 = B(\xi). \qquad (D.15)$$

Nun ist

$$\frac{1}{p}\frac{d^2p}{dx^2}\left(\frac{dx}{d\xi}\right)^2 = \frac{1}{p}\frac{d^2p}{d\xi^2} - \frac{1}{p}\frac{dp}{dx}\frac{d^2x}{d\xi^2}$$

und eine analoge Beziehung gilt für $\sigma(x)$. Setzen wir ferner

$$K(\xi) = \frac{1}{2p}\frac{dp}{d\xi} + \frac{1}{\sigma}\frac{d\sigma}{d\xi} \qquad (D.16)$$

und beachten daß mit Rücksicht auf $\xi = \varkappa x^h$ (2,1.7) die Beziehungen

$$\frac{dx}{d\xi} = \frac{x}{h\xi} \qquad \text{sowie} \qquad \frac{d^2x}{d\xi^2} = \frac{1-h}{h}\frac{x}{\xi^2}$$

bestehen, so geht (D.15) in die Relation

$$S(x) = \Sigma(\xi) \qquad (D.17)$$

über, wo

$$\Sigma(\xi) = h^2\xi^2\left[B(\xi) - \frac{dK}{d\xi} - K^2 + \frac{1-h}{h}\frac{1}{\xi}K\right] \qquad (D.18)$$

ist. Mit Rücksicht auf (D.11) und (D.16) ist hier

$$2K(\xi) = A(\xi) + \frac{1-h}{h}\frac{1}{\xi}. \qquad (D.19)$$

Die Differentialgleichungen zweiter Ordnung für die hypergeometrischen Funktionen $_2F_1$, $_1F_1$, $_2F$ sowie F_1 und daher auch die Koeffizienten $A(\xi)$ und $B(\xi)$ in (D.10) sind bekannt. Man kann daher $T(\xi)$ (D.13) und daher auch $\sigma(x)$ (D.14) angeben und so die Gestalt der Lösung $f(x)$ des Eigenwertproblems bestimmen. Die in $f(x)$ auftretenden Parameter können dann aus (D.17) und (D.18) ermittelt werden.

Es ist wohl überflüssig hier alle speziellen Eigenwertprobleme zu betrachten, deren Eigenlösungen irgend welche hypergeometrischen Funktionen $_2F_1$, $_1F_1$, $_2F$ oder F_1 enthalten. Wir können uns daher damit begnügen als ein Beispiel nur die Eigenlösungen der Eigenwertprobleme anzugeben, in deren Eigenfunktionen die konfluenten hypergeometrischen Funktionen $_1F_1$ auftreten. In diesem Falle ist, wie der Vergleich der Koeffizienten in den Differentialgleichungen (D.6) und (D.10) lehrt,

$$A(\xi) = \frac{c}{\xi} - 1, \quad B(\xi) = -\frac{a}{\xi}. \qquad (D.20)$$

Es ergeben sich daher für $T(\xi)$ (D.13) und $K(\xi)$ (D.19) die nachstehenden Funktionen

$$T(\xi) = c\ln\xi - \xi, \quad K(\xi) = -\frac{\eta}{\xi} - \frac{1}{2}, \quad \eta = \frac{1}{2}\left(c - 1 + \frac{1}{h}\right).$$

$$(D.21)$$

Gemäß (D.9), (D.14) und (D.21) erhält man die Lösung der Differentialgleichung des Eigenwertproblems in der Gestalt

$$f(x) = p(x)^{-1/2}\xi^\eta e^{-\xi/2}{}_1F_1(a; c; \xi).$$

Sie wird also durch (2,1.1) gegeben, wobei die *P*-Funktion die bereits in Kap. 3 verwendete Gestalt (D.2α) erhält, wenn wir für η die Bezeichnung α einführen. Dies ist berechtigt, weil ja dann nicht nur ξ^η in ξ^α übergeht, sondern weil sich dann aus (D.21) auch $c = 2\alpha + 1 - 1/h$ ergibt, was mit dem $c = 1 + \alpha - \alpha'$ in (D.2α) wegen $\alpha + \alpha' = 1/h$ (3,2.16) übereinstimmt.

Um noch a und b anzugeben muß man die Relation (D.17) verwenden. Für die Funktion $\Sigma(\xi)$ ergibt sich gemäß (D.18), (D.20) und (D.21) der Ausdruck

$$\Sigma(\xi) = s_0 + s_1\xi + s_2\xi^2,$$

wo mit Rücksicht auf $\eta = \alpha$

$$s_0 = h^2\alpha\left(\frac{1}{h} - \alpha\right), \quad s_1 = h^2\left[-a+\alpha+\frac{1}{2} - \frac{1}{2h}\right], \quad s_2 = -\frac{1}{4}h^2$$

$$(D.22)$$

ist. Die hier angegebenen Koeffizienten s_i stimmen mit denen in (3,2.18) vollkommen überein. Dies ist für s_0 und s_2 unmittelbar ersichtlich. Um sich von der Übereinstimmung von s_1 in (D.22) und (3,2.18) zu überzeugen, muß man beachten, daß C_{α_1} sich in der Gestalt (3,2.22) ausdrücken läßt.

In Kap. 2 und 3 haben wir P-Funktionen mit den gewöhnlichen und konfluenten hypergeometrischen Funktionen $_2F_1$, $_1F_1$, $_2F$ und F_1 angegeben. Alle diese hypergeometrischen Funktionen sind Lösungen von Differentialgleichungen zweiter Ordnung. Im Falle aller Eigenwertprobleme, deren Eigenfunktionen solche hypergeometrischen Funktionen enthalten, können wir daher analoge Überlegungen durchführen, wie wir sie oben für Eigenfunktionen mit den hypergeometrischen Funktionen $_1F_1$ angestellt haben. Auf diese Weise können wir beweisen, daß, außer den vorher behandelten Eigenwertproblemen mit solchen P-Funktionen, keine weiteren Eigenwertprobleme mit Eigenfunktionen, die P-Funktionen mit den gleichen hypergeometrischen Funktionen enthalten, gelöst werden können. Für Eigenwertprobleme in deren Eigenfunktionen die hypergeometrischen Funktionen $_1F(a; \xi)$ auftreten, die Lösungen einer Differentialgleichung erster Ordnung sind, muß man gesonderte Überlegungen durchführen, worauf wir hier verzichten wollen.

Man muß bemerken, daß der im vorliegenden Anhang beschrittene Weg die hypergeometrischen Funktionen in den Vordergrund stellt, also an einen Platz, der naturgemäß den P-Funktionen gebührt. Um auf dem angegebenen Wege die Polynommethode zur Lösung der Eigenwertprobleme der Quantentheorie verwenden zu können, muß man auch die Differentialgleichungen für die verschiedenen konfluenten hypergeometrischen Funktionen zur Verfügung haben.

Der Vorteil des oben angegebenen Weges zur Auflösung der Eigenwertprobleme der Quantentheorie mit Hilfe der Polynommethode besteht vor allem darin, daß er die Anwendung anderer konfluenter P-Funktionen, als der in Kap. 3 angegebenen, von vornherein ausschließt. Wenn man ihn einschlägt, ist jedoch nicht der Grund angebbar, warum man beim Grenzübergang von den gewöhnlichen zu den konfluenten P-Funktionen sich auf solche P-Funktionen beschränken kann, die aus den gewöhnlichen P-Funktionen durch einen Grenzübergang gewonnen werden, bei dem die Beziehungen (2,1.9) für die Verzweigungsexponenten erfüllt bleiben.

Eine Bestätigung der Tatsache, daß in der Polynommethode nur solche konfluente P-Funktionen Verwendung finden können, die durch einen derartigen Grenzübergang erzeugt werden können, kann man erhalten, wenn man auf die in Kap. 1 dargestellte, im wesentlichen ursprüngliche Sommerfeldsche Fassung der Polynommethode zurückgreift. Man kann dann erstens zeigen, daß im Falle der in 1, § 2 und § 3 mit (A) bezeichneten Problemklasse die Relationen (2,1.9) identisch erfüllt sind, und zweitens diese Relationen so beschaffen sind, daß sie bei allen möglichen Grenzübergängen, bei denen die Koeffizienten A_i und B_i beliebige Grenzwerte annehmen, stets wenigstens für die entsprechend definierten endlichen Teile der Verzweigungsexponenten erfüllt bleiben. Dies gilt unbeachtet der Tatsache, ob es sich um die Lösung eines Eigenwertproblems mit Hilfe der Polynommethode handelt, oder ob wir nur irgendeine Lösung der Differentialgleichung (1,1.1) mit Hilfe dieser Methode zu erhalten wünschen.

Um zunächst die oben angegebene Behauptung beweisen zu können, daß die Verzweigungsexponenten der Eigenwertprobleme der Klasse (A) die Relationen (2,1.9) automatisch erfüllen, bemerken wir, daß in Kap. 1 die Lösung des selbstadjungierten Eigenwertproblems (1,1.1) in der Gestalt

$$f(x) = E(x)W(x) \qquad (1,1.2)$$

vorausgesetzt wird. Dabei wird $E(x)$ in allen in 1, § 2 angeführten Spezialfällen durch die Gleichungen (1,2.8) gegeben. Die Funktion $W(x)$ ist eine Lösung der Differentialgleichung

$$x^2(A_2 + B_2 x^h)\frac{d^2 W}{dx^2} + 2x(A_1 + B_1 x^h)\frac{dW}{dx} + (A_0 + B_0 x^h)W = 0. \qquad (1,1.3)$$

Für $W(x)$ wird sodann der Ansatz

$$W(x) = y^\mu \varphi(y) \qquad (1,3.2)$$

verwendet. Da wir unsere Betrachtungen für die Problemklasse (A) anstellen, wo $A_2 \neq 0$, $B_2 \neq 0$ ist, so erhält man für $\varphi(y)$ die Differentialgleichung (1,3.8) für die gewöhnlichen hypergeometrischen Funktionen $_2F_1(a, b; c; \xi)$, die in den gewöhnlichen Riemannschen P-Funktionen

$$P(\xi) = \xi^\alpha(1-\xi)^\gamma \, _2F_1(a, b; c; \xi) \qquad (1,3.14)$$

auftreten, wenn man sich der unabhängigen Variablen

$$\xi = \varkappa x^h, \qquad \varkappa = -\frac{B_2}{A_2} \qquad (1,3.7)$$

bedient. Für die in (1,3.2) auftretende Konstante μ erhält man aus der quadratischen Gleichung (1,3.6) den nur von den Koeffizienten A_i der

Differentialgleichung (1,1.3) abhängigen Ausdruck

$$\mu^{\pm} = -\frac{1}{h}\left(\frac{A_1}{A_2} - \frac{1}{2}\right) \pm \frac{1}{h}\left[\left(\frac{A_1}{A_2} - \frac{1}{2}\right)^2 - \frac{A_0}{A_2}\right]^{1/2}. \quad \text{(D.23)}$$

Um die Verzweigungsexponenten angeben zu können, muß man die Parameter a, b und c zur Verfügung haben, die in der hypergeometrischen Funktion in (1,3.14) auftreten. Für die Parameter a und b kann man aus der quadratischen Gleichung (1,3.10) die nachstehenden Ausdrücke

$$a = \mu^{\pm} - \nu^{+}; \quad b = \mu^{\pm} - \nu^{-}, \quad \text{(D.24)}$$

entnehmen, wo

$$\nu^{\pm} = -\frac{1}{h}\left(\frac{B_1}{B_2} - \frac{1}{2}\right) \pm \frac{1}{h}\left[\left(\frac{B_1}{B_2} - \frac{1}{2}\right)^2 - \frac{B_0}{B_2}\right]^{1/2} \quad \text{(D.25)}$$

ganz ebenso aus den Koeffizienten B_i der Differentialgleichung (1,1.3) aufgebaut ist, wie $\mu^{\pm}$ (D.23) aus den Koeffizienten A_i.

Für den Parameter c gilt der Ausdruck

$$c = \frac{2}{h}\left(\frac{A_1}{A_2} - \frac{1}{2}\right) + 2\mu^{\pm} + 1. \quad \text{(1,3.9c)}$$

Da die Parameter a und b in der hypergeometrischen Funktion $_2F_1(a, b; c; \xi)$ eine symmetrische Rolle spielen, kann man in dem Ausdruck (D.24) ν^{+} und ν^{-} miteinander vertauschen. Bei der in (D.24) getroffenen Wahl geht im Grenzfall $B_2 \to 0$, der dem Fall der Problemklasse (BI) entspricht, der Parameter b ins Unendliche, während a einen endlichen Grenzwert erhält.

Um nun zu zeigen, daß die Beziehungen (2,1.9) durch die Verzweigungsexponenten erfüllt werden, muß man diese letzteren durch die Koeffizienten A_i und B_i ausdrücken.

Nach (1,3.13) gelten zunächst für α und γ die Ausdrücke

$$\alpha = \frac{1}{h}\frac{A_1}{A_2} + \mu^{\pm}, \quad \gamma = \frac{1}{h}\left(\frac{B_1}{B_2} - \frac{A_1}{A_2}\right). \quad \text{(1,3.13)}$$

Da nun in der Riemannschen P-Funktion die Parameter a und b durch $a = \alpha + \beta + \gamma$ und $b = \alpha + \beta' + \gamma$ gegeben werden, so erhalten wir mit Rücksicht auf (D.24), (D.25) und (1,3.13) für die Verzweigungsexponenten β und β' die Ausdrücke

$$\beta = -\frac{1}{2h} - \frac{1}{h}\left[\left(\frac{B_1}{B_2} - \frac{1}{2}\right)^2 - \frac{B_0}{B_2}\right]^{1/2},$$

$$\beta' = -\frac{1}{2h} + \frac{1}{h}\left[\left(\frac{B_1}{B_2} - \frac{1}{2}\right)^2 - \frac{B_0}{B_2}\right]^{1/2}. \quad \text{(D.26)}$$

Aus α (1,3.13) und dem durch (1,3.9c) gegebenen Ausdruck für $c =$
$= \alpha - \alpha' + 1$ ergibt sich ferner

$$\alpha' = -\frac{1}{h}\left(\frac{A_1}{A_2} - 1\right) - \mu^{\pm}. \tag{D.27}$$

Für γ' erhält man schließlich aus (1, 3.13), (D.26), (D.27) sowie der Riemannschen Beziehung (2,1.3) den nachstehenden Ausdruck:

$$\gamma' = 1 - \frac{1}{h}\left(\frac{B_1}{B_2} - \frac{A_1}{A_2}\right). \tag{D.28}$$

Die sechs Koeffizienten A_i und B_i der Differentialgleichung (1,1.3) treten in den obigen Ausdrücken für die sechs Verzweigungsexponenten nur in der Gestalt der vier Quotienten

$$A_0/A_2, \quad A_1/A_2, \quad B_0/B_2, \quad B_1/B_2 \tag{D.29}$$

auf. Beachtet man ferner die Tatsache, daß γ' (D.28) so gewählt wurde, daß alle Verzweigungsexponenten die Riemannsche Beziehung (2,1.3) erfüllen, so ist es nicht verwunderlich, daß die oben angegebenen Verzweigungsexponenten schon ganz von selbst die drei Beziehungen (2,1.9) befriedigen, wie wir es oben angekündigt haben. Man kann dies ohne weiteres den Ausdrücken (1,3.13), (D.26), (D.27) und (D.28) für die Verzweigungsexponenten entnehmen. Diese Beziehungen verlieren somit nicht ihre Gültigkeit, wenn wir den Koeffizienten A_i und B_i beliebige Grenzwerte erteilen, ohne Rücksicht darauf, ob dabei die Quotienten (D.29) unendlich werden oder endliche Werte behalten. Im Falle, wo ein einziger oder auch mehrere Quotienten (D.29) unendlich werden, treten in den Beziehungen (2,1.9) im Grenzfalle entsprechend definierte endliche Teile der unendlich werdenden Verzweigungsexponenten auf.

Die konfluenten P-Funktionen ergeben sich nun aus den gewöhnlichen P-Funktionen durch einen Grenzübergang in dem gewisse Verzweigungsexponenten unendlich werden. Um daher mit Hilfe der Polynommethode Lösungen von Eigenwertproblemen mit konfluenten P-Funktionen zu erhalten, muß man (da ein Unendlichwerden der Koeffizienten A_i und B_i mit Rücksicht auf die Gestalt der Differentialgleichung (1,1.3) für die Funktion $W(x)$ im allgemeinen nicht in Frage kommt) den Koeffizienten A_2 oder B_2 einen verschwindenden Wert annehmen lassen, so wie wir dies in den Problemklassen (BI), (BII), (CI) und (CII) (vgl. Kap. 1, § 2 und § 3) getan haben. Damit wurde der Nachweis erbracht, daß alle in der Polynommethode auftretenden konfluenten P-Funktionen die Beziehungen (2,1.9) wenigstens für die endlichen Teile der Verzweigungsexponenten befriedigen.

Es steht nichts im Wege, um die obigen Überlegungen auf den Fall von Eigenwertproblemen mit konfluenten P-Funktionen zu übertragen, die aus beliebigen anderen gewöhnlichen P-Funktionen durch irgend einen Grenzübergang abgeleitet werden können. Damit ist die Rechtfertigung unseres Vorgehens erwiesen, in der Polynommethode nur solche konfluente P-Funktionen zu verwenden, die aus irgend welchen gewöhnlichen durch einen Grenzübergang entstehen, bei dem die Beziehungen (2,1.9) oder (2,3.2) erfüllt bleiben.

Zu den obigen Überlegungen muß man jedoch bemerken, daß die Definition der endlichen Teile der unendlich werdenden Verzweigungsexponenten nicht eindeutig durchführbar ist. Sie kann jedoch stets in der Weise vorgenommen werden, daß die Summe der endlichen Teile eines zusammengehörigen Paares von Verzweigungsexponenten die entsprechenden Beziehungen (2,1.9) erfüllt. Ziehen wir etwa die Verzweigungsexponenten α und α' in Betracht, die nach (2,1.9) der Beziehung $\alpha + \alpha' = 1/h$ genügen. Bezeichnen wir die endlichen Teile von α und α' mit α_0 und α_0'. Ist dann $\alpha = \alpha_0 + \alpha_1$, wo α_1 im Grenzfalle ins Unendliche geht, so muß $\alpha' = \alpha_0' - \alpha_1$ sein, damit im Grenzfalle die Beziehung $\alpha_0 + \alpha_0' = 1/h$ bestehen kann. Bezeichnet nun $\Delta\alpha$ irgendeine endliche und auch während des Grenzüberganges endlich bleibende Größe, so kann man auch $\alpha_0 + \Delta\alpha$ und $\alpha_0' - \Delta\alpha$ als die endlichen Teile von α und α' ansehen, die immer noch die in (2,1.9) auftretende Beziehung für α nämlich $(\alpha_0 + \Delta\alpha) + (\alpha_0' - \Delta\alpha) = 1/h$ erfüllen. Man muß dann jedoch das im Grenzfalle unendlich werdende α_1 durch $\alpha_1 - \Delta\alpha$ ersetzen, so daß α und α' in der nachstehenden Weise aufgespalten werden können:

$$\alpha = (\alpha_0 + \Delta\alpha) + (\alpha_1 - \Delta\alpha) \quad \text{und} \quad \alpha' = (\alpha_0' - \Delta\alpha) - (\alpha_1 - \Delta\alpha).$$

Anhang E

Verallgemeinerung der Beziehung $\xi = \varkappa x^h$ (2,1.7)

Im folgenden wollen wir uns mit der Frage beschäftigen, inwieweit man die Beziehung $\xi = \varkappa x^h$ (2,1.7) zwischen den Veränderlichen x und ξ verallgemeinern kann, falls die Lösung eines Eigenwertproblems (1,1.1) durch den Ansatz

$$f(x) = p(x)^{-1/2} P(\xi) \qquad (2,1.1)$$

gegeben wird, wo $P(\xi)$ eine gewöhnliche Riemannsche P-Funktion bedeutet, also eine Lösung der Differentialgleichung (2,1.2). Setzt man voraus, daß ξ eine beliebige Funktion $\xi = \xi(x)$ von x ist, so erhält man für $P(\xi)$ statt der Differentialgleichung (2,1.8) auf Grund des Eigenwertproblems (1,1.1) und des Ansatzes (2,1.1) die Differentialgleichung

$$\frac{d^2 P}{d\xi^2} + \frac{\xi''}{\xi'^2} \frac{dP}{d\xi} + \frac{1}{\xi'^2} \left[\left(\frac{p'}{2p} \right)^2 - \frac{p''}{2p} - \frac{q - \lambda \varrho}{p} \right] P = 0. \qquad (E.1)$$

Dabei bedeutet $\xi' = d\xi/dx$ und $\xi'' = d^2\xi/dx^2$. Der Vergleich der Koeffizienten von $dP/d\xi$ in den beiden Differentialgleichungen (E.1) und (2,1.2) ergibt dann

$$\frac{\xi''}{\xi'^2} = \frac{1 - \alpha - \alpha'}{\xi} - \frac{1 - \gamma - \gamma'}{1 - \xi}.$$

Da

$$\frac{\xi''}{\xi'^2} = -\frac{d}{dx}\left(\frac{1}{\xi'} \right) = -\frac{d}{dx}\left(\frac{dx}{d\xi} \right) = -\frac{d}{d\xi}\left(\frac{dx}{d\xi} \right) \bigg/ \frac{dx}{d\xi} = -\frac{d}{d\xi} \ln \frac{dx}{d\xi}$$

ist, so wird die gesuchte Verallgemeinerung der Beziehung $\xi = \varkappa x^h$ gegeben durch

$$x = k \int\limits_0^\xi \xi^{\alpha + \alpha' - 1} (1 - \xi)^{\gamma + \gamma' - 1} d\xi + x_0, \qquad (E.2)$$

wo k eine Integrationskonstante ist. Die Veränderliche x wird somit durch eine unvollständige Eulersche B-Funktion der Veränderlichen ξ gegeben. Man erhält eine für $|\xi| < 1$ gültige Darstellung für das Integral in (E.2), wenn man in seinem Integranden den Faktor $(1 - \xi)^{\gamma + \gamma' - 1}$ in eine Binomialreihe entwickelt. Das Integral in (E.2) besteht aus einer

18*

endlichen Anzahl, nämlich 1, 2, 3, ... Gliedern, wenn $\gamma+\gamma'-1 =$ $= 0, 1, 2, ...$ ist.

Ferner erhält man durch einen Vergleich der Koeffizienten von $P(\xi)$ in den Differentialgleichungen (E.1) und (2,1.2) mit Rücksicht auf den Ausdruck (1,2.12) für $S(x)$ die Beziehung

$$\frac{1}{x^2} S(x) = \frac{\alpha\alpha'-(\alpha\alpha'+\beta\beta'-\gamma\gamma')\xi+\beta\beta'\xi^2}{k\xi^{2(\alpha+\alpha')}(1-\xi)^{2(\gamma+\gamma')}}. \tag{E.3}$$

Damit ein gegebenes Eigenwertproblem (1,1.1) auf Grund der obigen Annahmen lösbar ist, muß die linke Seite von (E.3) mit der, mit den Koeffizienten $p(x)$, $q(x)$ und $\varrho(x)$ gebildeten Funktion $S(x)$ durch die rechte Seite von (E.3) darstellbar sein. Dabei muß zwischen x und ξ eine Beziehung von der Gestalt (E.2) bestehen. Aus (E.3) ergeben sich dann nämlich die Werte von $\alpha\alpha'$, $\beta\beta'$, $\gamma\gamma'$ sowie die von $\alpha+\alpha'$, $\gamma+\gamma'$ und mit Rücksicht auf die Riemannsche Beziehung (2,1.3) auch die von $\beta+\beta'$. Man erhält auf diese Weise drei quadratische Gleichungen von der zu (2,1.12) analogen Gestalt für die sechs Verzweigungsexponenten und kann daher die im Ansatz (2,1.1) auftretende gewöhnliche Riemannsche P-Funktion angeben.

Die Beziehung (E.2) stellt, wie zu erwarten war, eine Verallgemeinerung der sonst in der vorliegenden Monographie verwendeten Beziehung $\xi = \varkappa x^h$ (2,1.7) dar. Die letztere ergibt sich nämlich aus (E.2) im Falle wo $\gamma+\gamma' = 1$ ist. Unter dieser Voraussetzung folgt ja aus (E.2) die Beziehung $x-x_0 = k\xi^{\alpha+\alpha'}/(\alpha+\alpha')$, die, wenn wir $\alpha+\alpha' = 1/h$ setzen, in die Beziehung $\xi = \varkappa(x-x_0)^h$ übergeht, die mit der Beziehung $\xi = \varkappa x_{\lrcorner}^h$ (2,1.7) im wesentlichen identisch ist.

Eine noch weitere Verallgemeinerung der Beziehung $\xi = \varkappa x^h$ kann man erhalten, falls man voraussetzt, daß in dem Ansatz (2,1.1) die gewöhnliche Riemannsche P-Funktion eine Lösung der Papperitzschen Differentialgleichung (2,3.1) ist.

Die Verallgemeinerung der obigen Überlegungen auf den Fall, wo $P(\xi)$ irgendeine konfluente P-Funktion ist, bietet gar keine Schwierigkeiten, so daß es nicht notwendig ist, sich mit ihr zu befassen.

Beispiele für die Anwendung der oben angegebenen Verallgemeinerung der Sommerfeldschen Polynommethode sind in der Quantentheorie nicht bekannt. Wir können daher auf eine weitere Beschäftigung mit ihnen verzichten.

Anhang F

Integration der Riccatischen Differentialgleichungen (5,6.11) und (5,6.35)

Statt den Ansatz (5,6.12) zur Integration der Riccatischen Differentialgleichung (5,6.11) zu verwenden, kann man sie mit Hilfe der Polynommethode ganz exakt integrieren.[1] Zu diesem Zweck verwenden wir zunächst den Ansatz

$$\frac{B_{11}(\xi)}{B_{12}(\xi)} = -\frac{u'(\xi)}{u(\xi)} \tag{F.1}$$

um die Differentialgleichung (5,6.11) in eine lineare Differentialgleichung zweiter Ordnung

$$\frac{d^2u}{d\xi^2} + \left(\frac{c}{\xi} - \frac{a+b-c+1}{1-\xi}\right)\frac{du}{d\xi} - \left[\frac{ab}{\xi(1-\xi)} - \frac{GG'}{\xi^{2-o}(1-\xi)^{2-p}}\right]u = 0 \tag{F.2}$$

überzuführen. Für das Produkt der beiden Funktionen B_{12} und B_{22} haben wir dabei in (5,6.11) einen Ausdruck verwendet, der sich aus (5,6.6), (5,6.10a) und (5,6.10b) ergibt.

Für die folgenden Überlegungen müssen wir (F.2) in der selbstadjungierten Gestalt verwenden. Mit Rücksicht auf die Tatsache, daß in dem betrachteten Falle in der Differentialgleichung (F.2) kein Eigenwertparameter λ auftritt, wird die selbstadjungierte Gestalt von (F.2) gegeben durch

$$\frac{d}{dx}\left[p(x)\frac{du}{dx}\right] - q(x)u = 0, \quad p(x) = x^c(1-x)^{a+b-c+1},$$

$$q(x) = p(x)\left[\frac{ab}{x(1-x)} - \frac{GG'}{x^{2-o}(1-x)^{2-p}}\right]. \tag{F.3}$$

---

[1] *Anmerkung bei der Korrektur.* Erst nach der Übergabe des Manuskriptes der vorliegenden Monographie an den Verleger wurde bemerkt, daß die Riccatischen Differentialgleichungen (5,6.11) und (5,6.35) nach einer geeigneten Transformation sich mit Hilfe der Polynommethode ganz exakt lösen lassen, was weiter unten durchgeführt wurde. Es wurde dort auch angedeutet, wie auf diesem Wege die in Kap. 5, § 6 angegebene Bestimmung der Koeffizienten B_{ij} vereinfacht wird.

Da (F.3) die mit Hilfe der Polynommethode zu lösende Differential-gleichung darstellt, haben wir ξ durch die unabhängige Veränderliche x ersetzt, um mit dem in der vorliegenden Monographie bestehenden Brauch im Einklang zu bleiben.

Um zu zeigen, daß die Differentialgleichung (F.3) mit Hilfe der Sommerfeldschen Polynommethode integriert werden kann, müssen wir die zu (F.3) gehörige Funktion $S(x)$ (1,2.11) angeben. Sie hat die Gestalt

$$S(x) = \frac{1}{4}\,c(2-c) + \frac{x}{1-x}\,\frac{1}{2}\,[c(a+b-c+1)-2ab] -$$

$$- \frac{x^2}{(1-x)^2}\,\frac{1}{4}\,(a+b-c+1)\,(a+b-c-1) + \frac{GG'x^o}{(1-x)^{2-p}}\,. \quad \text{(F.4)}$$

Beachtet man, daß (wegen $o, p = 0, 1, 2; 0 \leqslant o+p \leqslant 2$)

$$\frac{GG'x^o}{(1-x)^{2-p}} = GG'\left\{\delta(o)\delta(p-2)-\delta(o-1)\delta(p-1)+\delta(o-2)\delta(p)+\right.$$

$$+ \frac{1}{1-x}[\delta(o)\delta(p-1)-\delta(o-1)\delta(p)+\delta(o-1)\delta(p-1)-2\delta(o-2)\delta(p)]+$$

$$\left. + \frac{1}{(1-x)^2}\,\delta(p)[\delta(o)+\delta(o-1)+\delta(o-2)]\right\}, \quad \text{(F.5)}$$

so erkennt man daß $S(x)$ auch in der Gestalt (2,1.10)

$$\Sigma(\xi) = \frac{s_2}{(1-\xi)^2} + \frac{s_1}{1-\xi} + s_0 \quad \text{(F.6)}$$

darstellbar ist, wenn ξ gleich x gesetzt wird. Für die Koeffizienten s_0, s_1, s_2 und $s = s_0+s_1+s_2$ erhält man dabei aus (F.4), (F.5) und (F.6) die nachstehenden Ausdrücke

$$s_0 = -\frac{1}{4}(a-b)^2 + \frac{1}{4} + GG'[\delta(o)\delta(p-2)-\delta(o-1)\delta(p-1)+\delta(o-2)\delta(p)],$$

$$s_1 = \frac{1}{2}\,(a^2+b^2) - \frac{1}{2} - \frac{1}{2}\,c(a+b-1) + GG'[\delta(o)\delta(p-1)-\delta(o-1)\delta(p)+$$

$$+ \delta(o-1)\delta(p-1)-2\delta(o-2)\delta(p)],$$

$$s_2 = -\frac{1}{4}\,(a+b-c)^2 + \frac{1}{4} + GG'\delta(p)[\delta(o)+\delta(o-1)+\delta(o-2)],$$

$$s = -\frac{1}{4}\,c^2 + \frac{1}{2}\,c + GG'\delta(o)[\delta(p)+\delta(p-1)+\delta(p-2)]. \quad \text{(F.7)}$$

Da $\xi = x$, also $h = 1$ ist, so ergeben sich aus (2,1.13) die Verzweigungs-exponenten α, β und γ in der nachstehenden Gestalt

$$\alpha^{\pm} = \frac{1}{2} \pm \sqrt{\frac{1}{4} - s}, \quad \beta^{\pm} = -\frac{1}{2} \pm \sqrt{\frac{1}{4} - s_0},$$

$$\gamma^{\pm} = \frac{1}{2} \pm \sqrt{\frac{1}{4} - s_2}. \tag{F.8}$$

Im Falle, wo $GG' = 0$ gesetzt werden kann, werden diese Verzweigungs-exponenten durch

$$\alpha_0^{\pm} = \frac{1}{2} \pm \frac{1}{2}(c-1), \quad \beta_0^{\pm} = -\frac{1}{2} \pm \frac{1}{2}(a-b),$$

$$\gamma_0^{\pm} = \frac{1}{2} \pm \frac{1}{2}(a+b-c) \tag{F.9}$$

gegeben.

Gemäß (2,1.1) und (F.3) wird eine Lösung der Differentialgleichung (F.2) durch

$$u(x) = x^{\alpha - c/2}(1-x)^{\gamma - (a+b-c+1)/2} \, _2F_1(A, B; C; x),$$

$$A = \alpha + \beta + \gamma, \quad B = \alpha + \beta' + \gamma, \quad C = 1 + \alpha - \alpha' \tag{F.10}$$

dargestellt. Wegen (F.1) ergibt sich aus (F.10) für B_{11}/B_{12} durch eine logarithmische Differentiation der nachstehende Audruck

$$\frac{B_{11}}{B_{12}} = -\frac{\alpha - \frac{1}{2}c}{x} + \frac{\gamma - \frac{1}{2}(a+b-c+1)}{1-x} -$$

$$- \frac{AB}{C} \frac{_2F_1(A+1, B+1; C+1; x)}{_2F_1(A, B; C; x)}. \tag{F.11}$$

Damit dieser Ausdruck die Gestalt (5,6.12) hat, muß das letzte Glied in (F.11) verschwinden. Es muß also entweder A oder B gleich Null sein.

Auf diese Weise erhält man in Übereinstimmung mit (5,6.28) für B_{11}/B_{12} den Ausdruck

$$\frac{B_{11}}{B_{12}} = -\frac{\alpha - \frac{1}{2}c}{x} + \frac{\gamma - \frac{1}{2}(a+b-c+1)}{1-x}. \tag{F.12}$$

Gleichzeitig ergibt das Verschwinden von A oder B einen Ausdruck für GG'.

Es genügt jedoch wenn wir im folgenden zur Berechnung von GG' nur das Verschwinden von A in Betracht ziehen. A und B unterscheiden sich nämlich voneinander nur dadurch, daß wenn wir z.B. in A den Ausdruck für β^+ verwenden, wir in B mit Rücksicht auf (2,1.9) den Ausdruck für β^- gebrauchen müssen und umgekehrt.

Bei der Berechnung von A stehen uns die Ausdrücke für $\alpha^{\pm}$, $\beta^{\pm}$ und $\gamma^{\pm}$ zur Verfügung. Wir werden daher für bestimmte Werte von o und p im allgemeinen mehrere Ausdrücke für GG' aus den Gleichungen $A = 0$ erhalten. Von vornherein kann man darauf gefaßt sein, zwei oder vier verschiedene Ausdrücke für GG' zu bekommen. Von der Riccatischen Differentialgleichung (5,6.11) unterscheidet sich nämlich die Riccatische Differentialgleichung (5,6.35) für B_{21}/B_{22} nur dadurch, daß die Parameter a, b, c in (5,6.11) durch die Parameter $a^{-} = a - \Delta a$, $b^{-} = b - \Delta b$, $c^{-} = c - \Delta c$ in (5,6.35) ersetzt sind. Es steht somit zu erwarten, daß wir aus den Gleichungen $A = 0$, je nach der Wahl von $\alpha^{\pm}, \beta^{\pm}, \gamma^{\pm}$, einen Ausdruck für GG' einmal durch die Parameter a, b, c und das andere Mal durch a^{-}, b^{-}, c^{-} ausgedrückt erhalten. Selbstverständlich werden dabei, wenn wir eine Lösung der Gleichung (5,6.11) suchen, die Parameter a^{-}, b^{-}, c^{-} als Parameter a, b, c auftreten. Dies muß stets der Fall sein, unabhängig davon ob wir es mit Ausdrücken für GG' zu tun haben, die sich bei einer Vertauschung von a und b ändern oder auch keine Änderung erfahren.

Der zu den Parametern a^{-}, b^{-}, c^{-} gehörige Wert von GG' muß dabei in den mit Hilfe der Parameter a, b, c berechneten übergehen, wenn wir in ihm die Werte für $a^{-} = a - \Delta a$, $b^{-} = b - \Delta b$, $c^{-} = c - \Delta c$ einsetzen.

Beide Werte von GG', sowohl die, die den Parametern a, b, c als auch die den Parametern a^{-}, b^{-}, c^{-} entsprechen, sind für die Angabe der Relationen (F.12) für die B_{ij} brauchbar. Der den Parametern a, b, c entsprechende Wert von GG' wird dann die Relation (F.12) für die Rekursionsformeln der ersten Art (vgl. 5, § 2, S. 143) für die B_{ij} liefern, während der zu den Parametern a^{-}, b^{-}, c^{-} gehörige die der zweiten Art ergeben wird.

Tritt bei einer Vertauschung der Werte von a und b eine Änderung von GG' ein, so müssen wir darauf gefaßt sein, daß sich die beiden Ausdrücke für GG' für a, b, c und a^{-}, b^{-}, c^{-} noch in zwei weitere aufspalten, die bei einer Vertauschung von a und b ineinander übergehen.

Es besteht auch die Möglichkeit, die in dem weiter unten zu betrachtenden Falle $o = 0$, $p = 0$ verwirklicht ist, daß sowohl zwei Ausdrücke für GG' bei einer Vertauschung von a und b ineinander übergehen, als auch der eine von ihnen bei einem Ersatz von a, b, c durch a^{-}, b^{-}, c^{-} den anderen ergibt.

Zusammenfassend können wir nun feststellen: Von den höchstens vier Werten für GG', die man auf die oben angegebene Weise erhält, kann man prinzipiell jeden als den „richtigen" wählen. Für welche Wahl man sich entscheidet, hängt von zwei Umständen ab. Erstens, ob man für die B_{ij} Rekursionsformeln erster oder zweiter Art bevorzugt. Zweitens, welchem von den beiden Paaren von Rekursionsformeln, die durch eine Vertauschung von a und b ineinander übergehen, man den Vorzug einräumen will. Um eine Vergleichsmöglichkeit zu haben, werden wir in den anzugebenden Beispielen stets den Wert von GG' wählen, der in der Tabelle X verzeichnet ist und der den Rekursionsformeln erster Art entspricht.

Die Werte für die Verzweigungsexponenten $\alpha^{\pm}$ und $\gamma^{\pm}$, die in den Ausdruck (F.10) für A eingehen, der den gesuchten Wert für GG' ergibt, werden gleichzeitig die Werte von α und γ darstellen, die in dem Ausdruck (F.12) für B_{11}/B_{12} zu verwenden sind. Die Werte der Verzweigungsexponenten, die benötigt werden um den Ausdruck für GG' zu erhalten, der den Parametern a^-, b^-, c^- entspricht, liefern hingegen den zu (F.12) analogen Ausdruck für B_{21}/B_{22}.

Zur Erläuterung der obigen allgemeinen Überlegungen seien drei Beispiele angeführt. Zuerst betrachten wir den Fall, wo $o = 0$ und $p = 1$ ist. In diesem Falle ist gemäß (F.7)

$$s_0 = -\frac{1}{4}(a-b)^2 + \frac{1}{4}, \quad s_2 = -\frac{1}{4}(a+b-c)^2 + \frac{1}{4},$$

$$s = -\frac{1}{4}c^2 + \frac{1}{4}c + GG'.$$

Mit Rücksicht auf (F.8) ergeben sich für die Verzweigungsexponenten $\alpha^{\pm}$, $\beta^{\pm}$, $\gamma^{\pm}$ die nachstehenden Ausdrücke

$$\alpha^{\pm} = \frac{1}{2} \pm \sqrt{\frac{1}{4}(c-1)^2 - GG'}, \quad \beta^{\pm} = \beta_0^{\pm}, \quad \gamma^{\pm} = \gamma_0^{\pm},$$

wo $\beta_0^{\pm}$ und $\gamma_0^{\pm}$ durch (F.9) dargestellt werden.

Bezeichnen wir den Ausdruck für A (F.10), in dem z.B. α^-, β^+, γ^- auftritt, mit $A(-,+,-)$, so erhält man aus den Gleichungen

$$A(\pm, +, +) = 0, \quad A(\pm, +, -) = 0, \quad A(\pm, -, +) = 0,$$
$$A(\pm, -, -) = 0$$

die nachstehenden Ausdrücke für GG'

$$GG' = -a(a-c+1), \tag{F.13a}$$

$$GG' = -(b-1)(b-c), \tag{F.13b}$$

$$GG' = -b(b-c+1), \tag{F.13c}$$

$$GG' = -(a-1)(a-c), \tag{F.13d}$$

In dem betrachteten Falle stellt (F.13d) den „richtigen" Ausdruck für GG' dar, da er in der Tabelle X enthalten ist. (F.13a) ergibt dann den gleichen Wert für GG' wie (F.13d), wenn wir a, b, c durch $a^- = a-1$, $b^- = b$, $c^- = c$ ersetzen. In dem betrachteten Falle ist somit $\Delta a = 1$, $\Delta b = 0$, $\Delta c = 0$. Er entspricht daher dem in der Tabelle II und Tabelle X unter der Nr. 1 verzeichneten Falle. Die Fälle (F.13b) und (F.13c)

entstehen aus den Fällen (F.13d) und (F.13a) wenn wir in ihnen a durch
b ersetzen. Wir können sie außer Betracht lassen, da wir die Fälle, die
aus einem gegebenen Falle durch Vertauschung von a und b hervorgehen,
in unseren Tabellen nicht berücksichtigen. Die Vertauschung von a und
b ist ja doch eine ganz triviale Operation.

Bei der Angabe des Ausdruckes (F.12) für B_{11}/B_{12} ist es selbstverständlich nicht gleichgültig, ob wir für α den Wert von α^- oder α^+
verwenden. Leider gibt die Berechnung von GG' keinen Hinweis für
die Auswahl der α-Werte, da ja die Verwendung von α^- und α^+, wie
aus der zu (F.13d) gehörigen Gleichung $A(\pm,-,-) = 0$ zu entnehmen
ist, den gleichen Wert für GG' liefert. Von den beiden mit β^- und γ^-
verträglichen Werten von

$$\alpha^{\pm} = \frac{1}{2} \pm \left[a - \frac{1}{2}(c+1) \right]$$

erhalten wir für $\alpha - \frac{1}{2}c$ die beiden Ausdrücke

$$\alpha^+ - \frac{1}{2}c = a-c, \quad \alpha^- - \frac{1}{2}c = 1-a.$$

Zur Entscheidung darüber, welchen von diesen beiden Ausdrücken
wir in (F.12) einzusetzen haben, können wir die übrigen in 5, § 6 für
die B_{ij} angegebenen Beziehungen benützen, allerdings mit Ausnahme
derer, die sich auf die Integration der Riccatischen Differentialgleichung
(5,6.11) unmittelbar beziehen. Ohne darauf näher einzugehen, ent-
scheiden wir uns im Falle B_{11}/B_{12} für α^+. Im Falle B_{21}/B_{22} müssen wir
daher α^- verwenden.

Hingegen sind wir gezwungen im Falle B_{11}/B_{12} für γ gemäß der
(F.13d) entsprechenden Gleichung $A(\pm,-,-) = 0$ den Ausdruck für
γ^- zu benützen. Wir erhalten dann

$$\gamma^- - \frac{1}{2}(a+b-c+1) = -(a+b-c).$$

Im Falle B_{21}/B_{22} muß dann γ^+ verwendet werden und ergibt daher

$$\gamma^+ - \frac{1}{2}(a+b-c+1) = 0.$$

Im ganzen ist somit

$$\frac{B_{11}}{B_{12}} = -\frac{a-c}{x} - \frac{a+b-c}{1-x}, \quad \frac{B_{21}}{B_{22}} = -\frac{1-a}{x}$$

in Übereinstimmung mit den Angaben der Tabelle II.

Als zweites Beispiel wählen wir den Fall $o = 0$, $p = 0$. Gemäß (F.7)
ist dann

$$s_0 = -\frac{1}{4}(a-b)^2 + \frac{1}{4}, \quad s_2 = -\frac{1}{4}(a+b-c)^2 + \frac{1}{4} + GG',$$

$$s = -\frac{1}{4}c^2 + \frac{1}{2}c + GG'.$$

Für die Verzweigungsexponenten erhalten wir in diesem Falle auf Grund von (F.8) die Ausdrücke

$$\alpha^\pm = \frac{1}{2} \pm \sqrt{\frac{1}{4}(c-1)^2 - GG'}, \quad \beta^\pm = \beta_0^\pm,$$

$$\gamma^\pm = \frac{1}{2} \pm \sqrt{\frac{1}{4}(a+b-c)^2 - GG'}, \tag{F.14}$$

wo $\beta_0^\pm$ durch (F.9) gegeben wird.

Aus der Gleichung $A(\pm,+,\pm) = 0$ bekommen wir für GG' den Ausdruck

$$GG' = -\frac{(a-c+1)(b-c)(b-1)a}{(a-b+1)^2}. \tag{F.15a}$$

Aus $A(\pm,-,\pm) = 0$ ergibt sich hingegen

$$GG' = -\frac{(b-c+1)(a-c)(a-1)b}{(a-b-1)^2}. \tag{F.15b}$$

Wenn man diese beiden Ausdrücke miteinander vergleicht, so sieht man, daß sie bei einer Vertauschung der Parameter a und b ineinander übergehen. Nimmt man ferner an, daß in Übereinstimmung mit der Tabelle X der „richtige" Ausdruck für GG' durch (F.15b) gegeben wird, so erkennt man, daß man ihn auch aus dem Ausdruck (F.15a) erhalten kann, wenn man in dem letzteren die Parameter a, b, c durch $a^- = a-1$, $b^- = b+1$, $c^- = c$ ersetzt. Wir haben es somit hier mit dem Fall zu tun, wo $\varLambda a = 1$, $\varLambda b = -1$, $\varLambda c = 0$ ist, der tatsächlich dem Falle Nr. 6 in den Tabellen II und X entspricht.

Um in dem betrachteten Falle den Ausdruck (F.12) für B_{11}/B_{12} sowie den entsprechenden Ausdruck für B_{21}/B_{22} anzugeben, müssen wir noch die Verzweigungsexponenten α und γ berechnen. Aus (F.14) und (F.15b) erhält man $\alpha^\pm$ und $\gamma^\pm$ in der nachstehenden Gestalt

$$\alpha^\pm = \frac{1}{2} \pm \left[\frac{1}{2}(c-1) - \frac{(a-c)b}{a-b-1} \right],$$

$$\gamma^\pm = \frac{1}{2} \pm \left[\frac{1}{2}(a+b-c) + \frac{b(b-c+1)}{a-b-1} \right].$$

Setzt man in (F.12) für α und γ die Werte für α^+ und γ^+ ein und für GG' den Ausdruck (F.15b), so ergibt sich

$$\frac{(a-c)b}{(a-b-1)x} + \frac{(b-c+1)b}{(a-b-1)(1-x)}, \qquad (F.16a)$$

der mit dem Werte für B_{11}/B_{12}, der aus der Nr. 6 der Tabelle II entnommen werden kann, übereinstimmt.

Hingegen erhält man, wenn man in (F.12) für α und γ die Ausdrücke α^- und γ^- verwendet, den Wert

$$-\frac{(b-c+1)(a-1)}{(a-b-1)x} - \frac{(a-c)(a-1)}{(a-b-1)(1-x)}, \qquad (F.16b)$$

der mit dem unter Nr. 6 aus der Tabelle II für B_{21}/B_{22} zu entnehmenden Ausdruck übereinstimmt.

Um aus dem Ausdruck (F.16b) für B_{21}/B_{22} den Ausdruck (F.16a) für B_{11}/B_{12} zu erhalten, muß man in (F.15b) die Rollen von a und b miteinander vertauschen und sodann die Werte von a, b, c durch $a^- = a-1$, $b^- = b+1$, $c^- = c$ ersetzen in Übereinstimmung mit $\Delta a = 1$, $\Delta b = -1$, $\Delta c = 0$.

Das dritte Beispiel, in dem $o = 1$, $p = 1$ angenommen wird, ist insofern interessant, als es zwei verschiedene Fälle von den in den Tabellen II und X auftretenden umfaßt, nämlich die, die in diesen Tabellen unter Nr. 2 und Nr. 4 verzeichnet sind. In dem betrachteten Falle ist gemäß (F.7)

$$s_0 = -\frac{1}{4}(a-b)^2 + \frac{1}{4} - GG', \qquad s_2 = -\frac{1}{4}(a+b-c)^2 + \frac{1}{4},$$

$$s = -\frac{1}{4}c^2 + \frac{1}{2}c.$$

Wir erhalten daher wegen (F.8) für die Verzweigungsexponenten die nachstehenden Werte

$$\alpha^\pm = \alpha_0^\pm, \qquad \beta^\pm = -\frac{1}{2} \pm \sqrt{\frac{1}{4}(a-b)^2 + GG'}, \qquad \gamma^\pm = \gamma_0^\pm,$$

wo $\alpha_0^\pm$ und $\gamma_0^\pm$ durch (F.9) dargestellt werden.

Aus den Gleichungen

$$A(-, \pm, -) = 0, \qquad A(+, \pm, +) = 0, \qquad A(+, \pm, -) = 0,$$
$$A(-, \pm, +) = 0$$

ergeben sich für GG' die nachstehenden Werte

$$GG' = (a-1)(b-1), \qquad (F.17a)$$

$$GG' = ab, \qquad (F.17b)$$

$$GG' = (a-c)(b-c), \qquad (F.17c)$$

$$GG' = (a-c+1)(b-c+1). \qquad (F.17d)$$

Wie aus dem Vergleich mit der Tabelle X hervorgeht, entspricht (F.17a) bzw. (F.17d) der Nr. 2 bzw. der Nr. 4 dieser Tabelle. Hingegen erhält man aus dem Wert für (F.17b) bzw. (F.17c) den Wert (F.17a) bzw. (F.17d), wenn man in dem ersteren die Parameter a, b, c durch $a^- =$ $= a-1$, $b^- = b-1$, $c^- = c-1$ bzw. $a^- = a$, $b^- = b$, $c^- = c-1$ ersetzt. Dies entspricht den Werten $\Delta a = \Delta b = \Delta c = 1$ bzw. $\Delta a = \Delta b = 0$, $\Delta c = 1$, also den Δa, Δb, Δc-Werten der Nr. 2 bzw. der Nr. 4 der Tabelle II oder X.

Bei einer Vertauschung von a und b ändern die angegebenen GG' (F.15a) und (F.15b) nicht ihre Werte.

In den oben angeführten Fällen (F.17a) bis (F.17d) sind die Werte für die Verzweigungsexponenten α^+, α^-, γ^+, γ^- eindeutig festgelegt, so daß sich eindeutig die Werte für B_{11}/B_{12} (F.12) ergeben. Wie zu erwarten war, stimmen in den Fällen (F.17a) und (F.17d) die aus (F.9) zu erhaltenden Werte für B_{11}/B_{12} mit den aus der Nr. 2 bzw. Nr. 4 der Tabelle II sich ergebenden überein.

Man erhält jedoch aus (F.17b) bzw. (F.17c) die Werte für B_{21}/B_{22}, wenn man in diesen Ausdrücken a, b, c durch die oben angegebenen a^-, b^-, c^- ersetzt.

Berechnet man die Werte für GG' für die beiden übrigen Paare von o und p, so ergeben sich die in den einzelnen Nummern der Tabelle X angegebenen GG' im Falle der nachstehenden Werte von o und p

Nr.	1	2	3	4	5	6	7
o, p	0, 1	1, 1	1, 0	1, 1	2, 0	0, 0	0, 2

Es mag noch darauf hingewiesen werden, daß durch die Integration der Differentialgleichungen (5,6.11) und (5,6.35) sich im Falle der zulässigen Werte von o und p nur die sieben in den Tabellen II und X angeführten Fälle ergeben.

In den obigen Überlegungen wurden nur die Werte von GG' mathematisch einwandfrei berechnet. Auf die Tatsache, daß man mit Hilfe der sich aus unseren Rechnungen ergebenden Werte für die Verzweigungsexponenten α, β, γ die Werte für B_{11}/B_{12} (F.9) und für B_{21}/B_{22} erhalten kann, wurde nur zu dem Zwecke hingewiesen, um zu zeigen, daß man auf dem in dem vorliegenden Anhang beschrittenen Wege zu den Resultaten unserer Überlegungen in 5, § 6 gelangen kann.

Literaturverzeichnis

Bethe, H.: (1933), Quantenmechanik der Ein- und Zwei-Elektronenprobleme, Hdb. d. Phys. Bd. XXIV/1. Zweite Aufl., Springer, Berlin.

Coish, H. R.: (1956), Infeld Factorization and Angular Momentum, Can. J. Phys. **34**, 343–349.

Collatz, L.: (1949), Eigenwertaufgaben mit technischen Anwendungen, Akad. Verlagsges., Leipzig.

Coulson, C. A., Joseph. A.: (1967), Self-Adjoint Ladder Operators (II), Rev. Mod. Phys. **39**, 838–849.

Courant, R., Hilbert. D.: (1931), Methoden der mathematischen Physik, Bd. I, zweite Aufl., Verlag von Julius Springer, Berlin.

Dirac, P. A. M.: (1930), The Principles of Quantum Mechanics, Clarendon Press, Oxford.

Gauß, C. F.: (1809), Einiges über die unendliche Reihe $_2F_1(\alpha, \beta; \gamma; x)$, Werke Bd. X/1, S. 338–353.

— (1813), Disquisitiones generales circa seriem infinitam $_2F_1(\alpha, \beta; \gamma; x)$, Werke Bd. III, S. 123–162.

Hamermesh, M.: (1962), Group Theory and its Application to Physical Problems, Addison–Wesley Publ. Comp. Inc., Reading, London.

Hull, E. T., Infeld, L.: (1948), The Factorization Method. Hydrogen Intensities and Related Problems, Phys. Rev. **74**, 905–909.

Infeld, L.: (1941), On a New Treatment of Some Eigenvalue Problems, Phys. Rev. **59**, 737–747.

— (1942), A Generalization of the Factorization Method of Solving Eigenvalue Problems, Trans. Canadian Roy. Soc., Ser. III, **36**, 7–18.

— (1947), Recurrence Formulas for Coulomb Wave Function, Phys. Rev. **72**, 1125.

— (1949), The Factorization Method and its Application to Differential Equations in Theoretical Physics, Proc. Symp. Appl. Math. **28**, 58–65.

Infeld, L., Hull, T. E.: (1951), The Factorization Method, Rev. Mod. Phys. **23**, 21–68.

Infeld, L., Schild, A.: (1945), A Note on the Kepler Problem in a Space of Constant Negative Curvature, Phys. Rev. **67**, 121–122.

Inui, T.: (1948a), Unified Theory of Recurrence Formulas I, Progr. Theor. Phys. **3**, 168–187.

— (1948b), dasselbe II, ebenda **3**, 244–261.

Jacobson, N.: (1962), Lie Algebras, Interscience Publishers, New York, London.

Joseph, A.: (1967), Self-Adjoint Ladder Operators (I), Rev. Mod. Phys. **39**, 829–837.

Kaufman, B.: (1966), Special Functions of Mathematical Physics from the Viewpoint of Lie Algebras, J. Math. Phys. **7**, 447–457.

Klein, F.: (1933), Vorlesungen über die hypergeometrische Funktion, herausgegeben von Otto Haupt, Verlag von Julius Springer, Berlin.

Kratzer, A., Franz, W.: (1960), Transzendente Funktionen, Akad. Verlagsges., Geest & Portig K.-G., Leipzig.

Królikowska, Z.: (1959), Relations between the Polynomial Method and the Factorization Method, Bull. Acad. Polon. Sci., Série des Sci. Math. Astr. et Phys. **7**, 157–168.

Kuipers, L.: (1959), Generalized Legendre's Associated Functions, Monatsh. Math. **63**, 24–31.

Kuipers, L., Meulenbeld, B.: (1957), On a Generalization of Legendre's Associated Differential Equation, Proc. Kon. Ned. Ak. Wetensch. A **60**, 436–443.

Kuipers, L., Robin, L.: (1959), Résumé des quelques propriétés des fonctions de Legendre généralisées, Indig. Math. **31**, 502–507.

Lipkin, H. L.: (1965), Lie Groups for Pedestrians, North–Holland Publ. Comp., Amsterdam.

Meulenbeld, B.: (1958), Generalized Legendre's Associated Functions for Real Values of the Argument Numerically Less than Unity, Proc. Kon. Ned. Ak. Wetensch. A **61**, 557–563.

— (1959), On a Generating Function for the Generalized Legendre's Associated Functions of the First Kind, Nieuw Archief Wisk. derde ser., deel **7**, 102–108.

Miller, W. Jr.: (1964), On Lie Algebras and some Special Functions of Mathematical Physics, Mem. Math. Soc. No. 50, 1–43.

Riemann, B., Weber, H.: (1901), Die partiellen Differentialgleichungen der mathematischen Physik, Bd. II, IV. Aufl., Vieweg, Braunschweig.

Rubinowicz, A.: (1947), The Limits of Applicability of Sommerfeld's Polynomial Method in Quantum Theory, C.r. Soc. Sc. Lettr. Varsovie, Cl. III, **40**, 57–63.

— (1949a), Sommerfeld's Polynomial Method in the Quantum Theory, Proc. Amsterdam, **52**, 351–362; auch Indag. Math. **11**, 125–136.

— (1949b), Eigenfunctions Following from Sommerfeld's Polynomial Method, Proc. Phys. Soc. A, **62**, 736–738.

— (1950), Sommerfeld's Polynomial Method Simplified, Proc. Phys. Soc. A, **63**, 766–771.

— (1957), Kwantowa teoria atomu, II. Aufl., Państwowe Wydawnictwo Naukowe, Warszawa.

— (1959), Quantentheorie des Atoms, J. A. Barth, Leipzig.

— (1960), „Umgeordnete" und zweiparametrige Eigenwertprobleme, die mit Hilfe der Polynommethode lösbar sind, Acta Phys. Polon. **19**, 533–558.

— (1968), Quantum Mechanics, Elsevier Publ. Comp., Amsterdam, London, New York; Polish Scien. Publ., Warszawa.

Schrödinger, E.: (1940), A Method of Determining Quantum-Mechanical Eigenvalues and Eigenfunctions, Proc. Roy. Irish Acad. A, **46**, 9–16.

— (1941a), Further Studies on Solving Eigenvalue Problems by Factorization, ebenda, A, **46**, 183–206.

— (1941b), The Factorization of the Hypergeometric Equation, ebenda A, **47**, 53–54.

Simms, D. J.: (1968), Lie Groups and Quantum Mechanics, Springer–Verlag, Berlin, Heidelberg, New York.

Sommerfeld, A.: (1939), Atombau und Spektrallinien, Bd. II, Vieweg und Sohn, Braunschweig.

Sommerfeld, A., Welker, H.: (1938), Künstliche Grenzbedingungen beim Keplerproblem, Ann. Phys. (Leipzig), (5), **32**, 56–65.

Stevenson, A. F.: (1941), Note on the „Kepler Problem" in a Spherical Space, and the Factorization Method of Solving Eigenvalue Problems, Phys. Rev. **59**, 842–843.

Weisner, L.: (1955), Group-Theoretical Origin of Certain Generatic Functions, Pacific J. Math. **5**, 1033–1039.

Weyl, H.: (1931), Gruppentheorie und Quantenmechanik, Zweite Aufl., S. Hirzel, Leipzig.

Whittaker, E. T., Watson, G. N.: (1952), A Course of Modern Analysis, Fourth Ed., Univ. Press, Cambridge.

Namen- und Sachverzeichnis

Seiten, die die wichtigsten Hinweise enthalten, sind durch
schräggedruckte Seitenzahlen gekennzeichnet

Die Grundlehren der mathematischen Wissenschaften
in Einzeldarstellungen
mit besonderer Berücksichtigung der Anwendungsgebiete

Eine Auswahl